高等院校城市地下空间工程专业"十二五"规划教材

地下空间工程
施工技术

主编　曹　净　张　庆

副主编　丁祖德　刘海明　桂　跃

中国水利水电出版社
www.waterpub.com.cn

内 容 提 要

本书全面和系统地介绍地下空间工程施工的基础理论、施工技术、施工工艺和方法，内容兼顾施工基础知识和专业知识的结合，做到专业方向施工知识的全面性和系统性。主要包括两部分：第一部分是土木工程施工技术的基本理论，主要包括土方工程、混凝土工程、基础工程；第二部分是各类地下空间工程施工技术，主要包括基坑工程施工技术、盾构法和顶管法施工技术、隧道掘进机施工技术、沉管法及沉井法施工技术、注浆法施工技术以及地下空间工程防水。

本书适合城市地下空间工程专业的师生，以及城市地下铁道、地下隧道与管线、基础工程、地下商业与工业空间、地下储库等工程的设计、研究、施工、管理、投资、开发等部门从事技术或管理工作的人员参考。

图书在版编目（ＣＩＰ）数据

地下空间工程施工技术 / 曹净，张庆主编. -- 北京：
中国水利水电出版社，2014.11(2018.9重印)
高等院校城市地下空间工程专业"十二五"规划教材
ISBN 978-7-5170-2701-0

Ⅰ．①地… Ⅱ．①曹… ②张… Ⅲ．①地下工程－工
程施工－高等学校－教材 Ⅳ．①TU94

中国版本图书馆CIP数据核字(2014)第270515号

书　　　名	高等院校城市地下空间工程专业"十二五"规划教材 **地下空间工程施工技术**
作　　　者	主编　曹净　张庆
出 版 发 行	中国水利水电出版社 （北京市海淀区玉渊潭南路 1 号 D 座　　100038） 网址：www.waterpub.com.cn E-mail：sales@waterpub.com.cn 电话：(010) 68367658（营销中心）
经　　　售	北京科水图书销售中心（零售） 电话：(010) 88383994、63202643、68545874 全国各地新华书店和相关出版物销售网点
排　　　版	中国水利水电出版社微机排版中心
印　　　刷	北京合众伟业印刷有限公司
规　　　格	184mm×260mm　16 开本　19 印张　451 千字
版　　　次	2014 年 11 月第 1 版　2018 年 9 月第 2 次印刷
印　　　数	2001—4000 册
定　　　价	**38.00 元**

前　言

　　土木工程是建造各类工程设施的科学技术的总称。实际教学时，土木工程专业按照专业方向进行教学，2012年，中华人民共和国住房和城乡建设部制定颁布的《高等院校土木工程本科指导性专业规范》中土木工程有三个专业方向，分别为建筑工程、桥梁与隧道工程和地下空间工程。地下空间工程施工技术是地下空间工程专业的一门必修的专业基础课，它在培养学生具有独立分析与解决土木工程施工中有关施工技术和基本能力方面起着重要的作用。

　　地下空间工程施工技术研究地下空间工程施工中各主要工种工程的施工技术、工艺原理的一般规律。该课程具有涉及面广、实践性强、发展迅速的特点。作为应用型的专业基础课，其研究内容均来源于丰富的工程实践。随着我国建设事业与科学技术的不断发展，土木工程施工的新技术、新工艺、新材料、新方法层出不穷。在编写过程中，本书主要结合本科教学及工程实际需要，力求全面和系统地介绍地下空间工程施工的基础理论、施工技术、施工工艺和方法。在选择内容时，兼顾了施工基础知识与专业知识的结合，做到专业方向施工知识的全面性和系统性。

　　本书由昆明理工大学建筑工程学院组织编写。全书共分10章，具体分工如下：第1章至第4章由张庆编写，第5章由刘海明编写，第6章由曹净编写，第7章由丁祖德编写，第8章由桂跃编写，第9章由刘海明编写，第10章由桂跃编写。全书由曹净、张庆进行了统稿与审定。此外，孙长宁、丁文云、普琼香、杨海星、杜永刚、余志华等研究生为本书的出版付出了辛勤劳动，在此表示衷心感谢。

　　本书在编写中力求做到理论联系实际，结合我国现行规范、规程与标准，反映当前地下空间工程施工的先进水平。但由于作者的水平有限，不足之处在所难免，诚恳地希望广大读者批评指正。

编者

2014年8月

目　　录

第1章 绪 论

地下空间具有非常高的利用价值。21世纪，随着中国经济的不断发展，对城市空间资源的需求日趋高涨。与此同时，还要充分考虑城市的景观和环境问题，在确保城市现有景观与环境的前提下谋求城市的再生发展，有效开发和利用地下空间是城市获得新生的一条重要途径。通过对地下空间的有效利用和开发，可以改善城市的社会环境、生活环境，恢复自然环境。

1.1 地下空间工程概述

地下空间工程是指在地面以下地质环境中修建的各类地下建（构）筑物。地下空间工程具有以下特性：①空间性：在地面以下可提供人类活动或人类可利用的"空间"；②隔离性：地下空间是一个相对封闭的环境，不但相对隔绝了外界的影响，而且空间内部的声响、光照、气味等不会影响到外界；③恒常性：指其具有一定的恒定性，即地下空间状态的稳定性，比如地下空间可以缓和气温的变化（恒温性）和湿度的变化（恒湿性）、阻隔声音的传递（降噪性）等。

地下空间工程主要有地下商业街、地下停车场、人防避难工程、地下房屋、地下工厂、地下发电站等地下民用或工业建筑物，地下铁路、地下公路隧道、水下隧道等地下交通设施，以及各种地下通道工程、电力、燃气地下管道、各种地下储备设施等辅助构筑物等。

地下空间工程的利用已经渗透到人类生产、生活的各个领域，形成了功能广泛的工程系统和科学体系，并发展成为对国民经济具有重要意义的产业。它是一个横跨岩土、地质、结构、计算机科学和灾害防御等科学领域的综合性学科，也是21世纪重大的技术领域。其主要作用如下：

（1）可以为公路、铁路、商业街等提供安全、经济的地下空间。

（2）修建的地下管道是城市的能源、信息网络的保障，如水、电力、煤气、通信、地下物流等。同时，地下管道还可以净化城市，如污水排放，对保护环境起到有效作用。

（3）提高土地的利用价值。地下储藏空间和其他空间的利用，可使土地单位利用面积倍增。

（4）提供了一个相对安全的储藏空间和避难场所，如储藏放射性物质或其他有害物质，可作为人防空间。此外，粮食、液体、瓦斯、能源、高放废物等的地下储藏也是目前的一个发展趋势。

1.1.1 地下空间工程的利用历史

在史前时代，洞窟可以守护生命、躲避自然灾害（如气候变迁、风霜雨雪、火山地震等）和阻止敌害的入侵。因此，天然洞穴是人类利用地下空间的起点，如中国周口店的山顶洞、法国的拉斯科洞窟等，这些遗迹都可以让我们看到史前对地下空间利用的影子。

随着社会文明的发展，人类对地下空间的利用发生了很大的变化。回顾整个人类对地下空间利用的历史，可见人类对地下空间的利用背景主要有三个方面：一是为了克服自然环境而挖掘利用，如在以法国为中心的欧洲地区，有先人采掘燧石后留下的坑道遗迹，古埃及人在金字塔里面开凿有石室和隧道，世界各地的洞穴居住等；二是积极发挥自然环境条件并加以利用，如宗教设施、储藏设施、水渠等；三是近代为克服地表的种种限制而开发利用的地下空间，如地下商场、隧道。

人类利用地下空间的历史大概经历了如下几个阶段：

（1）史前时代、有文字历史时代初期。这个时期，人类居住在天然洞穴里，利用这些地下空间可以防御自然灾害的威胁以及其他部落的攻击，还可以作为贮藏粮食等物品的手段。此后，逐渐从穴居转移到地面建房居住，但是许多大型陵墓则在地下进行修筑，并作为古代国家王权的象征、暗示了从地府复活的自信，如中国的殷墟、埃及的国王谷及日本的横穴式古墓等。到了文明国家阶段，开始注重与人民生活密切相关的社会基础设施的建设，如利用地下涵洞引水来解决居民的用水问题。

（2）从罗马时代到中世纪。这个时期涵洞构筑技术取得了很大进步，开矿、城市以及周边集镇的形成推动了交通、水渠（罗马）技术的发展。欧洲在十字军之后为防御异教徒的侵犯，把宗教设施移至地下，如卡帕多西亚洞窟修道院。以地下墓穴而文明的罗马时代地下公共墓地就是古代欧洲基督教所代表的宗教感的集中展示。

（3）文艺复兴以后的近代。文艺复兴以后，地下空间工程的利用逐渐发展到城市领域，而下水道、墓地等设施逐渐移至地下。同时，在城市发展规划时，开始考虑与地上空间设施协调进行配备，从而使得生活更加便利。如在日本，江户时代以后的城市建设中，道路、水渠、航运等都开始有规划的配合城市发展而建设。

（4）19世纪以后的现代。19世纪以后，由于地下掘进技术的革新，地下空间的利用已变成了社会基础设施建设的重要环节，并形成了一定的规模，如地铁、道路、发电、能源、防灾、环保、各种仓储、运动等设施，以及军事基地、避难用防空洞等陆续兴建。在美苏冷战时期，北欧诸国充分利用地质结构特点，在地表坚固岩盘下开凿了很多防核掩体，并兼作各种民用设施。

可见，人类对地下空间的利用在很大程度上为历史、社会、政治制度、文明程度以及宗教等时代背景所影响。但是随着社会的进步和人口的激增，地下空间的利用已经明显朝着多样化的方向发展。工业革命和炸药的发明更是有效促进了当今地下空间利用多样化发展，工业革命带动了凿岩机等地下掘进技术的飞速发展，炸药的发明则大幅度提高了掘进的效率，使得人类足迹到达更深的硬质岩层变为可能。

从古代沿袭下来的以克服自然灾害为目的的水利、防灾设施以及以克服地形条件为目的的各种隧道，即使到现在也仍然是很重要的，而在军事上对地下空间的利用自古至今都一样。但随着工农业的发展，人口数量激增，文化趋于成熟，城市建设中的地表限制越来越突出，地下空间的利用更加需要向多元化发展。因此，地铁、地下通道、地下街开始兴盛起来，有人将此现象称作"回归地下"。人类最初从洞穴走出来，在地表寻求便利的生活场所，而现在人类又开始重新考虑回到地下索求便捷舒适的生活了。

1.1.2 地下空间工程的发展前景

随着社会生产力的发展，日益增长的人类生活需求与逐渐枯竭的自然资源之间的矛盾越来越突出，已经引起人们的普遍关注。每个人的生活都需要生态空间和生活空间，生态空间即生产粮食等生活必需品，生活空间即供人居住和从事各种活动的空间。这两类空间都是以土地为依托，而人口的膨胀导致现有的生活空间十分有限，因此迫切需要开拓新的生存空间。国际上提出了一种普遍接受的观点：认为19世纪是"桥"的世纪，20世纪是"高层建筑"的世纪，21世纪则将是人类开发和利用"地下空间"的世纪。

21世纪的人类面临着人口、粮食、资源和环境四大挑战。可持续发展作为基本国策摆在每个学科和产业面前，开拓新的空间资源是一条新的可持续发展道路。随着城市化进程的发展，大片的土地被现代化建筑、交通道路及其他设施所覆盖，难以再生，居住、交通、环境的矛盾更加突出。充分利用地下空间来建设交通道路、厂房及仓库，以释放更多的地上空间，已成为21世纪现代化城市建设的必由之路。目前，各国把地下空间利用的重点逐渐放在城市建设上。城市地下空间作为城市的重要资源，应得到多方面的应用，如地下商场和商业街，地下停车场、交通设施、地下物流、通信设施等。这些地下设施与地上设施一起构成了城市的立体空间网络。

从城市地下空间利用现状来看，地下空间的发展重点在于联络城市各处设施的地下通道、地下商场和城市轨道交通系统（地铁和轻轨）。据不完全统计，日本在全国20多个城市，共拥有150多条地下街，总建筑面积约为120万 m^2；法国、英国也拥有大量的地下街；加拿大的最大城市蒙特利尔已经提出以地铁车站为中心，建造联络城市2/3设施的地下商业街网的宏伟规划。

城市有轨交通系统近年来得到了巨大发展，不但是城市的基础设施，同时也是灾害防御设施。许多国家都针对城市发展规模的特点，在人口超过50万的大中城市发展轨道交通系统。这是城市国际化、现代化的一个重要标志。一些国家也正在研究城市道路地下化的交通系统，如日本东京的地下环形道路的建设，极大地减轻了地面交通的压力。我国近几年大量城市在进行"地铁和轻轨"的建设，继北京地铁之后，上海、广州、深圳等地铁也投入运营。南京、青岛、哈尔滨、昆明、成都等大量城市的地铁都在建设中。目前，昆明市地铁规划有六条线路，截至2014年已有三条线路部分路段进行运营。可见，地下空间利用有着非常大的发展空间和前景。

21世纪将是地下空间大发展的世纪。目前，主要利用的地下空间深度仅有20m左右，地下20~50m深度还有待开发，以后将逐渐发展到地下100m深度左右。地下空间是国家重要的社会资源，也是社会可持续发展的资源，应加以充分开发和利用；地下空间的利用应作为国家的基本国策，予以支持，推进其健康发展；地下空间的发展方向应是城市地下空间的综合利用，是建立防灾型城市的重要基础。地下空间的开发利用以及地上、地下空间的合理配置，将使得社会基础设施的配套建设产生新的飞跃，从而得到更为便捷舒适的生活。

1.2　地下空间工程施工技术进展

地下空间工程施工技术的发展与国民经济发展息息相关。随着我国经济和城市化进程的快速发展，地面交通设施超负荷运转，交通事故、交通阻塞以及交通公害已经阻碍了国家和地区经济的发展。开发城市地下空间，发展地下空间施工技术，是目前亟须研究的课题之一。

近几十年来，地下空间工程在我国得到大规模的发展，工程实践的不断探索使得地下空间工程的施工技术有了新的飞跃。尤其是随着科学技术的进步，先进的施工机械的出现，地下空间工程的施工水平越来越高，成本越来越低。近年来，地下空间工程施工技术的新进展主要体现在以下几个方面：

（1）地下空间工程的施工机械自动化水平不断提高。隧道掘进机、盾构机、煤矿巷道掘锚一体机等自动化程度高的大型施工设备得到普遍应用，这些设备的使用极大地提高了劳动效率、降低了工人的劳动强度，使得施工速度不断提高，施工质量不断改善。

（2）主动支护方法的理论及实践水平不断提高。主要以锚杆、锚索联合支护技术为代表的支护技术在地下空间工程中得到广泛应用，先进支护技术的使用大大提高了地下工程的施工速度。

（3）地下空间工程的新工法不断出现，提高了地下空间工程的施工水平。如盾构法施工，具有围岩扰动小、地面沉降小、对地表构筑物影响小等优点，目前在地铁区间隧道工程施工中已经得到普遍应用；再如浅埋暗挖法施工，具有造价低、拆迁少、灵活多变、无需太多专用设备及不干扰地面交通和周围环境等特点，在复杂条件下城市地铁车站及区间施工中得到广泛应用。

（4）地下空间工程信息化水平不断提高。由于地下空间工程施工条件的复杂性，特别是多为隐蔽工程，为保证施工质量和安全，监控预测信息反馈指导地下空间工程施工已得到广泛应用，如深基坑工程施工监测、隧道工程施工监测和地铁工程施工监测等。

（5）地下空间工程项目管理的理论和实践不断发展，进度、质量和成本三大控制在地下空间工程项目管理方面得到普遍应用，提高了施工管理水平。

1.3　本门课程的学习方法

我国城市地下空间的开发与利用处于刚刚起步阶段，但已经涉及包括能源、交通、民用建筑、水利水电等多个领域。随着社会经济的逐步发展，地下空间工程所涉及的领域将会越来越广，数量和规模也会越来越大，亟须工程人员对地下空间工程施工技术进行系统的学习和掌握。

为了更好的开发和利用城市地下空间，培养该方面的专业技术人才，国家在多所高校设立了"城市地下空间工程"本科专业，各高校在土木工程专业下设置了地下空间工程专业方向。

本门课程主要介绍了地下空间工程施工的基础知识和专业技术。地下空间工程施工技术这门课程主要有如下特点：首先是综合性强，课程涉及的内容广泛，需要学生在学习了专业相关的工程地质学、理论力学、材料力学、结构力学、工程测量学、建筑材料、土力学、岩体力学、地下空间结构等课程之后进行学习。其次是实践性强，课程内容操作性强、区域性强，因为工程的实现涉及方方面面，方法也是多种多样，而且工程的高质量和经济性还应与所在地区的条件相适应，这些特点容易让学生感觉课程内容琐碎、理论简单、叙述不详，也容易暴露出教师实践经验欠缺等问题。最后是发展快，各种新材料、新工艺、新技术推陈出新，如住建部每年都有一批重点推广科技项目，这与当今科技迅猛发展的大趋势相适应。学生的学习应当首先了解本门课程的特点，做好先修课程的学习，注重实践与理论相结合，不断接触新知识。

本门课程是理论与实践相结合的课程，现场实践是学好本门课程的一个重要手段。学生应首先学习课本的理论知识，尤其是重视施工方法和施工设备的使用方法的学习，然后结合认识实习、生产实习、毕业实习、课程设计等继续学习，通过现场观摩、亲自操作等方法，掌握具体施工过程，巩固理论知识，了解新材料、新工艺。因此，对地下空间工程施工技术的学习是一个持续的学习过程。

思考题与习题

1. 什么是地下空间工程，主要有哪几类？
2. 简述地下空间工程的发展历史及其前景。
3. 简述地下空间工程施工技术进展。
4. 如何学好地下空间工程施工技术这门课程？

第2章 土方工程

土方工程具有施工条件复杂的特点，因为它受地质、水文、气象等较多不确定因素的影响，同时，土方工程又具有工程量大、劳动繁重的特点，因此，为了提高土方施工劳动生产效率，在组织土方工程施工前，应详细分析与核对各项技术资料（如地形图、工程水文地质勘察资料、地下管道、电缆、地下构筑物资料及土方工程施工图等），进行现场调查并根据现有施工条件，制订出技术可行、经济合理的施工方案和技术措施。

土方工程是地下空间工程施工中的主要工种之一，包括土方的开挖、运输、填筑、弃土、平整和压实等主要施工过程。

2.1 概述

土的工程性质对土方工程施工有直接的影响，也是进行土方施工设计必须掌握的基本资料。

2.1.1 土的工程性质

土的主要工程性质有：土的可松性、含水率、渗透性、密实度、抗剪强度、土压力等，部分内容在土力学中有详细分析，在此不赘述。

1. 土的可松性

土具有可松性，即自然状态下的土，经过开挖后，其体积因松散而增大，以后虽经回填压实，仍不能恢复。土的可松性程度用可松性系数表示，即

$$\left. \begin{array}{l} K_s = \dfrac{V_2}{V_1} \\[2mm] K'_s = \dfrac{V_3}{V_1} \end{array} \right\} \tag{2.1}$$

式中　K_s——最初可松性系数；

　　　K'_s——最终可松性系数；

　　　V_1——土在天然状态下的体积，m^3；

　　　V_2——土经开挖后的松散体积，m^3；

　　　V_3——土经回填压密后的体积，m^3。

由于土方工程量是以自然状态的体积来计算的，所以在土方调配、计算土方机械生产率及运输工具数量等的时候，必须考虑土的可松性。如 K_s 是计算土方施工机械及运土车辆等的重要参数，K'_s 是计算场地平整标高及填方时所需挖土量等的重要参数。

2. 原状土经机械压实的沉降量

原状土经机械往返压实或经其他压实措施后，会产生一定的沉陷，根据不同土质，其

沉降量一般在 3~30cm 之间。可按下述经验公式计算：

$$S = P/C \tag{2.2}$$

式中　　S——原状土经机械压实后的沉降量，cm；

　　　　P——机械压实的有效作用力，MPa；

　　　　C——原状土的抗陷系数，MPa/cm，可按表 2.1 取值。

表 2.1　　　　　　　　　　　　不同土的 C 值参考表

原状土质	C/(MPa/cm)	原状土质	C/(MPa/cm)
沼泽土	0.01~0.015	大块胶结的砂、潮湿黏土	0.035~0.06
凝滞的土、细粒砂	0.018~0.025	坚实的黏土	0.10~0.125
松砂、松湿黏土、耕土	0.025~0.035	泥灰石	0.13~0.18

2.1.2　土的工程分类

　　土的分类方法很多，在土木工程施工中按土的开挖难易程度将土分为八类（表 2.2），前四类属一般土，后四类属岩石。它是施工中选择合适的机械与开挖方法的依据，也是确定土木工程施工劳动定额的依据。

表 2.2　　　　　　　　　　　　土　的　工　程　分　类

土的分类	土 的 名 称	开 挖 方 法	可松性系数	
			K_s	K_s'
第一类（松软土）	砂土、粉土、冲积砂土层、种植土、淤泥（泥炭）	用锹、锄头挖掘	1.08~1.17	1.01~1.04
第二类（普通土）	粉质黏土、潮湿的黄土、夹有碎石和卵石的砂、种植土、填筑土和粉土	用锹、锄头挖掘，少许用镐翻松	1.14~1.28	1.02~1.05
第三类（坚土）	软及中等密实黏土，重粉质黏土，粗砾石，干黄土及含碎石、卵石的黄土，粉质黏土，压实的填筑土	主要用镐，少许用锹、锄头，部分用撬棍	1.24~1.30	1.04~1.07
第四类（砾砂坚土）	坚硬密实黏土及含碎石、卵石的黏土，粗卵石，密实的黄土，天然级配砂石，软泥灰岩	先用镐、撬棍，然后用锹挖掘，部分用锲子及大锤	1.26~1.37	1.06~1.09
第五类（软石）	硬质黏土，中等密实的页岩、泥灰岩、白垩土，胶结不紧的砾岩，软石灰岩及贝壳石灰岩	用镐或撬棍、大锤，部分用爆破方法	1.30~1.45	1.10~1.20
第六类（次坚石）	泥岩，砂岩，砾岩，坚实的页岩、泥灰岩，密实的石灰岩，风化花岗岩、片麻岩	用爆破方法，部分用风镐	1.30~1.45	1.10~1.20
第七类（坚石）	大理石，辉绿岩，玢岩，粗、中粒花岗岩，坚实的白云岩、砾岩、砂岩、片麻岩、石灰岩，风化安山岩、玄武岩	用爆破方法	1.30~1.45	1.10~1.20
第八类（特坚石）	安山岩，玄武岩，花岗片麻岩，坚实的细粒花岗岩，闪长岩、石英岩、辉长岩、辉绿岩，玢岩	用爆破方法	1.45~1.50	1.20~1.30

2.2　场地设计标高的确定

大型工程项目通常都要确定场地设计平面，进行场地平整。场地平整就是将自然地面改造成工程施工所要求的平面。

2.2.1　确定场地设计标高的一般方法

选择设计标高，需考虑以下因素：①场地平面总体规划设计标高的要求；②满足生产工艺和运输的要求；③尽量利用原地形，分区分别确定不同设计标高，以减少挖、填土方数量；④场地内挖填方平衡，土方量最少，以降低土方运输费用；⑤场地要有一定的泄水坡度（≥2‰），同时也要满足地下水排泄要求，避免地下水在场平填土中堵积；⑥考虑最高洪水位的要求。

当对场地设计标高无其他特殊要求时，则可根据挖填方平衡的原则，按照下述步骤和方法确定。

1. 初步计算场地设计标高

在地形图上将施工区域划分成边长为 a 的方格，方格边长一般采用 20～40m，如图 2.1（a）所示。每个方格的角点标高，可以在地面上用木桩打好方格网，然后用水准仪直接测出。如果有地形图，也可以根据地形图上相邻两等高线的标高，用插入法求得。

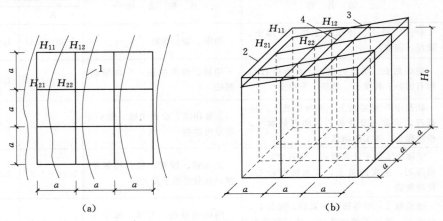

图 2.1　场地设计标高计算示意图

（a）地形图方格图；（b）设计标高示意图

1—等高线；2—设计标高；3—自然地面；4—零线

一般理想的设计标高，应该使场地内的土方在平整前和平整后土方体积相等，从而达到挖填方平衡，如图 2.1（b）所示。即

$$nH_0a^2 = \sum_{i=1}^{n} \frac{H_{11} + H_{12} + H_{21} + H_{22}}{4}a^2 \qquad (2.3)$$

即

$$H_0 = \sum_{i=1}^{n} \frac{H_{11} + H_{12} + H_{21} + H_{22}}{4n} \qquad (2.4)$$

式中　　　　　　　H_0——计算的场地设计标高，m；

a——方格边长，m；

n——方格个数；

H_{11}、H_{12}、H_{21}、H_{22}——任意一个方格的 4 个角点的标高，m。

从图 2.1 中可看出，不同的角点在计算过程中被应用的次数 P_i 并不一样，在测量学上将其称为"权"，反映了各角点标高对计算结果的影响程度。如：H_{11} 系一个方格的角点标高，H_{12} 和 H_{21} 均系两个方格共用的角点，H_{22} 则系四个方格共用角点标高。如果将每个方格的 4 个角点标高相加，那么，类似 H_{11} 这样的角点标高加了 1 次，类似 H_{12} 和 H_{21} 的标高加了 2 次，而类似 H_{22} 的标高则被加了 4 次。因此，考虑了各角点标高的"权"后，式（2.4）可改写成便于计算的形式：

$$H_0 = \frac{\sum H_1 + 2\sum H_2 + 3\sum H_3 + 4\sum H_4}{4n} \quad\quad (2.5)$$

式中 H_1、H_2、H_3、H_4——一个方格、二个方格、三个方格、四个方格所共有的角点标高，m。

2. 设计标高的调整

式（2.5）计算结果为场地的初步设计标高，为一理论值，在实际工程中，还需考虑以下因素进行调整：

（1）土的可松性，理论上挖填平衡，考虑可松性后，填土会有多余。可以考虑相应地提高设计标高。

（2）边坡填挖土方量不等（特别是坡度变化大时），需考虑设计标高增减。

（3）设计标高以下的各种挖方工程，需考虑相应地提高设计标高；设计标高以上的各种填方工程，需考虑降低设计标高。

（4）部分挖方就近弃土于场外或将部分填方就近取土于场外而引起挖填土的变化，需增减设计标高。

（5）场地泄水坡度的影响。场地均处于同一平面不利于排水，因此，场地设计一定的坡度是必要的，下面介绍考虑泄水坡度对设计标高的影响后，场地内各方格角点的实际施工所用的设计标高的变化情况。主要介绍单向与双向泄水坡度两种情况。

单向泄水时，按照场地内土方挖填平衡，用式（2.5）计算出初步设计标高 H_0 作为场地中心线的标高（图 2.2），场地内任意一点的设计标高则为

$$H_i = H_0 \pm l \cdot i \quad\quad (2.6)$$

式中 H_0——场内任意一点的初步设计标高，m；

l——该点至标高轴线的距离，m；

i——场地泄水坡度（不小于 2‰）。

双向泄水时，其原理与前相同，如图 2.3 所示。H_0 为场地中心点标高，场地内任意一点的设计标高为

$$H_i = H_0 \pm l_x \cdot i_x + l_y \cdot i_y \quad\quad (2.7)$$

式中 l_x、l_y——该点在 x—x、y—y 方向距场地中心线的距离，m；

i_x、i_y——该点于 x—x、y—y 方向的泄水坡度。

图 2.2 和图 2.3 中，H_0—H_0 为场地垂直泄水方向中心线，x—x、y—y 为平整场地

中心的 x、y 方向线。

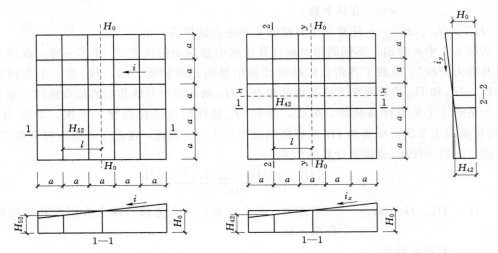

图 2.2　场地单向泄水坡度　　　　　　图 2.3　场地双向泄水坡度

　　填方区内应沿原地表水的流向布设地下水排泄盲沟，原地下水出露点或渗出区应布设地下水排泄措施与地下水排泄盲沟连接。

2.2.2　土方工程量计算

　　在场地平整施工之前，通常需要计算土方的工程量。一般情况下，可以按方格网将其划为一定的几何形状，并采用具有一定精度而又与实际情况近似的方法进行计算。但土方外形往往复杂且不规则，要得到精确的计算结果很困难。场地平整土方量的计算可按以下步骤进行。

　　1. 计算施工高度

　　场地设计标高确定后，即可计算出设计地面标高与自然地面标高的差值，该差值即为各角点的施工高度。可按式（2.8）求出平整场地方格网各角点的施工高度 h_i。即

$$h_i = H_i - H_i' \tag{2.8}$$

式中　　h_i——各角点的施工高度，m，以"+"为填，以"-"为挖；

　　　　H_i——各角点的设计标高，m，若无泄水坡时，即为场地的初步设计标高 H_0；

　　　　H_i'——各角点的自然地面标高，m。

　　2. 确定"零线"的位置

　　"零线"即挖方区与填方区的交线，在该线上，施工高度为零。确定"零线"的位置有助于了解整个场地的挖、填区域分布状态。"零线"的确定方法是：在相邻角点施工高度为一挖一填的方格边线上，用插入法求出方格边线上零点的位置（图 2.4），再将各相邻的零点连接起来即得"零线"。

$$x_1 = \frac{ah_1}{h_1 + h_2}; \quad x_2 = \frac{ah_2}{h_1 + h_2} \tag{2.9}$$

　　3. 方格网土方量计算

　　零线确定后，也就明确了挖方区和填方区，土方量计算时便可按每个方格角点的施工

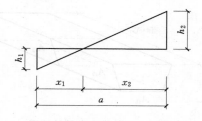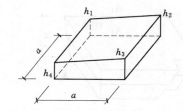

图 2.4　"零线"计算示意图　　　　　　图 2.5　全挖（填）

高度算出每个方格的填、挖土方量，分别累加后即得到整个场地的填、挖土方总量。方格四角点全为挖（填），如图 2.5 所示。方格土方量的计算公式为

$$V = \frac{a^2}{4}(h_1 + h_2 + h_3 + h_4) \qquad (2.10)$$

式中　　　　　V——挖方或填方体积，m^3；

h_1、h_2、h_3、h_4——方格四个角点的填挖高度，均取绝对值，m。

　　两个角点挖，另外两个角点填，如图 2.6 所示。方格土方量的计算公式为

$$V_{1,2} = \frac{a^2}{4} \cdot \left(\frac{h_1^2}{h_1 + h_4} + \frac{h_2^2}{h_2 + h_3} \right) \qquad (2.11)$$

$$V_{3,4} = \frac{a^2}{4} \cdot \left(\frac{h_3^2}{h_2 + h_3} + \frac{h_4^2}{h_1 + h_4} \right) \qquad (2.12)$$

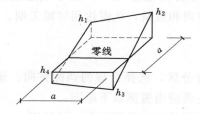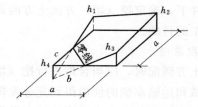

图 2.6　两挖两填　　　　　　　　图 2.7　三挖（填）一填（挖）

　　三个角点挖（填），一个角点填（挖），如图 2.7 所示。方格土方量的计算公式为

$$V_4 = \frac{a^2}{6} \cdot \frac{h_4^3}{(h_1 + h_4)(h_3 + h_4)} \qquad (2.13)$$

$$V_{1,2,3} = \frac{a^2}{6} \cdot (2h_1 + h_2 + 2h_3 - h_4) + V_4 \qquad (2.14)$$

　　使用上述公式时，注意第二种类型 h_1、h_2 同号，h_3、h_4 同号；第三种类型 h_1、h_2、h_3 同号，h_4 异号。

　　4. 基坑、基槽土方量计算

　　基坑土方量的计算可按立体几何中的拟柱体的体积（图 2.8）公式计算。

$$V = \frac{h}{6} \cdot (A_1 + 4A_0 + A_2) \qquad (2.15)$$

式中　　h——基坑深度，m；

A_1、A_2——基坑上、下底面积，m^2；

A_0——基坑中 $h/2$ 截面处截面面积，m^2。

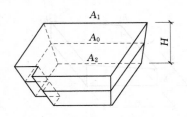

图 2.8　基坑土方量计算图

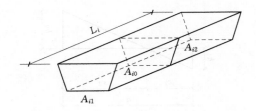

图 2.9　基槽土方量计算图

对于断面沿长度方向呈连续性变化的基槽或路堤，其土方量也可以用同样的方法分段计算（图 2.9）。

$$V_i = \frac{L_i}{6} \cdot (A_{i1} + 4A_{i0} + A_{i2}) \tag{2.16}$$

将各段土方量相加即得总土方量，即

$$V = \sum V_i \tag{2.17}$$

式中　V_i——各分段的土方量，m^3。

2.2.3　土方调配

土方调配，就是对挖土的利用、堆弃和填土的取得三者之间的关系进行综合协调的处理，而且又能方便施工。土方调配的目的是使土方运输量（m^3）最小或运输费用（元）最小的条件下，确定挖（填）方区土方的调配方向和数量，从而达到缩短工期、降低成本和方便施工的目的。

1. 调配原则

进行土方调配时，应当合理进行挖（填）方分区，选择合理的调配方向、运输线路，使土方机械和运输车辆的性能得到充分发挥。主要应当遵循以下原则：

（1）调配区划分应力求达到挖填方平衡和运距最短（费用最省）的原则。

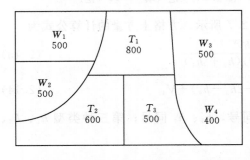

图 2.10　场地内挖填方平衡土方调配图

（2）调配区的布置应当充分考虑施工主导机械的技术要求。

（3）土方调配还应尽可能与地上、地下建筑物的施工相协调。

（4）土方调配应局部调配与全场土方调配相结合来考虑的原则。

（5）土方调配应考虑前期施工与后期利用相结合的原则。

2. 确定土方调配区及运距

（1）划分调配区。在场地平面图上划出挖、填区的分界零线，并在挖方区和填方区划出若干调配区，确定调配区的大小和位置。

（2）计算土方量。计算各调配区的土方量，并标于图上（图 2.10），W 表示挖方，T表示填方。

（3）求出每对调配区之间的平均运距。先建立场地或方格网中的纵横坐标轴，便可按照重心计算公式分别求出各区土方的重心位置式（2.18）。再把挖（填）方区土方重心，标于相应的调配区图上，并计算出每对调配区的平均运距，即挖方区土方重心至填方区重心的距离 L_{ij}。

$$\overline{x}=\frac{\sum V \cdot x}{\sum V};\overline{y}=\frac{\sum V \cdot y}{\sum V} \qquad (2.18)$$

式中　$\overline{x}$、$\overline{y}$——挖（填）方调配区的重心坐标；

　　　V——每个方格的土方量，m^3；

　　　x、y——每个方格的重心坐标。

3. 确定最优调配方案

好的调配方案就是要在最大限度地保护自然地貌的情况下，使土方运输量（$m^3 \cdot m$）最小或运输费用（元）最小。各调配区之间的运土单价可根据预算定额确定，但当采用多种机械施工时，确定土方施工单价就比较复杂，这是因为不仅要考虑单机核算问题，还要考虑运、填配套机械的施工单价等因素后才能确定一个综合单价。将上述平均运距或土方施工单价计算结果填入表2.3。

表2.3中，整个场地划分为 m 个挖方区和 n 个填方区，用"线性规划"法进行土方调配时，可以建立数学模型。

表 2.3　　　　　　　　　挖填方平衡与施工运距

挖方区	填 方 区								挖方量/m^3
	T_1		T_2		...		T_n		
W_1	x_{11}	$\dfrac{c_{11}}{c'_{11}}$	x_{12}	$\dfrac{c_{21}}{c'_{12}}$			x_{1n}	$\dfrac{c_{1n}}{c'_{1n}}$	a_1
W_2	x_{21}	$\dfrac{c_{21}}{c'_{21}}$	x_{22}	$\dfrac{c_{22}}{c'_{22}}$			x_{2n}	$\dfrac{c_{2n}}{c'_{2n}}$	a_1
$\vdots$			x_{ij}	$\dfrac{c_{ij}}{c'_{ij}}$					a_i
W_m	x_{m1}	$\dfrac{c_{m1}}{c'_{m1}}$	x_{m1}	$\dfrac{c_{m1}}{c'_{m}2}$			x_{mn}	$\dfrac{c_{mn}}{c'_{mn}}$	a_m
填方量/m^3	b_1		b_1		b_j		b_n		$\sum\limits_{i=1}^{m} a_i = \sum\limits_{j=1}^{n} b_j$

目标方程：

$$Z = \min \sum_{i=1}^{m} \sum_{j=1}^{n} c_{ij} x_{ij} \qquad (2.19)$$

约束条件：

$$\left. \begin{aligned} &\sum_{i=1}^{n} x_{ij} = a_i,(i=1,2,\cdots,m) \\ &\sum_{j=1}^{m} x_{ij} = b_j,(j=1,2,\cdots,n) \\ &x_{ij} \geqslant 0 \end{aligned} \right\} \qquad (2.20)$$

式中　x_{ij}——由挖方区 i 到填方区 j 的土方调配量；

　　　c_{ij}——从第 i 挖方区运土至第 j 填方区的平均运距或价格系数；

　　　a_i——第 i 挖方区的挖方量，m^3；

　　　b_j——第 j 填方区的填方量，m^3。

此外，由于挖填平衡，所以有

$$\sum_{i=1}^{m} a_i = \sum_{j=1}^{n} b_j \tag{2.21}$$

根据约束条件可以知道，未知量有 $m \times n$ 个，方程数为 $m+n$ 个，由于挖填平衡，前面 m 个方程相加减去后面 $n-1$ 个方程之和可以得到第 n 个方程，因此，独立方程的数量实际上只有 $m+n-1$ 个。因此，满足约束条件的解有无穷多个，目标方程的解就有多个，而我们的目的是求出一组最优解。

一般大型的土方工程，可利用电算求解该线性规划问题。但是如果是中小型工程，挖填方数目不多，可采用"表上作业法"求解。这个方法是采用"最小元素法"确定初始方案，通过"假想价格系数"求检验数，通过检验数判断方案是否最优，表 2.4 中 c'_{ij} 即为假想系数，其值待定，如果不是最优方案，则用"闭回路法"进行调整，直至找到最优方案。下面用一道例题来说明。

图 2.10 为一矩形场地，图中计算出各调配区的土方量，根据各调配区重心位置计算出调配区之间的平均运距见表 2.4（也可把各调配区平均运距标在图上）。

表 2.4　　　　　　　　　　调配区土方量与平均运距

挖方区	填方区						挖方量 /m^3
	T_1		T_2		T_3		
W_1	x_{11}	50	x_{12}	70	x_{13}	100	500
		c'_{11}		c'_{12}		c'_{13}	
W_2	x_{21}	70	x_{22}	40	x_{23}	90	500
		c'_{21}		c'_{22}		c'_{23}	
W_3	x_{31}	60	x_{32}	110	x_{33}	70	500
		c'_{31}		c'_{32}		c'_{33}	
W_4	x_{41}	80	x_{42}	100	x_{43}	40	400
		c'_{41}		c'_{42}		c'_{43}	
填方量/m^3	800		600		500		1900

（1）初始调配方案。采用"最小元素法"编制初始方案，即对应于价格系数 c_{ij} 最小的土方量 x_{ij} 取最大值。由此确定调配方格的土方量及不进行土方调配的方格，并满足式（2.20）。

首先将图 2.10 中的土方量及运距填入表 2.4。按照运距由小到大的顺序，从表 2.4 中可知道 W_2 至 T_2 和 W_4 至 T_3 运距最短为 40，任选其中之一，如先确定 x_{43} 的值，使其尽可能大，则 $x_{43} = W_4 = 400$，W_4 的挖方量已全部用完，此时 $x_{41} = x_{42} = 0$，可将这一行没有土方调配的方格中画上×；将 W_2 给 T_2 运送 $x_{22}=W_2=500$，则 $x_{21}=x_{23}=0$，同样，在土方调配的方格中画上×。重复以上步骤，依次确定 $x_{11}=W_1=500$、$x_{31}=T_1-x_{11}=300$、$x_{33}=T_3-x_{43}=100$、$x_{32}=W_3-x_{31}-x_{33}=100$，将这些数据记入表中，没有土方调配的方格都画上×。至此，调配初始方案完成，其结果见表2.5。

表 2.5　　　　　　　　　　　　　　　　　初　始　方　案

挖方区	填　方　区						挖方量/m³
	T_1		T_2		T_3		
W_1	500	50 c'_{11}	×	70 c'_{12}	×	100 c'_{13}	500
W_2	×	70 c'_{21}	500	40 c'_{22}	×	90 c'_{23}	500
W_3	300	60 c'_{31}	100	110 c'_{32}	100	70 c'_{33}	500
W_4	×	80 c'_{41}	×	100 c'_{42}	400	40 c'_{43}	400
填方量/m³	800		600		500		1900

从表2.5可以计算出初始方案的土方运输总量为
$$Z_0=500\times50+500\times40+300\times60+100\times110+100\times70+400\times40=97000(\mathrm{m^3\cdot m})$$

（2）判断是否最优方案。表2.5编制的初始方案考虑了就近调配的原则，所求的总运输量（或总费用）是较小的。但这并不能保证其总运输量（或总费用）最小，因此还需要进行判别是否为最优方案。在"表上作业法"中，判别是否是最优方案的方法有许多。采用"假想价格系数法"求检验数较清晰直观。该方法是设法求得无调配土方的方格（如本例中的 W_1-T_2，W_2-T_1 等方格）的检验数 λ_{ij}，只有当全部检验数 $\lambda_{ij}\geqslant0$，那么该方案为最优调配方案，否则不是最优方案，则需调整。

首先求出表中各个方格的假想价格系数 c'_{ij}，有调配土方的假想价格系数 $c_{ij}=c'_{ij}$，无调配土方方格的假想系数用下式计算：
$$c'_{ef}+c'_{pq}=c'_{eq}+c'_{pf} \tag{2.22}$$

式（2.22）的意义为：表中构成任一矩形的四个方格内对角线上的假想价格系数之和相等。利用已知的假想价格系数，选择适当的方格构成一个矩形，逐个求解所有未知的 c'_{ij}。如在表2.6中由 $c'_{32}+c'_{43}=c'_{33}+c'_{42}$，可知 $c'_{42}=80$，由 $c'_{31}+c'_{43}=c'_{41}+c'_{33}$，可知 $c'_{41}=30$ 等。依次进行计算，便可计算出全部的 c'_{ij}，如表2.6所示。

假想价格系数求出后，按下式求出表中无调配土方方格的检验数：
$$\lambda_{ij}=c_{ij}-c'_{ij} \tag{2.23}$$

把表中无调配土方的方格右边小格的运距和下方假想价格的数字相减即可。如 $\lambda_{11}=50-50=0$，$\lambda_{12}=70-100=-30$ 等，将计算结果填入表2.7。在表2.7方格中左下角只写出各检验数的正负号，我们只对检验数的符号感兴趣，而检验数的值对求解结果无关，可不填入具体值。

表 2.6　　　　　　　　　　　假想价格系数计算结果

挖方区	填方区						挖方量/m³
	T_1		T_2		T_3		
W_1	500	50	×	70	×	100	500
		50		100			
W_2	×	70	500	40	×	90	500
		−10		40		0	
W_3	300	60	100	110	100	70	500
		60		110		70	
W_4	×	80	×	100	400	40	400
		30		80		40	
填方量/m³	800		600		500		1900

表 2.7　　　　　　　　　　　检 验 数 计 算 结 果

挖方区	填 方 区						挖方量/m³
	T_1		T_2		T_3		
W_1	0	50	−	70	+	100	500
		50		100			
W_2	+	70	0	40	+	90	500
		−10		40		0	
W_3	0	60	0	110	0	70	500
		60		110		70	
W_4	+	80	+	100	0	40	400
		30		80		40	
填方量/m³	800		600		500		1900

表 2.7 中出现了负检验数，说明初始方案不是最优方案，需进一步调整。

第 1 步，在所有负检验数中选最小一个，本例中就是 λ_{12}，把它所对应的变量 x_{12} 作为调整对象。

第 2 步，找出 x_{12} 的闭回路。做法是：从 x_{12} 方格出发，沿水平与竖直方向前进，遇到适当的有数字的方格作 90°转弯（也不一定转弯），然后继续前进，如果路线恰当，有限步后便能回到出发点。形成一条以有数字的方格为转角点的、用水平和竖直箭线连起来的闭回路，见表 2.8。

第 3 步，调整土方量。做法是：从空格 x_{12} 出发，沿着闭回路（方向任意）一直前进，在各奇数次转角点（以 x_{12} 出发点为 0）的数字中，挑出一个最小的"100"，将它由 x_{32} 调到 x_{12} 空方格中，即将"100"填入 x_{12} 方格中，此时，被调出的 x_{32} 变为 0，该格变为空格；同时，将闭回路上其他的奇数次转角上的数字都减去"100"，偶数次转角上数字都增加"100"，使得填挖方区的土方量仍然保持平衡，如表 2.8 所示。按照上述方法调整后，便可得到新的调配方案见表2.9。

表 2.8　　　　　　　　　　　　　求 解 闭 合 回 路

挖方区 ＼ 填方区	T_1	T_2	T_3
W_1	500	x_{12}	
W_2		500	
W_3	300	100	100
W_4			400

表 2.9　　　　　　　　　　　　　优 化 后 新 调 配 方 案

挖方区	填方区 T_1	填方区 T_2	填方区 T_3	挖方量/m³
W_1	400　/ 50 50	100　/ 70 100	＋　/ 100 100	500
W_2	＋　/ 70 －10	500　/ 40 40	＋　/ 90 0	500
W_3	400　/ 60 60	＋　/ 110 110	100　/ 70 70	500
W_4	＋　/ 80 30	＋　/ 100 80	400　/ 40 40	400
填方量/m³	800	600	500	1900

　　至此，便得到一个"调配方案"。该调配方案是否为最优方案，仍需用"检验数"来判断，如果检验中仍有负数出现，那就仍按上述步骤继续调整，直到全部检验数都满足$\lambda_{ij} \geqslant 0$，得到最优方案为止。

　　表2.9中所有检验数均为正号，故该方案为最优方案。此时，土方运输总量为

$$Z = 400\times50 + 500\times40 + 400\times60 + 100\times70 + 100\times70 + 400\times40 = 94000(m^3 \cdot m)$$

$$Z - Z_0 = 94000 - 97000 = -3000(m^3 \cdot m)$$

　　可见，与初始方案相比，调整后总运输量减少了3000（m³·m）。

　　最后将表2.9中土方调配数值绘成土方调配图，如图2.11所示。

　　此外，需要注意的是：土方调配的最优方案可以不只是一个，这些方案调配区或调配土方量可以不同，但是它们的目标函数 Z 都是相同的。

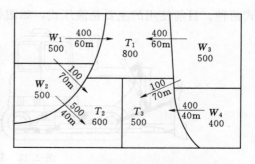

图 2.11　场地内挖填平衡土方调配图

2.3 土方工程的施工

本节只对土方工程的施工进行讲解,对土方工程的边坡稳定及其基坑支护等辅助工作在第 5 章单独进行讲解。土方工程施工过程包括场地平整、开挖、运输、填筑与压实等。其中,土方工程的准备工作及其辅助工作是保证土方工程顺利进行必不可少的工作,在编制土方工程施工方案时应作周密、细致的设计。此外,土方工程施工应尽量采用机械化施工,以减轻繁重的体力劳动和加快施工进度。

2.3.1 土方工程施工前的准备工作

土方工程施工前应做好有关准备工作,场地平整施工前主要的准备工作如下:

(1) 场地清理。在施工区域内,对已有房屋等建筑物、道路、河渠、通信和电力设备、上下水道等设施及构筑物,均需事先进行拆迁或改建。此外,对于原地面含有大量有机物的草皮、耕植土以及淤泥等都应进行清理,树木需进行迁移。

(2) 地面水排除。场地内的积水必须排除,同时需注意雨水的排除,使场地保持干燥,以利于土方施工。地面水的排出一般采用排水沟、截水沟、挡水土坝等措施。低洼地区施工,除了排水设外,还应当防止周边地下水或者地表水进入场地,影响施工。

(3) 修筑临时道路。以方便机械进场和土方运输,同时,还需做好供水、供电、通信、机具及土方机械的进场、临时停机棚与修理间搭设等临时设施准备工作。

(4) 根据土方施工设计做好土方工程辅助工作,如边坡稳定、基坑(槽)支护、降低地下水以及冬季、雨季施工措施等。

(5) 做好土方工程测量、放线工作。

对于填方工程,铺填料前,应清除或处理场地内填土层底面以下的耕土和软弱土层;在雨季、冬季进行压实填土施工时,应做好施工方案,采取防雨、防冻措施,防止填料(粉质黏土、粉土)受雨水淋湿或冻结,并应采取措施防止出现“橡皮”土等。

2.3.2 土方工程机械化施工

大面积场地平整,宜采用推土机、铲运机等大型机械施工。

1. 推土机

推土机由拖拉机和推土铲刀组成。按铲刀的操纵机构不同,推土机分为钢索式和液压式两种。目前使用的主要是液压式,如图 2.12 所示。

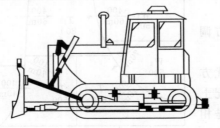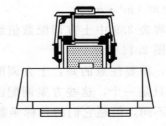

图 2.12 履带液压式推土机

推土机的特点是:操纵灵活,运转方便,所需工作面较小,行驶速度较快,易于转移。推土机适用于开挖一至三类土，多用于平整场地、开挖深度不大的基坑、移挖作填、回填土方、推筑堤坝以及配合挖土机集中土方、修路开道等。

推土机作业以切土和推运土为主，切土时应根据土质情况，尽量采用最大切土深度在最短距离（6～10m）内完成，以便缩短低速行进的时间，然后直接推运到预定地点。上下坡坡度不得超过 35°，横坡不得超过 10°。几台推土机同时作业时，前后距离应大于 8m。

推土机经济运距在 100m 以内，效率最高的运距在 60m。为了提高推土机生产率，可采取以下几种施工方法：下坡铲土（图 2.13）；分批集中，一次推送；并列推土（图 2.14）；槽型推土（图 2.15）；利用土埂推土；铲刀上附加侧板。

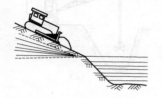
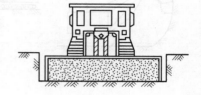

图 2.13　下坡推土　　　　图 2.14　并列推土　　　　图 2.15　槽型推土

2. 铲运机

铲运机是一种利用铲斗铲削土方，并将碎土装入铲斗进行运送的铲土运输机械，能够完成挖土、装土、运土、卸土和平土全部土方施工工序的综合作业机械。铲运机按行走方式分为自行式和拖式两种（图 2.16），按照铲斗操作系统分为机械操纵和液压操纵两种。

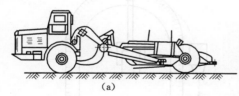
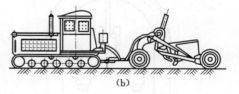

图 2.16　铲运机
（a）自行式铲运机；（b）拖式铲运机

铲运机具有操纵简单，不受地形限制，能独立工作，行驶速度快，生产效率高等优点。主要适用于一至三类土，如铁路、公路、水利、电力等工程平整场地工作，但铲削三类以上土壤时，需要预先松土。

铲运机的开行路线和施工方法视工程大小、运距长短、土的性质和地形条件等而定。开行线路可采用环形路线或 8 字路线（图 2.17）。适用运距为 600～1500m，当运距为 200～350m 时效率最高。采用下坡铲土、跨铲法、推土机助铲法等，可缩短装土时间，提高土斗装土量，以充分发挥其效率。

3. 挖掘机

挖掘机按工作装置的不同，挖土机可分为正铲、反铲、拉铲和抓铲等（图 2.18）；按其操纵机构不同，可分为机械式和液压式两类；按其行走装置不同，分为履带式和轮胎式

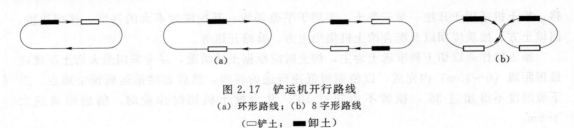

图 2.17 铲运机开行路线

(a) 环形路线；(b) 8 字形路线

(□铲土；■卸土)

两类。挖掘机利用土斗直接挖土，因此也称单斗挖土机。

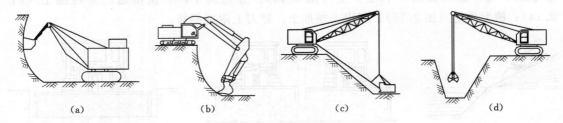

图 2.18 单斗挖掘机

(a) 正铲挖掘机；(b) 反铲挖掘机；(c) 拉铲挖掘机；(d) 抓铲挖掘机

(1) 正铲挖掘机。正铲挖土机的挖土特点是"前进向上，强制切土"。其挖掘力大，生产率高，适用于开挖停机面以上的一至四类土和经爆破的岩石及冻土，但需与汽车配合完成整个挖运工作，可用于挖掘大型干燥的基坑和土丘等。

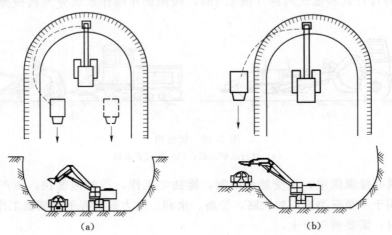

图 2.19 正铲挖掘机开挖方式

(a) 正向开挖后方装土；(b) 正向开挖侧向装土

正铲的开挖方式根据开挖路线与汽车相对位置不同分为正向开挖、侧向装土以及正向开挖、后方装土两种 (图 2.19)。前者生产率较高。

(2) 反铲挖土机施工。反铲挖土机主要用于开挖停机面以下深度不大的基坑（槽）或管沟及含水量大的土，最大挖土深度为 4～6m，经济合理的挖土深度为 1.5～3.0m。挖出的土方卸在基坑（槽）、管沟的两边堆放或用推土机推到远处堆放，或配合自卸汽车运走。

反铲挖土机的挖土特点是"后退向下，强制切土"。其挖掘力比正铲小，能开挖停机面以下的一至三类土，宜用于开挖深度不大于 4m 的基坑，对地下水位较高处也适用。

反铲挖土机的开挖方式有沟端开挖和沟侧开挖两种。沟端开挖［图 2.20（a）］，挖土机停在沟端，向后倒退挖土，汽车停在两旁装土，开挖工作面宽。沟侧开挖［图 2.20（b）］，挖土机沿沟槽一侧直线移动挖土，挖土机移动方向与挖土方向垂直，此法能将土弃于距沟较远处，但挖土宽度受到限制。

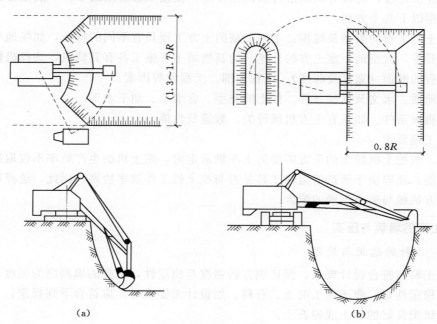

图 2.20　反铲挖掘机开挖方式
(a) 沟端开挖；(b) 沟侧开挖

（3）拉铲挖土机施工。拉铲挖土机适用于开挖一至二类土，主要开挖较深较大的基坑（槽）、沟渠，挖取水中泥土以及填筑路基、修筑堤坝等，特别适用于含水率较大的水下松软土和普通土的挖掘。拉铲开挖方式与反铲挖土机相似，有沟端开挖、沟侧开挖两种。工作时利用惯性，把铲斗甩出后靠收紧和放松钢丝绳进行挖土或卸土，铲斗"后退向下，靠自重切土"。

（4）抓铲挖土机。抓铲挖土机的特点是"自上直下，靠自重切土"，主要用于土质比较松软的一至二类土，施工面比较狭窄的基坑、沟槽和沉井等工程，特别适于水下挖土。土质坚硬时不能用抓铲施工。

对小型基坑，抓铲立于一侧抓土，对较宽的基坑，则在两侧或四侧抓土，抓铲应距基坑边一定距离。土方可装自卸汽车运走，也可堆弃在基坑旁，或者用推土机推到远处堆放。挖淤泥时，抓斗易被淤泥吸住，应避免用力过猛，以防翻车。抓铲施工，一般均需加配重。

4. 装载机

装载机按行走方式分为履带式和轮胎式两种，按工作方式分单斗装载机、链式装载机和轮斗式装载机。土方工程主要使用单斗式装载机，它具有操作灵活、轻便和快速等特点，适用于装卸土方和散料，也可用于松软土的表层剥离、地面平整和场地清理等工作。

5. 机械选择

合理地选择机械，可以提高施工效率、节省成本。如果有多种机械可以选择时，应当进行技术经济比较，将现有机械进行最优化分配，使施工总费用最小。一般土方工程机械选择的依据以下几个方面：

（1）土方工程的类型及规模。不同类型的土方工程具有不同的特点，如场地平整、基坑（槽）开挖，大型地下室土方的开挖、构筑物填土等施工各有其特点，选择机械时应考虑土方工程的断面（宽度及深度）、工程范围、工程量等因素。

（2）地质、水文及气候条件。如土的类型、含水率、地下水等。

（3）机械条件。如现有土方机械种类、数量及性能。

（4）工期要求。

此外，当挖土机挖出的土方需要运土车辆运走时，挖土机的生产效率不仅取决于本身的技术性能，还取决于所选的运输工具是否与挖土机工作效率协调，因此，选择机械时还要注意土方机械与运土车辆的配合。

2.3.3 土方的填筑与压实

2.3.3.1 土料的选用与处理

填方土料应符合设计要求，保证填方的强度与稳定性，选择的填料应为强度高、压缩性小，水稳定性好，便于施工的土、石料。如设计无要求时，应符合下列规定：

（1）级配良好的砂土或碎石土。

（2）以砾石、卵石或块石作填料时，分层夯实时其最大粒径不宜大于 400mm；分层压实时其最大粒径不宜大于 200mm。

（3）以粉质黏土、粉土作填料时，其含水率宜为最优含水率，可采用击实试验确定。

（4）若采用工业废料作为填土，必须保证其性能的稳定性。

（5）冻土、淤泥、膨胀性土及有机物含量大于 8％的土、可溶性硫酸盐含量大于 5％的土不能做填土。

（6）碎块草皮和有机质含量大于 5％的土只能用于无压实要求的填方。

（7）挖高填低或开山填淘的土料和石料，应符合设计要求。

2.3.3.2 填土施工方法

填方施工一般分层填土、分层压实，分层厚度应根据土的种类及压实机械进行确定，应分层检查填土的压实质量，前期填土质量符合设计要求后，才能继续填土。对于倾斜地面，应先将斜坡处理成阶梯状，然后再分层填筑压实，以防填土横向滑移。

填料应尽量采用同类土。当采用透水性不同的两种填料时，应分层填筑，下层宜填筑透水性较大的填料，上层宜填筑透水性较小的填料，各种土料不得混杂使用。

填土可采用人工填土和机械填土。人工填土只适用于小型土方工程，一般用手推车运土，人工用锹、耙、锄等工具进行填筑，从最低部分开始由一端向另一端自下而上分层铺填。机械填土可用推土机、铲运机或自卸汽车进行。用自卸汽车填土，需用推土机推开推平；采用机械填土时，可利用行驶的机械进行部分压实工作。填方施工结束后，应检查标高、边坡坡度、压实度等。

2.3.3.3 填土压实方法

填土压实方法有碾压法、夯实法及振动压实法。

1. 碾压法

碾压法是利用机械滚轮的压力压实土壤，使之达到所需的密实度，适用于大面积填土工程。碾压机械有平碾、羊足碾等。平碾（压路机）是一种以内燃机为动力的自行式压路机，重量为 6～15t。羊足碾单位面积的压力比较大，土壤压实的效果好。羊足碾一般只能用于碾压黏性土，不适于砂性土，因在砂土中碾压时，土的颗粒受到羊足较大的单位压力后会向四面移动而使土体结构破坏。

松土碾压宜先用轻碾压实，再用重碾压实。碾压机械压实填方时，行驶速度不宜过快，一般平碾不应超过 2km/h，而羊足碾不应超过 3km/h。

2. 夯实法

夯实法是利用夯锤自由下落的冲击力来夯实土壤，土体孔隙被压缩，土粒排列得更加紧密。适用于小面积填土工程，可以压实较厚的土层。人工夯实所用的工具有木夯、石夯等，而机械夯实常用的有内燃夯土机、蛙式打夯机、夯锤等。夯锤是借助起重机悬挂一重锤，提升到一定高度，自由下落，重复夯击基土表面。夯锤锤重 1.5～3t，落距 2.5～4m。还有一种强夯法是在重锤夯实法的基础上发展起来的，其锤重 8～30t，落距 6～25m，强大的冲击能可使地基深层得到加固。强夯法适用于黏性土、湿陷性黄土、碎石类等非黏性土填土地基的深层加固。

3. 振动压实法

振动压实法是将振动压实机放在土层表面，在压实机振动作用下，土颗粒发生相对位移而达到紧密状态。主要用于压实非黏性土，采用的机械主要是振动压路机、平板振动器等。振动碾是一种振动和碾压同时作用的高效能压实机械，比一般平碾提高功效 1～2 倍，可节省动力 30%。这种方法主要用于压实非黏性土，如爆破石渣、碎石类土、杂填土和粉土等效果较好。

2.3.4 影响填土压实的因素

填土压实质量与许多因素有关，其中主要影响因素为压实功、土的含水率以及每层铺土厚度。

1. 压实功的影响

填土压实后的干密度与压实机械在其上施加的功有一定的关系（图 2.21）。在开始压实时，土的干密度随着压实功的增加而增加，但在接近土的最大干密度时，压实功虽然增加许多，而土的干密度几乎不再变化。因此，实际施工中，对不同的土应根据选择的压实

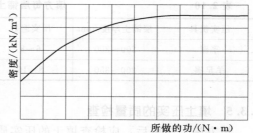

图 2.21 压实密度与压实功之间的关系

机械和密实度要求选择合理的压实遍数（表 2.10）。碾压时应先用轻碾，再用重碾压实就会取得较好效果。

2. 含水率的影响

在同一压实功条件下，填土的含水率对压实质量有直接影响（图 2.22）。较为干燥的土，由于土颗粒之间的摩阻力较大而不易压实；含水率过大土，土孔隙又被水占据，也难以压实，而且常会出现"橡皮土"现象。因此，只有当土具有适当含水率时，水即起到了润滑作用，又减小了土颗粒之间的摩阻力，从而易压实。各种土在某一特定压实功作用下都有其对应的最佳含水率。各种土的最佳含水率和所能获得的最大干重度，可由击实试验取得。土在最佳含水率条件下，相同的压实功进行压实后所得到的干重度最大（图 2.22）。

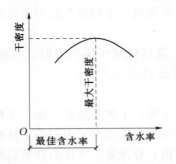 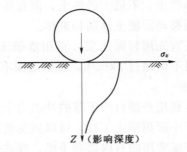

图 2.22　干密度与含水率关系　　　图 2.23　压实作用沿深度的变化

施工中，应严格控制土的含水率，施工前应对土的含水率进行检验，使土料的含水率接近土的最佳含水率。土的含水率与最佳含水率之差可控制在 $-2\%\sim+2\%$ 范围内。当土的含水率过大，应采用翻松、晾晒、风干等方法降低含水率，或采用换土回填、均匀掺入干土或其他吸水材料、打石灰桩等措施；如含水率偏低，则可预先洒水湿润。含水率过大或过小的土均难以压实。

3. 铺土厚度的影响

土在压实功的作用下，压应力随深度增加而逐渐减小（图 2.23），其影响深度与土的性质、含水率以及压实机械等因素有关。铺土过厚，要压很多遍才能达到规定的密实度；铺得过薄，则要增加机械的总压实遍数。因此，铺土厚度应小于压实机械压实土时的有效作用深度，而且还应考虑最优土层厚度。最优的铺土厚度应能使土方压实而机械压实功的耗费最少。填土的铺土厚度及压实遍数可参考表 2.10 选择。

表 2.10　　　　　　　　　　填方每层铺土厚度和压实遍数

压实机具	层铺土厚度/mm	压实遍数	压实机具	层铺土厚度/mm	压实遍数
平碾	200～300	6～8	蛙式打夯机	200～250	3～4
羊足碾	200～350	8～16	人工夯实	≤200	3～4

2.3.5　填土压实的质量检查

填方施工结束后，应检查填土的压实质量，检验结果应符合相关标准规定。压实填土的质量以压实系数 λ_c 控制，工程中可根据工程性质、结构类型和压实填土所在部位根据相关规范进行检查，表 2.11 给出了一般建筑结构压实系数的要求。

表 2.11 填土压实的质量控制

结 构 类 型	填 土 部 位	压实系数 λ_c	控制含水率/%
砌体承重结构和框架结构	在地基主要受力层范围内	≥0.97	$w_{op} \pm 2$
	在地基主要受力层范围以下	≥0.95	
排架结构	在地基主要受力层范围内	≥0.96	
	在地基主要受力层范围以下	≥0.94	

注 1. w_{op} 为最优含水率。

　　2. 地坪垫层以下及基础底面标高以上的压实填土，压实系数应不小于 0.94。

压实系数（压实度）λ_c 为填土的控制干密度 ρ_d 与土的最大干密度 $\rho_{d\max}$ 之比，即

$$\lambda_c = \frac{\rho_d}{\rho_{d\max}} \tag{2.24}$$

工程中，宜采用实验确定各参数，ρ_d 可用"环刀法"或灌砂（或灌水）法测定，$\rho_{d\max}$ 则用击实试验确定。如果无试验资料，最大干密度可按下式计算：

$$\rho_{d\max} = \frac{\eta \rho_w d_s}{1 + 0.01 w_{op} d_s} \tag{2.25}$$

式中　$\rho_{d\max}$——分层压实填土的最大干密度，当填料为碎石或卵石时，其最大干密度可取 2.0～2.2t/m³；

　　　　η——经验系数，粉质黏土取 0.96，粉土取 0.97；

　　　　ρ_w——水的密度；

　　　　d_s——土粒相对密度（比重）；

　　　　w_{op}——填料的最优含水率。

思考题与习题

　　1. 施工中土分成哪八类？如何区分？

　　2. 什么是土的可松性？对土方施工有何影响？

　　3. 工程中场地设计标高一般要满足哪些要求？

　　4. 填土压实有几种方法，各有什么特点？

　　5. 填方土料应符合哪些要求？影响填土压实的因素有哪些？

　　6. 如何确定填土压实的质量符合自求？

　　7. 某场地如图 2.24 所示，方格边长为 40m。

　　①试按挖、填平衡原则确定场地的计划标高 H_0，然后据以算出方格角点的施工高度、绘出零线，计算挖方量和填方量。

　　②当 $i_x = 2‰$，$i_y = 0$，试确定方格角点计划标高。

　　③当 $i_x = 2‰$，$i_y = 3‰$ 时试确定方格角点计划标高。

　　8. 试用"表上作业法"确定表 2.12 土方量的最优调配方案。

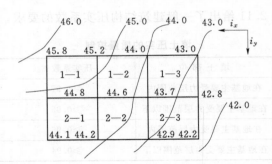

图 2.24 习题 7 图

表 2.12
土 方 调 配 运 距 表

挖方区	填 方 区				挖方量 /m³
	T_1	T_2	T_3	T_4	
W_1	150	200	180	240	10000
W_2	70	140	110	170	4000
W_3	150	220	120	200	4000
W_4	100	130	80	160	1000
填方量/m³	1000	7000	2000	9000	19000

注　小方格内运距单位为 m。

第3章 混凝土工程

混凝土结构工程由钢筋、模板、混凝土等多个工种组成。混凝土结构工程在土木工程施工中占主导地位，它对人力、物力的消耗和对工期均有很大的影响。

混凝土结构工程包括现浇混凝土结构施工与装配式预制混凝土构件的工业化施工两个方面类，本章主要介绍现浇混凝土工程的施工。由于现浇混凝土工程的施工过程复杂，因而要加强施工管理，统筹安排，合理组织，以达到保证质量、快速施工和降低造价的目的。混凝土结构工程施工技术近年来得到了快速的发展。

钢筋工程方面，不但生产和应用了各种高性能钢筋，能够满足不同工程结构的需要，而且改善了钢筋的加工工艺，如提高了机械化、自动化的水平，采用了数字程序控制调直剪切机、光电控制点焊机、钢筋冷拉联动线等。此外，在钢筋电焊、气压焊、冷压套筒和锥螺纹连接等技术方面取得了不少成绩，并得到了快速推广。

模板工程方面，采用了钢框木模板和工具式支模方法，推广了大模板、液压滑升模板、爬模、提模、隧道模、台模等机械化程度较高的模板和预应力混凝土薄板、压延型钢板等永久模板以及模板早拆体系等新技术。

混凝土工程方面，已实现了混凝土搅拌站后台上料机械化、称量自动化和混凝土搅拌自动化或半自动化，扩大了商品混凝土的应用范围，还推广了混凝土强制搅拌、高频振动、混凝土搅拌运输车和混凝土泵送等新工艺。特别是近年来流态混凝土、高性能混凝土等新型混凝土的出现，将使混凝土工艺产生很大的变化。新型外加剂的使用，也是混凝土施工技术发展的重点。大尺寸、大体积混凝土的防裂技术也已逐渐成熟，为保证相应混凝土结构的使用功能和使用寿命提供了技术保障。

3.1 钢筋工程

混凝土结构所用钢筋的种类较多。钢筋混凝土结构常用的钢材有钢筋、钢丝和钢绞线三类。根据用途不同，混凝土结构用钢筋分为普通钢筋和预应力钢筋。根据钢筋的强度不同，可以分为Ⅰ～Ⅳ级，钢筋的强度和硬度逐级升高，但塑性则逐级降低。根据钢筋的生产工艺不同，钢筋分为热轧钢筋、热处理钢筋、冷加工钢筋等。按轧制钢筋外形分为光圆钢筋和变形钢筋（人字纹、月牙形纹或螺旋纹），现行《混凝土结构设计规范》（GB 50010—2010）淘汰了人字纹和螺旋纹钢筋。

钢筋施工过程一般如下：施工图→翻样图→配料单→材料进场→材料检验→钢筋加工→钢筋安装与连接→钢筋验收。

3.1.1 钢筋的进场检验与加工

钢筋出厂时应有出厂质量证明，钢筋进场后，应检查产品合格证、出厂检验报告，并进行外观检查，应按现行国家标准的规定抽取试件作力学性能检验，其质量必须符合有关标准的规定，如钢筋强度标准值应具有不小于 95％的保证率等。对有抗震设防要求的框架结构，其纵向受力钢筋的强度应满足设计要求；抗震等级为一、二、三级的框架和斜撑构件，纵向受力钢筋采用普通钢筋时，检验所得的强度实测值应满足钢筋的抗拉强度实测值与屈服强度实测值的比值应不小于 1.25，且钢筋的屈服强度实测值与强度标准值的比值应不大于 1.3，且钢筋在最大拉力下的总伸长率实测值应不小于 9％。使用中发现钢筋脆断、焊接性能不良或力学性能显著不正常现象时，应对该批钢筋进行化学成分检验或者专项检查。

钢筋加工过程取决于成品种类，一般的加工过程有调直、除锈、剪切、弯曲、镦头、冷拔、焊接、绑扎等。钢筋的加工一般在钢筋车间或工地的钢筋加工棚进行，加工后运至现场安装或绑扎。

调直：钢筋调直方法很多，钢筋调直宜采用机械方法，也可用冷拉调直。对局部曲折、弯曲或成盘的钢筋在使用前应加以调直。

除锈：大量钢筋的除锈可通过钢筋冷拉或钢筋调直机调直过程中完成；少量的钢筋局部除锈可采用电动除锈机或人工用钢丝刷、砂盘以及喷砂和酸洗等方法进行。

剪切：钢筋剪切可用钢筋切断机或手动剪切器。钢筋剪切前，应将同规格钢筋长短搭配，统筹安排，一般先断长料，后断短料，以减少短头和损耗。

弯曲：钢筋弯曲机械可以采用钢筋弯曲机或手工弯曲工具。弯曲工艺主要可以分成划线和弯曲成形两个部分，对于形状较复杂的钢筋应根据钢筋料牌上标明的尺寸，由钢尺量度后用石笔将各弯曲点位置划出；把钢筋平直的放置在操作台上，当弯曲角度为 90°时，钢筋弯曲点的刻划线应与弯曲机心轴内边缘对齐，设置好机器的弯曲角度，启动机器弯曲钢筋。

在浇筑混凝土之前，应进行钢筋隐蔽工程验收，其包括以下内容：纵向受力钢筋的品种、规格、数量、位置；钢筋的连接方式、接头位置、接头数量、接头面积百分率；箍筋、横向钢筋的品种、规格、数量、间距；预埋件的规格、数量、位置等。

下面重点介绍钢筋的连接，钢筋的连接方法有绑扎连接、焊接连接和机械连接。

3.1.2　钢筋的连接

钢筋的连接是钢筋工程施工中十分关键的工序。钢筋的连接有绑扎、焊接及机械连接。除个别情况外（如在不准出现明火的位置施工）应尽量采用焊接连接，以保证钢筋的连接质量、提高连接效率和节约钢材。在施工现场，对钢筋绑扎的检查主要通过尺量及观察，对焊接与机械连接则应按现行国家标准的规定抽取钢筋机械连接接头、焊接接头试件作力学性能检验，保证钢筋的连接质量应满足要求。

3.1.2.1　钢筋的绑扎

绑扎连接是用细铁丝把相互搭接的钢筋绑扎在一起，它目前仍为钢筋连接的主要手段之一。绑扎连接时受拉钢筋和受压钢筋接头的搭接长度、接头总截面面积的百分率及接头位置应符合设计及施工验收规范的规定。在钢筋网绑扎时，四周的钢筋交叉点应每点扎牢，中间部分可相隔交错扎牢；双向主筋的钢筋网，全部交叉点须扎牢。柱箍筋的接头应交错布置在四角纵向钢筋上；梁箍筋的接头应交错布置在两根架立筋上；箍筋的转角与纵向钢筋交叉处均应扎牢。梁和柱的箍筋应与受力钢筋垂直设置，弯钩叠合处应沿受力钢筋方向错开设置。

此外，在普通混凝土中，轴心受拉及小偏心受拉构件的纵向受力钢筋不得采用绑扎连接，当受拉钢筋的直径大于 28mm 及受压钢筋的直径大于 32mm 时不宜采用绑扎连接。

3.1.2.2 钢筋的焊接

根据现行国家规范规定轴心受拉和小偏心受拉杆件中的钢筋接头，均应焊接。普通混凝土中直径大于 22mm 的钢筋和轻骨料混凝土中直径大于 20mm 的 Ⅰ 级钢筋、直径大于 25mm 的 Ⅱ、Ⅲ 级钢筋的接头，均宜采用焊接。

钢筋的焊接质量与钢材的可焊性、焊接工艺有关。可焊性与钢筋所含碳、合金元素等的数量有关，含碳、硫、硅、锰数量增加，则可焊性差；而含适量的钛可改善可焊性。焊接工艺（焊接参数与操作水平）亦影响焊接质量，即使可焊性差的钢材，若焊接工艺合宜，亦可获得良好的焊接质量。当环境温度低于 −5℃，即为钢筋低温焊接，此时应调整焊接工艺参数，使焊缝和热影响区缓慢冷却。在现场进行钢筋焊接，当采用闪光对焊或电弧焊时风速大于 7.9m/s，或者采用气压焊而风速大于 5.4m/s 时，均应采取挡风措施。环境温度低于 −20℃ 时不宜在露天进行焊接。所有钢筋焊接后的热接头不得与冰、雪、水相遇。

受力钢筋焊接接头或机械连接接头，设置在同一构件内的接头易相互错开，接头百分率应控制在相关规范规定的范围内。

钢筋焊接分为压焊和熔焊两种形式。压焊包括闪光对焊、电阻点焊和气压焊；熔焊是利用局部热源将焊件的结合处及填充金属材料（有时不用填充金属材料）熔化，冷却凝固后形成接头的焊接方法，包括电弧焊和电渣压力焊。此外，钢筋与预埋件间 T 形接头的焊接应采用埋弧压力焊，也可用电弧焊或穿孔塞焊，但焊接电流不宜过大，以防烧伤钢筋。钢筋焊接的几种形式具体如下：

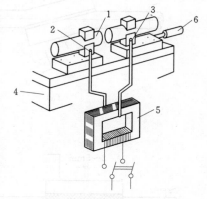

图 3.1 钢筋闪光对焊原理
1—钢筋；2—固定电极；3—可动电极；
4—基座；5—变压器；6—手动顶压机构

1. 闪光对焊

闪光对焊广泛用于钢筋接长及预应力钢筋与螺丝端杆锚具的焊接。闪光对焊是利用电热效应产生的高温熔化钢筋端头，使两根钢筋端部融合为一体的连接方法。从接头的质量控制要求和便于钢筋安装，热轧钢筋的焊接宜优先使用闪光对焊，其次选用电弧焊。钢筋闪光对焊的原理（图 3.1）是利用对焊机使两段钢筋接触，通过低电压的强电流，待钢筋被加热到一定温度变软熔化后，进行轴向加压顶锻，形成对焊接头。

钢筋闪光对焊工艺常用的有连续闪光焊、预热闪光焊和闪光—预热—闪光焊。对 Ⅳ 级钢筋有时在焊接后还进行通电热处理。

（1）连续闪光焊。这种焊接的工艺过程是待钢筋夹紧在电极钳口上后，闭合电源，使两钢筋端面轻微接触。由于钢筋端部不平，开始只有一点或数点接触，接触面小而电流密度和接触电阻很大，接触点很快熔化并产生金属蒸气飞溅，形成闪光现象。闪光一开始就徐徐移动钢筋，使形成连续闪光过程，同时接头也被加热。待接头烧平、闪去杂质和氧化膜、白热熔化时，随即施加轴向压力迅速进行顶锻，使两根钢筋焊牢。

连续闪光焊宜于焊接直径 25mm 以内的Ⅰ～Ⅲ级钢筋，且焊接直径较小的钢筋最适宜。连续闪光焊的工艺参数为调伸长度、烧化留量、顶锻留量及变压器级数等。

（2）预热闪光焊。钢筋直径较大，端面比较平整时宜用预热闪光焊。与连续闪光焊不同之处在于前面增加一个预热时间，先使大直径钢筋预热后再连续闪光烧化进行加压顶锻。

（3）闪光—预热—闪光焊。焊接大直径钢筋宜采用闪光预热闪光焊，端面不平整的大直径钢筋连接采用半自动或自动的 150 型对焊机。这种焊接的工艺过程是进行连续闪光，使钢筋端部烧化平整；再使接头处作周期性闭合和断开，形成断续闪光使钢筋加热；接着再是连续闪光，最后进行加压顶锻。

闪光—预热—闪光焊的工艺参数为调伸长度、一次烧化留量、预热留量和预热时间、二次烧化留量、顶锻留量及变压器级数等。

2. 电弧焊

电弧焊是利用电弧焊机通电后在焊条与焊件之间产生高温电弧，使焊条和电弧燃烧范围内的焊件熔化，待其凝固便形成焊缝或接头，电弧焊广泛用于钢筋连接、钢筋骨架焊接、装配式结构接头的焊接、钢筋与钢板的焊接及各种钢结构焊接制作。

钢筋电弧焊包括搭接焊、帮条焊、坡口焊（也称剖口焊）（图 3.2）、窄间隙焊和熔槽

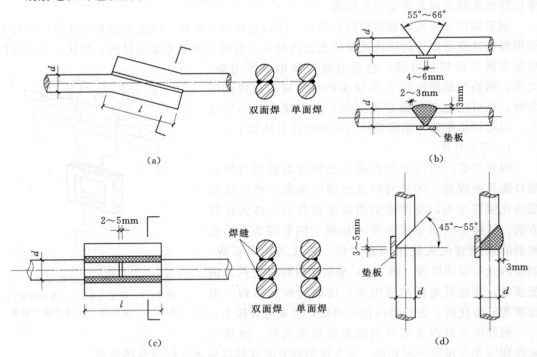

图 3.2　钢筋电弧焊接头形式

（a）搭接焊接；（b）帮条焊接；（c）平焊坡口焊；（d）立焊坡口焊

注：l—接头长度。

帮条焊五种接头形式。此外，预埋件的钢板与钢筋的连接一般也采用电弧焊。焊接电流和焊条直径应根据钢筋级别、直径、接头形式和焊接位置进行选择。

电弧焊机有直流与交流之分，常用的为交流电弧焊机。帮条焊和搭接焊的接头长度见表3.1。

表 3.1 帮条焊和搭接焊的接头长度

钢筋级别	焊缝型式	接头长度
Ⅰ 级	单面焊	≥8d
	双面焊	≥4d
Ⅱ、Ⅲ 级	单面焊	≥10d
	双面焊	≥5d

钢筋焊接应根据钢材等级和焊接接头形式选择焊条。此外，钢筋电弧焊所采用的焊条还与钢筋种类、接头形式等有关，一般由设计确定，如设计没有规定，也可参考表3.2选择。焊条的种类很多，如"结42X"、"结50X"等。焊条表面涂有药皮，它可保证电弧稳定，使焊缝避免氧化，并产生溶渣覆盖焊缝以减缓冷却速度。尾符号 X 表示没有规定药皮类型，酸性或碱性焊条均可。但对重要结构的钢筋接头，宜用低氢型碱性焊条进行焊接。

表 3.2 钢筋电弧焊焊条型号

接头形式 钢筋级别	帮条焊 搭接焊	坡口焊、槽帮条焊 预埋件穿孔塞焊	窄间隙焊	钢筋与钢板搭接焊 预埋件 T 型角焊
Ⅰ 级	E4303	E4303	E4316 E4315	E4303
Ⅱ 级	E4303	E5003	E5016 E5015	E4303
Ⅲ 级	E5003	E5503	E6016 E6015	—

注 窄间隙焊不适用于 RRB400 钢筋。

搭接焊接接头的长度、帮条的长度、焊缝的长度和高度等，《钢筋焊接及验收规程》中都有具体的规定。搭接焊、帮条焊和坡口焊的焊接接头，除外观质量检查外，亦需抽样作拉伸试验。如对焊接质量有怀疑或发现异常情况，还可进行非破损检验（如 X 射线、γ 射线、超声波探伤等）。

3. 电渣压力焊

电渣压力焊在建筑施工中多用于现浇钢筋混凝土结构构件内竖向或斜向（倾斜度在 4:1 的范围内）钢筋的焊接接长。包括自动与手工电渣压力焊两种。与电弧焊比较，具有工效高、成本低等特点，我国在一些高层建筑施工中应用电渣压力焊已取得很好的效果，应用较普遍。

钢筋电渣压力焊是将两钢筋安放成竖向对接形式，利用焊接电流通过两钢筋端面间隙，在焊剂层下形成电弧过程和电渣过程，产生电弧热和电阻热，熔化钢筋，加压完成的一种压焊方法。

电渣压力焊施工分为引弧、稳弧、顶锻三个过程，这三个过程应连续进行。施工中焊接夹具的上下钳口应夹紧上下钢筋，钢筋一经夹紧，不得晃动。引弧宜采用铁丝圈或焊条头引弧法，亦可采用直接引弧法；引燃电弧后，应先进行电弧过程（稳弧），然后加快上钢筋下送速度，使钢筋端面与液态渣池接触，转变为电渣过程，最后在断电的同时，迅速下压上钢筋（顶锻），挤出熔化金属和熔渣（图 3.3）。接头焊毕，应停歇后，方可回收焊剂和卸下焊接夹具，并敲去渣壳；四周焊包应均匀，凸出钢筋表面的高度应不小于 4mm。

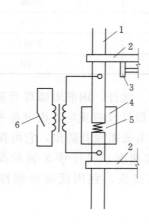

图 3.3　电渣压力焊原理

1—钢筋；2—夹钳；3—凸轮；4—焊剂盒；
5—铁丝团球或导电焊剂；6—电源开关

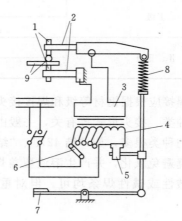

图 3.4　电阻电焊工作原理

1—电极；2—电极臂；3—变压器的次级线圈；
4—变压器的初级线圈；5—断路器；6—变压
器调节级数开关；7—踏板；8—压紧机构；
9—钢筋

电渣压力焊焊接参数应包括焊接电流、电压和通电时间。不同直径钢筋对接时，直接其中较小直径钢筋选择参数，焊接通电时间可延长。

4. 电阻点焊

电阻点焊主要用于钢筋的交叉连接，如用来焊接钢筋网片、钢筋骨架等，代替钢筋绑扎。它具有生产效率高、节约材料、应用广泛等特点。电阻点焊的工作原理是，当钢筋交叉点焊时，接触点只有一点，且接触电阻较大，在接触的瞬间，电流产生的全部热量都集中在一点上，因而使钢筋接触点处受热而熔化，同时在电极加压下使焊点金属得到焊合，其工作原理如图 3.4 所示。

电阻点焊的工艺过程应包括预压、通电、锻压三个阶段。电阻点焊的主要工艺参数为变压器级数、通电时间和电极压力。在焊接过程中应保持一定的预压和锻压时间。

电阻点焊不同直径钢筋时，若较小钢筋的直径小于 10mm，大小钢筋直径之比不宜大于 3；若较小钢筋的直径为 12mm 或 14mm 时，大小钢筋直径之比则不宜大于 2。应根据较小直径的钢筋选择焊接工艺参数。

焊点应有一定的压入深度。点焊热轧钢筋时，压入深度为较小钢筋直径的 30%～45%；点焊冷拔低碳钢丝时，压入深度为较小钢丝直径的 30%～35%。

5. 气压焊

气压焊接钢筋是利用乙炔、氧气混合气体燃烧的高温火焰对已有初始压力的两根钢筋端面接合处加热，使钢筋端部产生塑性变形，并促使钢筋端面的金属原子互相扩散，当钢筋加热到约 1250～1350℃（相当于钢材熔点的 0.80～0.90 倍，此时钢筋加热部位呈橘黄色，有白亮闪光出现）时进行加压顶锻，使钢筋内的原子得以再结晶而焊接在一起。

钢筋气压焊接属于热压焊。在焊接加热过程中，加热温度只为钢材熔点的 0.8～0.9 倍，钢材未呈熔化液态，而且加热时间较短，钢筋的热输入量较少，不会出现钢筋材质劣化倾向。此外，它具有设备轻巧、使用灵活、效率高、节省电能、焊接成本低等特点，可进行全方位（竖向、水平和斜向）焊接，所以钢筋气压焊在我国逐步得到推广。

气压焊接设备主要包括加热系统与加压系统两部分，如图 3.5 所示。加热系统中加热能源是氧和乙炔。用流量计来控制氧和乙炔的输入量，焊接不同直径的钢筋要求不同的流量。加热器用来将氧和乙炔混合后，从喷火嘴喷出火焰加热钢筋，要求火焰能均匀加热钢筋，有足够的温度和功率，并保证安全可靠。

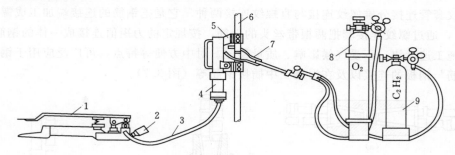

图 3.5　气压焊焊接原理
1—脚踏液压泵；2—压力表；3—液压胶管；4—活动油缸；5—钢筋卡具；6—钢筋；
7—多火口烤枪；8—氧气瓶；9—乙炔瓶

加压系统中的压力源为电动油泵，使加压顶锻的压力平稳。压接器是气压焊的主要设备之一，要求它能准确、方便地将两根钢筋固定在同一轴线上，并将油泵产生的压力均匀地传递给钢筋达到焊接目的。

气压焊接的钢筋要用砂轮切割机断料，不能用钢筋切断机剪切，要求端面与钢筋轴线垂直。焊接前应打磨钢筋端面，清除氧化层和污物，使之现出金属光泽，并即喷涂一薄层焊接活化剂保护端面不再氧化。

钢筋加热前先对钢筋施加 30～40MPa 的初始压力，使钢筋端面贴合。当加热到缝隙密合后，上下摆动加热器适当增大钢筋加热范围，促使钢筋端面金属原子互相渗透也便于加压顶锻。加压顶锻时的压应力约 34～40MPa，使焊接部位产生塑性变形。直径小于 22mm 的钢筋可以一次顶锻成型，大直径钢筋可以进行二次顶锻。

3.1.2.3　钢筋的机械连接

常用的机械连接接头类型包括挤压套筒接头、螺纹套筒接头、熔融金属充填套筒接头、水泥灌浆充填套筒接头以及受压钢筋端面平接头等。挤压套筒接头与螺纹套筒接头近年来应用十分广泛，它是大直径钢筋现场连接的主要方法。

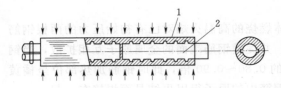

图 3.6　钢筋的挤压连接原理
1—钢套筒；2—被连接钢筋

1. 钢筋挤压连接

钢筋挤压连接是将需连接的变形钢筋插入特制钢套筒内，利用液压驱动的挤压机进行径向或轴向挤压，使钢套筒产生塑性变形，使它紧紧咬住变形钢筋实现连接，如图 3.6 所示。它适用于竖向、横向及其他方向的较大直径变形钢筋的连接。钢筋挤压连接亦称钢筋套筒冷压连接。与焊接相比，它具有省电、不受钢筋可焊性和气候影响、无明火、施工简便和接头可靠度高等特点。

钢筋挤压连接的工艺参数，主要是压接顺序、压接力和压接道数。压接顺序应从中间逐道向两端压接。压接力要能保证套筒与钢筋紧密咬合，压接力和压接道数取决于钢筋直径、套筒型号和挤压机型号。

2. 钢筋螺纹套管连接

螺纹套管连接分锥螺纹连接与直螺纹连接两种。它是把钢筋的连接端加工成螺纹（简称丝头），通过螺纹连接套把两根带丝头的钢筋，按规定的力矩值连接成一体的钢筋接头。它具有施工速度快、不受气候影响、质量稳定、对中方便等特点，可广泛应用于钢筋的连接、钢筋与钢板的连接以及在混凝土中插接钢筋等（图 3.7）。

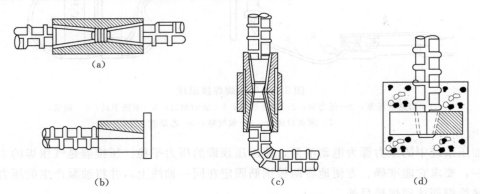

(a)　　　　(b)　　　　(c)　　　　(d)

图 3.7　钢筋锥螺纹套管连接示意图
(a) 两根钢筋直连接；(b) 钢板上连接钢筋；(c) 一根直钢筋与一根弯钢筋连接；(d) 混凝土构件中插钢筋

在施工现场，应按我国现行标准《钢筋锥螺纹接头技术规程》（JGJ 109—96）和《钢筋焊接及验收规程》（JGJ 18—2012）的规定抽取钢筋接头作力学性能检验。

3.1.3　钢筋配料与代换

钢筋配料是根据钢筋混凝土构件的配筋图，先绘出构件中各种形状和规格的单根钢筋简图并加以编号，然后分别计算钢筋的直线下料长度、总根数及总重量，再编制钢筋配料单，制作料牌，作为下料加工的依据。

在配料表中需标出每根钢筋的下料长度。下料长度指的是下料时钢筋需要的实际长度，这与图纸上标注的长度并不完全一致。实际工程计算中，影响下料长度计算的因素很多，如混凝土保护层厚度；钢筋弯折后发生的变形；图纸上钢筋尺寸标注方法的多样化；

弯折钢筋的直径、级别、形状、弯心半径的大小以及端部弯钩的形状等，在进行下料长度计算时，对这些因素都应该考虑。

钢筋下料长度的计算是以钢筋弯折后其中心线长度不变这个假设条件为前提进行的。也就是说，钢筋弯折后外边缘变长内边缘缩短，而中心线的长度不变。因此，钢筋的中心线长度就是相应钢筋的下料长度。

3.1.3.1 钢筋的下料长度计算

钢筋的保护层是指从混凝土外表面至最外层钢筋外表面的距离，不同部位的钢筋，保护层厚度也不同。此外，由于结构受力和锚固长度的要求，大多数钢筋需在中间弯曲和两端弯成弯钩。钢筋弯曲时，其外壁伸长、内壁缩短，而中心线长度保持不变。但是施工图中给出的尺寸或简图中注明的尺寸不包括弯钩长度，它是根据构件尺寸、钢筋形状及保护层的厚度等按外包尺寸计算而来的钢筋的外轮廓尺寸。对于中部弯曲的钢筋，外包尺寸显然大于中心线长度，它们之间存在一个差值，称为"量度差值"。量度差的大小与钢筋直径、弯曲角度、弯心直径等因素有关。为满足钢筋在混凝土中的锚固需要，钢筋末端一般需加工成弯钩。这种端部弯钩由圆弧段（圆弧段长度与弯曲直径有关）和平直段组成（平直段长度与钢筋级别、抗震等级有关），其外包尺寸会小于中心线长度。因此，钢筋的下料长度应按简图的外包尺寸，增加端头弯钩长度，扣除钢筋弯曲时所引起的量度差值。

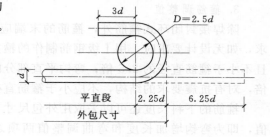

钢筋下料长度计算如下：

钢筋下料长度＝外包尺寸＋端部弯钩增长值
　　　　　　　－量度差值

钢筋下料长度＝箍筋周长＋箍筋调整值

1. 端部弯钩增长值

钢筋用于普通混凝土末端需做 180°弯钩时，其圆弧弯曲直径 D 不应小于钢筋直径的

图 3.8　180°弯钩钢筋示意图

2.5 倍，弯钩末端平直部分长度不宜小于钢筋直径的 3 倍，如图 3.8 所示。平直段长度为 $3d$，弯心直径 $D＝2.5d$，则有

$$端部弯钩增加值＝平直段＋圆弧段－\left(\frac{D}{2}+d\right)$$

$$=3d+\frac{\pi}{2}(D+d)-\left(\frac{D}{2}+d\right)=6.25d$$

其余端部弯钩增加值同上，计算结果见表 3.3。

表 3.3　　　　　　　　　　　　　钢筋端部弯钩增加值

弯　钩　类　型		弯钩增加值		
		180°	135°	90°
增加长度	HPB300（235）光圆钢筋	6.25d	4.9d	3.5d
	HRB335月牙肋钢筋		5.9d	3.9d

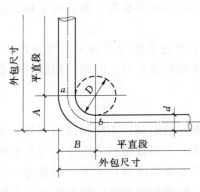

图 3.9　90°弯折示意图

2. 量度差值

量度差值是钢筋外包尺寸与中心线长度的差值。以 90°弯曲为例（图 3.4），$D=5d$，中心线 ab 的弧长 $=\dfrac{\pi}{2}(D+d)$，则有

$$量度差=外包尺寸-轴线尺寸$$

$$=A+B-\dfrac{\pi}{2}(D+d)$$

$$=\left(\dfrac{D}{2}+d\right)\times 2-\dfrac{\pi}{2}\left(\dfrac{D}{2}+\dfrac{d}{2}\right)=2.29d$$

一般近似取 $2d$。其他角度的弯折量度差计算同上，工程中弯曲量度差的取值一般按表 3.4 取值。

表 3.4　　　　　　　　　　　　　钢筋弯曲量度差取值

钢筋弯曲角度	30°	45°	60°	90°	135°
钢筋弯曲量度差	0.35d	0.5d	0.85d	2.0d	2.5d

3. 箍筋调整值

除焊接封闭环式箍筋外，箍筋的末端应作弯钩，箍筋末端的弯钩形式应符合设计要求，如无设计要求时，用Ⅰ级钢筋制作的箍筋，其弯钩的弯曲直径应大于受力钢筋直径，且不小于箍筋直径的 2.5 倍；弯钩平直部分的长度，对一般结构，不宜小于箍筋直径的 5 倍，对有抗震要求的结构，不应小于箍筋直径的 10 倍。

箍筋的下料长度还可以采取用外包尺寸（或内包尺寸）加调整值进行计算。箍筋调整值，即为弯钩增加长度和弯曲调整值两项之差，一般结构用的箍筋可直接在表 3.5 中查用。

表 3.5　　　　　　　　　　　　　箍 筋 调 整 值　　　　　　　　　　　　单位：mm

箍筋直径 箍筋量度方法	4～5mm	6mm	8mm	10～12mm
量外包尺寸	40	50	60	70
量内包尺寸	80	100	120	150～170

4. 钢筋配料计算实例

某建筑物简支梁配筋如图 3.10 所示，梁宽 200mm，梁高为 400mm，钢筋强度为 HPB300（Φ），弯起钢筋的弯起角度为 45°，保护层厚度均按 25mm 计算。试计算①～⑤号钢筋的下料长度。

解： ①号钢筋下料长度为

$$(5400-2\times 20)+2\times 6.25d=5400-2\times 20+2\times 6.25\times 16=5560mm$$

②号钢筋下料长度为

$$(5400-2\times 20+2\times 200)-2\times 2d+2\times 6.25d$$

$$=5400-2\times 20+2\times 200-2\times 2\times 18+2\times 6.25\times 18=5913mm$$

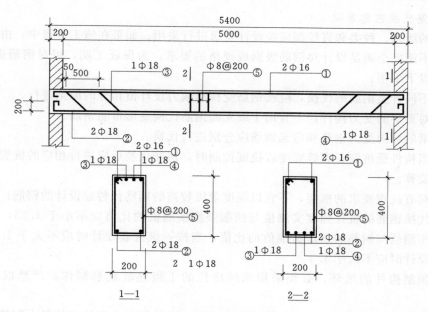

图 3.10 某简支梁配筋图

③号钢筋下料长度为

$(5400-2\times20+2\times344\times0.414)-4\times0.5\times18+2\times6.25\times18=5834$mm

其中，弯起钢筋的弯起后上下边缘高度为 $400-2\times20-2\times8=344$mm

④号钢筋下料长度为

$(5400-2\times20+2\times344\times0.414)-4\times0.5\times18+2\times6.25\times18=5834$mm

⑤号钢筋下料长度为

$(200-2\times20+400-2\times20)\times2-3\times2\times8+2\times4.87\times8=1070$mm

3.1.3.2　钢筋的代换

1. 钢筋的代换方法

钢筋代换方法有等强度代换和等面积代换两种。

（1）等强度代换。当构件受强度控制时，可按强度相等原则进行代换，称为"等强代换"，即

$$f_{y1}\cdot A_{s1}\leqslant f_{y2}\cdot A_{s2} \tag{3.1}$$

式中　f_{y1}——原设计钢筋抗拉强度设计值；

　　　f_{y2}——代换钢筋抗拉强度设计值；

　　　A_{s1}——原设计钢筋总截面面积；

　　　A_{s2}——代换钢筋总截面面积。

（2）等面积代换。当构件按最小配筋率配筋或相同级别的钢筋之间代换时，钢筋可按面积相等原则进行代换，称为"等面积代换"，即

$$A_{s1}\leqslant A_{s2} \tag{3.2}$$

式中符号意义同前。

2. 钢筋代换注意事项

钢筋的级别、种类和直径都应按设计要求进行采用。如果在施工过程中，由于材料供应的困难不能完全满足设计对钢筋级别或规格的要求，为保证工期，可对钢筋进行代换，但应注意以下事项：

（1）不同种类钢筋的代换，应按钢筋受拉承载力设计值相等的原则进行。

（2）对重要的受力构件，不宜用Ⅰ级光面钢筋代换变形带肋钢筋。

（3）梁的纵向受力钢筋和弯起钢筋应分别进行代换。

（4）当构件受抗裂、裂缝宽度或挠度控制时，钢筋代换后应进行相应的抗裂、裂缝宽度或挠度验算。

（5）对有抗震要求的框架，不宜以强度等级较高的钢筋代替原设计的钢筋；当必须代换时，其代换钢筋的抗拉强度实测值与屈服强度实测值的比值应不小于 1.25，且钢筋的屈服强度实测值与钢筋的强度标准值的比值，当按一级抗震设计时应不大于 1.25，当按二级抗震设计时应不大于 1.4。

（6）预制构件的吊环，必须采用未经冷拉的Ⅰ级热轧钢筋制作，严禁以其他钢筋代换。

（7）除满足强度要求外，还应满足混凝土结构设计规范中所规定的最小配筋率、钢筋间距、锚固长度、最小钢筋直径、根数等构造要求。

3.1.4 钢筋验收检验

钢筋工程属于隐蔽工程，在浇筑混凝土之前施工单位应会同建设单位、设计单位，对钢筋及预埋件进行检查验收并做隐蔽工程记录。

1. 验收内容

（1）纵向受力钢筋的品种、规格、数量、位置等。

（2）钢筋的连接方式、接头位置、接头数量、接头面积百分率等。

（3）箍筋及横向钢筋的品种、规格、数量、间距等。

（4）预埋件的规格、数量、位置等。

2. 检查要求

钢筋隐蔽工程验收前，应具备钢筋出厂合格证与检验报告及进场复检报告，钢筋焊接接头和机械连接接头力学性能试验报告。

（1）主控项目。

1）钢筋安装时，受力钢筋的品种、级别、规格和数量必须符合设计要求。采用观察、钢尺检查的方法做全数检查。

2）纵向受力钢筋的连接方式应符合设计要求。采用观察的方法做全数检查。

（2）一般项目。

1）钢筋接头位置、接头面积百分率、绑扎搭接长度等应符合设计或构造要求。

2）钢筋安装位置的偏差，应符合现行混凝土施工验收规范的规定。

3）箍筋及横向钢筋的品种、规格、数量、间距等应符合设计要求。

检查方法采用观察和钢尺检查。检查数量的要求：在同一检验批内，对梁、柱和独立基础，应抽查构件数量的 10%，且不少于 3 件；对墙和板，应按有代表性的自然间抽查

10%，且不少于 3 间；对大空间结构，墙可按相邻轴数间高度 5m 左右划分检查面，板可按纵、横轴线划分检查面，抽查 10%，且均不少于 3 面。

3.2 模板工程

模板工程对混凝土结构施工的质量、安全有十分重要的影响，它在混凝土结构施工中劳动量大、所占施工工期也较长，对施工成本的影响也很显著。在混凝土结构施工中应根据结构状况与施工条件，选用合理的模板形式、模板结构及施工方法，以达到保证混凝土工程施工质量与安全、加快进度和降低成本的目的。

3.2.1 模板的构造与分类

3.2.1.1 模板的构造及要求

模板是土木工程中必不可少的施工材料与工具，它是新浇混凝土成形用的模型。模板系统包括模板板块和支架两大部分。模板板块由面板、次肋、主肋等组成。模板的面板选材除应保证混凝土结构质量外，还应以考虑混凝土表面装饰要求，同时应兼顾其经济性。支架则包括支撑、桁架、系杆以及对拉螺栓等不同的形式。支撑体系可以支撑模板施工期间所承受模板、构件及施工中各种荷载，并使模板保持所要求的空间位置的临时结构。

模板系统首先要保证工程结构和各构件的形状、尺寸以及相对位置的准确；要有足够的强度、刚度和稳定性，并能可靠地承受新浇混凝土的自重荷载和侧压力，以及在施工过程中所产生的其他荷载；此外，模板要板面平整，接缝严密；选材合理，用料经济，构造简单，拆装方便，能多次循环使用，并便于钢筋的绑扎与安装，有利于混凝土的浇筑与养护。

3.2.1.2 模板的分类

按模板材料分类有木模板、胶合板、钢模板、混凝土预制模板、塑料模板、橡胶模板、铝模板、复合材料模板等。模板制作用的材料还有很多，甚至砌体材料、混凝土本身也可作为模板工程材料。

按模板受力条件分类有承重模板和侧面模板。承重模板主要承受混凝土重量和施工中的垂直荷载；侧面模板主要承受新浇混凝土的侧压力。侧面模板按其支撑受力方式，又分为简支模板、悬臂模板和半悬臂模板。

按模板使用特点分类有固定式、拆移式、移动式和滑动式。固定式用于形状特殊的部位，不能重复使用。而后三种模板都能重复使用或连续使用在形状一致的部位，但其使用方式有所不同：拆移式模板需要拆散移动；移动式模板的车架装有行走轮，可沿专用轨道使模板整体移动；滑动式模板是以千斤顶或卷扬机为动力，可在混凝土连续浇筑的过程中，使模板面紧贴混凝土面滑动。

按模板形状分类有平面模板和曲面模板。平面模板主要用于结构物表面形状是同一平面。曲面模板用于廊道、隧洞、溢流面和某些形状特殊的部位，如进水口扭曲面、蜗壳、尾水管等。

3.2.1.3 木模板和胶合模板

木模板和胶合模板是常用模板之一，下面分别进行介绍。

1. 木模板

木模板的木材主要采用松木和杉木，其含水率不宜过高，以免干裂，材质不宜低于三等材。

木模板的基本元件是拼板，它由板条和拼条（木挡）组成，如图 3.11 所示。板条厚25～50mm，宽度不宜超过 200mm，以保证在干缩时，缝隙均匀，浇水后缝隙要严密且板条不翘曲，但梁底板的板条宽度不受限制，以免漏浆。拼条截面尺寸为 25mm×35mm～50mm×50mm，拼条间距根据施工荷载大小及板条的厚度而定，一般取 400～500mm。图3.12 是木模板阶梯形基础。

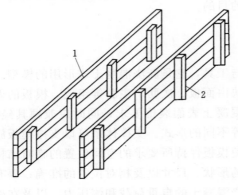

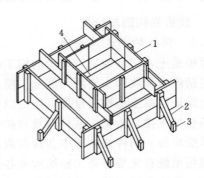

图 3.11　木模板拼板构造　　　　　图 3.12　阶梯形基础木模板
1—拼板；2—拼条　　　　　　1—拼板；2—斜撑；3—木桩；4—铁丝

2. 胶合板模板

胶合模板有木胶合板和竹胶合模板两种。模板用的胶合板通常由 5、7、9、11 层等奇数层单板经热压固化而胶合成形。相邻层的纹理方向相互垂直，通常最外层表板的纹理方向和胶合板板面的长向平行，因此，整张胶合板的长向为强方向，短向为弱方向，使用时必须注意。模板用木胶合板的幅面尺寸，一般宽度为 1200mm 左右，长度为 2400mm 左右，厚约 12～18mm。

胶合板用作墙模板时，常规的支模规格：胶合板面板外侧的内楞用 50mm×100mm或者 60mm×80mm 木方，外楞用 ϕ48mm×3.5mm 脚手钢管，内外模用"3"形卡及穿墙螺栓拉结。

3.2.1.4　定型组合钢模板

定型组合钢模板系列包括钢模板、连接件、支撑件三部分。其中，钢模板包括平面钢模板和拐角钢模板；连接件有 U 形卡、1 形插销、钩头螺栓、对拉螺栓、紧固螺栓、扣件等；支撑件有圆钢管、薄壁矩形钢管、内卷边槽钢、单管伸缩支撑等。

1. 钢模板的规格和型号

钢模板包括平面模板、阳角模板、阴角模板和连接角模，如图 3.13 所示。单块钢模板由面板、边框和加劲肋焊接而成。面板厚 2.3mm 或 2.5mm，边框和加劲肋上面按一定距离（如 150mm）钻小孔，可利用 U 形卡和 1 形插销等拼装成大块模板。

钢模板的宽度以 50mm、长度以 150mm 进级，其规格和型号已标准化、系列化。如

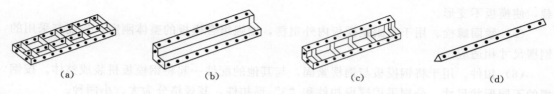

图 3.13 钢模板类型

(a) 平面模板 (P); (b) 阳角模板 (Y); (c) 阴角模板 (E); (d) 连接角模 (J)

型号为 P3015 的钢模板,"P"表示平面模板,"3015"表示宽×长=300mm×1500mm。又如型号为 Y1015 的钢模板,"Y"表示阳角模板,"1015"表示宽×长=100mm×1500mm。如拼装时出现不足模数的空隙时,用镶嵌木条补缺,用钉子或螺栓将木条与板块边框上的小孔洞连接。

2. 连接件

组合钢模板连接配件主要有 U 形卡、1 形插销、钩头螺栓、对拉螺栓、紧固螺栓、扣件等,如图 3.14 所示。

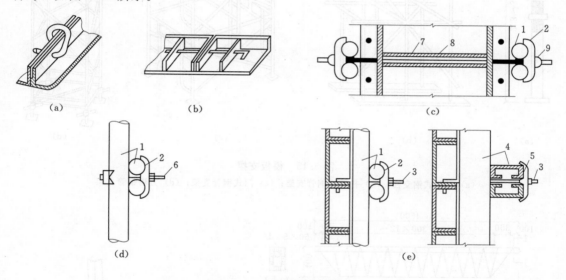

图 3.14 组合钢模板配件类型

(a) U 形卡; (b) 1 形插销; (c) 对拉螺栓连接; (d) 紧固螺栓连接; (e) 钩头螺栓连接

1—圆钢管楞; 2—"3"形扣件; 3—钩头螺栓; 4—内卷边槽钢钢楞; 5—蝶形扣件; 6—紧固螺栓;
7—对拉螺栓; 8—塑料套管; 9—螺母

(1) U 形卡。它用于钢模板之间的连接与锁定,使钢模板拼装密合。U 形卡安装间距一般不大于 300mm,即每隔一小孔插一个 U 形卡,安装方向一顺一倒相互交错。

(2) 1 形插销。它插入模板两端边框的插销小孔内,用于增强钢模板纵向拼接的刚度和保证接头处板面平整。

(3) 钩头螺栓。用于钢模板与内、外钢楞之间的连接固定,使之成为整体,安装间距一般不大于 600mm,长度应与采用的钢楞尺寸相适应。

(4) 对拉螺栓。用来保持模板与模板之间的设计厚度并承受混凝土侧压力及水平荷载，使模板不变形。

（5）紧固螺栓。用于紧固钢模板内外钢楞，增强组合模板的整体刚度，长度与采用的钢楞尺寸相适应。

（6）扣件。用于将钢模板与钢楞紧固，与其他的配件一起将钢模板拼装成整体。按钢楞的不同形状尺寸，分别采用蝶形扣件和"3"形扣件，其规格分为大、小两种。

3. 支撑件

配件的支撑件包括钢楞、柱箍、梁卡具、圈梁卡、钢管架、斜撑、组合支柱、钢管脚手架、平面可调桁架和曲面可变桁架等。如图 3.15～图 3.17 所示。

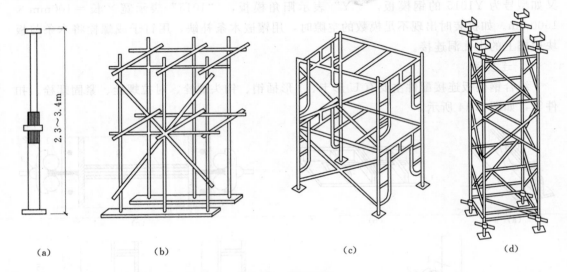

图 3.15　模板支撑

（a）可调式钢支柱；（b）扣件式钢管支架；（c）门式钢管支架；（d）方塔钢管支架

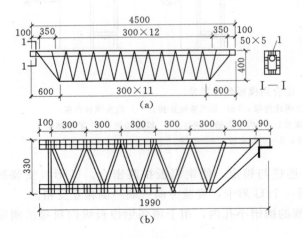

图 3.16　钢桁架支撑

（a）整榀式；（b）组合式

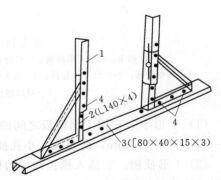

图 3.17　梁卡具

1—调节杆；2—三角架；3—底座；4—螺栓

4. 组合钢模板配板原则

组合钢模板配板设计和支撑系统的设计，除应遵循基本要求的形状尺寸及相互位置的正确，强度、刚度和稳定性，装拆方便等要求外，还应遵循以下几个原则：

（1）构造简单，不妨碍钢筋绑扎，不漏浆。柱、梁、墙、板各种模板面的交接部分，应采用连接简便、结构牢固的专用模板。

（2）模板配制时，应优先选用通用、大块模板，使其种类和块数最小，木模板拼量最少。设置对拉螺栓的模板，为了减少钢模板的钻孔损耗，在螺栓部位可改用 55mm×100mm 刨光方木代替，或应使钻孔的模板能多次周转使用。

（3）相邻钢模板的边肋，都应用 U 形卡插卡牢固，U 形卡的间距不应大于 300mm，端头接缝上的小孔，也应插上 U 形卡或孔形插销。

（4）模板长向拼接宜采用错开布置，以增加模板的整体刚度。

（5）模板的支撑系统应根据模板的荷载和部件的刚度进行布置。

（6）模板的配板设计应标出钢模板的位置、规格、型号和数量。预组装大模板，应标绘出其分界线。预埋件和预留孔间的位置，应在配板图上标明，并注明固定方法。

3.2.1.5　滑升模板

滑升模板（简称滑模），是在混凝土连续浇筑过程中，可使模板面紧贴混凝土面滑动的模板。滑模施工的结构整体性好，抗震效果明显，适用于现场浇筑高耸构筑物，以及高层或超高层建筑物竖向结构施工，如烟囱、筒仓、高桥墩、电视塔、竖井、沉井、双曲线冷却塔和高层建筑等。

滑模的施工特点是在构筑物或建筑物底部，沿墙、柱、梁等构件的周边组装高 1.2m 左右的滑升模板，随着模板内混凝土的分层浇筑，混凝土构件的高度增加，用液压提升设备使模板不断地沿埋在混凝土中的支承杆向上滑升，直到需要浇筑的高度为止。采用滑模施工要比常规施工节约木材（包括模板和脚手板等）70%左右；采用滑模施工可以节约劳动力 30%～50%；采用滑模施工要比常规施工的工期短，速度快，可以缩短施工周期 30%～50%，保证结构较好的整体性；滑模施工的设备便于加工、安装、运输。但模板一次性投资大，耗钢量大，对立面造型和构件断面变化有一定限制。施工时，宜连续作业，施工组织要求也较严格。

1. 滑板系统装置的组成部分

（1）模板系统。包括提升架、围圈、模板及加固、连接配件。

（2）操作平台系统。包括工作平台、外圈走道、内外吊脚手架。

（3）液压提升系统。包括千斤顶、油管、分油器、针形阀、控制台、支撑杆及测量控制装置，滑模构造如图 3.18 所示。

2. 主要部件构造及作用

（1）提升架：整个滑模系统的主要受力部分。各项荷载集中传至提升架，最后通过装设在提升架上的千斤顶传至支撑杆上。提升架由横梁、立柱、牛腿及外挑架组成。各部分尺寸及杆件断面应通盘考虑经计算确定。

（2）围圈：模板系统的横向连接部分，将模板按工程平面形状组合为整体。围圈也是受力部件，它既承受混凝土侧压力产生的水平推力，又承受模板的重量、滑动时产生的摩

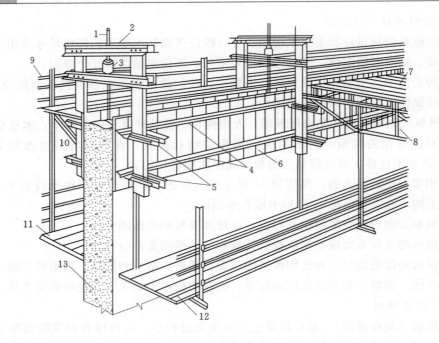

图 3.18　滑升模板构造图

1—支撑杆；2—提升架；3—液压千斤顶；4—围圈；5—围圈支托；6—模板；
7—内操作平台；8—平台桁架；9—栏杆；10—外挑三角架；
11—外挑脚手架；12—内吊脚手架；13—混凝土墙

擦阻力等竖向力。在有些滑模系统的设计中，也将施工平台支撑在围圈上。围圈架设在提升架的牛腿上，各种荷载将最终传至提升架上。围圈一般用型钢制作。

（3）模板：混凝土成型的模具，要求板面平整，尺寸准确，刚度适中。模板高度一般为 90～120cm，宽度为 50cm，但根据需要也可加工成小于 50cm 的异型模板。模板通常用钢材制作，也有用其他材料制作，如钢木组合模板，是用硬质塑料板或玻璃钢等材料作为面板的有机材料复合模板。

（4）施工平台与吊脚手架：施工平台是滑模施工中各工种的作业面及材料、工具的存放场所。施工平台应视建筑物的平面形状、开门大小、操作要求及荷载情况设计。施工平台必须有可靠的强度及必要的刚度，确保施工安全，防止平台变形导致模板倾斜。如果跨度较大时，在平台下应设置承托桁架。

吊脚手架用于对已滑出的混凝土结构进行处理或修补，要求沿结构内外两侧周围布置。吊脚手架的高度一般为 1.8m，可以设双层或三层。吊脚手架要有可靠的安全设备及防护设施。

（5）提升设备。提升设备由液压千斤顶、液压控制台、油路及支撑杆组成。支撑杆可用直径为 25mm 的光圆钢筋作支撑杆，每根支撑杆长度以 3.5～5m 为宜。支撑杆的接头可用螺栓连接（支撑杆两头工加工成阴阳螺纹）或现场用小坡口焊接连接。若回收重复使用，则需要在提升架横梁下附设支撑杆套管。如有条件并经设计部门同意，则该支撑杆钢筋可以直接打在混凝土中以代替部分结构配筋，约可利用 50%～60%。

3.2.1.6 爬升模板

爬升模板简称爬模，它是施工剪力墙和筒体结构的混凝土结构高层建筑和桥墩、桥塔等的一种有效的模板体系，在高层建筑墙体、电梯井壁、管道间混凝土施工其优点突出，我国已推广应用。由于模板能自爬，不需起重运输机械吊运，减少了施工中的起重运输机械的工作量，能避免大模板受大风的影响。由于自爬的模板上还可悬挂脚手架，可省去结构施工阶段的外脚手架，因此其经济效益较好。

爬模由钢模板、提升架和提升装置三部分组成，如图3.19所示。

爬模是在混凝土墙体浇筑完毕后，利用提升装置将模板自行提升到上一个楼层，浇筑上一层墙体的垂直移动式模板。爬模采用整片式大平模，模板由面板及肋组成，而不需要支撑系统；提升设备采用电动螺杆提升机、液压千斤顶或导链。爬模是将大模板工艺和滑升模板工艺相结合，既保持大模板施工墙平整的优点，又保持了滑模利用自身设备使模板向上提升的优点，墙体模板能自行爬升而不依赖塔式起重机。

爬升工艺可选用模板与爬架互爬、模板与模板互爬及整体爬升等。模板与爬架互爬称为有爬架爬模，模板与模板互爬称为无爬架爬模。

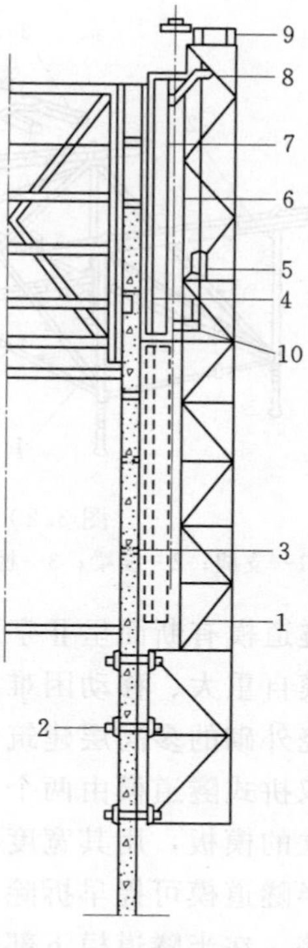

图 3.19 爬升模板
1—爬架；2—螺栓；3—预留爬架孔；
4—爬模；5—爬架千斤顶；6—爬模
千斤顶；7—爬杆；8—模板挑横梁；
9—爬架挑横梁；10—脱模千斤顶

3.2.1.7 台模

台模是浇筑钢筋混凝土楼板的一种大型工具式模板。在施工中，可以整体脱模和转运，利用起重机从浇筑完的楼板下吊走，转移至上一楼层，中途不再落地，所以亦称"飞模"。台模主要适用于各种结构的现浇混凝土，适用于小开间、小进深的现浇楼板，单座台模面板的面积从 $2\sim6m^2$ 到 $60m^2$ 以上。台模整体性好，混凝土表面容易平整，施工进度快。

台模由台面、支架（支柱）、支腿、调节装置、行走轮等组成。台面是直接接触混凝土的部件，表面应平整光滑，具有较高的强度和刚度。目前常用的面板有钢板、胶合板、铝合金板、工程塑料板及木板等，如图3.20所示。台模按其支架结构类型分为：立柱式台模、桁架式台模、悬架式台模等。

3.2.1.8 隧道模

隧道模是将楼板和墙体一次支模的一种工具式模板，相当于将台模和大模板组合起来，如图3.21所示。隧道模是用于同时整体浇筑竖向和水平结构的大型工具式模板，用于建筑物墙与楼板的同步施工。它能将各开间沿水平方向逐段整体浇筑，故施工的结构整体性好、抗震性能好、施工速度快，但模板的一次性投资大，因模板起吊和转运需较大的起重机。

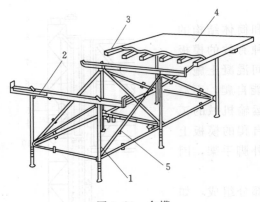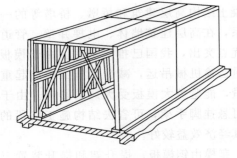

图 3.20　台模　　　　　　　　　　　图 3.21　隧道模
1—支腿；2—横梁；3—檩条；4—面板；5—斜撑

隧道模有断面呈Ⅱ字形的整体式隧道模和断面呈Γ形的双拼式隧道模两种。整体式隧道模自重大、移动困难，目前已很少应用；双拼式隧道模应用较广泛，特别在内浇外挂和内浇外砌的多高层建筑中应用较多。

双拼式隧道模由两个半隧道模和一道独立的插入模板组成。在两个半隧道模之间加一道独立的模板，用其宽度的变化，使隧道模适应于不同的开间；在不拆除中间模板的情况下，半隧道模可提早拆除，增加周转次数。半隧道模的竖向墙模板和水平楼板模板间用斜撑连接。在半隧道模下部设行走装置，在模板长方向，沿墙模板设两个行走轮，设置两个千斤顶，模板就位后，这两个千斤顶将模板顶起，使行走轮离开楼板，施工荷载全部由千斤顶承担。脱模时，松动两个千斤顶，半隧道模在自重作用下，下降脱模，行走轮落到楼板上。半隧道模脱模后，用专用吊架吊起，吊升至上一楼层。将吊架从半隧模的一端插入墙模板与斜撑之间，吊钩慢慢起钩，将半隧道模托起，托挂在吊架上，吊到上一楼层。

3.2.2　模板的设计

模板系统的设计内容包括选型、选材、荷载计算、结构计算、拟定制作安装和拆除方案、绘制模板图。模板设计与施工的基本要求是保证结构和构件的形状、位置、尺寸的准确；具有足够的强度、刚度和稳定性；装拆方便能多次周转使用；接缝严密不漏浆。

一般模板都由面板、次肋、主肋、对拉螺栓、支撑系统等几部分组成，作用于模板的荷载传递路线一般为面板→次肋→主肋→对拉螺栓（或支撑系统）。设计时，可根据荷载作用状况及各部分构件的结构特点进行计算。以下介绍有关模板设计的荷载及有关规定，它适用于一般构筑物的混凝土工程，对于特殊混凝土或有特殊要求的混凝土结构工程，应按实际情况进行分析与计算。

3.2.2.1　模板设计荷载及其组合

（1）模板及支架自重。模板及支架的自重，可按根据图纸按照实际情况计算确定，也可以参考表3.6。

（2）新浇筑混凝土的自重标准值。普通混凝土用 $24kN/m^3$，其他混凝土根据实际重力密度确定。

（3）钢筋自重标准值。可以根据设计图纸确定；一般梁板结构每立方米混凝土结构的钢筋自重标准值：楼板 1.1kN，梁 1.5kN。

表 3.6 楼板模板自重标准值

横板构件	木模板/(kN/m²)	定型组合钢模板/(kN/m²)
平板模板及小捞自重	0.3	0.5
楼板横板自重（包括梁楼板）	0.5	0.75
楼板模板及支架自重（楼层高度4m以下）	0.75	1.0

（4）施工人员及设备荷载标准值。计算模板及直接支承模板的小楞时：均布活荷载 2.5kN/m²，另以集中荷载 2.5 kN 进行验算，取两者中较大的弯矩值；计算支承小楞的构件时：均布活荷载 1.5kN/m²；计算支架立柱及其他支承结构构件时：均布活荷载 1.0kN/m²。

对大型浇筑设备（上料平台等）、混凝土泵等按实际情况计算。木模板板条宽度小于 150mm 时，集中荷载可以考虑由相邻两块板共同承受。如混凝土堆积料的高度超过 100mm 时，则按实际情况计算。

（5）振捣混凝土时产生的荷载标准值。水平面模板 2.0kN/m²；垂直面模板 4.0kN/m²（作用范围在有效压头高度之内）。

（6）新浇筑混凝土对模板侧面的压力标准值。影响混凝土侧压力的因素很多，如与混凝土组成有关的骨料种类、配筋数量、水泥用量、外加剂、坍落度等都有影响。此外还有外界的影响，如混凝土的浇筑速度、混凝土的温度、振捣方式、模板情况、构件厚度等。

混凝土的浇筑速度是一个重要影响因素，最大侧压力一般与其成正比。但当其达到一定速度后，再提高浇筑速度，则对最大侧压力的影响就不明显。混凝土的温度影响混凝土的凝结速度，温度低、凝结慢，最大侧压力就大；反之，最大侧压力就小。模板情况和构件厚度影响拱作用的发挥，因此对侧压力也有影响。

由于影响混凝土侧压力的因素很多，想用一个计算公式全面加以反映是有一定困难的。国内外研究混凝土侧压力，都是抓住几个主要影响因素，通过典型试验或现场实测取得数据，再用数学方法分析归纳后提出公式。

目前，我国采用的计算公式，当采用内部振动器时，新浇筑的混凝土作用于模板的最大侧压力，按下列两式计算，并取两式中的较小值：

$$F = 0.22\gamma_c t_0 \beta_1 \beta_2 V^{\frac{1}{2}} \tag{3.3}$$

$$F = \gamma_c H \tag{3.4}$$

式中　F——新挠混凝土对模板的最大侧压力，kN/m²；

γ_c——混凝土的重力密度，kN/m³；

t_0——新浇混凝土的初凝时间，h，一般可按实测确定，当缺乏试验资料时可采用 $t_0 = 200/(t+15)$ 计算（t 为混凝土的温度，℃）；

V——混凝土的浇筑速度，m³/h；

H——混凝土的侧压力计算位置处至新浇混凝土顶面的总高度，m；

β_1——外加剂影响修正系数，不掺外加剂时取 $\beta_1 = 1.0$，掺具有缓凝作用的外加剂

时取 $\beta_1 = 1.2$；

β_2——混凝土坍落度影响修正系数，当坍落度小于 30mm 时取 $\beta_2 = 0.85$，当坍落度为 $50\sim90$mm 时取 $\beta_2 = 1.0$，当坍落度为 $110\sim150$mm 时取 $\beta_2 = 1.15$。

（7）倾倒混凝土时产生的荷载标准值。倾倒混凝土时对垂直面模板产生的水平荷载标准值，按表 3.7 采用。

表 3.7　　　　　　　　　　　向模板中倾倒混凝土时产生的水平荷载标准值

项　次	向模板中供料方法	水平荷载标准/(kN/m²)
1	用溜槽、串筒或由导管输出	2
2	用容量为 <0.2m³ 的运输器具倾倒	2
3	用容量为 $0.2\sim0.8$m³ 的运输器具倾倒	4
4	用容量为 >0.8m³ 的运输器具倾倒	6

计算模板及其支架时的荷载设计值，应采用荷载标准值乘以相应的荷载分项系数求得，荷载分项系数按表 3.8 采用。

表 3.8　　　　　　　　　　　　荷载分项系数

项　次	荷　载　类　别	分项系数
1	模板及支架自重	
2	新浇筑混凝土自重	1.2
3	钢筋自重	
4	施工人员及施工设备荷载	
5	振捣混凝土时产生的荷载	1.4
6	新浇筑混凝土对模板侧面的压力	1.2
7	倾倒混凝土时产生的荷载	1.4

3.2.2.2　模板设计的有关规定

参与模板及其支架荷载效应组合的各项荷载，应符合表 3.9 的规定。

表 3.9　　　　　　　参与模板及其支架荷载效应组合的各项荷载

模　板　类　别	参与组合的荷载项	
	计算承载能力	验算刚度
平板和薄壳的模板及支架	1，2，3，4	1，2，3
梁和拱模板的底板及支架	1，2，3，5	1，2，3
梁、拱、柱（边长≤300mm）、墙（厚≤100mm）的侧面模板	5，6	6
大体积结构、柱（边长>300mm）、墙（厚>100mm）的侧面模板	6，7	6

计算钢模板、木模板及支架时都要遵守相应的设计规范。验算模板及其支架的刚度时，其最大变形值不得超过下列允许值：对结构表面隐蔽的模板，为模板构件计算跨度的 1/250；对支架的压缩变形值或弹性挠度，为相应的结构计算跨度的 1/1000。对结构表面

外露的模板，为模板构件计算跨度的 1/400。

支架的立柱或桁架应保持稳定，并用撑拉杆件固定。验算模板及其支架在自重和风荷载作用下的抗倾倒稳定性时，应符合有关的专门规定。

3.2.3 模板施工

3.2.3.1 模板安装

模板的安装包括放样、立模、支撑加固、吊正找平、尺寸校核、堵设缝隙及清仓去污等工序。在安装模板之前，应事先熟悉设计图样，掌握建筑物结构的形状尺寸，并根据现场条件，初步考虑好立模及支撑的程序，以及与钢筋绑扎、混凝土浇捣等工序的配合，尽量避免工种之间的相互干扰。

在安装过程中，应注意下列事项：

（1）模板与混凝土的接触面应清理干净并涂刷隔离剂，但不得采用影响结构性能或妨碍装饰工程施工的隔离剂。

（2）模板安装应做到接缝严密。

（3）对木楼板在浇筑混凝土前，应浇水湿润，但模板内不应有积水。固定在模板上的预埋件、预留孔和预留洞均不得遗漏，且应安装牢固。

（4）浇筑混凝土前，模板内的杂物应清理干净。对整体式多层房屋，分层支模时，上层支撑应对准下层支撑，并铺设垫板。

（5）梁跨度在 4m 及以上时，底模板应起拱，如设计无具体规定，一般可取结构跨度的 1/1000～3/1000，木模板可取偏大值，钢模板可取偏小值。

（6）对于大模板、滑模、爬模等工业模板体系，施工安装应严格按安装顺序与操作规程进行。

3.2.3.2 模板拆除

1. 拆模期限

现浇结构的模板及其支架拆除时的混凝土强度应符合设计规定，当设计无具体要求时，一般不承重的侧模板在混凝土强度能保证混凝土表面和棱角不因拆模而受损害时方可拆模，此时混凝土的强度应达到 2.5MPa 以上；承重模板及其支架应在混凝土达到表 3.10 所要求的强度以后方能拆除。

2. 拆模注意事项

拆模应按一定顺序进行，一般应遵循先支后拆、后支先拆，先非承重部位、后承重部位，自上而下的原则，重大复杂模板的拆除，事前应制定拆除方案。一般模板拆卸工作应注意以下事项：

（1）拆模前应制定拆模程序、拆模方法及安全措施。

（2）先拆除侧面模板，再拆除承重模板。

（3）大型模板板块宜整体拆除，并应采用机械化施工。

（4）支承件和连接件应逐件拆卸，模板应逐块拆卸传递，侧模拆除时的混凝土强度应能保证其表面及棱角不受损伤。

（5）模板拆除时，不应对楼层形成冲击荷载。

（6）拆下的模板、支架和配件均应分类、分散堆放垫齐，并及时清运。

表 3.10   承重模板拆除时的混凝土强度要求

构件类型	构件跨度/m	达到设计混凝土立方体抗压强度标准值的百分率/%
板	≤2	≥50
	>2，≤8	≥75
	>8	≥100
梁、拱、壳	≤8	≥75
	>8	≥100
悬臂构件		≥100

3.3 混凝土工程

混凝土工程包括混凝土制备、运输、浇筑捣实和养护等施工过程，各个施工过程相互联系和影响，任一施工过程处理不当都会影响混凝土工程的最终质量，最终影响到混凝土结构的承载力、耐久性、安全性。因此，要确保混凝土的强度、刚度、密实性、整体性、耐久性以及满足其他设计和施工要求各项指标，就必须严格控制混凝土的各种原材料质量和每道工序的施工质量。

近年来，随着建筑技术的发展，混凝土的性能不断改善，混凝土的品种也由过去的普通混凝土发展到今天的高强度混凝土、高性能混凝土等；混凝土外加剂发展也很快，应用日益广泛，也影响了混凝土的性能和施工工艺；自动化、机械化的发展和新的施工机械和施工工艺的应用，尤其是商品混凝土和泵送技术的蓬勃发展，也大大改变了混凝土工程的施工面貌；但是，各种环境下的混凝土结构及复杂特殊的混凝土结构，对混凝土施工技术提出了越来越高的要求，混凝土工程的施工工艺和技术还需进一步改进。

3.3.1 混凝土质量的控制

3.3.1.1 原材料控制

混凝土是以水泥为胶凝材料，外加粗骨料、细骨料、水，按照一定配比拌和而成的混合料。此外，还可能向混凝土中掺加外加剂和外掺料来改善混凝土的性能。水泥、砂石料、掺合料、外加剂及拌合水等混凝土组成材料的质量均应符合现行国家标准的规定。在材料进入施工现场后必须进行检查及材料性能的复查。

水泥是混凝土的重要组成材料，水泥进场时应对其强度、安定性及其他必要的性能指标进行复验。水泥进场后，应按照品种、标号、出厂日期不同分别堆放，且要防止受潮，并做好标记，做到先进先用完。不得将不同品种、标号或不同出厂日期的水泥混用。当在使用中对水泥质量有怀疑或水泥出厂超过三个月（快硬硅酸盐水泥超过一个月）时，应进行复验，并按复验结果使用。

骨料有天然骨料、人造骨料，工程中主要采用天然骨料。骨料应根据需要按批检验其颗粒级配、含泥量及粗骨料的针片状颗粒含量。细骨料主要用砂有河砂、山砂、海砂，对海砂还按批检验其氯盐含量,由于氯盐具有腐蚀性,因此一般不宜作为混凝土骨料适用。混凝土用的粗骨料,主要有碎石和卵石,其最大颗粒粒径不得超过构件截面最小尺寸的 1/4,且不得超过钢筋最小净间距的 3/4。对混凝土实心板,骨料的最大粒径不宜超过板厚的 1/3,且不得超过 40mm。

拌制混凝土一般直接采用饮用水,当采用其他水源时,水质应符合国家现行标准;不得使用海水拌制钢筋混凝土和预应力混凝土;不宜用海水拌制有饰面要求的素混凝土。

在钢筋混凝土结构中,外加剂适用已经很广泛,外加剂种类很多,如早强剂、缓凝剂、减水剂、抗冻剂、防锈剂等。使用外加剂时,应详细了解其性能,并取样进行试验检查,不得盲目使用。预应力混凝土结构中,严禁使用含氯化物的外加剂。混凝土中氯化物和碱的总含量根据环境状况应予以控制,其控制标准可参考现行的混凝土结构设计及验收规范的相关规定。此外,适量的掺合料也可以改善混凝土的性能,以节约水泥。

3.3.1.2 配制强度

混凝土配合比的设计应根据混凝土强度等级、耐久性和工作性能等要求进行。并具有较好的和易性和经济性。混凝土的配置强度必须大于设计要求的强度标准值,以满足 95% 的强度保证率的要求。对有特殊要求的混凝土,其配合比设计尚应符合专门的规定。

1. 配制强度计算

根据设计的混凝土强度标准值按式(3.5)确定混凝土的配制强度:

$$f_{cu,o} = f_{cu,k} + 1.645\sigma \tag{3.5}$$

式中 $f_{cu,o}$——混凝土的施工配制强度,N/mm²;

$f_{cu,k}$——混凝土设计强度标准值,N/mm²;

σ——施工单位的混凝土强度标准差,N/mm²。

2. 混凝土强度标准差

当施工单位具有近期的同一品种混凝土强度资料时,其混凝土强度标准差应按式(3.6)计算:

$$\sigma = \sqrt{\frac{\sum_{i=1}^{N} f_{cu,i}^2 - N f_{cu,N}^2}{N-1}} \tag{3.6}$$

式中 $f_{cu,i}$——统计周期内同一品种混凝土第 i 组试件的强度值,N/mm²;

$f_{cu,N}$——统计周期内同一品种混凝土 N 组强度的平均值,N/mm²;

N——统一周期内同一品种混凝土试件的总组数,$N \geq 25$。

一般预制混凝土构件厂,统计周期为一个月;现场拌制混凝土,其统计周期可根据实际情况确定,但不宜超过三个月。通过计算强度均值 $f_{cu,N}$、标准差 σ 及强度不低于要求强度等级值的百分率 P,以确定施工企业的生产管理水平。

当施工单位不具有近期的同一品种混凝土强度资料时,其混凝土强度标准差 σ 可按规范相关规定取用。

3. 混凝土施工配合比

实验室配合比所确定的各种材料用量比例,是以砂石等材料处于干燥状态进行计算的,而在施工现场,这些材料不可避免地含有一定的水,且其含量与场地条件和气候变化有关。因此，混凝土施工配合比应按砂、石骨料实际含水率的变化进行配合比的换算。所以，为了确保混凝土的质量，在施工中必须及时进行施工配合比的换算和严格控制称量。

3.3.1.3　混凝土的搅拌

混凝土是将水、水泥和粗细骨料等各种组成材料拌制成质地均匀、颜色一致、具备一定流动性的混凝土拌合物，并不得有离析和泌水现象。同时，通过搅拌还要使材料达到强化、塑化的作用。除工程量很小且分散用人工拌制外，其他均应采用机械搅拌。如混凝土搅拌得不均匀就不能获得密实的混凝土，影响混凝土的质量，所以制备是混凝土施工工艺过程中非常重要的一道工序。

1. 搅拌机的选择

混凝土搅拌机按搅拌原理可分为自落式搅拌机和强制式搅拌机两大类，如表 3.11 所示。

（1）自落式搅拌机。自落式搅拌机是以重力为拌合机理进行设计的，其工作原理是依靠旋转的搅拌筒内壁上的弧形叶片将物料带到一定高度后自由落下而相互混合，由于其混合能力比强制式差，所以只适宜搅拌塑性混凝土和重骨料混凝土。其优点是搅拌机筒体和叶片磨损小，易于清理，但搅拌力量小，效率低。

表 3.11　　　　　　　　　　　　混凝土搅拌机的类型

自 落 式			强 制 式			
鼓筒式	双锥式		立轴式			卧轴式（单轴、双轴）
	反转出料	倾翻出料	涡浆式	行星式		
				定盘式	盘转式	

自落式搅拌机按其搅拌筒的形状分为鼓筒式和双锥式。鼓筒式由于搅拌效果不佳，已停止生产，目前常见形式为双锥式（图 3.22）。双锥式又分为反转出料和倾翻出料两种。前者是自落式搅拌机中较好的一种，它既使物料提升后靠自落拌和，又迫使韧料沿轴向窜动，搅拌作用强烈，并且正转搅拌，反转出料，每转一周物料搅拌可循环多次，故操作方便，效率较高。适合拌制大粒径的骨料，大坍落度混凝土，且能耗低、磨损小，多用于水电工程。

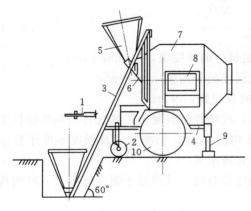

图 3.22　双锥反转出料式搅拌机
1—牵引架；2—前支轮；3—上料架；4—底盘；
5—料斗；6—中间料斗；7—锥形搅拌筒；
8—电器箱；9—支腿；10—行走轮

（2）强制式搅拌机。强制式搅拌机有可转动的叶片，这些不同角度的叶片在转动时剪切物料，强制物料产生交叉的运动，通过物料的剪切位移而起到均匀拌和的作用。这种由叶片强制物料产生剪切位移而达到均匀混合的目的,其机理称为剪切搅拌机理。强制式搅拌机具有搅拌质量好、速度快、生产效率高、操作简便及安全等优点。搅拌作用比自落式搅拌机强烈,宜搅拌干硬性混凝土及轻质混凝土。

强制式搅拌机分为立轴式与卧轴式,卧轴式又分为单轴和双轴两种,立轴式分为涡浆式和行星式两种。卧轴式搅拌机靠水平轴上的叶片做切翻运转和做螺旋交替运动,搅拌效果好,是国内外公认的好机型。涡浆式靠盘中央的一根回转轴带叶片进行剪切运动,其构造简单,转轴受力大,因盘中央物料线速度太低,无法利用该部分容积。而行星式则靠两根绕盘中心运动着的回转轴带动叶片做剪切运动即定盘式。转盘式的两根轴不绕盘中心转,而靠外盘做相反运动,其能耗大,将逐渐被定盘式取代。立轴式搅拌机因卸料口位于盘底部,所以若运转时密封不严,容易漏浆。

搅拌机的选择,应根据工程量大小、混凝土坍落度、骨料以及工期、混凝土强度要求等,既要满足技术要求,又要考虑经济效益。

2. 搅拌制度

为了获得质量优良的混凝土拌合物,除正确选择搅拌机外,还必须正确确定搅拌制度,即搅拌时间、投料顺序和进料容量等。

(1)搅拌机的容量。搅拌机的容量分为以下三种:几何容量指搅拌筒内的几何容积;进料容量指搅拌前搅拌筒可能装的各种松散材料的累积体积;出料容量指搅拌机每次可拌出的最大混凝土量。施工中应考虑搅拌机三个容量之间的关系,以控制投料数量,如任意超载(进料容量超过10%以上),就会使材料在搅拌筒内无充分的空间进行拌和,影响混凝土拌合物的均匀性。反之,如装料过少,则又不能充分发挥搅拌机的效能。

为了保证混凝土得到充分拌和,搅拌机的容量应满足以下要求:①进料容量宜为几何容量的22%~40%;②出料容量仅为进料容量的60%~70%,我国规定混凝土搅拌机以其出料容量(m³)×1000来标定其规格,故我国混凝土搅拌机的系列为50L、150L、250L、350L、500L、750L、1000L、1500L、3000L等。

对拌制好的混凝土,应经常检查其均匀性与和易性,如有异常情况,应检查其配合比和搅拌情况,及时加以纠正。

(2)投料顺序。投料顺序应从提高搅拌质量、减少叶片和衬板的磨损、减少拌合物与搅拌筒的黏结、减少水泥飞扬、改善工作环境等方面综合考虑确定。常用的有一次投料法和两次投料法。

一次投料法:在料斗中先装石子,再加水泥和砂,然后一次投入搅拌机进行搅拌。对自落式搅拌机要在搅拌筒内先加部分水,投料时石子盖住水泥,水泥不致飞扬,且水泥和砂先进入搅拌筒形成水泥砂浆,可缩短包裹石子的时间。对立轴强制式搅拌机,因出料口在下部,不能先加水,应在投入原料的同时,缓慢均匀分散地加水。

两次投料法:它是在日本研究的造壳混凝土(简称SEC混凝土)的基础上结合我国的国情研究成功的,经过我国的研究和实践形成了"裹砂石法混凝土搅拌工艺",它分两次加水,两次搅拌。用这种工艺搅拌时,先将全部的石子、砂和70%的拌合水倒入搅拌机,拌和15s使骨料湿润,再倒入全部水泥进行造壳搅拌30s左右,然后加入30%的拌合水再进行糊化搅拌 60s 左右即完成。与普通搅拌工艺相比，用裹砂石法搅拌工艺可使混凝土强度提高 10%～20%，或节约水泥 5%～10%。在我国推广这种新工艺，有巨大的经济效益。此外，我国还对净浆法、净浆裹石法、裹砂法、先掉砂浆法等各种两次投料法进行了试验和研究。

（3）搅拌时间。搅拌时间是指从原材料全部投入搅拌筒时起，到开始卸料时为止所经历的时间。它与搅拌质量密切相关，随搅拌机类型和混凝土的和易性的不同而变化。在一定范围内随搅拌时间的延长而强度有所提高，但过长时间的搅拌既不经济也不合理。因为搅拌时间过长，不坚硬的粗骨料在大容量搅拌机中会磨脱角、破碎等而影响混凝土的质量。

为了保证混凝土的质量，应控制混凝土搅拌的最短时间（表 3.12）。该最短时间是按一般常用搅拌机的回转速度确定的，不允许用超过混凝土搅拌机规定的回转速度进行搅拌以缩短搅拌时间。对于强制式搅拌机转速过大会加速机械磨损，同时也易使得混凝土拌合物产生分层离析，所以强制式搅拌机转速一般为 30r/min；对于自落式搅拌机存在"临界转速"，超过临界转速后，混凝土拌合料在离心力作用下吸附于筒壁不能下落，达不到搅拌目的，如转速过低拌合效率低，拌和又不充分。

表 3.12　　　　　　　　　　　　混凝土搅拌的最短时间　　　　　　　　　　　单位：s

混凝土坍落度 /mm	搅拌机类型	搅拌机出料量/L		
		<250	250～500	> 500
≤30	强制式	60	90	120
	自落式	90	120	150
>30	强制式	60	60	90
	自落式	90	90	120

注　1. 当掺有外加剂时，搅拌时间应适当延长。
　　2. 全轻混凝土、砂轻混凝土搅拌时间应延长 60～90s。

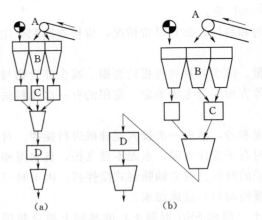

图 3.23　混凝土搅拌站工艺流程
(a) 单阶式；(b) 双阶式
A—输送设备；B—料斗设备；
C—称量设备；D—搅拌设备

3. 混凝土搅拌站

混凝土的生产方式有现场分散搅拌和集中预拌生产。集中预拌主要在混凝土工厂或场地进行拌制，即混凝土搅拌站。混凝土搅拌站分施工现场临时搅拌站和大型预拌混凝土搅拌站，是集中生产混凝土的场所。在城市内建设的工程或大型工程中，一般都采用大型预拌混凝土搅拌站供应混凝土。混凝土拌合物在搅拌站集中拌制成各种预拌（商品）混凝土能提高混凝土质量和取得较好的经济效益。临时搅拌站所用设备简单，安装方便，但工人劳动强度大，产量有限，噪声污染严重，一般适用于混凝土需求较少的工程中。

搅拌站根据其组成部分按竖向布置方式

的不同分为单阶式和双阶式，如图 3.23 所示。

在单阶式混凝土搅拌站中，原材料一次提升后经过贮料斗，然后靠自重下落进入称量和搅拌工序。这种工艺流程，原材料从一道工序到下一道工序的时间短，效率高，自动化程度高，搅拌站占地面积小，适用于产量大的固定式大型混凝土搅拌站。

在双阶式混凝土搅拌站中，原材料经第一次提升进入贮料斗，下落经称量配料后，再经第二次提升进入搅拌机。这种工艺流程的搅拌站的建筑物高度小，运输设备简单，投资少，建设快，但效率和自动化程度相对较低。建筑工地上设置的临时性混凝土搅拌站多属此类。双阶式工艺流程的特点是物料两次提升，可以有不同的工艺流程方案和不同的生产设备。

混凝土搅拌站材料用量大，解决好材料的储存和输送是关键。目前我国骨料多露天堆存，用拉铲、皮带运输机、抓斗等进行一次提升，经杠杆秤、电子秤等称量后，再用提开斗进行二次提升进入搅拌机进行拌和。散装水泥用金属筒仓贮存最合理。散装水泥输送车上多装有水泥输送泵，通过管道即可将水泥送入筒仓。水泥的称量亦用杠杆秤或电子秤。水泥的二次提升多用气力输送或大倾角竖斜式螺旋输送机。

商品混凝土在国内一些大中城市中发展很快，有的城市在一定范围内已规定必须采用商品混凝土，不得现场拌制，因此，预拌（商品）混凝土是今后的发展方向。

3.3.2 混凝土的运输
3.3.2.1 基本要求

混凝土运输的运输是指将混凝土从搅拌站运送到浇筑地点的过程。运输中应控制混凝土运至浇筑地点后，不离析、不分层、组成成分不发生变化，并能保证施工所必需的时间。混凝土运输、浇筑及间歇的全部时间不应超过混凝土的初凝时间。普通混凝土从搅拌机中卸出后到浇筑完毕的延续时间不宜超过表 3.13 的规定。

表 3.13　　　混凝土从搅拌机中卸出到浇筑完毕的延续时间　　　单位：min

混凝土强度等级 \ 气温	≤25℃	≥25℃
不高于 C30	120	90
高于 C30	90	60

混凝土运送的容器和管道等设备，应不吸水、不漏浆，并保证卸料及输送通畅，容器和管道在冬期应有保温措施，夏季最高气温超过 40℃时，应有隔热措施，使混凝土拌合物运至浇筑地点时的温度，最高不超过 35℃；最低不低于 5℃。混凝土运送至浇筑地点，如混凝土拌合物出现分层离析现象，应对混凝土拌合物进行二次搅拌。混凝土运至指定卸料地点时，应检测其坍落度，所测值应符合设计和施工要求。

3.3.2.2 运输机械

混凝土运输分为地面运输、垂直运输和楼面运输三种情况。

混凝土地面运输，如采用预拌（商品）混凝土运输距离较远时，我国多用混凝土搅拌运输车。混凝土如来自工地搅拌站，则多用载重约 1t 的小型机动翻斗车或双轮手推车，有时还用皮带运输机和窄轨翻斗车。

混凝土搅拌运输车（图 3.24）为长距离运输混凝土的有效工具，它有一搅拌筒斜放在汽车底盘上，在商品混凝土搅拌站装入混凝土后，由于搅拌筒内有两条螺旋状叶片，在运输过程中搅拌筒可进行慢速转动进行拌和，以防止混凝土离析，运至浇筑地点，搅拌筒反转即可迅速卸出混凝土。搅拌筒的容量有 $2\sim10\text{m}^3$，搅拌筒的结构形状和其轴线与水平的夹角、螺旋叶片的形状和它与铅垂线的夹角，都直接影响混凝土搅拌运输质量和卸料速度。搅拌筒可用单独发动机驱动，亦可用汽车的发动机驱动，以液压传动者为佳。

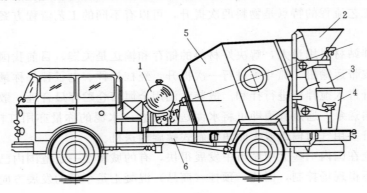

图 3.24　混凝土搅拌运输车

1—水箱；2—进料斗；3—卸料斗；4—活动卸料溜槽；5—搅拌筒；6—汽车底盘

混凝土垂直运输多用塔式起重机、混凝土泵、快速提升斗和井架。用塔式起重机时，混凝土要配吊斗运输，这样可直接进行浇筑。混凝土浇筑量大、浇筑速度快的工程，可以采用混凝土泵输送。

混凝土楼面运输，我国以双轮手推车为主，亦用机动灵活的小型机动翻斗车，如用混凝土泵则用布料机布料。

3.3.2.3　混凝土泵运输

1. 混凝土泵送运输的特点

混凝土泵送运输是以混凝土泵为动力，通过管道、布料杆直接将混凝土运至浇筑地点，同时完成混凝土垂直运输和水平运输的一种运输方法。泵送混凝土具有输送能力大、速度快、效率高、节省人力、可连续作业等优点，因此发展较快，在大体积混凝土浇筑和工业与民用建筑施工中应用较广，它已成为施工现场运输混凝土的一种重要方法。

2. 混凝土泵送设备及管道

（1）混凝土泵。混凝土泵有活塞泵、气压泵、挤压泵等几种类型，其中活塞泵应用最多。活塞泵根据构造原理不同又分为机械式和液压式，其中液压活塞泵最为常用；液压活塞又分为油压式和水压式两种。此外，按泵体是否移动，还可分为移动式混凝土泵车和固定式混凝土泵。

目前常用液压式活塞泵基本上是液压双缸式，它主要由料斗、液压缸和活塞、混凝土缸、分配阀、Y 形输送管、冲洗设备、液压系统和动力系统等组成，其工作原理如图3.25 所示。工作时，搅拌好的混凝土拌合料装入料斗 6，吸入端片阀 7 移开，排出端片阀

8关闭，液压活塞4在液压作用下通过活塞杆5带动活塞2后移，料斗内的混凝土在自重和真空吸力作用下进入混凝土缸1。然后，液压系统中压力油的进出方向相反，使活塞2向前推压，同时吸入端片阀7关闭，排出端片阀8打开，混凝土缸中的混凝土在压力作用下通过Y形管9进入输送管道，输送到浇筑地点。由于两个缸交替进料和出料，因而能连续稳定地排料。

将混凝土泵安装在汽车底盘上，根据需要可随时开至施工地点进行混凝土泵送作业，即为混凝土泵车。这种泵车一般附带装有全回转三段折叠臂架式布料杆。它既可以利用工地配置的管道输送到较远较高的浇筑地点，也可利用随车的布料杆在其回转范围内进行浇筑，如图3.26所示。混凝土泵车的输送能力一般为80m³/h；在水平输送距离为520m和垂直输送高度为110m时，输送能力为30m³/h。

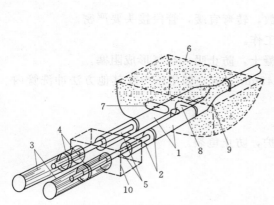

图3.25 液压活塞式混凝土泵工作原理
1—混凝土缸；2—推压混凝土活塞；3—液压缸；
4—液压活塞；5—活塞杆；6—料斗；7—控制
吸入的水平分配阀；8—控制排出的竖向
分配阀；9—Y形输送管；10—水箱

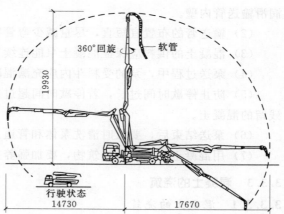

图3.26 混凝土泵车的布料杆

固定式混凝土泵：固定式混凝土泵使用时需用其他车辆将其拖至现场，它具有输送能力大，输送高度高等特点。最大水平输送距离为1520m，最大垂直输送高度为432m，输送能力为60m³/h左右。它适用于高层建筑的混凝土输送。

（2）混凝土输送管道。混凝土输送管有直管、弯管、锥形管和浇筑软管等，一般由合金钢、橡胶、塑料等材料制成，常用混凝土输送管的管径主要有100mm、125mm和150mm等。

3. 混凝土泵送对原料的要求

泵送轻骨料混凝土的原材料选用及配合比，应通过试验确定。为减小混凝土与输送管道内壁的摩擦力，泵送混凝土骨料最大粒径与输送管内径之比有较严格的要求，碎石不宜大于1：3；卵石不宜大于1：2.5；砂以天然砂为宜，为提高混凝土的流动性和防止离析，砂率宜控制在40%～50%，通过0.315mm筛孔的砂不少于15%；最少水泥用量为300kg/m³，如果水泥用量过少，泵送阻力大，混凝土易产生离析现象。混凝土的坍落度是影响混凝土与输送管道内壁摩擦力大小的主要因素，泵送高度不同坍落度要求也不同，入泵时混凝土的坍落度可参考表 3.14 选用；混凝土内宜适量掺入外加剂和外掺料以改善混凝土的流动性。

表 3.14　不同泵送高度入泵时混凝土坍落度选用值

泵送高度/m	<30	30~60	60~100	>100
坍落度/mm	100~140	140~160	160~180	180~200

4. 混凝土泵送的注意事项

混凝土泵送施工时，除了提前拟定施工方案，做好施工准备外，还应注意以下事项：

（1）泵送前，为减少泵送阻力，应先用适量与混凝土内成分相同的水泥浆或水泥砂浆润滑输送管内壁。

（2）输送管的布置宜短直，尽量减少弯管数，转弯宜缓，管段接头要严密。

（3）混凝土的供料应保证混凝土泵能连续工作。

（4）泵送过程中，泵的受料斗内应充满混凝土，防止吸入空气形成阻塞。

（5）防止停歇时间过长，若停歇时间超过 45min，应立即用压力或其他方法冲洗管内残留的混凝土。

（6）泵送结束后，要及时清洗泵体和管道。

（7）用混凝土泵浇筑的建筑物，要加强养护，防止龟裂。

3.3.3　混凝土的浇筑

3.3.3.1　混凝土的浇筑

浇筑混凝土前，应对模板及其支架检查，应确保标高、位置尺寸正确，强度、刚度、稳定性以及模板接缝严密性满足要求，拆模后混凝土应密实、表面平整、光滑。对钢筋、保护层和预埋件等的尺寸、规格、数量和位置是否符合设计和规范要求进行检查，并做好记录。由于混凝土工程属于隐蔽工程，因而对混凝土量大的工程、重要工程或重点部位的浇筑，以及其他施工中的重大问题，均应随时填写施工记录。混凝土浇筑时同一施工段的混凝土应连续浇筑，并应在底层混凝土初凝之前将上一层混凝土浇筑完毕。当底层混凝土初凝后浇筑上一层混凝土时，应按施工技术方案中对施工缝的要求进行处理。

混凝土浇筑应注意的几个问题如下。

1. 防止分层离析

应在初凝前完成混凝土的浇筑，如果混凝土浇筑前有分层离析现象，必须重新拌合后才能浇筑。

浇筑混凝土时，混凝土拌合物由料斗、漏斗、混凝土输送管、运输车内卸出时，如自由倾落高度过大，由于粗骨料在重力作用下，克服黏着力后的下落动能大，下落速度较砂浆快，因而可能形成混凝土离析。为此，混凝土自高处倾落的自由高度不应超过 2m，柱、墙等结构竖向浇筑高度超过 3m 时，应采用串筒、溜管或振动溜管浇筑混凝土。

2. 施工缝的施工

混凝土结构多要求整体浇筑，如因技术或组织上的原因不能连续浇筑时，且停顿时间有可能超过混凝土的初凝时间，则应事先确定在适当的位置设置施工缝，施工缝是先后两次浇筑混凝土的结合面。由于混凝土的抗拉强度约为其抗压强度的 1/10，因而施工缝是结构中的薄弱部位，宜留在结构剪力较小且方便施工的部位。例如建筑工程的柱子宜留在基础顶面、梁或吊车梁牛腿的下面、吊车梁的上面、无梁楼盖柱帽的下面（图 3.27）。与板连成整体的大截面梁应留在板底面以上 20～30mm 处，当板下有梁托时，留置在梁托下部。单向板应留在平行于板短边的任何位置。有主次梁的楼盖宜顺着次梁方向浇筑，应留在次梁跨度的中间 1/3 梁跨长度范围内（图 3.28）。楼梯应留在楼梯长度中间 1/3 长度范围内。墙可留在门洞口过梁跨中 1/3 范围内，也可留在纵横墙的交接处。双向受力的楼板、大体积混凝土结构、拱、薄壳、多层框架等及其他复杂的结构，应按设计要求留置施工缝。

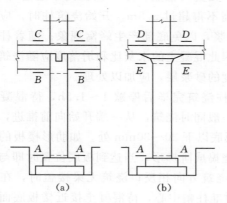

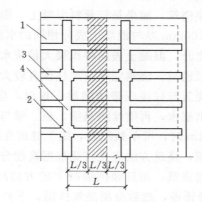

图 3.27　柱子施工缝的位置　　　　图 3.28　有主次梁楼盖的施工缝位置
（a）梁板式结构；（b）无梁楼盖结构　　　1—楼板；2—柱；3—次梁；4—主梁

在施工缝处继续浇筑混凝土时，应待已浇筑的混凝土强度不低于 1.2N/mm² 时才允许继续浇筑。浇筑前应除掉水泥薄层和松动石子，表面加以湿润并冲洗干净，先铺 10～15mm 厚水泥浆或与混凝土砂浆成分相同的砂浆一层。浇筑混凝土过程中，施工缝应细致捣实，使其结合紧密。

3. 后浇带的施工

在现浇钢筋混凝土结构施工过程中，为克服由于温度、收缩等因素可能产生有害裂缝而设置的临时施工缝，称为后浇带。后浇带需根据设计要求保留一段时间后再浇筑，将整个结构连成整体。

后浇带的设置应考虑以下几个方面：后浇带的设置距离，应考虑在有效降低温差和收缩应力的条件下，通过计算确定。一般若混凝土在室内，则为 30m；若在露天，则为 20m。后浇带的宽度一般为 700～1000mm，主要考虑施工简便，防止应力集中。后浇带的保留时间应根据设计确定，设计无要求设计时，其保留时间一般不宜少于 40d，在此期间早期温差及 30% 以上的收缩已完成。

后浇带混凝土浇筑应按施工技术方案进行，并在规定时间浇筑混凝土。浇筑混凝土前，后浇带内的钢筋应保存完好，满足构造要求；后浇带表面应清理干净，并对钢筋整理或施焊。后浇带宜选用早强、补偿收缩混凝土浇筑，也可采用普通水泥加入相应的外加剂拌制，但必须要求填筑混凝土的强度等级比原结构强度提高一级，并保持至少 14d 的湿润养护，并应表面覆盖养护。

3.3.3.2　混凝土框架、剪力墙结构的浇筑

1. 框架浇筑

多层框架按分层分段施工，水平方向以结构平面的伸缩缝为段，垂直方向以结构层次为层。在每层中先浇筑柱，再浇筑梁、板。

柱宜在梁板模板安装后钢筋未绑扎前浇筑；每排柱子应按由外向内对称地顺序浇筑，不要从一端向另一端推进，以防止柱模板受横向推力作用向一侧倾斜；当柱子断面小于 400mm×400mm，或有交叉箍筋时可在柱模侧面每段不超过 2m 的高度开口，插入斜溜槽分段浇筑；断面在 400mm×400mm 以上时，无交叉箍筋柱子，如柱高不超过 4.0m，可以从柱顶浇筑，如果是轻骨料混凝土，则柱高不得超过 3.5m。开始浇筑柱时，应在底部填 50～100mm 厚与混凝土成分相同的水泥砂浆，以免底部产生蜂窝现象；随着柱子浇筑高度的上升，混凝土表面将积聚大量浆水，因此混凝土的水灰比和坍落度应随浇筑高度的上升予以递减。浇筑完毕，如柱顶有较大厚度的砂浆层，应加以处理。

在浇筑与柱连成整体的梁、板时，应在柱浇筑完毕后停歇 1～1.5h，待混凝土沉实后，排出泌水，再继续浇筑梁、板。梁与板一般同时浇筑，从一端开始向前推进，当梁高度大于 1m 时，可单独浇筑，施工缝留在距板底以下 20～30mm 处。如肋形楼板的梁板应同时浇筑，浇筑方法应先将梁根据高度分层浇捣成阶梯形，当达到板底位置时即与板的混凝土一起浇筑，而且倾倒混凝土的方向应与浇筑方向相反；浇筑无梁楼盖时，在柱帽下 50mm 处暂停，然后分层浇筑柱帽，下料应对准柱帽中心，待混凝土接近楼板底面时，再连同楼板一起浇筑。当梁柱混凝土强度等级不同时，应先用与柱同强度等级的混凝土浇筑柱头混凝土，再浇筑低强度等级的梁板混凝土；两种混凝土的施工接缝应设置在距柱边距离不小于梁高的梁内，并留成斜面，用铁丝网将接缝处与梁端隔开，在混凝土凝结前，及时浇筑梁的混凝土，不要在梁的根部留施工缝。

2. 剪力墙浇筑

剪力墙浇筑应采取长条流水作业，分段浇筑，均匀上升。其根部浇筑方法与柱子相同。墙体混凝土的施工缝一般宜设在门窗洞口上。洞口浇筑混凝土时，应使洞口两侧混凝土高度大体一致；振捣时，振捣棒应距离洞边 300mm 以上，从两侧同时振捣，以防洞口变形。

3.3.3.3　大体积混凝土浇筑

1. 大体积混凝土的特点

大体积混凝土一般是指混凝土结构中，最小断面尺寸大于或等于 1m 的混凝土，多为工业建筑中设备基础，以及高层建筑厚大的桩基承台或基础底板等。其特点是混凝土浇筑面和浇筑量大，整体性要求高，不允许留施工缝，要求一次连续浇筑完毕。此外，浇筑后水泥水化热使结构产生温度变形，易使混凝土产生裂缝等。

2. 大体积混凝土的裂缝

混凝土结构物的裂缝有微观裂缝和宏观裂缝。微观裂缝为肉眼不可见的裂缝，主要有粘着裂缝（骨料与水泥石粘合面上的裂缝）、水泥石裂缝（水泥石中自身的裂缝）、骨料裂

缝（骨料本身的裂缝）三类。微观裂缝的分布是不规则、不贯通的。宏观裂缝为肉眼可见裂缝，其宽度一般不小于 0.05mm。宏观裂缝是微观裂缝扩展而来的。因此，在混凝土结构中裂缝是绝对存在的，只是应将其控制在符合规范要求范围内，以不致发展到有害裂缝。

（1）常见裂缝产生的原因。大体积混凝土内部出现的裂缝，按其深度不同，分为表面裂缝和贯通裂缝两种。

表面裂缝产生的主要受到温度和收缩两种因素的影响。

温度因素：在混凝土升温阶段，混凝土内部水化热产生较高温度，由于混凝土内部和表面的散热条件不同，温度外低内高，形成了温度梯度，使混凝土内部产生压应力，表面产生拉应力，表面的拉应力超过混凝土抗拉强度而产生表面裂缝。

收缩因素：收缩主要有塑性收缩和干缩两个方面。其中，塑性收缩裂缝多发生于新浇混凝土的表面。产生此类裂缝的原因主要是混凝土多为室外露天浇筑，浇筑后混凝土表面受到日晒、风吹的影响，使新浇混凝土表面水分蒸发过快，表面混凝土的收缩受到底层混凝土的约束，使正在硬化的混凝土产生拉应力，从而导致混凝土形成表面裂缝。干缩裂缝一般产生于混凝土终凝前后，其产生的原因主要是混凝土在硬化过程中，由于环境气候条件的影响，混凝土表面的水分蒸发，水泥中的凝胶体逐渐干缩产生初始应力，而引起混凝土干缩裂缝。

贯通裂缝是由于大体积混凝土在强度发展到一定程度，混凝土逐渐降温，这个降温差引起的变形加上混凝土失水引起的体积收缩变形，受到地基和其他结构边界条件的约束时引起的拉应力，超过混凝土抗拉强度时所可能产生的贯通整个截面的裂缝。

（2）防止产生温度裂缝的措施。预防大体积混凝土裂缝的关键是降低混凝土的内外温差（控制内外温差不超过 25℃）、减少或减缓混凝土的收缩。一般可采取以下几种方法：

内部降温法：采用内部降温法来控制内外温差。如使用水化热低的水泥（如矿渣硅酸盐水泥、火山灰质硅酸盐水泥等）；掺入外掺料以减少水和水泥用量，降低水化热，如粉煤灰等；掺入外加剂，如高效减水剂等；对石子和砂等材料降温，堆放时搭凉棚以避免阳光直射；向搅拌用水中投碎冰以降低水温，但不得将碎冰直接投入搅拌机；必要时也可在混凝土内部预埋循环水管，通过通入冷却水来散热降温。

外部保温法：采用外部保温法养护。在混凝土表面及模板外侧覆盖草袋（麻包）等保温材料进行养护；采用蓄水法养护，蓄水法是在混凝土终凝后，在其表面蓄以一定高度的水，蓄水高度一般为 300mm。大体积混凝土的养护时间不应少于 21d；在干燥炎热气候下，不应少于 28d。

此外，还可以通过减小混凝土所受外部约束力，来减小裂缝，如模板、地面要平整，甚至在地面上设置可以滑动的附加层。

（3）大体积混凝土的浇筑方法。为了保证混凝土的整体性，避免留设施工缝，则应在下一层混凝土初凝之前，将上一层混凝土浇下，并捣实成整体。因此，在组织施工时，首先应按式（3.7）计算每小时需要浇筑混凝土的数量：

$$Q = \frac{FH}{T} \tag{3.7}$$

式中　Q——混凝土最小浇筑量，m^3/h；

　　　F——混凝土浇筑区的面积，m^2；

　　　H——浇筑层厚度，m；

　　　T——下层混凝土从开始浇筑到初凝所容许的时间间隔，h。

$$T = t_1 - t_2 \tag{3.8}$$

式中　t_1——混凝土初凝时间；

　　　t_2——混凝土的运输时间。

大体积混凝土的浇筑方案，除应保证混凝土的整体性外，还应考虑结构大小、钢筋疏密、预埋管道和地脚螺栓的留设、混凝土供应情况以及水化热等因素的影响。常采用的方法有全面分层浇筑、分段分层浇筑和斜面分层浇筑（图 3.29）。

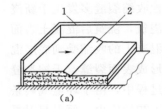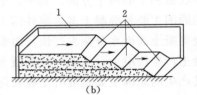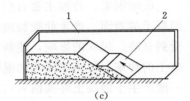

图 3.29　大体积混凝土浇筑方案
(a) 全面分层浇筑；(b) 分段分层浇筑；(c) 斜面分层浇筑
1—模板；2—混凝土

1）全面分层浇筑。全面分层浇筑方案是将结构全面分成厚度相等的浇筑层，每层均从一边向另一边推进浇筑，即在第一层全部浇筑完毕后，再浇筑第二层，此时应逐层连续浇筑，直至浇筑完毕。采用这种方案施工时，应从短边开始，沿长方向进行较合适。必要时可分成两段，同时从两端向中央相对地进行浇筑。适用于厚度和面积不太大的结构。采用全面分层时，结构截面面积应满足下式要求：

$$F \leqslant QT/H \tag{3.9}$$

2）分段分层浇筑。该方案混凝土从底层开始浇筑，进行 2～3m 后就浇筑第二层，同样依次浇筑以上各层。由于总的层数不多，所以浇筑到顶后，第一层末端的混凝土还未初凝，又可从第二段依次分层浇筑。适用于厚度不太大而面积或长度较大的结构。为满足结构整体性，应满足：

$$l \leqslant QT/b(H-b) \tag{3.10}$$

式中　l——分段长度，m；

　　　b——结构宽度，m。

3）斜面分层浇筑。当结构的长度大大超过厚度（长度超过厚度的 3 倍）而混凝土流动性较大时，混凝土往往不能形成稳定的分层踏步，故应采用斜面分层浇筑。这是将混凝土一次浇筑到顶，让混凝土自然地流淌，形成一定的斜面。这时混凝土的振捣工作，应从浇筑层的下端开始，逐渐上移 [图 3.29 (c)]，以保证混凝土的质量。该方案很适应于混凝土泵送工艺，可免除混凝土输送管的反复拆装。

根据混凝土的浇筑量，拟定浇筑方案和进行劳动组织，即可计算出混凝土需要的搅拌机、运输工具和振动器等设备的数量。

3.3.4 混凝土的密实成型

混凝土拌合物浇筑之后，需经密实成型才能赋予混凝土结构一定的外形和内部结构。强度、抗冻性、抗渗性、耐久性等皆与混凝土密实成型的好坏有关。混凝土拌合物密实成型的途径有三：一是借助于机械外力（如机械振动）来克服拌合物内部的剪应力而使之液化；二是在拌合物中适当多加水以提高其流动性，使之便于成型，成型后用分离法、真空作业法等将多余的水分和空气排出；三是在拌合物中掺入高效能减水剂，使其坍落度大大增加，可自流浇筑成型。第一种方法应用最为广泛，下面着重讨论振动密实成型。

混凝土振捣方法有人工捣实和机械捣实。人工捣实是利用捣棍、插钎等用人力对混凝土进行夯插使混凝土密实的一种方法。它不但劳动强度大，且混凝土密实性差，只能用于工程量不大的情况。机械振捣通过振动器的振动力使混凝土振动密实成型，效率高、质量好。振动机械按其工作方式分为内部振动器、表面振动器、外部振动器和振动台（图3.30）。

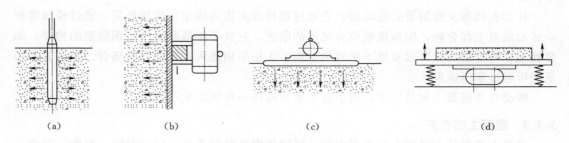

(a)   (b)   (c)   (d)

图 3.30 振动机械示意图
(a) 内部振动器；(b) 外部振动器；(c) 表面振动器；(d) 振动台

内部振动器又称插入式振动器（图3.31），其工作部分是一棒状空心圆柱体，内部装有偏心振子，在电动机带动下高速转动而产生高频微幅的振动，多用于振实梁、柱、墙、厚板和大体积混凝土结构等。

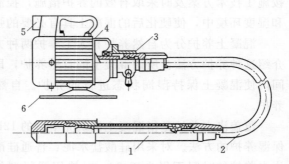

图 3.31 电动软轴行星式内部振动器
1—振动棒；2—软轴；3—防逆装置；
4—电动机；5—电器开关；6—底座

内部振动器振捣混凝土时，应垂直插入，振动棒插入混凝土的深度不得大于振动棒工作部分长度，当分层浇筑时，振动棒头部应插入下层 $50\sim100\mathrm{mm}$ 深，以消除两层间的"接缝"。插点的分布有方格形排列和交错形排列两种（图3.32）。振动器两相邻插点的间距为 S，当正方形排列时，$S\leqslant1.75R$（R 为振动器的作用半径）；交错形排列时，$S\leqslant1.75R$，防止漏振，保证混凝土的振动密实。

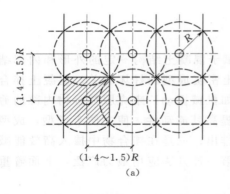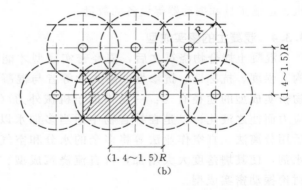

图 3.32　插点的分布
(a) 行列式；(b) 交错式

表面振动器又称平板振动器，它由带偏心块的电动机和平板（木板或钢板）等组成。其作用深度较小，多用在混凝土表面进行振捣，适用于楼板、地面、道路、桥面等薄型水平构件。

外部振动器又称附着式振动器，它通过螺栓或夹钳等固定在模板外部，通过模板将振动传给混凝土拌合物，因而横板应有足够的刚度。它宜于振捣断面小且钢筋密的构件，如薄腹梁、箱型桥面梁等以及地下密封的结构，无法采用插入式振捣器的场合。其有效作用范围可通过实测确定。

振动台是混凝土制品厂中，用于振实预制构件一种固定生产设备。

3.3.5　混凝土的养护

混凝土养护是为混凝土的水泥水化、凝固提供必要的条件，包括时间、温度、湿度三个方面，保证混凝土在规定时间内，达到预期的性能目标。因此，混凝土浇筑完毕后，应按施工技术方案及时采取有效的养护措施，控制混凝土处在有利于硬化及强度增长的温度和湿度环境中，使硬化后的混凝土具有必要的强度和耐久性。

混凝土养护分为自然养护和人工养护两种方法。现场施工多采用自然养护，下面主要介绍这种养护方法。所谓混凝土的自然养护，即在平均气温高于 $+5℃$ 的条件下于一定时间内使混凝土保持湿润状态进行的养护。自然养护又可分为覆盖浇水养护和塑料薄膜养护。

覆盖浇水养护是指混凝土浇筑完毕后的 12h 以内对混凝土表面加以覆盖，并通过洒水保湿养护的方法。对采用硅酸盐水泥、普通硅酸盐水泥或矿渣硅酸盐水泥拌制的混凝土，浇水养护的时间不得少于 7d；对掺用缓凝型外加剂或有抗渗要求的混凝土，不得少于14d。浇水次数应能保持混凝土处于湿润状态，养护用水应与拌制用水相同；但当日平均气温低于 5℃ 时，不得浇水。对大面积结构如地坪、楼板、屋面等也可采用蓄水保护。

塑料薄膜养护法是以塑料薄膜为覆盖物，使混凝土表面与空气隔绝，可防止混凝土中的水分蒸发，保持混凝土的湿润，从而完成水泥的凝结硬化。应将敞露的混凝土全部表面覆盖严密，并应保持塑料布内有凝结水。当混凝土表面不便浇水或使用塑料布时，宜涂刷养护剂，其作用类似于塑料薄膜。对采用薄膜或养护剂养护的混凝土，应经常检查薄膜或养护剂的完整情况和混凝土的保湿效果。

混凝土养护期间，混凝土强度未达到 1.2N/mm² 以上，方可上人进行其他施工。

大体积混凝土的养护，应进行热工计算确定其保温、保湿或降温措施，并应设置测温孔或埋设热电偶等测定混凝土内部和表面的温度，使温差控制在设计要求的范围以内，当无设计要求时，温差不宜超过 25℃。

冬期浇筑的混凝土，应养护到具有抗冻能力的临界强度后，方可撤除养护措施。混凝土的临界强度满足：用硅酸盐水泥或普通硅酸盐水泥配制的混凝土，应为设计要求的强度等级标准值的 30％；用矿渣硅酸盐水泥配制的混凝土，应为设计要求的强度等级标准值的 40％。在任何情况下，混凝土受冻前的强度不得低于 5 N/mm²。冬期施工时，模板和保温层应在混凝土冷却到 5℃后方可拆除。当混凝土温度与外界温度相差大于 20℃时，拆模后的混凝土应临时覆盖，使其缓慢冷却。

3.3.6 混凝土的冬期施工

3.3.6.1 混凝土冬期施工原理

1. 混凝土冬期施工的定义

我国规范规定：根据当地多年气温资料，室外日平均气温连续 5 天稳定低于 5℃时，混凝土结构工程应采取冬期施工措施，并应及时采取气温突然下降的防冻措施。当气温回升到此条件，即连续 5 天平均气温高于 5℃时，则为冬期施工的截止日期。为防止新浇混凝土受冻，须采取一系列防范措施，提前做好各种准备，以保证混凝土的质量。

2. 混凝土在低温下的性能

混凝土之所以能凝结、硬化并获得强度，是由于水泥和水进行水化作用的结果。水化作用的速度在一定湿度条件下主要取决于温度，温度越高，强度增长越快，反之则慢。当温度降至 0℃以下时，水化作用基本停止，温度再继续降低，混凝土内的水开始结冰，水结冰后体积膨胀增大约 8％～9％，在混凝土内部产生冰晶应力，使强度很低的水泥石结构内部产生微裂纹，同时减弱了水泥与砂石和钢筋之间的黏结力，从而使混凝土强度降低。

3. 冬期施工临界强度

新浇筑的混凝土在受冻前达到某一初期强度值后才遭冻结，恢复正温养护后混凝土强度还能增长，再经 28d 标准养护后，其后期强度如能达到设计等级的 95％以上，那么受冻前的初期强度，称之为混凝土冬期施工的临界强度。混凝土遭受冻结后，水化反应基本停止，强度停止增长，当转入正温环境后，游离水解冻，混凝土强度又开始增长，但其最终强度会由于前期混凝土遭冻结的原因，而有所降低，强度降低值的大小与混凝土遭冻结时已经建立的强度大小有关。

混凝土的临界强度与水泥品种、混凝土强度等级有关。硅酸盐水泥或普通硅酸盐水泥配制的混凝土，为设计的混凝土强度标准值的 30％；矿渣硅酸盐水泥配制的混凝土，为设计的混凝土强度标准值的 40％；但对不高于 C10 的混凝土，不得小于 5.0N/mm²。

3.3.6.2 混凝土冬期施工工艺

1. 原材料的选择及要求

冬期施工应优先选用硅酸盐水泥或普通硅酸盐水泥，水泥强度等级不应低于 42.5R，最小水泥用量不宜少于 $300kg/m^3$，水灰比不应大于 0.60。使用矿渣硅酸盐水泥，宜采用蒸汽养护；使用其他品种的水泥，应注意掺合料对混凝土抗冻、抗渗等性能的影响。掺用防冻剂的混凝土，严禁选用高铝水泥。

骨料必须清洁，不得含有冰、雪；在掺用含有钾、钠离子防冻剂的混凝土中，不得混有活性骨料。

冬期浇筑混凝土，宜使用无氯盐类防冻剂；对抗冻性要求高的混凝土，宜使用引气剂或引气减水剂。掺用氯盐类防冻剂时，其掺量应符合现行国家规范的规定。

2. 原材料的加热

冬期施工的混凝土，在拌制前应优先对水进行加热，当水加热仍不能满足要求时，再对骨料进行加热，但水泥不能直接加热，宜在使用前运入暖棚内存放。水及骨料的加热温度，应根据热工计算确定，但不得超过表 3.15 的规定。

表 3.15 拌合水及骨料最高温度

水泥种类	拌合水/℃	骨料/℃
强度等级低于 42.5R 的普通硅酸盐水泥、矿渣硅酸盐水泥	80	60
强度等级不低于 42.5R 的硅酸盐水泥，普通硅酸盐水泥	60	40

3. 混凝土的搅拌、运输和浇筑

在混凝土搅拌前，应保证混凝土的出机温度，可以先用热水或蒸汽冲洗，预热搅拌机。投料顺序是：当水温不高于 80℃（或 60℃）时，可将水泥和骨料先投入，干拌均匀后，再投入水，直至搅拌均匀为止；当水温高于 80℃（或 60℃）时，应先投入骨料和热水，搅拌到温度低于 80℃（或 60℃）时，再投入水泥。混凝土的搅拌时间应为常温搅拌时间的 1.5 倍；混凝土拌合物的出机温度不宜低于 10℃。

运输混凝土所用的容器应有保温措施，运输时间应尽量缩短，以保证混凝土的浇筑温度及混凝土的入模温度不得低于 5℃。

混凝土在浇筑前，应清除模板和钢筋上的冰雪和污垢；不得在强冻胀性地基上浇筑混凝土；当在弱冻胀性地基上浇筑混凝土时，地基土不得遭冻；当在非冻胀性地基上浇筑混凝土时，混凝土受冻前，其抗压强度不得低于临界强度。

4. 混凝土养护的方法

混凝土冬期养护方法很多，常见的有蒸汽加热法、蓄热法、电热法、掺外加剂法以及暖棚法等。无论采用什么方法，均应保证混凝土在冻结之前，至少应达到临界强度。

（1）蒸汽加热法。蒸汽加热养护分为两种情况，一种是让蒸汽与混凝土直接接触，利用蒸汽的湿热作用来养护混凝土。另一种是将蒸汽作为热载体，通过某种形式的散热器，将热量传导给混凝土使混凝土升温。这种养护法的主要优点是：蒸汽含热量高，湿度大，成本较低。缺点是：温度、湿度难以保持均匀稳定，热能利用率低，现场管道多，容易发生冷凝和冰冻。

（2）蓄热法。蓄热法养护就是将适当的保温材料覆盖住结构物的散热表面，使以热材料拌成的混凝土的热量和水泥水化时的水化热量能储存下来，不致过早散失，以延缓混凝土的冷却速度，保证混凝土能在要求的温度环境下硬化，达到预期强度要求的一种养护方法。该法适用于室外最低温度不低于−15℃的地面以下工程或表面系数（结构冷却的表面积与其全部体积的比值）不大于 15 的结构。

（3）电热法。电热法养护主要有电热毯法、电极法、工频涡流加热法、线圈感应加热法等方法。

电热毯法是用电热毯作为加热元件，电热毯由四层玻璃纤维布中间夹以电阻丝制成。在钢模板的区格内卡入电热毯后，再覆盖岩棉板作为保温材料，外侧用 108 胶粘贴水泥袋纸两层挡风。在混凝土浇筑前先通电将模板预热，浇筑过程中留出测温孔，浇筑后定期测温并做记录，养护过程中根据混凝土温度变化可继续送电，适用于以钢模板浇筑的构件。

电极法是在混凝土结构的内部或表面设置电极，通以低压电流，由于混凝土的电阻作用，使电能变为热能，产生热量对混凝土进行加热的一种养护方法。该法耗钢量较大，耗电量较高，只在特殊条件下使用，适用于以木模板浇筑的混凝土构件。

工频涡流加热法是在钢模板的外侧布设钢管，钢管与板面紧贴并焊牢，管内穿以导线，当导线中有电流通过时，在管壁上产生热效应，通过钢模板将热量传导给混凝土，使混凝土升温的一种养护方法。为了降低能耗，在模板外面应使用毛毡、矿棉板或聚氨酯泡沫等材料保温。用该法加热混凝土，温度比较均匀，控制方便，但需制作专用模板，模板投资大，适用于以钢模板浇筑的混凝土墙体、梁、柱和接头。

线圈感应加热法是用绝缘电缆缠绕在梁、柱构件的外面以形成线圈，通电后使钢模板、钢筋或构件内所含的型钢发热升温并加热混凝土的一种养护方法。其优点是：易于控制，加热均匀。该法适用于以钢模板浇筑的或中间含有型钢作为劲性骨架的梁、柱构件的加热养护，也可作为某些因措施不当面临受冻危险的梁、柱构件的加热补救措施，但不适用于墙、板构件的加热养护。

（4）掺外加剂法。在冬期混凝土施工中掺入适量的外加剂，使混凝土强度迅速增长，在冻结前达到要求的临界强度；或降低水的冰点，使混凝土能在负温下凝结、硬化。这是混凝土冬期施工的有效方法，可简化施工工艺，节约能源，还可改善混凝土的性能。掺用外加剂的混凝土应符合冬期施工工艺要求的有关规定。

（5）暖棚法。暖棚法是在所要养护的建筑结构或构件周围用保温材料搭起暖棚，棚内设置热源，以维持棚内的正温环境。此法具有施工条件好，工作效率高；混凝土不易发生冻害；混凝土强度增长较慢等特点。该法适用于混凝土工程较为集中的区域，尤其适用于混凝土量较多的地下工程。当日平均气温低于−10℃时，暖棚法效果不佳。

（6）远红外线养护法。远红外线养护法是利用远红外辐射器向新浇筑的混凝土辐射远红外线，使混凝土的温度得以提高，从而在较短时间内获得要求的强度。产生远红外线的能源除电源外，逐可用煤气、石油液化气、天然气和热蒸汽等。该法具有施工简便、升温迅速、养护时间短、降低能耗、不受气温和结构表面系数的限制等特点，适用于薄壁结构、大模板工艺、装配式结构接头等混凝土的加热。

3.3.7 混凝土的质量检查

1. 混凝土的质量检查

混凝土的质量检查贯穿于工程施工的全过程，包括施工过程中的质量检查和养护后的质量检查。

　　施工过程中的质量检查，即在混凝土制备和浇筑过程中对原材料的质量、配合比、坍落度等的检查，每一工作班至少检查两次，如遇特殊情况还应及时进行抽查，混凝土的搅拌时间应随时检查。

　　混凝土养护后的质量检查，主要是指混凝土的立方体抗压强度检查。混凝土的抗压强度应以标准立方体试件（边长 150mm），在标准条件下（温度 20℃±3℃和相对湿度 90%以上的湿润环境）养护 28d 后测得的具有 95% 保证率的抗压强度。结构混凝土的强度等级必须符合设计要求。现浇混凝土结构的结构尺寸是否正确、允许偏差应符合规范规定；当有专门规定时，尚应符合相应的规定。混凝土表面外观质量要求：不应有蜂窝、麻面、孔洞、露筋、缝隙及夹层、缺棱掉角和裂缝等。对有抗冻、抗渗要求的混凝土尚应进行抗冻、抗渗性能的检查。

　　2. 现浇混凝土强度不足的原因

　　(1) 配合比设计方面有时不能及时测定水泥的实际活性，影响了混凝土配合比设计的正确性；另外，套用混凝土配合比时选用不当及外加剂用量控制不准等，都有可能导致混凝土强度不足。分离或浇筑方法不当，或振捣不足，以及模板严重漏浆。

　　(2) 搅拌方面任意增加用水量，配合比称料不准，搅拌时颠倒加料顺序及搅拌时间过短等造成搅拌不均匀，导致混凝土强度降低。

　　(3) 现场浇捣方面主要是施工中振捣不实，以及发现混凝土有离析现象时，未能及时采取有效措施来纠正。

　　(4) 养护方面主要是不按规定的方法、时间对混凝土进行妥善的养护，以致造成混凝土强度降低。

　　3. 现浇混凝土结构质量缺陷及产生原因

　　混凝土质量缺陷及其产生的原因主要有如下几个方面：

　　(1) 麻面。指构件表面出现无数小凹点，产生原因是模板表面粗糙不光滑，模板湿润不够，接缝不严密，振捣时发生漏浆。

　　(2) 蜂窝。指结构构件中出现蜂窝状空隙，产生原因是由于混凝土配合比不准确，浆少而石子多，或搅拌不均造成砂浆与石子分离，或浇筑方法不当，或振捣不足，以及模板严重漏浆。

　　(3) 露筋。指构件中钢筋没有被混凝土包裹而暴露在外，产生原因是浇筑时垫块位移，甚至漏放，钢筋紧贴模板，或者因混凝土保护层处漏振或振捣不密实而造成露筋。

　　(4) 小孔洞。指混凝土构件局部没有混凝土的现象，产生原因是混凝土结构内存在空隙，砂浆严重分离，石子成堆，砂与水泥分离。此外，有泥块等杂物掺入也会形成孔洞。

　　(5) 缝隙和薄夹层。指施工缝处有缝隙和夹杂物。产生原因主要是混凝土内部的施工缝、温度缝和收缩缝处理不当，以及混凝土内有外来杂物而造成的夹层。

　　(6) 裂缝。裂缝是常见的构件缺陷，产生原因复杂，如构件制作时受到剧烈振动，混凝土浇筑后模板变形或沉陷，混凝土表面水分蒸发过快，养护不及时等，以及构件堆放、运输、吊装时位置不当或受到碰撞等。

4. 混凝土质量缺陷的防治与处理

（1）表面抹浆修补。对数量不多的小蜂窝、麻面、露筋、露石的混凝土表面，主要是保护钢筋和混凝土不受侵蚀，可用 $1:2\sim1:2.5$ 水泥砂浆抹面修整。

（2）细石混凝土填补。当蜂窝比较严重或露筋较深时，应取掉不密实的混凝土，用清水洗净并充分湿润后，再用比原强度等级高一级的细石混凝土填补并仔细捣实。

（3）水泥灌浆与化学灌浆。对于宽度大于 0.5mm 的裂缝，宜采用水泥灌浆；对于宽度小于 0.5mm 的裂缝，宜采用化学灌浆。

思考题与习题

1. 钢筋的连接方法有哪些？各自适用的范围有哪些规定？

2. 钢筋采用绑扎接头时，应遵循哪些基本规定？

3. 模板有哪些作用？一般由哪几部分组成？对模板及支架有哪些要求？

4. 简述钢模板组合拼装的基本原则。

5. 混凝土的施工包括哪些施工过程？离析现象对混凝土质量有什么影响？在哪些环节上要注意控制？

6. 混凝土的搅拌制度的含义是什么？什么是一次投料和二次投料？各有什么特点？在相同的配比下，为什么二次投料能够提高混凝土的强度？

7. 混凝土浇筑前，要对模板和钢筋进行哪些项目检查？对木模板提前浇水有什么作用？

8. 什么是混凝土的施工缝？对施工缝留置位置有什么要求？对施工缝的处理有什么要求？

9. 什么是混凝土的自然养护法？有哪些具体方法和要求？如何控制混凝土模板拆除时的强度？

10. 用于检查承重模板拆除时的强度所用试块为什么要与结构构件同条件养护？

11. 什么是冬期施工？混凝土冬期施工应当注意哪些问题？

12. 某大梁采用 C20 混凝土，实验室配合比提供的水泥用量为 $300kg/m^3$ 混凝土，砂子为 $700kg/m^3$ 混凝土，石子为 $1400kg/m^3$ 混凝土，$W/C=0.60$，现场实测砂子含水率为 3%，石子含水率为 1%。试求：①施工配合比；②当采用 JZ350 型搅拌机时，计算每盘各种材料用量；③当考虑进料系数为 0.25 时，计算各种材料的投料量。

13. 某高层建筑基础钢筋混凝土底板长×宽×高＝25m×14m×1.2m，要求连续浇筑混凝土，不留施工缝。搅拌站设 3 台 250kg 搅拌机，每台实际生产率为 $5m^3/h$，混凝土运输时间为 25min，气温为 25℃。C20 混凝土，浇筑分层厚 300mm。试求：①混凝土浇筑方案；②完成浇筑工作所需时间。

14. 某建筑物简支梁配筋如图所示，梁宽 250mm，梁高为 400mm，钢筋强度为 HPB300（Φ），试计算①、②、③、④、⑤号钢筋的下料长度。最外层钢筋的保护层厚度取 25mm；弯起筋弯起角度为 45°，135°弯钩的端部增长值为 $4.9d$（d 为计算钢筋的直径)。

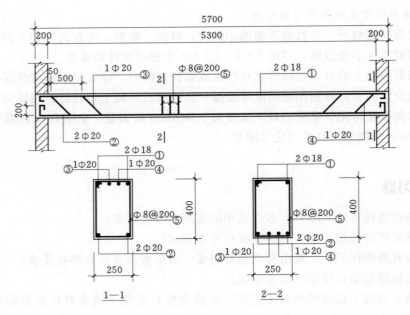

图 3.33

第4章 基础工程

一般工程结构中，若地表浅层地基土条件较好时常采用浅基础，它造价低、施工简便。如果天然浅土层较弱，可采用机械压实、强夯、堆载预压、深层搅拌、化学加固等方法进行人工加固，形成人工地基。但当地基土存在较厚的软土层，建筑物荷载大或对变形和稳定性要求高的地下空间结构、高层建筑等，宜采用深基础。

4.1 浅基础

浅基础根据受力特点可分为无筋扩展基础（刚性基础）和扩展基础（柔性基础）。

无筋扩展基础又称刚性基础，其特点是抗压强度高，而抗拉、抗弯、抗剪性能差。如砖、石、素混凝土、灰土和三合土等材料建造的基础均属于刚性基础。无筋扩展基础的截面尺寸有矩形、阶梯形、锥形、墙下及柱下条形基础。刚性基础最大拉应力及剪应力均在变截面处，为保证基础内的拉应力及剪应力不超过基础的抗拉、抗剪允许强度，一般基础的刚性角及台阶宽高比应满足设计及施工规范要求。

扩展基础一般均为钢筋混凝土基础，为柔性基础。它的抗弯、抗拉、抗压能力都很强，可以适用于各种地基土情况，适用范围广。柔性基础按构造形式不同，又可分为条形基础（包括墙下条形基础与柱下独立基础）、杯口基础、筏式基础、箱形基础等。

浅基础按材料不同可以分为砖基础、石基础、灰土基础、素混凝土基础、毛石混凝土基础和钢筋混凝土基础等。下面介绍几种最常见基础的施工方法。

4.1.1 砌筑浅基础施工

4.1.1.1 砌筑材料

1. 块材

砌筑工程常用的砖有烧结普通砖、烧结多孔砖、蒸压灰砂砖、蒸压粉煤灰砖等；砌块则有混凝土中小型砌块、加气混凝土砌块及其他材料制成的各种砌块；石材有毛石和料石。

砖、砌块以及石材的强度等级必须符合设计要求。常温下砌砖，对普通黏土砖、空心砖的含水率宜控制在 $10\%\sim15\%$，一般应提前 1d 浇水湿润；对轻骨料混凝土砌块、灰砂砖、粉煤灰砖，施工所用砌块的产品龄期不应小于 28d，其含水率宜控制在 $5\%\sim8\%$，砌块浇水不宜过多，表面有浮水时，不得施工。石砌体采用的石材应质地坚实，无风化剥落和裂纹，表面不得有泥垢、水锈等杂质。

2. 砂浆

砌筑砂浆有水泥砂浆、石灰砂浆和混合砂浆。砂浆种类选择及其等级的确定，应根据设计要求，砂浆强度等级必须符合设计要求。水泥砂浆和混合砂浆可用于砌筑潮湿环境和强度要求较高的砌体，但对于基础一般只用水泥砂浆。

砖砌体砌筑砂浆宜采用中砂拌制，石砌体砌筑用砂浆宜采用粗砂拌制。砂浆用砂不得含有有害杂物，含泥量不能太多，应当满足规范要求。

拌制砂浆用水，水质应符合混凝土拌合用水标准。

砂浆的拌制一般用砂浆搅拌机，要求拌和均匀。自投料完算起，搅拌时间对水泥砂浆和水泥混合砂浆不得少于 2min；对水泥粉煤灰砂浆和掺用外加剂的砂浆不得少于 3min；如掺用有机塑化剂的砂浆，应为 3～5min。

砂浆应随拌随用，水泥砂浆和水泥混合砂浆应分别在 3 h 和 4h 内使用完毕；当施工期间最高气温超过 30℃，应分别在拌成后 2h 和 3h 内使用完毕。对掺用缓凝剂的砂浆，其使用时间可根据具体情况延长。

4.1.1.2　砌筑施工与质量要求

1. 砖基础

砖基础由普通烧结砖或者免烧砖与水泥砂浆砌筑而成。砌砖基础施工工艺一般包括基坑开挖、抄平、放线、摆砖样、铺灰、砌砖等工艺，如果是墙体砌筑还要立皮数杆和挂准线。铺灰砌筑的操作方法很多，常用的有满刀（也称提刀法）、夹灰器、大铲铺灰及单手挤浆法，铺灰器、灰瓢铺灰及双手挤浆法。砌砖宜采用"三一砌筑法"，即一铲灰、一块砖、一揉浆的砌筑法。实心砖砌体大都采用一顺一丁、三顺一丁或者梅花丁组砌方法。

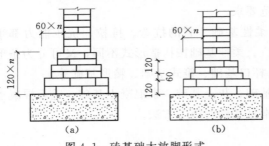

图 4.1　砖基础大放脚形式
(a) 等高式；(b) 不等高式

砖基础施工应注意以下事项：

基槽（坑）开挖时应设置好龙门桩及龙门板，标明基础、墙身和轴线的位置。施工过程中严禁碰撞或移动龙门板。

砖基础砌成的台阶形状称为"大放脚"，有等高式和不等高式两种（图 4.1）。等高式大放脚是两皮一收，两边各收进1/4砖长；不等高式大放脚是两皮一收与一皮一收相间隔，两边各收进 1/4 砖长。施工前应确定大放脚的形式，一般当地基承载力大于 150kPa 时，采用等高式大放脚；否则，应采用不等高式大放脚。

基础底宽即大放脚的底宽应根据计算确定，各层大放脚的宽度应为半砖宽的整数倍。在大放脚的下面一般做垫层。垫层材料可用灰土，也可用碎砖三合土。一般在室内地坪以下一皮砖处用 1∶2 水泥防水砂浆设置防潮层，厚约 20mm。

砖基础若不在同一深度，则应先由底往上砌筑。在高低台阶接头处，下面台阶要砌一定长度（一般不小于基础扩大部分的高度）的实砌体，砌到上面后与上面的砖一起退台。

砌筑工程质量的基本要求是：横平竖直、砂浆饱满、组砌得当、接槎牢固。砖砌体灰缝应当均匀，灰缝厚度一般为 10mm，规定值为 10±2mm，实心砖砌体水平灰缝的砂浆饱满度不得低于 80%。组砌应当上下错缝、内外搭砌，避免通缝。砖基础接槎应留成斜槎，如因条件限制时可留成直槎时，此外，应按规范要求设置拉结筋。

2. 石基础

石砌体基础一般包括毛石和料石基础两种，其中建筑基础、挡土墙、桥梁墩台中应用较多。一般建筑采用毛石较多，主要是价格低廉，施工简单。断面形式有阶梯型和梯形，基础顶面宽度比墙厚大 200mm，每边宽出 100mm，每阶高度一般为 300～400mm，并至少砌两皮，如图4.2 所示。

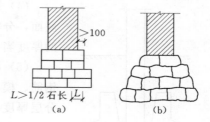

图 4.2　石基础形式
(a) 阶梯型；(b) 梯形

毛石分为乱毛石和平毛石。水泥砂浆采用铺浆法砌筑。灰缝厚度为 20～30mm。毛石应分皮卧砌，上下错缝内外搭接，砌第一层石块时，基底要坐浆，石块大面向下；第一皮及转角处、交接处、洞口处应选用较大平毛石；基础最上一层石块，宜选用较大平面较好的石块砌筑。

料石砌体砌筑时，应放置平稳，第一皮应当用丁砌层坐浆砌筑，也应上下错缝；如同层内全部顺砌，每砌两皮后，应丁砌一皮；同一层石料及水平灰缝厚度要均匀一致，石砌体灰缝厚度对毛料石和粗料石砌体不宜大于 20mm，细料石砌体不宜大于 5mm。砌石顺序是先角石，后镶面，再填腹。

砌石施工的质量检查主要有：砌筑方法及位置、各项材料质量、砌缝及铺填的饱满度、砌缝宽度及其错缝距离等。

4.1.2　现浇钢筋混凝土基础

现浇钢筋混凝土施工在前一章已经讲述，本节仅对不同形式的浅基础施工时的特殊要求作简单介绍。

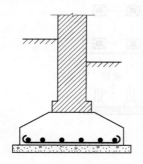

图 4.3　钢筋混凝
土条形基础

4.1.2.1　条形基础（独立基础）

现浇钢筋混凝土条形基础是最常见的一种浅基础。柱下基础底面形状大多采用矩形，因此也称为独立基础。独立基础也可以认为是条形基础的一种特殊形式，如图 4.3 所示。由于钢筋混凝土条形基础的抗弯和抗剪性能良好，可在竖向荷载较大、地基承载力不高的情况下采用，因为高度不受台阶宽高比的限制，故该基础型式适宜于"宽基浅埋"的场合下使用。

1. 工艺流程

钢筋混凝土条形基础一般是由素混凝土垫层、钢筋混凝土底板、大放脚组成，因此，施工时一般按照下述流程进行：土方开挖，验槽，混凝土垫层施工，恢复基础轴线、边线、校正标高，基础钢筋、柱、墙钢筋安装，基础模板及支撑安装，钢筋、模板验收，混凝土浇筑，最后养护拆模。

2. 施工注意事项

（1）混凝土浇筑前应进行验槽，轴线、基坑（槽）尺寸和土质等均应符合设计要求。

（2）基坑（槽）内浮土、积水、淤泥、杂物等均应清除干净。基底局部软弱土层应挖去，用灰土或砂砾回填夯实至基底相平。

（3）当基槽验收合格后，应立即浇筑混凝土垫层，以保护地基。垫层厚度一般为 100mm，混凝土强度等级为 C10。

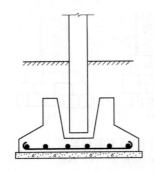

（4）钢筋下料时，主筋（受力钢筋）应当横向放置在基础底面，分布筋纵向布置，保护层厚度要满足要求，钢筋保护层的厚度当有垫层时不宜小于 35mm，无垫层时不宜小于 70mm。

（5）模板应当严密牢固，混凝土浇筑前应当浇水湿润，当钢筋、模板验收合格后，应立即浇筑混凝土，应分层浇筑振捣，分层厚度不得超过 30mm。

（6）插筋的数目与直径应和柱内纵向受力钢筋相同。插筋的锚固及柱的纵向受力钢筋的搭接长度，按国家现行设计规范的规定执行。

图 4.4　钢筋混凝土杯口基础

（7）混凝土质量检查，主要包括施工过程中的质量检查和养护后的质量检查。

4.1.2.2　筏形基础

钢筋混凝土筏形基础有整板式钢筋混凝土板（平板式）或由钢筋混凝土底板、梁整体（梁板式）两种类型，由于筏形基础的整体刚度较大，能有效地调整各柱间沉降的差异，因此，在地下空间结构以及多高层建筑地下室结构中被广泛采用，如图 4.5 所示。

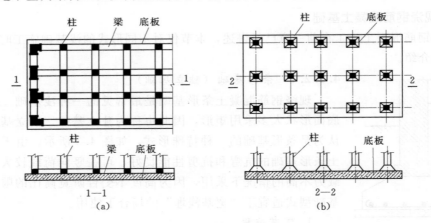

图 4.5　钢筋混凝土筏形基础
（a）梁板式；（b）平板式

筏形基础适用于上部荷载较大，地基承载能力较低或者有地下室的基础。筏形基础施工一般工艺流程为：基坑开挖—支设模板—铺设钢筋—混凝土浇筑—养护拆模等工序。施工要注意以下要点：

（1）基坑开挖时，如果地下水位较高时，应采用降低地下水位的措施，使地下水位降低至基底以下不少于 500mm；保证在无水情况下，进行基坑开挖和钢筋混凝土筏体施工。

（2）混凝土浇筑前，应清理基坑，木模板要浇水湿润，钢模板要刷隔离剂。

（3）混凝土浇筑应当一次浇筑完成。不能整体浇筑时，应当留施工缝；底板面积过大或者厚度太厚应当按照大体混凝土浇筑方法拟定浇筑方案。对于梁板式基础，梁高出底板部分应分层浇筑，分层厚度不宜超过 200mm。

（4）混凝土筏形基础施工完毕后，表面应加以覆盖和洒水养护，并不少于 7d，以保证混凝土的质量。

（5）混凝土强度达到设计强度的 25％以上，才可拆除梁的侧模；混凝土强度达到设计强度的 25％以上，才可进行基坑回填。

4.1.3 装配式杯口基础

杯口基础常用于装配式钢筋混凝土柱的基础，一般常见形式有杯口基础、双杯口基础、高杯口基础等。钢筋混凝土柱与杯口基础用细石混凝土灌缝。

杯口模板可用木模板或钢模板，可做成整体式，也可做成两半形式，中间各加楔形板一块，拆模时，先取出楔形板，然后分别将两半杯口模板取出。为便于拆模，杯口模板外可包钉薄铁皮一层。支模时杯口模板要固定牢固。在杯口模板底部留设排气孔，避免出现空鼓，如图 4.4 所示。

混凝土浇筑时混凝土要先浇筑至杯底标高，方可安装杯口内模板，以保证杯底标高准确，一般在杯底均留有 50mm 厚的细石混凝土找平层，在浇筑基础混凝土时，要仔细控制标高。一般按台阶分层进行浇筑，并用插入式振捣器振捣；振捣时应注意不要碰撞杯口模板，以确保模板位置的准确性。

基础拆模或基坑回填后，应当根据后续施工控制要求，在杯口上进行弹线，主要有标高控制线、杯口水平线、高程线等，用于柱子安装固定及矫正位置时的依据。

4.2 桩基础

桩基础通常由桩顶承台（梁）将若干根桩联成一体，将上部结构传来的荷载传递给桩周土或传递给桩尖持力层，是一种常用的深基础形式。按承载性状桩分为摩擦型桩和端承型桩；按成桩时挤土状况桩可分为非挤土桩、部分挤土桩和挤土桩；按桩的施工方法，桩可分为预制桩和灌注桩两类。

预制桩是在工厂或施工现场制成的各种材料和形式的桩（如木桩、钢筋混凝土方桩、预应力混凝土管桩、钢管桩或型钢桩等），采用沉桩设备将桩打入、压入、振入土中，或有时兼用高压水冲沉入土中而成桩。灌注桩是在施工现场的桩位上用机械或人工成孔，然后在孔内灌注混凝土或钢筋混凝土而成桩。根据成孔方法灌注桩又分为挖孔、钻孔、冲孔、沉管成孔和爆扩成孔灌注桩等；如灌注砂、石灰等桩，则称为砂桩、石灰桩等。沉管法、爆扩法施工的灌注桩、打入或静压的实心混凝土预制桩、闭口钢管桩或混凝土管柱等属于挤土桩。冲击成孔法施工的灌注桩、预钻孔打入式预制桩、H 型钢桩、敞口钢管桩或混凝土管桩等属于部分挤土桩；干作业法、泥浆护壁法、套管护壁法施工的灌注桩等属于非挤土桩。

本节将分别介绍预制桩、灌注桩中的一些常用桩型的适用范围、施工工艺及相关检测。桩型与工艺选择应根据建筑结构类型、荷载性质、桩的使用功能、穿越土层、桩端持力层土类、地下水位、施工设备、施工环境、施工经验、制桩材料、供应条件等，选择经济合理、安全适用的桩型和成桩工艺。

4.2.1 预制桩施工

钢筋混凝土预制桩承受的荷载较大、且坚固耐久、施工速度快,是我国广泛应用的桩型之一,但施工时对周围环境影响大。常见的有混凝土方桩和预应力混凝土空心管桩。

混凝土方桩的截面边长多为 250～550mm,可做成单根桩或多节桩,如在工厂制作,为便于运输,单节长度不宜超过 12m;如在现场预制,长度不宜超过 30m。桩的接头不宜超过 2 个,应避免桩尖接近硬持力层或桩尖处于硬持力层中接桩。单节长度应根据桩架高度、制作场地、运输和装卸能力而定。混凝土强度等级不宜低于 C30(静压法沉桩时不宜低于 C20)。桩身配筋与沉桩方法有关。锤击沉桩的纵向钢筋配筋率不宜小于 0.8%,压入桩不宜小于 0.4%,桩的纵向钢筋直径不宜小于 14mm,桩身宽度或直径大于或等于 350mm 时,纵向钢筋不应少于 8 根。桩顶一定范围内的箍筋应加密,并设置钢筋网片。为防止桩顶击碎,浇筑预制桩的混凝土时,宜从桩顶开始浇筑,并应防止另一端的砂浆积聚过多。

混凝土管桩是以离心法在工厂生产的,直径多为 400～600mm,壁厚 80～100mm,每节长度 8～10m,其混凝土强度等级不宜低于 C40,通常都施加预应力。混凝土管桩的接头不宜超过 4 个,接头可用法兰连接;下节桩底端可设桩尖,亦可以是开口的。

4.2.1.1 钢筋混凝土预制桩的制作、起吊、运输和堆放

预制方桩制作时,为节省场地,多采用叠浇法制作。对制作场地的要求是场地应平整、坚实,不得产生不均匀沉降。重叠层数取决于地面允许荷载和施工条件,一般不宜超过 4 层。上层桩或邻桩的浇筑,必须在下层桩或邻桩的混凝土达到设计强度的 30% 以后方可进行。制作时桩与桩间应做好隔离层,桩与邻桩、底模间的接触面不得发生黏结。桩的预制先后次序应与打桩次序对应,进行流水施工,以缩短施工工期。

钢筋骨架的主筋连接宜用对焊,钢筋接头百分率及其搭接长度、钢筋骨架及桩身尺寸偏差均应按照现行规范施工。如超出规范允许的偏差,桩容易被打坏。如为多节桩,上节桩和下节桩尽量在同一纵轴线上制作,以减少上下钢筋和桩身偏差。

钢筋混凝土预制桩应在混凝土达到设计强度的 75% 方可起吊;达到设计强度的 100% 才能运输和打桩。如提前起吊,必须采取措施并经验算合格方可进行。

桩在起吊和搬运时,必须平稳,吊点应同时离地,钢丝绳与桩之间应加衬垫,以免损坏桩。吊点位置一般由设计决定,起吊时应符合设计规定。当吊点少于或等于 3 个时,其位置应按正负弯矩相等的原则计算确定,当吊点的位置多于 3 个时,其位置应按反力相等的原则而定;无设计要求时,吊点的位置可按图 4.6 所示布置。

桩的运输方式,在运距不大时,可用起重机吊运;当运距较大时,可采用轻便轨道小平台车运输。经过搬运的桩,还应进行质量复查。一般在打桩前,桩从制作处运到现场,运输时应根据打桩顺序随打随运,以避免二次搬运。

堆放桩的场地必须平整、坚实,垫木间距应与吊点位置相同,各层垫木应上下对齐,并位于同一垂直线上,堆放层数不宜超过 4 层。不同规格的桩,应分别堆放。

4.2.1.2 混凝土预制桩的沉桩

预制桩的常用沉桩方法有锤击法、静压法、振动法和水冲法等。

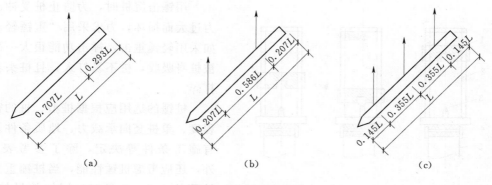

图 4.6 桩吊点的位置

(a) 一点起吊 ($L<16m$)；(b) 二点起吊 ($16m<L<25m$)；(c) 三点起吊 ($L>25m$)

1. 锤击法施工

(1) 打桩机械。锤击法是利用桩锤的冲击克服土对桩的阻力，使桩达到预定深度或达到持力层。这是最常用的一种沉桩方法。打桩机包括桩锤、桩架和动力装置。

1) 桩锤。桩锤是对桩施加冲击，将桩打入土中的主要机具。桩锤主要有落锤、蒸汽锤、柴油锤和液压锤，目前应用最多的是柴油锤，其工作原理如图 4.7 所示。桩锤的适用范围及优缺点见表 4.1。

表 4.1　　　　　　　　　　　桩锤适用范围参考表

桩锤种类	概　念	优缺点	适用范围
落锤	落锤是指桩锤用人力或机械拉升，然后自由落下，利用锤自重夯击桩顶，使桩入土	构造简单、使用方便、冲击力大，能随意调整落距，但锤击速度慢，效率较低	(1) 宜打各种桩； (2) 黏土、含砾石的土和一般土层均可使用
单动汽锤	利用蒸汽或压缩空气的压力将锤头上举，然后排气，在锤自重作用下向下冲击沉桩	构造简单、落距短，对设备和桩头不易损坏，打桩速度及冲击力较落锤大，效率较高	适于打各种桩
双动汽锤	利用蒸汽或压缩空气的压力将锤头上举及下冲，增加夯击能量	冲击次数多、冲击力大、工作效率高，可不用桩架打桩，但需锅炉或空压机，设备笨重，移动较困难	(1) 直打各种桩，便于打斜桩； (2) 用压缩空气时可在水下打桩
柴油锤	利用燃油爆炸，推动活塞，引起锤头跳动，自由落下时夯击桩顶	附有桩架，动力等设备，机架轻、移动便利、打桩快、燃料消耗少，有重量轻和不需要外部能源等优点；但有油烟和噪声污染	(1) 宜用于打木桩、钢板桩； (2) 适于在过硬或过软的土中打桩
振动桩锤	利用偏心轮引起激振，通过刚性连接的桩帽传到桩上，使桩克服周围的摩擦力，使底部土体松动，利用桩、锤自重使桩沉入	沉桩速度快，适应性强，施工操作简单安全，能打各种桩，并帮助卷扬机拔桩，但不能打斜桩	(1) 宜于打钢板桩、钢管桩、钢筋混凝土桩； (2) 用于砂土，塑性黏土及松软砂黏土； (3) 卵石夹砂及紧密黏土中效果较差

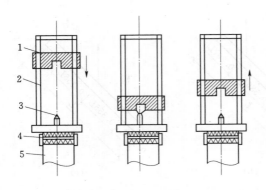

图 4.7 柴油锤的工作原理

1—活塞；2—导杆；3—喷嘴；4—桩帽；5—桩

用锤击沉桩时，为防止桩受冲击应力过大而损坏，力求采用"重锤轻击"。如采用轻锤重击，锤击功能很大一部分被桩身吸收，桩不易打入，且桩头容易打碎。

桩锤的选用应根据桩型、桩的密集程度、单桩竖向承载力、地质条件及现有施工条件等决定，除了参考表 4.1 外，还应考虑桩锤性能，当桩锤重大于桩重的 1.5～2 倍时，沉桩效果较好。如柴油锤可参考表 4.2 进行选择。

表 4.2 柴 油 锤 锤 重 选 择 表

锤 型		20	25	35	45	60	72
锤的动力性能	冲击部分重/t	2.0	2.5	3.5	4.5	6.0	7.2
	总重/t	4.5	6.5	7.2	9.6	15.0	18.0
	冲击力/kN	2000	2000～2500	2500～4000	4000～5000	5000～7000	7000～10000
	常用冲程/m			1.8～2.3			
桩的截面	混凝土预制桩的边长或直径/cm	25～35	35～40	40～45	45～50	55～55	55～60
	钢管桩的直径/cm			40		60	90	90～100
持力层	黏性土粉土 / 一般进入深度/m	1.0～2.0	1.5～2.5	2.0～3.0	2.5～3.5	3.0～4.0	3.0～5.0
	黏性土粉土 / 静力触探比贯入度平均值/MPa	3	4	5		>5	
	砂土 / 一般进入深度/m	0.5～1.0	0.5～1.5	1.0～2.0	1.5～2.5	2.0～3.0	2.5～3.5
	砂土 / 标准贯入击数 N（未修正）	15～25	20～30	30～40	40～45	45～50	50
常用的控制贯入度/(cm/10 击)			2～3		3～5	4～8	
设计单桩极限承载力/kN		400～1200	800～1600	2 500～4000	3000～5000	5000～7000	7000～10000

2）桩架。桩架是吊桩就位，悬吊桩锤，打桩时引导桩身方向并保证桩锤能沿着所要求方向冲击的打桩设备。常用桩架基本有两种形式，一种是沿轨道行走移动的多功能桩架（图 4.8），另一种是装在履带式底盘上自由行走的桩架（图 4.9）。桩架的选择应考虑桩锤类型、桩的长度和施工现场的条件等因素。桩架应具有较好的稳定性、机动性和灵活性，保证锤击落点准确，并可调整垂直度。

桩架的高度＝桩长＋桩锤高度＋滑轮组高＋起锤移位高度＋安全工作间隙。

3）动力装置的选择。动力装置的选择应根据桩锤的类型来确定。如柴油锤以柴油为能源，桩锤本身有燃烧室，不需外部动力设备；而落锤以电源为动力，需配置电动卷扬机等设备；蒸汽锤以高压饱和蒸汽为驱动力，配置蒸汽锅炉等设备；气锤以压缩空气为动力源,需配置空气压缩机等设备。

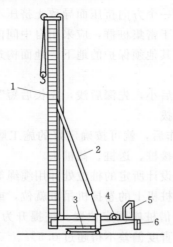
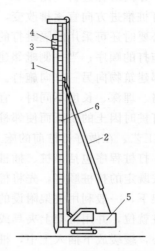

图 4.8　多功能桩架　　　　图 4.9　履带式桩架
1—立柱;2—斜撑;3—回转平台;4—卷　　　1—桩;2—斜撑;3—桩帽;4—桩锤;
扬机;5—司机室;6—平衡重　　　　5—履带式起重机;6—立柱

(2) 打桩工艺。

1) 打桩准备。打桩前应做好下列准备工作:清理、平整场地,主要工作有处理架空高压线和地下障碍物,场地应平整,排水应畅通,并满足打桩所需的地面承载力;设置供电、供水系统;安装打桩机进行打桩试验,应进行不少于 2 根桩的沉桩试验,以确定沉桩设备及施工工艺是否符合设计要求;施工前还应做好定位放线,桩基轴线的定位点及水准点,应设置在不受打桩影响的区域,水准点设置不少于 2 个,在施工过程中可据此检查桩位的偏差以及桩的入土深度。

2) 打桩顺序。打桩顺序合理与否,会直接影响打桩速度、打桩质量及周围环境。打桩顺序影响挤土方向,打桩向哪个方向推进,则向哪个方向挤土。当桩距小于 4 倍桩的边长或桩径时,打桩顺序尤为重要。

打桩顺序应当根据桩的密集程度、桩的规格、型号来确定打桩顺序,此外,桩架移动的方便性也会影响打桩的顺序。在实际施工中,如果打桩后,桩顶高于桩架底面高度时,只能后退打桩;当桩顶标高低于桩架底面高度,则桩架可以向前移动来打桩。

根据桩群的密集程度,可选下列打桩顺序:由一侧向单一方向进行 [图 4.10 (a)];自两侧向中间方向对称进行 [图 4.10 (b)];

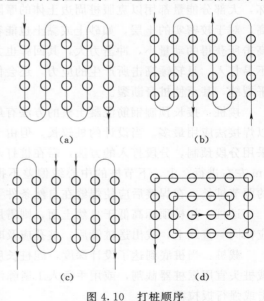

图 4.10　打桩顺序
(a) 逐排施打;(b) 由两侧向中部打;(c) 由中间向两侧打;(d) 由中部向四周打

自中间向两个方向对称进行 [图 4.10 (c)]；自中间向四周进行 [(图 4.10 (d)]。第一种打桩顺序，打桩推进方向宜逐排改变，以免土朝一个方向挤压而导致土挤压不均匀，对于同一排桩，必要时还可采用间隔跳打的方式。对于密集桩群，应采用自中间向两个方向或向四周对称施打的顺序；当一侧毗邻建筑物或有其他须保护的地下、地面构筑物、管线等时，应由毗邻建筑物向另一方向施打。

当桩规格、埋深、长度不同时，宜按"先大后小，先深后浅，先长后短"的原则进行施打，以免打桩时因土的挤压而使邻桩移位或上拔。

3）打桩工艺。在做好打桩前的施工准备工作后，就可按确定好的施工顺序在每一个桩位上打桩。打桩程序包括吊桩、插桩、打桩、接桩、送桩、截桩头。

吊桩：按既定的打桩顺序，先将桩架移动至设计所定的桩位处并用缆绳等稳定，然后将桩运至桩架下，一般利用桩架附设的起重钩借桩机上的卷扬机吊桩就位，或配一台履带式起重机送桩就位，并用桩架上夹具或落下桩锤借桩帽固定位置。桩提升为直立状态后，对准桩位中心，缓缓放下插入土中，桩插入时垂直度偏差不得超过 0.5%。

插桩：桩就位后，在桩顶安上桩帽，然后放下桩锤轻轻压住桩帽。桩锤、桩帽和桩身中心线应在同一垂直线上。在桩的自重和锤重的压力下，桩便会沉入一定深度，等桩下沉达到稳定状态后，再一次复查其平面位置和垂直度，若有偏差应及时纠正，必要时要拔出重打，校核桩的垂直度可采用垂直角，即用两个方向（互成 90°）的经纬仪使导架保持垂直。校正符合要求后，即可进行打桩。为了防止击碎桩顶，应在混凝土桩的桩顶和桩帽之间、桩锤与桩帽之间放上硬木、麻袋等弹性衬垫作缓冲层。

打桩：桩锤连续施打，使桩均匀下沉。在实际工程中，宜用"重锤低击"，一般不采用轻锤高击。重锤低击获得的动量大，桩锤对桩顶的冲击小，其回弹也小，桩头不易损坏，大部分能量都用以克服桩周边土体的摩阻力而使桩下沉。重锤低击桩锤落距小，频率高，对于较密实的土层，如砂土或黏土也能容易穿过，因此，在工程中常被采用。而轻锤高击所获得的动量小，冲击力大，其回弹也大，桩头易损坏，大部分能量被桩身吸收，桩不易打入，且轻锤高击所产生的应力，还会促使距桩顶 1/3 桩长度范围内的薄弱处产生水平裂缝，甚至使桩身断裂。

接桩：接长预制钢筋混凝土桩的方法有焊接法、浆锚法和法兰连接（图 4.11），目前以焊接法应用最多。当设计的桩较长，但由于打桩机高度有限或预制、运输等因素，只能采用分段预制、分段打入的方法，需在桩打入过程中将桩接长。接桩时，一般在距离地面 1m 左右进行，上、下节桩的中心线偏差不得大于 10mm，节点弯曲矢高不得大于 0.1% 的两节桩长。在焊接后应使焊缝在自然条件下冷却 10min 后方可继续沉桩。

送桩：如桩顶标高低于自然土面，则需用送桩管将桩送入土中。桩与送桩管的纵轴线应在同一直线上，拔出送桩管后，桩孔应及时回填或加盖。

截桩：当桩底到达了设计深度，配桩长度大于桩顶设计标高时，需要截多出的桩头。截桩头宜用锯桩器截割，或用手锤人工凿除混凝土，钢筋用气割割齐。严禁用大锤横向敲击或强行扳拉截桩。

（3）打桩质量控制。打桩的质量控制包括打桩前、打桩过程中的控制以及施工后的质量检查。同时，还应监测打桩施工对周围环境有无造成影响。

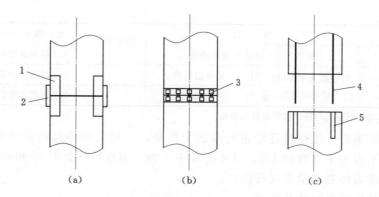

图 4.11 钢筋混凝土预制桩接头
(a) 焊接法；(b) 法兰连接；(c) 浆锚法
1—角钢；2—连接钢板；3—法兰；4—锚筋；5—锚筋孔

施工前应对成品桩做外观及强度检验，锤击预制桩，应在强度与龄期均达到要求后，方可锤击。接桩用焊条或半成品硫磺胶泥应有产品合格证书，或送有关部门检验。

打桩开始前应对桩位的放样进行验收，桩位放样允许偏差对群桩为 20mm、对单排桩为 10mm。

打桩的控制原则是：桩尖位于坚硬、硬塑的黏土、碎石土、中密以上的砂土或风化岩等土层的端承型桩，以贯入度控制为主，桩尖进入持力层深度或桩尖标高可作参考；当贯入度已达到，而桩尖标高未达到时，其贯入度不应大于规定的数值；当桩尖位于软土层的摩擦型桩，应以桩尖设计标高控制为主，贯入度可作参考。

施工过程中应检查桩的桩体垂直度（应控制在 1% 之内）、沉桩情况、贯入情况、桩顶完整状况、电焊接桩质量、电焊后的停歇时间等。对电焊接桩，重要工程应对电焊接头做 10% 的焊缝探伤检查。

打桩时，桩顶破碎或桩身严重裂缝，应立即暂停。分析原因并采取措施后，方可继续施打。打桩时，除了注意桩顶与桩身由于桩锤冲击破坏外，还应注意桩身受锤击拉应力而导致的水平裂缝，在软土中打桩，在桩顶以下 1/3 桩长范围内常会因反射的张力波使桩身受拉而引起水平裂缝。开裂的地方往往出现在吊点和混凝土缺陷处，这些地方容易形成应力集中。采用重锤低击桩和较软的桩垫可减少锤击拉应力。

打桩施工结束后，应对桩基工程进行验收。按标高控制的桩，桩顶标高允许偏差为 $-50 \sim +100$mm，斜桩倾斜度的偏差不得大于倾斜角正切值的 15%；打入桩的桩位偏差必须符合表 4.3 的规定。

表 4.3　　　　　　　　　　　桩 基 允 许 偏 差

序号	项　目		允许偏差/mm
1	盖有基础梁的桩	垂直于基础梁中心线	$100+0.01H$
		沿基础梁中心线	$150+0.01H$
2	桩数为 1～3 根桩基中的桩		100

续表

序号	项 目		允许偏差/mm
3	桩数为 4~16 根桩基中的桩		1/2 桩径或边长
4	桩数大于 16 根桩基中的桩	最外边的桩	1/3 桩径或边长
		中间桩	1/2 桩径或边长

注　H 为施工现场地面标高与设计桩顶标高的距离。

打桩施工结束后，工程桩还应进行承载力检验，一般采用静载荷试验的方法进行检验，检验桩数不应少于总数的 1%，且不应少于 3 根，当总桩数少于 50 根时，不应少于 2 根。此外，还应对桩身质量应进行检验。

（4）打桩常见质量问题及处理。

桩头击碎：打桩时，桩顶出现混凝土掉角、碎裂、坍塌或完全被打坏，导致桩顶钢筋局部或全部外露。问题产生的原因主要有：桩顶混凝土强度低；配筋不足，强度不够；桩顶面倾斜或凹凸不平，桩顶保护层过厚；施工机具选择不当，桩锤过小；锤与桩不垂直；落锤过高、锤击时间过长等。

打桩贯入度突变：打桩过程中出现桩身反复跳动、桩锤回弹、不下沉或下沉很慢等贯入度突变的现象。产生该问题的原因有两点：一是桩尖遇突石或坚硬土层等；二是桩身弯曲过大。因此，打桩前应检查桩身弯曲，超过规定的不得使用；操作时注意落锤不应过高；如入土不深，应拔起避开或换桩重打。

桩身倾斜：即桩身垂直度偏差过大，主要是因为场地不平、导杆不直、稳桩时桩不垂直、桩顶不平、接桩不正，桩帽、桩锤及桩不在同一直线上所引起。因此安设桩架场地应整平，打桩机底盘应保持水平，导杆应吊线保持垂直；稳桩时桩应垂直，桩帽、桩锤和桩三者应在同一垂线上，以确保施工质量。

邻桩桩顶偏移或上涌：在沉桩过程中，相邻的桩产生横向位移或桩身上涌，这主要是由于在软土地基施工较密集的群桩时，如沉桩次序不当，由一侧向另一侧施打所引起，或当桩数较多，土体饱和密实，桩间距较小，在沉桩时土被挤过密而向上隆起，有时使相邻的桩随同一起涌起。因此打桩要注意打桩顺序以及桩距，同时避免打桩期间同时开挖基坑。当桩位移过大时，应拔出后移位再打；位移不大时，可用木架顶正，再慢锤打入；浮起量大的桩应重新打入。

2. 静力压桩

静力压桩是利用静压力将预制桩压入土中的沉桩方法。静力压桩没有振动和噪音，但在施工中存在挤土效应。静力压桩适用于软弱土层，当存在厚度大于 2m 的中密以上砂夹层时，不宜采用静力压桩。

静力压桩机有机械式和液压式之分，根据顶压桩的部位液压静力压桩机又分为在桩顶顶压的顶压式压桩机以及在桩身抱压的抱压式压桩机。目前使用的多为液压式静力压桩机，压力可达 6000kN 甚至更大，图 4.12 所示为一种采用抱压式的液压静力压桩机。

静力压桩机应根据土质情况配足额定重量。施工中桩帽、桩身和送桩的中心线应重合，压同一根（节）桩应缩短停顿时间，以便于桩的压入。

静力压桩施工与锤击法类似，一般也是采用分段预制、分段压入、逐段接长。长桩的静力压入一般也是分节进行，逐段接长。当第一节桩压入土中，其上端距地面1m左右时将第二节桩接上，继续压入。接桩处理也可用焊接或硫磺胶泥接桩法，对每一根桩的压入，各工序应连续。

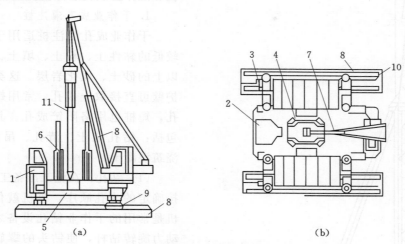

图 4.12　液压式静力压桩机

（a）立面图；（b）平面图

1—操纵室；2—电气控制室；3—液压系统；4—导向架；5—配重；6—夹持装置；7—吊桩把杆；
8—支腿平台；9—横向行走与回转装置；10—纵向行走装置；11—桩

3. 振动法

振动法沉桩是利用振动锤沉桩，将桩与振动锤连在一起，振动锤产生的振动力通过桩身使土体振动，使土体的内摩擦角减小，强度降低而将桩沉入土中。在砂土中施工效率较高。钢板桩较多采用振动法沉桩。

振动沉桩主要适用于砂石、黄土、软土和亚黏土，在含水砂层中效果更为显著。但在砂砾层中，需要配合水冲法。

4. 水冲法（射水沉桩）

射水沉桩法又称水冲沉桩法，是利用高压水冲刷桩尖下的土层，以减少桩身与土层之间的摩擦力和下沉时的阻力，使桩在自重作用或锤击下沉入土中。射水沉桩法的特点是：当在坚实的砂土中沉桩，桩难以打下或久打不下时，使用射水法沉桩可防止将桩打断，或桩头打坏；与锤击法相比，射水沉桩法可提高工效 2～4 倍，节省时间，加快工程进度。

本法最适用于坚实砂土或砂砾石土层上的支撑桩，在黏性土中亦可使用。

4.2.2　灌注桩施工

灌注桩是直接在桩位上就地成孔，然后在孔内安放钢筋笼灌注混凝土而成。灌注桩施工可分为钻孔灌注桩、套管成孔灌注桩、人工挖孔灌注桩和爆扩成孔灌注桩等。

与预制桩相比，灌注桩能适应各种地层的变化，其桩长、直径可变化自如，无需接桩，减少了桩制作、吊运。但其成孔工艺复杂，现场施工操作好坏直接影响成桩质量，施工后需较长的养护期方可承受荷载，成孔时一般还会有大量土渣或泥浆排出。

4.2.2.1 钻孔灌注桩

钻孔灌注桩可分为干作业成孔灌注桩和湿作业成孔灌注桩。

1. 干作业成孔灌注桩

干作业成孔灌注桩适用于地下水位较低的黏性土、粉土、填土、中等密实以上的砂土、风化岩层。这类土质不需护壁可直接取土成孔，常用螺旋钻机成孔，短桩也用洛阳铲成孔。其施工程序包括：钻孔取土、清孔、吊放钢筋笼、浇筑混凝土。

(1) 钻孔：在施工准备工作完成后，按确定的成孔顺序，桩机就位。螺旋钻机是常用的干作业钻孔设备之一，通过动力旋转钻杆，使钻头的螺旋叶片旋转削土，土块沿螺旋叶片提升排出孔外，然后装到小型机动翻斗车（或手推车）中运离现场。在软塑土层，含水量大时，可用疏纹叶片钻杆，以便较快地钻进。在可塑或硬塑黏土中，或含水率较小的砂土中应用密纹叶片钻杆，缓慢、均匀地钻进。操作时要求钻杆垂直，钻孔过程中如发现钻杆摇晃或难钻进时，可能是遇到石块等异物，应立即停机检查。全叶片螺旋钻机成孔直径一般为 300～800mm，钻孔深度为 8～30m。钻进速度应根据电流值变化及时调整。在钻进过

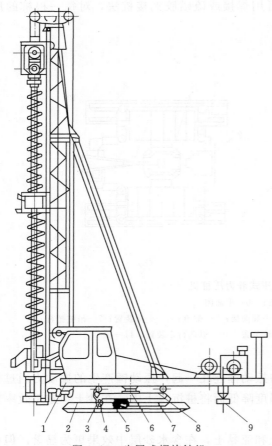

图 4.13　步履式螺旋钻机

1—上盘；2—下盘；3—回转滚轮；4—行车辊轮；
5—行车滚轮；6—回转中心轴；7—行车油缸；
8—中盘；9—支盘

程中，应随时清理孔口积土，遇到塌孔、缩孔等异常情况，应及时研究解决。

(2) 清孔：当钻孔到预定钻深后，必须将孔底虚土清理干净。钻机在原深处进行空转清土，然后停止转动，提起钻杆卸土。应注意在空转清土时不得加深钻进；提钻时不得回转钻杆。清孔后可用重锤或沉渣仪测定孔底虚土厚度，检查清孔质量。

(3) 吊放钢筋笼：清孔后吊放钢筋笼，吊放时要缓慢并保持竖直，防止放偏和刮土下落，放到预定深度时将钢筋笼上端妥善固定。在钢筋笼安放好后，应再次测定孔底虚土厚度，端承桩应不大于 50mm，摩擦桩应不大于 150mm。

(4) 浇筑混凝土：浇筑混凝土宜用机动小车或混凝土泵车，应防止压坏桩孔。混凝土坍落度一般为 80～100mm，强度等级不低于 C15，浇筑混凝土时应随浇随振，每次浇筑高度应小于 1.5m，可用接长软轴的插入式振捣器配合钢钎捣实。

2. 湿作业成孔灌注桩

湿作业成孔灌注桩即泥浆护壁成孔灌注桩。泥浆护壁成孔是用泥浆保护孔壁并排出土渣而成孔。泥浆护壁钻孔灌注桩适用于地下水位以下的黏性土、粉土、砂土、填土、碎（砾）石土及风化岩层；以及地质情况复杂，夹层多、风化不均、软硬变化较大的岩层，冲孔灌注柱除适应上述地质情况外，还能穿透旧基础、大孤石等障碍物，但在岩溶发育地区应慎重使用。

成孔机械有回旋钻机、潜水钻机、冲击钻等，其中以回旋钻机应用最多。根据泥浆循环方式的不同，分为正循环和反循环两种工艺（图 4.14）。

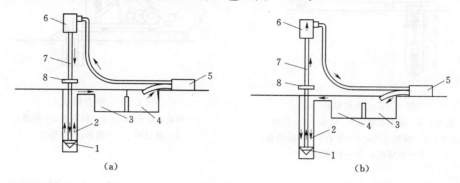

(a)　　　　　　　　　　　(b)

图 4.14　泥浆护壁成孔工艺
(a) 正循环泥浆护壁成孔工艺；(b) 反循环泥浆护壁成孔工艺
1—钻头；2—泥浆循环方向；3—沉淀池；4—泥浆池；5—泥浆泵；
6—水龙头；7—钻杆；8—钻机回转装置

正循环回旋钻机成孔的工艺如图 4.14 (a) 所示。泥浆或高压水由空心钻杆内部注入，并从钻杆底部喷出，携带钻下的土渣沿孔壁向上流动，携带土渣的泥浆由孔口流入沉淀池，经沉淀的泥浆再注入钻杆，由此进行正循环。正循环工艺施工费用较低，但泥浆上升速度慢，大粒径土渣易沉底，一般用于孔浅、孔径不大的桩。

反循环回旋钻机成孔的工艺如图 4.14 (b) 所示。泥浆由钻杆与孔壁间的环状间隙流入钻孔，然后，由吸泥泵等在钻杆内形成真空，使泥浆携带土渣由钻杆内腔吸出后流入沉淀池，经沉淀的泥浆再流入钻孔，由此进行反循环。反循环工艺的泥浆上升的速度快，携带土渣的能力大，可用于孔深、孔径大的桩。

泥浆护壁成孔灌注桩还可采用潜水钻机钻孔和冲击钻。潜水钻机是一种旋转式钻孔机械，其动力、变速机构和钻头连在一起，加以密封，因而可以下放至孔中地下水位以下进行切削土壤成孔。用正循环工艺排渣，其施工过程与回旋钻机（图 4.15）成孔相似。冲击钻机（图 4.16）主要用于在岩土层中成孔，成孔时将冲锥式钻头提升一定高度后以自由下落的冲击力来破碎岩层，然后用掏渣筒来掏取孔内的渣浆。

泥浆护壁成孔灌注桩施工程序包括：钻孔、造浆、排渣、清孔、吊放钢筋笼、浇筑混凝土。

（1）钻孔：回旋钻机是由动力装置带动钻机的回旋装置转动，并带动带有钻头的钻杆转动，由钻头切削土体。在钻孔时，应在桩位处设护筒，以起到定位、保护孔口、维持水

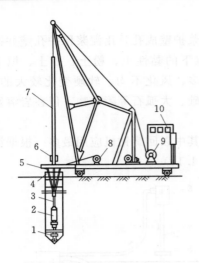

图 4.15 潜水钻机

1—钻头；2—潜水钻机；3—电缆；4—护筒；
5—水管；6—滚轮支点；7—钻杆；8—电缆盘；
9—卷扬机；10—控制箱

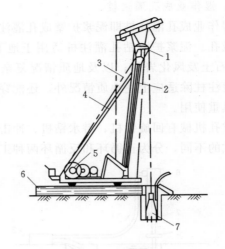

图 4.16 冲击钻机

1—滑轮；2—主杆；3—拉索；4—斜撑；
5—卷扬机；6—垫木；7—钻头

头等作用。护筒可用钢板割作，内径应比钻头直径大 100mm，埋入土中深度通常不宜小于 1.0~1.5m。护筒埋设应准确、稳定，护筒中心与桩位中心的偏差不得大于 50mm。在护筒顶部应开设 1~2 个溢浆口。在钻孔期间，应保持护筒内的泥浆面高出地下水位 1.0m 以上，与地下水压平衡而保护孔壁稳定。

（2）造浆：在钻孔过程中，为防止孔壁坍塌，在孔内注入高塑性黏土或膨润土和水拌合的泥浆，也可利用钻削下来的黏性土与水混合自造泥浆。这种护壁泥浆与钻孔的土屑混合，边钻边排出泥浆，同时进行孔内补浆，进行泥浆循环。泥浆具保护孔壁、防止坍孔的作用，同时在泥浆循环过程中还可携带土渣排出钻孔，并对钻头具有冷却与润滑作用。

泥浆护壁效果的好坏直接影响成孔质量，在钻孔中，应经常测定泥浆性能。为保证泥浆达到一定的性能，还可加入加重剂、分散剂、增黏剂及堵漏剂等掺合剂。注入的泥浆比重控制在 1.1 左右，排出泥浆的比重宜为 1.2~1.3。

（3）清孔：钻孔达到要求的深度后，应进行清孔。在清孔过程中，应不断置换泥浆，直至浇筑水下混凝土。以原土造浆的钻孔，清孔可用射水法，此时钻具只转不进，待排出泥浆比重降到 1.1 左右即认为清孔合格；注入制备泥浆的钻孔，可采用换浆法清孔，至换出泥浆的比重小于 1.15 时方为合格，在特殊情况下泥浆比重可以适当放宽。浇筑混凝土前，孔底 500mm 以内的泥浆比重应小于 1.25，含砂率小于或等于 8%；黏度小于或等于 28.5。测量沉渣厚度后可进行混凝土浇筑。清孔时采用泥浆循环方式仍可用正循环或反循环工艺，通常与成孔时泥浆循环方式相同。

（4）吊放钢筋笼：施工要求基本同干作业成孔灌注桩相同；钢筋笼长度较大时可分段制作，并采用焊接方法进行连接。

（5）混凝土浇筑：泥浆护壁成孔灌注桩常采用导管法水下浇筑混凝土。浇筑完的桩身混凝土应超过桩顶设计标高 0.5m，保证在凿除表面浮浆层后，桩顶标高和桩顶的混凝土质量能满足设计要求。

4.2.2.2 套管成孔灌注桩

套管成孔灌注桩是利用锤击打桩法或振动沉桩法，将带有活瓣式桩尖或带有钢筋混凝土桩靴的钢套管沉入土中，然后边拔管边灌注混凝土而成。若配有钢筋时，则在浇筑混凝土前先吊放钢筋骨架。利用锤击沉桩设备沉管、拔管，称为锤击沉管灌注桩；利用激振器的振动沉管、拔管时，称为振动沉管灌注桩。也可采用振动-冲击双作用的方法沉管。图 4.17 为沉管灌注桩施工过程示意图。

套管沉管灌注桩适用于黏性土、粉土、淤泥质土、砂土及填土；在厚度较大、灵敏度较高的淤泥和流塑状态的黏性土等软弱土层中采用时，应制订质量保证措施，并经工艺试验成功后方可实施。沉管夯扩桩适用于桩端持力层为中、低压缩性黏性土、粉土、砂土、碎石类土，且其埋深不超过 20m 的情况。

沉管灌注桩的施工应根据土质情况和荷载要求，选择沉管机械、沉管方法。另外，为提高承载力，除了单打法，还可以考虑复打法和反插法。

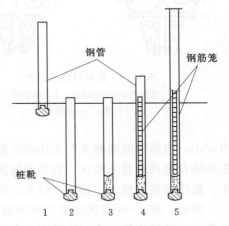

图 4.17　沉管灌注桩施工过程
1—就位；2—沉套管；3—灌注混凝土；4—放钢筋笼；5—继续灌注混凝土，并拔管成桩

1. 锤击沉管

锤击沉管灌注桩施工程序包括：桩机就位、吊起桩管、套入桩尖（关闭活瓣）、沉管、吊放钢筋笼、浇筑混凝土边拔管。

锤击沉管灌注桩施工时，用桩架吊起钢套管，套管与桩靴连接处要垫以麻、草绳，以防止地下水渗入管内，如果采用活瓣则关闭活瓣，然后缓缓放下套管压进土中。套管上端扣上桩帽，检查套管与桩锤是否在同一垂直线上，套管偏斜不大于 0.5% 时，即可起锤沉套管。先用低锤轻击，观察后如无偏移，才正常施打，直至符合设计要求的贯入度或沉入标高。

沉管结束后，要检查桩靴有无破坏、检查管内有无泥浆或水进入，保证清孔质量、便可吊放钢筋笼、浇筑混凝土边拔管。拔管速度要均匀，不宜拔管过高，拔管时应保持连续密锤低击，以确保混凝土得到振实。拔管速度对一般土层以 1m/min 为宜，在软弱土层和软硬土层交界处宜控制在 0.3～0.8m/min。不宜拔管过高，要保证管内有不少于 2m 高度的混凝土，第一次拔管高度应控制在能容纳第二次所需要灌入的混凝土量为限。

群桩基础和桩中心距小于 4 倍桩径的桩基，应采取保证相邻桩桩身质量的技术措施，防止因挤土而使前面的桩发生桩身断裂。如采用跳打方法，中间空出的桩须待邻桩混凝土达到设计强度的 50% 以后方可施打。

为了提高桩的质量和承载能力，常采用复打灌注桩。其施工顺序如下：在第一次灌注桩施工完毕，拔出套管后，清除管外壁上的污泥和桩孔周围地面的浮土，立即在原桩位再埋预制桩靴或合好活瓣桩尖第二次复打沉套管，使未凝固的混凝土向四周挤压扩大桩径，然后第二次灌注混凝土。接管方法与初打时相同。施工时要注意：前后两次沉管的轴线应复合；复打法第一次灌注混凝土前不能放置钢筋笼，如配有钢筋，应在第二次灌注混凝土时放置。

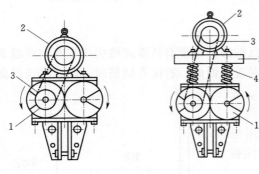

图 4.18　振动桩锤示意图
1—激振器；2—电动机；3—传动带；
4—弹簧；5—加荷板

2. 振动沉管

振动沉管灌注桩采用振动锤或振动-冲击锤沉管，其振动设备如图 4.18 所示。施工前，先安装桩机，将桩管下端活瓣合拢或套入桩靴，对准桩位，徐徐放下套管，压入土中，勿使偏斜，即可开动激振器沉管。其原理是桩管受振后与土体之间摩阻力减小，当强迫振动频率与土体的自振频率相同时，土体结构会因共振而破坏，同时利用振动锤自重在套管上加压，套管即能沉入土中。振动沉管灌注桩主要适用于桩端持力层为中、低压缩性黏性土、粉土、砂土、碎石类土。

振动、振动-冲击沉管灌注桩的施工应根据土质情况和荷载要求，分别选用单打法、反插法、复打法等。单打法适用于含水率较小的土层，并宜采用预制桩尖；反插法及复打法适用于饱和土层。

单打法施工中必须严格控制最后 30s 的电流、电压值，其值按设计要求或根据试桩和当地经验确定。桩管内灌满混凝土后，先振动 5～10s，再开始拔管，应边振边拔，每拔0.5～1.0m 后，停拔并振动 5～10s；如此反复，直至桩管全部拔出；在一般土层内，拔管速度宜为 1.2～1.5m/min。用活瓣桩尖时宜慢，用预制桩尖时可适当加快；在软弱土层中，宜控制在 0.6～0.8m/min。

反插法施工时，在套管内灌满混凝土后，先振动再开始拔管，每次拔管高度 0.5～1.0m，向下反插深度 0.3～0.5m。如此反复进行并始终保持振动，直至套管全部拔出地面。反插法能使桩的截面增大，从而提高桩的承载能力，宜在较差的软土地基上应用。

振动、振动-冲击沉管复打法要求与锤击沉管桩的复打桩相同。

3. 套管成孔灌注桩质量控制

套管成孔灌注桩施工时常发生断桩、缩颈、吊脚桩、桩尖进水进泥砂等问题，施工中应及时检查并处理。

（1）断桩：是指桩身裂缝呈水平状或略有倾斜且贯通全截面，常见于地面以下 1～3m 不同软硬土层交接处。产生断桩的主要原因是桩距过小，桩身凝固不久，强度低，此时邻桩沉管使土体隆起和挤压，产生横向水平力和竖向拉力使混凝土桩身断裂。避免断桩的措施是：布桩不宜过密，桩间距以不小于 3.5 倍桩距为宜；当桩身混凝土强度较低时，可采用跳打法施工；合理制订打桩顺序和桩架行走路线以减少振动的影响。断桩一经发现，应将断桩段拔去，将孔清理干净后，略增大面积或加上钢箍连接，再重新灌注混凝土。

（2）缩颈：是指桩身局部直径小于设计直径，缩颈常出现在饱和淤泥质土中。产生缩颈的主要原因是在含水量高的黏性土中沉管时，土体受到强烈扰动挤压，产生很高的孔隙水压力，桩管拔出后，这种超孔隙水压力便作用在所浇筑的混凝土桩身上，使桩身局部直径缩小；当桩间距过小，邻近桩沉管施工时挤压土体也会使所浇混凝土桩身缩颈；或施工时拔管速度过快，管内形成真空吸力，且管内混凝土量少、和易性差，使混凝土扩散性差，导致缩颈。在施工过程中应经常观测管内混凝土的下落情况，严格控制拔管速度，采取"慢拔密振"或"慢拔密击"的方法，在可能产生缩颈的土层施工时，采用反插法可避免缩颈。当出现缩颈时可用复打法进行处理。

（3）吊脚桩：是指桩底部的混凝土隔空，或混入泥砂在桩底部形成松软层。产生吊脚桩的主要原因是预制桩靴强度不足，在沉管时破损，被挤入桩管内，拔管时振动冲击未能及时将桩靴压出而形成吊脚桩；振动沉管时，桩管入土较深并进入低压缩性土层，灌完混凝土开始拔管时，活瓣桩尖被周围土包围不能及时张开而形成吊脚桩。避免出现吊脚桩的措施是：严格检查预制桩靴的强度和规格，沉管时可用吊砣检查桩靴是否进入桩管或活瓣是否张开，如发现吊脚现象，应将桩管拔出，桩孔回填砂后重新沉入桩管。

（4）桩尖进水进泥砂：是指在含水率大的淤泥、粉砂土层中沉入桩管时，往往有水或泥砂进入桩管内，这是由于活瓣桩尖合拢不严，或预制桩靴与桩管接触不严密，或桩靴打坏所致。预防措施是：对活瓣桩尖应及时修复或更换；预制桩靴的尺寸和配筋均应符合设计要求，在桩尖与桩管接触处缠绕麻绳或垫衬，使二者接触处封严。当发现桩尖进水或泥砂时，可将桩管拔出，修复桩尖缝隙，用砂回填桩孔后再重新沉管。当地下水量大时，桩管沉至接近地下水位时，可灌注 0.5m 高水泥砂浆封底，将桩管底部的缝隙封住，再灌 1m 高的混凝土后，继续沉管。

4.2.2.3 人工挖孔灌注桩

人工挖孔桩是指在桩位采用人工挖掘方法成孔，然后安放钢筋笼，灌注混凝土而成的灌注桩。人工挖孔灌注桩的桩身直径除了能满足设计承载力的要求外，还应考虑施工操作的要求，故桩径不宜小于 800mm，一般为 800～2000mm，桩端可采用扩底或不扩底两种方法。

人工挖孔桩为干作业成孔灌注桩，成孔方法简便，成孔直径大，单桩承载力高，施工时无振动、无噪音，施工设备简单，可同时开挖多根桩以节省工期，可直接观察土层变化情况，便于清孔和检查孔底及孔壁，可较清楚地确定持力层的承载力，施工质量可靠。但其劳动条件差，劳动力消耗大。

当采用现浇混凝土护壁时，人工挖孔灌注桩的构造如图 4.19 所示。其施工工艺过程为：测量放线、确定桩位-分段挖土（每段 1m），分段构筑护壁（绑扎钢筋、支模、浇筑混凝土、养护、拆模板），重复分段挖土、构筑护壁至设计深度—孔底扩大头—清底验收—吊放钢筋笼—浇筑混凝土成桩。

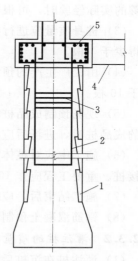

图 4.19 人工挖孔桩
示意图
1—护壁；2—主筋；3—箍筋；
4—地梁；5—桩帽

为确保人工挖孔桩施工过程的安全，必须考虑土壁支护措施，可采用现浇混凝土护壁、喷射混凝土护壁、钢套管护壁等。同时做好井下通风、照明工作。施工中做好排水并应防止流砂等现象产生。

4.2.3　桩基质量检查与验收

4.2.3.1　预制桩质量要求及验收

1. 打（沉）桩的质量控制

（1）桩端（指桩的全截面）位于一般土层时，以控制桩端设计标高为主，贯入度可作参考。

（2）桩端达到坚硬、硬塑的黏性土，中密以上粉土、砂土、碎石类土、风化岩时，以贯入度控制为主，桩端标高可作参考。

（3）当贯入度已达到，而桩端标高未达到时，应继续锤击 3 阵，按每阵 10 击的贯入度不大于设计规定的数值加以确认。

（4）振动法沉桩是以振动箱代替桩锤，其质量控制是以最后 3 次振动（加压），每次孔 10min 或 5min，测出每分钟的平均贯入度，以不大于设计规定的数值为合格，而摩擦桩则以沉到设计要求的深度为合格。

2. 打（沉）入桩的验收要求

（1）打（沉）入桩的桩位偏差按施工验收规范要求进行控制，桩顶标高的允许偏差为 50mm、＋100mm；斜桩倾斜度的偏差不得大于倾斜角正初值的 15％（倾斜角系桩的纵向中心线与铅垂线间夹角）。

（2）施工结束后应对承载力进行检查。桩的静载荷试验根数应不少于总桩数的 1％，且不少于 3 根，当总桩数少于 50 根时，应不少于 2 根；当施工区域地质条件单一，又有足够的实际经验时，可根据实际情况由设计人员酌情而定。

（3）桩身质量应进行检验，对多节打入桩不应少于桩总数的 15％，且每个柱子承台不得少于 1 根。

（4）由工厂生产的预制桩应逐根检查，工厂生产的钢筋笼应抽查总量的 10％，但不少于 10 根。

（5）现场预制成品桩时，应对原材料、钢筋骨架、混凝土强度进行检查；采用工厂生产的成品桩时，进场后应作外观及尺寸检查，并应附相应的合格证、复验报告。

（6）施工中应对桩体垂直度、沉桩情况、桩顶完整状况、桩顶质量等进行检查，对电焊接桩、重要工程应作 10％的焊缝探伤检查。

（7）施工结束后，应对承载力及桩体质量做检验。

（8）钢筋混凝土预制桩的质量检验标准按现行施工验收规范执行。

4.2.3.2　灌注桩的质量要求及验收

（1）灌注桩在沉桩后的桩位偏差按施工验收规范要求进行控制，桩顶标高至少要比设计标高高出 0.5m。

（2）灌注桩的沉渣厚度：当以摩擦桩为主时，不得大于 150mm；当以端承力为主时，不得大于 50mm，套管成孔的灌注桩不得有沉渣。

（3）灌注桩每灌注 50m³ 应有一组试块，小于 50m³ 的桩应每根桩有一组试块。

（4）桩的静载载荷试验根数应不少于总桩数的 3%，且不少于 3 根，当总桩数少于 50 根时，应不少于 2 根。

（5）桩身质量应进行检验，检验数不应少于总数的 20%，且每个桩基承台下不得少于 1 根。

（6）对砂子、石子、钢材、水泥等原材料的质量，检验项目、批量和检验方法，应符合国家现行有关标准的规定。

（7）施工中应对成孔、清渣、放置钢筋笼，灌注混凝土等全过程检查；人工挖孔桩尚应复验孔底持力层土（岩）性。嵌岩桩必须有桩端持力层的岩性报告。

（8）施工结束后，应检查混凝土强度，并应进行桩体质量及承载力检验。

（9）混凝土灌注桩的质量检验标准详见相关施工验收规范要求。

思考题与习题

（1）预制桩的起吊点如何设置？

（2）桩锤有哪几种类型？桩锤的工作原理和适用范围是什么？

（3）如何确定桩架的高度？

（4）为什么要确定打桩顺序？打桩顺序与哪些因素有关？

（5）预制桩沉桩的方法有几种？各有什么特点？

（6）如何控制预制桩的打桩的质量？

（7）预制桩和灌注桩的各有什么特点？各自的适用范围是什么？

（8）灌注桩的成孔方法有哪几种？各种方法的特点及适用范围如何？

（9）泥浆护壁成孔灌注桩中，泥浆有何作用？如何制备？

（10）简述人工挖孔灌注桩的施工工艺及主要注意事项。

（11）试述沉管灌注桩的施工工艺。其常见的质量问题有哪些？如何预防？

（12）什么叫单打法、复打法、反插法？

（13）桩基质量检查与验收的主要内容有哪些？

第5章 基坑工程施工技术

5.1 概述

随着我国经济建设的高速发展，城市化进程的加快，为满足市民日益增长的出行、轨道交通换乘、商业、停车等功能的需要，在用地愈发紧张的密集城市中心，结合城市建设和改造开发大型地下空间已成为一种必然，诸如高层建筑的层地下室、地下铁道及地下车站、地下道路、地下商场、地下医院、地下停车库、地下街道、地下变电站、地下仓库、地下民防工事以及多种地下民用和工业设施等，伴随上述地下工程的开发会产生大量的基坑工程。

许多高层建（构）筑物基坑在密集的建筑群中施工，基坑邻近有必须保护的市政公共设施和永久性建筑物，施工场地紧张、地质条件复杂、施工难度大、工期紧、周边设施环境要求高。所有这些对基坑工程设计和施工的要求很高，难度越来越大，重大基坑事故不断发生，由此造成的经济损失巨大，同时产生了恶劣的社会影响。

基坑工程多数为地下工程的施工提供场地，这决定了基坑围护结构为临时工程，地下工程施工结束就意味着支护结构的结束。但需遵守安全可靠、经济合理的原则，最大限度地满足施工便利的要求，尽可能采用合理的围护结构减少对施工的影响，保证施工工期。在基坑工程中，基坑工程的施工不仅会影响整个工程的造价，而且影响周边构筑物、管线的安全，因此，正确有效地施工基坑支护结构具有重要意义。

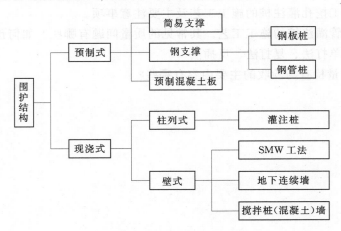

图 5.1 常用围护结构分类

基坑工程是当前大家普遍关心的岩土工程热点，具有技术复杂、综合性很强的特点，不仅涉及土力学中的强度、变形和渗透问题，而且涉及了土体与支护结构相互作用问题。

基坑工程施工的每一阶段，结构体系和外界载荷都在不断变化。为保证安全施工，不仅要在设计阶段提出预测和治理对策，而且要在施工过程中采用必要的措施来确保基坑安全。图 5.1 为基坑工程的常用围护结构分类图。各类围护结构的特点见表 5.1。

表 5.1 各类围护结构的特点

结构类型	结 构 特 点
简易支挡	一般用于局部开挖、小规模、工期短的基坑工程； 方法：一边自稳开挖，一边用木挡板和纵梁控制地层坍塌； 特点：刚性小、易变形、透水
桩板式墙	造价低，施工简单，有障碍物时可适当调整间距； 不适用于止水性差，地下水位高的地方
钢板桩墙	成品制作，可反复使用；施工简便，但有噪声； 刚度小，变形大，可与多道支撑结合，在软弱土层中使用； 新建时止水性效果较好
钢管桩	刚度大于钢板桩，在软弱土层中开挖深度可较大，需配合防水措施使用
预制混凝土板桩	施工简便，但施工有噪声； 需辅以止水措施； 自重大，受起吊设备限制，不适合深大基坑
灌注桩	刚度大，可用于深大基坑； 施工对周边地层、环境影响小； 需和止水措施配合使用，如搅拌桩、悬喷桩等
地下连续墙	刚度大，开挖深度大，可适用于所有地层； 强度大，变形小，隔水性好，同时可兼作主体结构的一部分； 可邻近建（构）筑物使用，对环境影响小； 造价高
SMW 工法	强度大，止水效果好； 内插的型钢可重复使用，经济
水泥搅拌桩挡墙	无支撑，止水性好，造价低； 墙体变形大

基坑工程根据其开挖方法可分为无支护开挖与有支护开挖两种：

无支护开挖，也就是放坡开挖，是在施工场地空旷时普遍采用的基坑开挖方法，一般包括以下内容：土方开挖、降水工程、地基加固及土坡护面。

有支护的基坑工程一般包括以下内容：围护结构、支撑/锚杆体系、土方开挖（工艺及设施）、降水工程、地基加固、监测、环境保护、安全风险管理。

城市基坑工程通常处于建筑物、重要地下构筑物和生命线工程的密集地区，为了保护这些既有建构筑物的正常使用和安全运营，需要严格控制基坑工程施工产生的位移以及位移量在周边环境安全或正常使用的范围之内，变形控制和环境保护往往成为基坑工程成败的关键，变形成为控制设计的关键因素。近年来大量的基坑工程施工实践表明，采用合理的施工组织设计，控制基坑内土体开挖的空间位置、开挖次序、开挖土体的分块大小以及控制支撑（锚杆）安装的时间可以有效地控制基坑变形。

5.2　基坑支护结构施工

根据基坑的施工及开挖方法，基坑工程分为无支护开挖和有支护开挖方法，下面从这两方面进行阐述。

5.2.1　无支护开挖

当场地空间允许且能保证基坑边坡稳定时，可采用放坡开挖，放坡开挖坡度应根据工程地质条件、水文地质条件、坡顶堆载、边坡留置时间等情况经过验算确定。当工程地质条件良好，地下水位较低时，基坑边坡坡面可不进行护坡处理；当地下水位较高、基坑边坡暴露时间较长，为防止边坡受雨水冲刷和地下水侵入，可采取必要的护坡措施。护坡可采用挂网喷射混凝土、挂网水泥砂浆、土体加固等方式。

当工程地质条件较好、开挖深度较浅时，可采取一次性放坡开挖的方法，其典型开挖方法如图 5.2 所示。

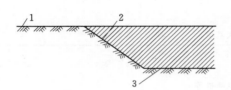
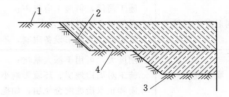

图 5.2　一级放坡基坑土方开挖方法　　　　　图 5.3　多级放坡基坑边界土方开挖方法
1—自然地面；2—坡面；3—基坑底面　　　　　1—自然地面；2—坡面；3—基坑底面；4—放坡平台

当场地空间允许且能保证基坑边坡稳定时，较深的基坑可采用多级放坡开挖。当工程地质条件较好、每级边坡深度较浅时，可按每级边坡高度为分层厚度进行分层开挖，其典型开挖方法如图 5.3 所示。

5.2.2　有支护开挖

在基坑的排桩支护结构中，常用的是钢筋混凝土灌注桩，根据施工方法的不同，可以分为钻孔灌注桩、沉管灌注桩、人工挖孔桩、预制桩。支护桩的施工过程与工程桩施工过程基本类似，可参见第 4 章的内容，这里不再赘述。除了支护桩外，基坑支挡结构施工有排桩、地下连续墙，土钉墙、内撑体系、逆作法等。

5.2.2.1　排桩支护

在基坑的排桩支护结构中，常用的是钢筋混凝土灌注桩，根据施工方法的不同，可以分为钻孔灌注桩、沉管灌注桩、人工挖孔桩、预制桩，可详见第 4.2 节。

5.2.2.2　地下连续墙

地下连续墙是通过专用的挖（冲）槽设备，沿着地下建筑物或构筑物的周边，按预定的位置，开挖出或冲钻出具有一定宽度与深度的沟槽，用泥浆护壁，并在槽内设置具有一定刚度的钢筋笼，然后用导管浇灌水下混凝土，分段施工，用特殊方法接头，使之连成地下连续的钢筋混凝土墙体。首先在地面上构筑导墙，采用专门的成槽设备，沿着支护或深开挖工程的周边，在特定的泥浆护壁条件下，分段开挖一定长度的沟槽至指定深度，清槽后，向其内吊放钢筋笼，然后用导管法浇筑水下混凝土，混凝土自下而上充满槽内并把泥浆从槽内置换出来，筑成一个单元槽段，并依次逐段进行，这些相互邻接的槽段在地下筑成一道连续的钢筋混凝土墙体。作为基坑支护结构，地下连续墙在基坑工程中一般兼有挡土挡水的作用。施工流程如图5.4所示。

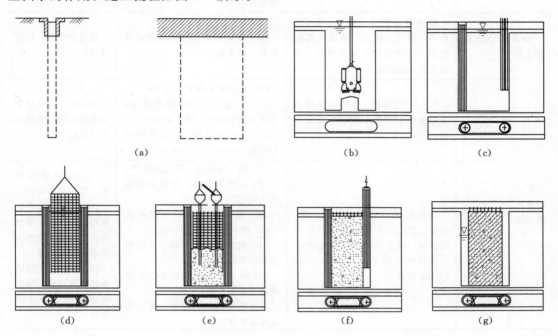

图 5.4　地下连续墙施工程序示意（以液压抓斗式成槽机为例）
(a) 准备开挖的地下连续墙沟槽；(b) 用液压成槽机进行沟槽开挖；(c) 安放锁口管；
(d) 吊放钢筋笼；(e) 水下混凝土浇筑；(f) 拔除锁口管；(g) 已完工的槽段

1. 国内主要成槽工法介绍

成槽工艺是地下连续墙施工中最重要的工序，其施工时间占地下连续墙施工工期一半以上，因此提高挖槽的效率是缩短工期的关键。同时，槽壁形状基本上决定了墙体的外形，所以挖槽的精度又是保证地下连续墙的质量的关键之一。随着施工效率要求的不断提高，新设备不断出现，新的工法也在不断发展。目前国内外广泛采用的成槽机械设备按其工作机理主要分为抓斗式、冲击式和回转式3大类，相应来说基本成槽工法也主要有3类：抓斗式成槽工法、冲击式钻进成槽工法、回转式钻进成槽工法，详见表5.2。

抓斗挖槽机以履带式起重机来悬挂抓斗，抓斗通常是蚌（蛤）式的，抓斗以其斗齿切削土体，切削下的土体收容在斗体内，从槽段内提出后开斗卸土，如此循环往复进行挖土成槽，该成槽工法在建筑、地铁等行业中应用极广，北京、上海等特大城市的地下连续墙多采用这种工艺。

表 5.2　　　　　　　　　　　地下连续墙成槽工法的特性表

成槽工法		适 用 环 境	优 点	缺 点
抓斗式成槽工法		地层适应性广，如 $N<40$ 的黏性土、砂性土及砾卵石土等。除大块的漂卵石、基岩外，一般的覆盖层均可	(1) 低噪声低振动； (2) 抓斗挖槽能力强，施工高效； (3) 随时调控成槽垂直度，成槽精度较高	掘进深度及遇硬层时受限，降低成槽工效；需配合其他方法使用
冲击式钻进成槽工法		在各种黏性土、砂层、砾石、卵石、漂石、软岩、硬岩中都能使用，特别适用于深厚漂石、孤石等复杂地层施工	施工机械简单，操作简便，成本低，经济适用	成槽效率低，成槽质量较差
回转式钻进成槽工法	垂直回转式	$N<30$ 的黏性土、砂性土等不太坚硬的细颗粒地层。深度可达 40m 左右	(1) 施工时无振动无噪声； (2) 可连续进行挖槽和排渣，不需要反复提钻，施工效率高； (3) 施工质量较好，垂直度可控制在 $1/200\sim1/300$ 之间	在砾石、卵石层中及遇障碍物时成槽适应性欠佳
	水平回转式	对地层适应性强，淤泥、砂、砾石、卵石、中等硬度岩石等均可掘削，配上特制的滚轮铣刀还可钻进抗压强度为 200MPa 左右的坚硬岩石	(1) 施工效率高，掘进速度快； (2) 成槽精度高，垂直度可高达 $1‰\sim2‰$； (3) 成槽深度大，一般可达 60m，特制型号可达 150m； (4) 能直接切割混凝土，能形成良好的墙体接头； (5) 设备自动化程度高，运转灵活，操作方便； (6) 低噪声、低振动，可以贴近建筑物施工	(1) 设备价格昂贵、维护成本高； (2) 不适用于存在孤石、较大卵石等地层，需配合使用冲击钻进工法或爆破； (3) 对地层中的铁器掉落或原有地层中存在的钢筋等比较敏感

　　国内冲击钻进成槽工法主要有冲击钻进式（钻劈法）和冲击反循环式（钻吸法）。冲击钻进法采用的是冲击破碎和抽筒掏渣（即泥浆不循环）的工法，即冲击钻机利用钢丝绳悬吊冲击钻头进行往复提升和下落运动，依靠其自身的重量反复冲击破碎岩石，然后用一只带有活底的收渣筒将破碎下来的土渣石屑取出而成孔。冲击反循环式是以冲击反循环钻机替代冲击钻机，在空心套筒式钻头中心设置排渣管（或用反循环砂石泵）抽吸含钻渣的泥浆，经净化后返回至槽孔，使得排渣效率大大提高，泥浆中钻渣减少后，大大提高钻头冲击破碎的效率。

　　回转式成槽机根据回转轴的方向分垂直回转式与水平回转式（铣槽机）。垂直回转钻是利用潜水电机，通过传动装置带动钻机下的钻头旋转，等钻速对称切削土层，用泵吸反循环的方式排渣进入振动筛，较大砂石、块状泥团由振动筛排出，较细颗粒随泥浆流入沉淀池，通过旋流器多次分离处理排除，清洁泥浆再供循环使用。水平回转式以动力驱使安装在机架上的两个鼓轮（也称铣轮）向相互反向旋转来削掘岩（土）并破碎成小块，利用机架自身配置的泵吸反循环系统将钻掘出的土岩渣与泥浆混合物通过铣轮中间的吸砂口抽吸出排到地面专用除砂设备进行集中处理，将泥土和岩石碎块从泥浆中分离，净化后的泥浆重新抽回槽中循环使用，如此往复，直至终孔成槽。

3 种成槽工法的适用环境及优缺点见表 5.2。在复杂地层中的成槽施工，也由单一的纯抓、纯铣、纯冲、纯钻工法等发展到采用多种成槽工法的组合工艺，后者相比前者往往能起到事半功倍的作用——效率高、成本低、质量优。

2. 施工工艺与操作要点

地下连续墙施工工艺流程如图 5.5 所示。其中导墙砌筑、泥浆制备与处理、成槽施工、钢筋笼制作与吊装、混凝土浇筑等为主要工序。

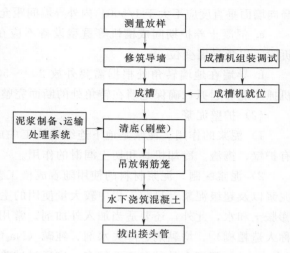

图 5.5 地下连续墙工艺流程图

（1）导墙施工。

1）导墙的作用。导墙是地下连续墙施工的第一步，其作用为挡土兼测量的基准，应做到精心施工，确保准确的宽度、平直度和垂直度。在施工期间，导墙经常承受钢筋笼、浇筑混凝土用的导管、钻机等静荷载和动荷载的作用，因而必须认真设计和施工，才能进行地下连续墙的正式施工。

导墙有以下作用：①控制地下连续墙施工精度；②挡土作用；③重物支撑台，施工期间承受钢筋笼、灌注混凝土用的导管、接头管及其他施工机械的静荷载、动荷载；④维持稳定液面的作用：导墙内蓄泥浆，保证槽壁的稳定，要使泥浆液面始终保持高于地下水位一定的高度，一般为 1.25～2m。

2）导墙的形式。导墙多采用现浇钢筋混凝土结构，也有钢制的或预制钢筋混凝土的装配式结构，可重复使用。根据工程实践，预制式导墙较难做到底部与土层结合以防止泥浆的流失。

导墙断面常见的有倒 L 形、][形及 L 形三种形式。倒 L 形多用在土质较好土层，后两者多用在土质略差土层，底部外伸扩大支承面积。

3）施工要点及质量要求。

a. 导墙一般用 C20～C30 钢筋混凝土浇筑而成，双向配筋 $\phi 8～16@150～200$。现浇导墙施工流程为：平整场地→测量定位→挖槽→绑扎钢筋→支模板→浇筑混凝土→拆模及设置横撑。内外导墙间净距比设计地墙厚度大 40～60mm，厚度一般为 150～300mm，深度为 1.2～1.5m，底部应进入原土层 0.2m，顶面高出施工地面 50～100mm，并应高出地下水位 1.5m 以上。

b. 导墙要对称浇筑，强度达到 70% 后方可拆模。拆除后立即设置上下二道 10cm 直径圆木（方木）支撑，防止导墙向内挤压，其水平间距为 1.5～2.0m，上下间距为 0.8～1.0m。

c. 导墙宜建在密实的黏性土地基上，如遇特殊情况应妥善处理，导墙背后应使用黏性土分层回填并夯实，以防漏浆。

d. 导墙顶墙面要水平，内墙面要垂直，底面要与原土面密贴。墙面不平整度小于 5mm，竖向墙面垂直度应不大于 1/500。内外导墙间距允许偏差±5mm，轴线偏差±10mm。

e. 混凝土养护期间成槽机等重型设备不应在导墙附近作业停留，成槽前支撑不允许拆除，以免导墙变位。

f. 导墙在地墙转角处根据需要外放 200～500mm，成 T 形或十字形交叉，使得成槽机抓斗能够起抓，确保地墙在转角处的断面完整。

（2）护壁泥浆。

1）泥浆的作用。泥浆是地下连续墙施工中成槽槽壁稳定的关键，泥浆在成槽过程中有护壁、携渣、冷却机具和切土润滑的作用。

2）泥浆配制。泥浆材料的使用随着成槽工艺的发展主要有 3 类：膨润土泥浆、黏土泥浆以及超级泥浆。目前工程中较大量使用的主要是膨润土泥浆，膨润土泥浆主要成分是膨胀土和水，此外，还要适当加入外加剂。常用的外加剂有 CMC［羧甲基纳纤维素（又称人造糯糊）］、增黏剂、降失水剂、纯碱（Na_2CO_3）、分散剂等。水多采用接近中性的水（自来水）。膨润土品种和产地较多，应通过试验选择。

不同地区、不同地质水文条件、不同施工设备，对泥浆的性能指标都有不同的要求，即使相同的要求也有很多配置方法，为了达到最佳的护壁效果同时兼顾经济性的要求，应根据实际情况由试验确定泥浆最优配合比。一般软土地层中可按下列重量配合比试配：水：膨润土：CMC：纯碱＝100：（8～10）：（0.1～0.3）：（0.3～0.4）。

制备泥浆用搅拌机搅拌或离心泵重复循环搅拌，并用压缩空气助拌。制备泥浆的投料顺序，一般为水、膨润土、CMC、分散剂、其他外加剂，过程如下：搅拌机加水旋转后缓慢均匀地加入膨润土（7～9min）；慢慢地分别加入 CMC、纯碱和一定量的水充分搅拌后的溶液（搅拌 7～9min，静置 6h 以上）倒入膨润土溶液中再搅拌均匀。搅拌后抽入储浆池待溶胀 24h 后方可使用。制备膨润土泥浆一定要搅拌并溶胀充分，否则会影响泥浆的失水量和黏度。

3）泥浆控制要点及质量要求。

a. 严格控制泥浆液位，确保泥浆液位在地下水位 0.5m 以上，并不低于导墙顶面以下 0.3m，液位下落及时补浆，以防槽壁坍塌。在容易产生泥浆渗漏的土层施工时，应适当提高泥浆黏度和增加储备量，并备堵漏材料。如发生泥浆渗漏，应及时补浆和堵漏，使槽内泥浆保持正常。

b. 在施工中定期对泥浆指标进行检查测试，随时调整，做好泥浆质量检测记录。一般做法是：在新浆拌制后静止 24h，测一次全项目，经监理同意后方可投入使用；在成槽过程中，一般每进尺 1～5m 或每 4h 测定一次泥浆比重和黏度；挖槽结束及刷壁完成后，分别取槽内上、中、下三段的泥浆进行比重、黏度、含砂率和 pH 值的指标设定验收，并作好记录。在清槽结束前测一次比重、黏度；浇灌混凝土前测一次比重。

c. 遇有较厚粉砂、细砂地层（特别是埋深 10m 以上）时，可适当提高黏度指标，但不宜大于 45s；当地下水位较高，又不宜提高导墙顶标高时，可适当提高泥浆比重，但不宜超过 1.25 的指标上限，并采用掺加重晶石的技术方案。

d. 减少泥浆损耗措施：①在导墙施工中遇到的废弃管道要堵塞牢固；②施工时遇到土层孔隙大、渗透性强的地段应加深导墙。

e. 防止泥浆污染措施：①灌注混凝土时导墙顶加盖板阻止混凝土掉入槽内；②挖槽完毕应仔细用抓斗将槽底土渣清完，以减少浮在上面的劣质泥浆数量；③禁止在导墙沟内冲洗抓斗。④不得无故提拉浇筑混凝土的导管，并注意经常检查导管水密性。

3. 槽壁稳定性分析

地下连续墙施工对槽壁稳定性及防止槽壁坍方有着十分关键的作用。一旦发生坍方，不仅可能造成"埋机"、机械倾覆，同时还将引起周围地面沉陷，影响周边构筑物及管线安全。如坍方发生在钢筋笼吊放后或浇筑混凝土过程中，将造成墙体夹泥缺陷，使墙体内外贯通。

（1）槽壁失稳机理。槽壁失稳机理主要可以分为两大类：整体失稳和局部失稳，如图5.6所示。

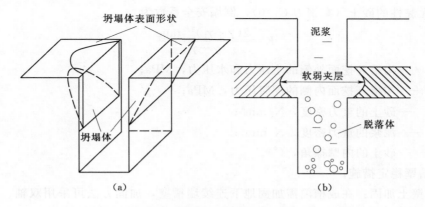

图 5.6　槽壁失稳示意图（引自刘国彬，2009）

(a) 整体失稳；(b) 局部失稳

1）整体失稳。经事故调查以及模型和现场试验研究发现，尽管开挖深度通常都大于20m，但失稳往往发生在表层土及埋深约 5～15m 内的浅层土中，槽壁有不同程度的外鼓现象，失稳破坏面在地表平面上会沿整个槽长展布，基本呈椭圆形或矩形。因此，浅层失稳是泥浆槽壁整体失稳的主要形式。

2）局部失稳。在槽壁泥皮形成以前，槽壁局部稳定主要靠泥浆外渗产生的渗透力维持。当诸如在上部存在软弱土或砂性较重夹层的地层中成槽时，遇槽段内泥浆液面波动过大或液面标高急剧降低时，泥浆渗透力无法与槽壁土压力维持平衡，泥浆槽壁将产生局部失稳，引起超挖现象，导致后续灌注混凝土的充盈系数增大，增加施工成本和难度。

（2）槽壁稳定计算。泥浆对槽壁的支撑可借助于楔形土体滑动的假定所分析的结果进行计算。

地下连续墙在黏性土层内成槽。当槽内充满泥浆时，槽壁将受到泥浆的支撑护壁作用，此时泥浆使槽壁保持相对稳定。假定槽壁上部无荷载，且槽壁面垂直，其临界稳定槽深宜采用梅耶霍夫（Meyerhof）经验公式：

沟槽开挖临界深度：

$$H_{\sigma} = \frac{N \cdot C_u}{(\gamma' - \gamma_1')K_0} \tag{5.1}$$

式中　H_{σ}——沟槽的临界深度，m；

N——条形基础的承载力系数，对于矩形沟槽 $N=4(1+B/L)$；

B——沟槽宽度，m；

L——沟槽平面长度，m；

C_u——土体的不排水抗剪强度，N/mm^2；

K_0——静止土压力系数；

γ'、γ_1'——分别为土、泥浆的浮容重，N/mm^3。

沟槽的倒塌安全系数，对于黏性土为

$$K=\frac{N \cdot C_u}{P_{om}-P_{lm}} \tag{5.2}$$

对于无黏性的砂土（黏聚力 $C=0$），倒塌安全系数为

$$K=\frac{2(\gamma-\gamma_1)^{1/2}\tan\varphi}{\gamma-\gamma_1} \tag{5.3}$$

式中　P_{om}——沟槽开挖面外侧的土压力和水压力，MPa；

P_{lm}——沟槽开挖面内侧的泥浆压力，MPa；

γ——砂土的重力密度，N/mm^3；

γ_1——泥浆的重力密度，N/mm^3；

φ——砂土的内摩擦角，(°)。

（3）槽壁稳定措施。

1）槽壁土加固：在成槽前需加固地下连续墙槽壁，加固方法可采用双轴、三轴深层搅拌桩及高压旋喷桩等工艺。

2）加强降水：通过降低地下连续墙槽壁四周的地下水位，防止地下连续墙在成槽开挖过程中发生浅部塌方、管涌、流砂等不良地质现象。

3）泥浆护壁：泥浆性能直接影响到地下连续墙成槽施工时槽壁的稳定性。为了确保槽壁稳定，选用黏度大、失水量小、可形成护壁泥薄而坚韧的优质泥浆，并且在成槽过程中，经常监测槽壁的情况变化，并及时调整泥浆性能指标，添加外加剂，确保土壁稳定，做到信息化施工，及时补浆。

4）周边限载：地下连续墙周边荷载主要是大型机械设备如成槽机、履带吊、土方车及钢筋混凝土搅拌车等频繁移动带来的压载及震动，为尽量使大型设备远离地墙，在正处施工过程中的槽段边铺设路基钢板加以保护，并且严禁在槽段周边堆放钢筋等施工材料。

5）导墙选择：导墙的刚度影响槽壁稳定。根据工程施工情况选择合适的导墙形式，通常导墙采用"┌"形或"］［"形。

4. 钢筋笼加工和吊放

（1）钢筋的加工。根据地下连续墙墙体配筋图和单元槽段的划分来制作钢筋笼。制作前要预先确定浇筑混凝土导管的位置，由这部分空间要上下贯通，因而周围需增设箍筋和连接筋进行加固。尤其在单元槽段接头附近插入导管时，由于此处钢筋较密集更需特别加以处理。由于横向钢筋有时会阻碍导管插入，所以以纵向主筋应放在内侧，横向钢筋放在外侧［图5.7（a）］。纵向钢筋的底端应距离槽底面 10～20cm。纵向钢筋底端应稍向内弯折，以防止吊放钢筋笼时擦伤槽壁，但向内弯折的程度亦不要影响插入混凝土导管［图5.7（b）］。

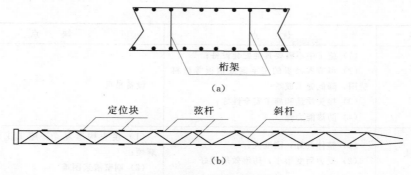

图 5.7　钢筋笼构造示意图

(a) 横剖面图；(b) 纵向桁架纵剖面图

（2）钢筋笼的吊放。钢筋笼的起吊、运输和吊放应制定周密的施工方案，根据钢筋笼重量选取主、副吊设备，并进行吊点布置，对吊点局部加强，沿钢筋笼纵向及横向设置桁架增强钢筋笼整体刚度，吊放过程中不能使钢筋笼产生不可恢复的永久变形。

5. 施工接头

地下连续墙的接头施工质量直接关系到其受力性能和抗渗能力，应在结构设计和施工中予以高度重视。但目前尚缺少既能满足结构要求又方便施工的最佳方法。施工接头有多种形式可供选择。目前最常用的接头形式有以下几种：锁口管接头、预制钢接头、铣接头、承插式接头。各种接头的优缺点见表 5.3。

表 5.3　　　　　　　　　　地下连续墙施工接头的优缺点

接头类型		优　点	缺　点
锁口管接头		(1) 构造简单； (2) 施工方便，工艺成熟； (3) 刷壁方便，易清除先期槽段侧壁泥浆； (4) 后期槽段下放钢筋笼方便； (5) 造价较低	(1) 属柔性接头，刚度差，整体性差； (2) 抗剪抗弯能力差，受力后易变形； (3) 接头呈光滑圆弧面，无折点，易产生接头渗水； (4) 接头管的拔除与墙体混凝土浇筑配合需十分默契，否则极易产生"埋管"或"坍槽"
预制钢接头	十字钢板接头	(1) 防渗漏性能较好； (2) 抗剪性能较好	(1) 工序多，施工复杂，难度较大； (2) 刷壁和清除墙段侧壁泥浆有一定困难； (3) 抗弯性能较差； (4) 接头处钢板用量较多，造价较高
	H 形接头	(1) 增强了钢筋笼和墙身的刚度和整体性； (2) 防渗能力强； (3) 吊装方便，不会出现断管的现象； (4) 接头处的夹泥比半圆弧接头更容易刷洗	(1) 施工工序多，H 形接头易渗透； (2) 接头处钢板用量较多，造价较高
	V 形接头	(1) 设有隔板和罩布，能防止已施工槽段的混凝土外溢； (2) 钢筋笼和化纤罩布均在地面预制，工序较少，施工较方便； (3) 刷壁清浆方便，易保证接头混凝土质量	(1) 化纤罩布施工困难，受到风吹、坑壁碰撞、塌方挤压时易损坏； (2) 刚度较差，受力后易变形，造成接头渗漏水

续表

接头类型	优　点	缺　点
铣接头	(1) 施工中不需要其他配套设备； (2) 可节省昂贵的工字钢或钢板等材料费用，降低施工成本； (3) 接头质量和施工安全性好； (4) 防渗能力强	设备昂贵
承插式接头	(1) 整体性好，刚度大； (2) 受力后变形小，防渗效果较好	(1) 接头构造复杂，施工工序多，施工麻烦； (2) 刷壁清浆困难

6. 水下混凝土灌注

地下连续墙的混凝土是在护壁泥浆下用导管法进行浇筑，需按水下混凝土的方法配制和灌注，且应采用商品混凝土。由于导管内混凝土和槽内泥浆的压力不同，在导管下口处存在压力差使混凝土可从导管内流出。一般采用混凝土浇筑机架进行地下连续墙混凝土的浇筑，机架跨在导墙上沿轨道行驶。导管在首次使用前应进行气密性试验，保证密封性能。地下连续墙开始浇筑混凝土时，导管应距槽底 0.5m。在混凝土浇筑过程中，导管下口插入混凝土深度应控制在 2～4m，不宜过深过浅，插入深度大，混凝土挤土的影响范围大，深部的混凝土密实、强度高，容易使下部沉积过多粗骨料，面层砂浆较多。导管浅，混凝土是推铺式推移，泥浆容易混入，影响混凝土强度。导管插入深度不宜小于 1.5m，不宜大于 6m。当浇筑顶面混凝土时，可减少插入深度，减低灌注速度。在混凝土顶面存在一层浮浆层，需要凿去，因此混凝土需要超浇 30～50cm，在一个槽段内同时使用两根导管灌注时，其间距不应大于 3m，导管距槽段端头不宜大于 1.5m，混凝土面应均匀上升，各导管处的混凝土表面的高差不宜大于 0.3m，混凝土应在终凝前灌注完毕，终浇混凝土面高程应高于设计要求 0.5m，以使在混凝土硬化后查明强度情况，将设计标高以上部分用风镐凿除。

在浇筑过程中，导管不能作横向运动，导管横向运动会把沉渣和泥浆混入混凝土内。浇筑过程不能长时间中断，一般是 5～10min，保证均匀性。在混凝土浇筑过程中，应随时掌握混凝土的浇筑量、混凝土上升高度和导管埋入深度，防止导管下口暴露在泥浆内，造成泥浆涌入导管。

7. 接头管顶拔

接头箱接头的施工方法与接头管接头相似，只是以接头箱代替接头管。一个单元槽段挖土结束后，吊放接头箱，再吊放钢筋笼。混凝土初凝后，与接头管一样逐步吊出接头箱。

接头管所形成的地下空间具有很重要的作用，它不仅可以保证地下连续墙的施工接头，而且在挖下一个槽段时不会损伤已浇灌好的混凝土，也不会影响挖槽作业，因此在插入接头管时，要保持垂直而又完全自由地插入到沟槽的底部。否则，会造成地下墙交错不齐或由此而产生漏水，失去防渗墙的作用以致使周围出现沉降等。地下连续墙失去连续性，会给后续作业带来很大麻烦。

接头管的吊放，由履带起重机分节吊放拼装。操作中应控制接头管的中心与设计中心线相吻合，底部回填碎石，以防止混凝土倒灌，上端口与导墙处用榫楔实来限位。另外当接头管吊装完毕后，还须重点检查锁口管与相邻槽段的土壁是否存在空隙，若有则应通过回填土袋来解决，以防止混凝土浇筑中所产生的侧向压力，使接头管移位而影响相邻槽段的施工。

接头管的提拔与混凝土的浇筑相结合，混凝土浇筑记录为提拔接头管时间控制的依据，根据水下混凝土凝固速度的规律及施工经验，混凝土浇筑开始拆除第一节导管后推4h开始拔动，以后每隔15min提升一次，其幅度不宜大于50～100mm，只需保证混凝土与锁口管侧面不咬合即可，待混凝土浇筑结束后6～8h，即混凝土达到初凝后，将锁口管逐节拔出并及时清洁和疏通。

5.2.2.3 锚杆施工

在桩锚支护结构中，锚杆的作用至关重要。锚杆的施工质量应引起工作人员的高度重视，应根据工程的交通运输条件、周边环境情况、施工进度要求、地质条件等，选用合适的施工机械、施工工艺，组织好人员、材料，安全、高效、高质量地完成施工任务。

1. 钻孔

锚杆孔的钻凿是控制锚固工程质量的关键工序，应根据地层类型和钻孔直径、长度以及锚杆的类型来选择合适的钻机和钻孔方法。

钻孔机具的选择必须满足土层锚杆的钻孔要求。带十字钻头和螺旋钻杆的回转钻机适合应用于黏性土中。带球形合金钻头的旋转钻机适合松散土和软弱岩层中。空气冲洗的冲击钻机适合在坚硬岩层中钻较小孔径。带金刚石钻头和潜水冲击器的旋转钻机适合钻较大孔径时需使用，并采用水洗。

在填土、砂砾层等塌孔的地层中，可采用套管护壁、跟管钻进，也可采用自钻式锚杆或打入式锚杆。

穿越填土、砂卵石、碎石、粉砂等松散破碎地层钻孔适合跟管钻进工艺。通常用锚杆钻机钻进，采用冲击器、钻头冲击回转全断面造孔钻进，在造孔的同时，冲击套管管靴使得套管与钻头同步进入地层，从而用套管隔离破碎、松散易坍塌的地层，顺利进行钻孔施工。跟管钻具按结构型式分为两种类型：偏心式跟管钻具和同心跟管钻具。同心跟管钻具使用套管钻头，壁厚较厚，钻孔的终孔直径比偏心式跟管钻具的终孔直径小10mm左右。偏心式跟管钻具具有终孔直径大、结构简单、成本低、使用方便等特点。

2. 锚杆杆体的制作与安装

（1）锚杆杆体的制作。钢筋锚杆（包括各种钢筋、精轧螺纹钢筋、中空螺纹钢管）的制作相对比较简单，按设计预应力筋长度切割钢筋，按有关规定进行对焊或绑条焊或用连接器接长钢筋和螺丝杆。为方便预应力筋的插入，常在其前部常焊有导向帽，在预应力筋长度方向每隔1～2m焊有对中支架，支架的高度需大于25mm，必须满足钢筋保护层厚度的要求。用外套塑料管隔离自由段，对防腐有特殊要求的锚固段钢筋应提供双重防腐作用的波形管并注入灰浆或树脂。

钢绞线宜使用机械切割，不得使用电弧切割。杆体内的绑扎材料不宜采用镀锌材料。钢绞线分为有黏结钢绞线和无黏结钢绞线，有黏结钢绞线锚杆制作时应在锚杆自由段的每根钢绞线上施作防腐层和隔离层。

压力分散型锚杆采用无黏结钢绞线、特殊部件和工艺加工制作。图 5.8 为一种钢制 U 形承载体构造，将无黏结钢绞线绕过承载体弯曲成 U 形固定在承载体上，制成压力分散型锚杆，也可采用挤压锚头作为承载体形成压力分散型锚杆。

图 5.8　U 形承载体构造

可重复高压灌浆锚杆采用环轴管原理设置注浆套管和特殊的密封及注浆装置，可重复实现对锚固段的高压灌浆处理，大大提高锚杆的承载力。注浆套管是一根直径较大的塑料管，其侧壁每隔 1m 开有环向小孔，用橡胶环圈盖住孔外，使浆液只能从该管内流入钻孔，但不能反向流动，一根小直径的注浆钢管插入注浆套管，注浆钢管前后装有限定注浆段的密封装置，当其位于一定位置的注浆套管的橡胶圈处，在压力作用下即可向钻孔内注入浆液。

（2）锚杆的安装。锚杆安装前应检查钻孔孔距及钻孔轴线是否符合相关要求。

一般由人工安装锚杆，大型锚杆有时采用吊装。在进行锚杆安装前应对钻孔重新检查，发现塌孔、掉块时应进行清理。锚杆安装前应详细检查锚杆体，应修复损坏的防护层、配件、螺纹。在推送过程中用力要均匀，避免损坏锚杆配件和防护层。当锚杆设置有排气管、注浆管和注浆袋时，推送时不要转动锚杆体，并不断检查排气管和注浆管，以免管子折死、压扁和磨坏，并确保锚杆在就位后排气管和注浆管畅通。在遇到锚索推送困难时，宜将锚索抽出查明原因后再推送。必要时应重新清洗钻孔。

（3）锚头的施工。锚具、垫板应与锚杆体同轴安装，对于钢绞线或高强钢丝锚杆，锚杆体锁定后其偏差应不大于 ±5°。垫板应安装平整、牢固，垫板与垫墩接触面无空隙。

采用冷切割切割锚头多余的锚杆体，锚具外保留长度不应小于 100mm。当需要补偿张拉时，应考虑张拉长度。

打筑垫墩用的混凝土强度等级一般不低于 C30，有时锚头处地层不太规则，应确保垫墩最薄处的厚度大于 10cm，保证垫墩混凝土的质量，对于锚固力较高的锚杆，垫墩内应配置环形钢筋。

3. 注浆体材料及注浆工艺

注浆形成锚固段，并为锚杆提供防腐保护层，压力注浆还可以使注浆体渗入地层的裂隙和缝隙中，从而起到固结地层、提高地基承载力的作用。灌浆体与周围岩土体的黏结强度和防腐效果主要取决于水泥砂浆的成分及拌制和注入方法。

（1）水泥浆的成分。通常采用质量良好新鲜的普通硅酸盐水泥和干净水掺入细砂配制搅拌而成灌注锚杆的水泥浆，必要时可采用抗硫酸盐水泥。水泥龄期不应超过 1 个月，强度应大于 32.5MPa。压力型锚杆最好采用更高强度的水泥。

水中不应含有影响水泥正常凝结和硬化的有害物质，不得使用污水。砂的含泥量按重量计不得大于 3%，砂中云母、有机物、硫酸物和硫酸盐等有害物质的含量按重量计不得大于 1%。灰砂比宜为 0.8~1.5，水灰比宜为 0.38~0.5，也可采用水灰比 0.4~0.5 的纯水泥浆。水泥砂浆只能用于一次注浆。

水灰比对水泥浆的质量有着特别重要的作用，过量的水会使浆液产生泌水，降低强度并产生较大收缩，降低浆液硬化后的耐久性，灌注锚杆的水泥浆最适宜的水灰比为 0.4~0.45，采用这种水灰比的灰浆具有泵送所要求的流动度，收缩也小。为了加速或延缓凝固，防止在凝固过程中的收缩和诱发膨胀，当水灰比较小时增加浆液的流动度及预防浆液的泌水等，可在浆液中加入外加剂，如三乙醇胺（早强剂，掺量为水泥重量的 0.05%）、木质磺酸钙（缓凝剂，水泥重量的 0.2%~0.5%）、铝粉（膨胀剂，水泥重量的 0.005%~0.02%）、UNF-5（减水剂，水泥重量的 0.6%）、纤维素醚（抗泌剂，水泥重量的 0.2%~0.3%）。因使用外加剂的经验有限，不要同时使用数种外加剂以获得水泥浆的综合效应。向搅拌机加入任何一种外加剂，均需在搅拌时间过半后送入；拌好的浆液存放时间不得超过 120min。浆液拌好后应存放于特制的容器内，并使其缓慢搅动。

浆体的强度一般 7d 不应低于 20MPa，28d 不应低于 30MPa；压力型锚杆浆体强度 7d 不应低于 25MPa，28d 不应低于 35MPa。

（2）注浆工艺。水泥浆采用注浆泵通过高压胶管和注浆管注入锚杆孔，注浆泵压力范围控制在 0.1~1.2MPa，目前注浆泵有挤压式或活塞式两种，挤压式注浆泵可注入水泥砂浆，但压力较小，仅适用于一次注浆或封闭自由段的注浆。注浆管一般采用直径 12~25mm 的 PVC 软塑料管，管底离钻孔底部的距离通常为 100~250mm，并每隔 2m 左右就用胶带将注浆管与锚杆预应力筋相连。在插入预应力筋时，在注浆管端部临时包裹密封材料以免堵塞，注浆时浆液在压力作用下冲破密封材料注入孔内。

注浆方式常分为一次注浆和二次高压注浆两种。一次注浆是浆液通过插到孔底的注浆管，从孔底一次将钻孔注满直至从孔口流出的注浆方法。这种方法要求锚杆预应力筋的自由段预先进行处理，采取有效措施确保预应力筋不与浆液接触。二次高压注浆是在一次注浆形成注浆体的基础上，对锚杆锚固段进行二次（或多次）高压劈裂注浆，使浆液向周围地层挤压渗透，形成直径较大的锚固体并提高锚杆周围地层的力学性能，大大提高锚杆承载能力。通常在一次注浆后 4~24h 进行，具体间隔时间由浆体强度达到约 5MPa 而加以控制。该注浆方法需随预应力筋绑扎二次注浆管和密封袋或密封卷，注浆完成后不拔出二次注浆管。二次高压注浆非常适用于承载力低的软弱土层。

注浆压力取决于注浆的目的和方法、注浆部位的上覆地层厚度等因素，通常锚杆的注浆压力不超过 2MPa。

锚杆的承载力取决于锚杆注浆的质量，必须做好注浆记录。采用二次注浆时，需记录好二次注浆时的注浆压力、持续时间、二次注浆量。

4. 张拉锁定

（1）锚具。用锚具通过张拉锁定锚杆的锚头，锚具的类型与预应力筋的品种相适应，主要有以下几种类型：墩头锚具、锥形锚具用于锁定预应力钢丝；挤压锚具，如 JM 锚具、XM 锚具、QM 锚具和 OVM 锚具用于锁定预应力钢绞线；精轧螺纹钢筋锚具用于锁定精轧螺纹钢筋；螺纹锚具用于锁定中空锚杆；螺丝杆锚具用于锁定钢筋。

锚具应满足分级张拉、补偿张拉等张拉工艺要求，并具有能放松预应力筋的性能。

（2）垫板。垫板的材料多为普通钢板，外形为方形，其尺寸大小和厚度应由锚固力的大小确定，可使用与钻孔直径相匹配的钢管焊接成套筒垫板，来确保垫板平面与锚杆的轴线垂直且可以提高垫板的承载力。

（3）张拉。当注浆体达到设计强度的 80％后可进行张拉。一次性张拉较方便，但是存在着许多不可靠性。高应力锚杆有许多根钢绞线组成，不可能保证每一根钢绞线受力的一致性，特别是很短的锚杆，其微小的变形可能会引起很大的应力变化，需采用有效施工措施来减小锚杆整体的受力不均匀性。

采用单根预张拉后再整体张拉的施工方法，可以大大减小应力不均匀现象。此外，使用小型千斤顶进行单根对称和分级循环的张拉方法同样有效，但这种方法在张拉某一根钢绞线时会对其他的钢绞线产生影响。分级循环次数越多，其相互影响和应力不均匀性越小。在实际工程中，根据锚杆承载力的大小一般分为 3～5 级。

考虑到张拉时应力向远端分布的时效性，以及施工的安全性，加载速率不宜太快，待每一级张拉应力的预定值后，张拉设备稳压一定时间，在张拉系统出力值不变时，在油压表无压力向下漂移后再进行锁定。

对于临时锚杆，预应力不宜超过锚杆材料强度标准值的 65％，采用超张拉的方法克服锚具回缩等引起的预应力损失，超张拉值一般为设计预应力的 5％～10％，其程序为

$$0 \rightarrow m\sigma_{con} \xrightarrow{\text{稳压 } t_{min}} m\sigma_{con} \rightarrow \sigma_{con}$$

式中　m——超张拉系数，105％～110％；

　　　σ_{con}——设计预应力；

　　　t_{min}——最小稳压时间，一般大于 2min。

为了能安全地将锚杆张拉到设计应力，在张拉时应遵循以下要求：

1）根据锚杆类型及要求，可采取整体张拉，先单根预张拉，然后整体张拉或单根—对称—分级循环张拉方法。

2）采用先单根预张拉然后整体张拉的方法时，锚杆各单元体的预应力值应当一致，预应力总值宜为设计预应力的 5％～10％。

3）采用单根—对称—分级循环张拉的方法时，不宜少于 3 个循环，当预应力较大时不宜少于 4 个循环。

4）张拉千斤顶的轴线必须与锚杆轴线一致，锚环、夹片和锚杆张拉部分不得有泥沙、锈蚀层或其他污物。

5）张拉时，加载速率要平缓，速率宜控制在设计预应力值的 0.1/min 左右，卸荷速率宜控制在设计预应力值的 0.2/min。

6）在张拉时，应采用张拉系统出力与锚杆体伸长值来综合控制锚杆应力，当实际伸长值与理论值差别较大时，应暂停张拉，待查明原因并采取相应措施后方可进行张拉。

7）预应力筋锁定后 48h 内，若发现预应力损失大于锚杆拉力设定值的 10％，应进行补偿张拉。

8）锚杆的张拉顺序应避免相近锚杆相互影响。

9）单孔复合锚固型锚杆必须先对各单元锚杆分别张拉，当各单元锚杆在同等荷载条件下因自由长度不等引起的弹性伸长差得到补偿后，方可同时张拉各单元锚杆。先张拉最大自由长度的单元锚杆，最后张拉最小自由长度的单元锚杆，再同时张拉全部单元锚杆。

10）为了确保张拉系统能可靠地进行张拉，其额定出力值一般不应小于锚杆设计预应力值的1.5倍。张拉系统应能在额定出力范围内以任一增量对锚杆进行张拉，且可在相对应荷载水平上进行可靠稳压。

5. 配件

锚杆配件主要有导向帽、隔离支架、对中支架和束线环。

导向帽主要用于钢绞线和高强钢丝制作的锚杆，其功能是便于锚杆推送。导向帽位于锚固段的远端，即便腐蚀也不会影响锚杆性能，可用一般的金属薄板或相应的钢管制作。

隔离支架可使锚固段各钢绞线相互分离，保证一定厚度的注浆体覆盖锚固段钢绞线周围。

对中支架用于张拉段，可使张拉段锚杆体在孔中居中，使一定厚度的注浆体覆盖锚杆体。隔离支架和对中支架位于锚杆体上，均属锚杆的重要配件。永久锚杆的隔离和对中装置应使用耐久性和耐腐性良好、且对锚杆体无腐蚀性的材料，一般宜选用硬质材料。

6. 锚杆的腐蚀与防护

锚杆防腐处理的可靠性及耐久性是影响锚杆使用寿命的重要因素之一。防腐处理应保证锚杆各段内不出现杆体材料局部腐蚀现象。

永久性锚杆的防腐处理应符合下列规定：

（1）非预应力锚杆的自由段位于土层中时，可采用除锈、刷沥青防锈漆、沥青玻纤布缠裹其层数不少于二层。

（2）对采用钢绞线、精轧螺纹钢制作的预应力锚杆，其自由段可按上述第（1）条进行防腐处理后装入套管中；自由段套管两端100～200mm长度范围内用黄油填充，外绕扎工程胶布固定。

（3）对于无腐蚀性岩土层的锚固段应除锈，砂浆保护层厚度不小于25mm。

（4）对于腐蚀性岩层内的锚杆的锚固段和非锚固段，应采取特殊防腐蚀处理。

（5）经过防腐蚀处理后，非预应力锚杆的自由段外端应埋入钢筋混凝土构件50mm以上；对预应力锚杆，其锚头的锚具经除锈、涂防腐漆后应采用钢筋网罩、现浇混凝土封闭，且混凝土强度等级不低于C30，厚度不小于100mm，混凝土保护层厚度不应小于50mm。

临时性锚杆的防腐蚀可采取下列处理措施：

（1）非预应力锚杆的自由段，可除锈后刷沥青防锈漆处理。

（2）预应力锚杆的自由段，可除锈后刷沥青防锈漆或加套管处理。

（3）外锚头可外涂防腐材料或外包混凝土处理。

锚杆可自由拉伸部分的隔离防护层主要由塑料套管和油脂组成，油脂可以起到润滑和防腐的作用。临时锚杆可以使用普通黄油，但用于永久性工程的锚杆，不宜使用黄油，因为黄油中还有水分和对金属腐蚀的有害元素，当油脂老化时将分离出水和皂状物质，使原来的油脂失去润滑作用，所以永久锚杆应选用无黏结预应力筋专用防腐润滑脂。

垫板下部的防腐处理不应影响锚杆的性能，对于自由段，防腐处理后的锚杆体应能自由收缩，对垫板下部注入油脂，且要求油脂充满空间。

5.2.2.4　内支撑系统的施工

内支撑系统由于具有无需占用基坑外侧地下空间资源，可提高整个围护体系的整体强度和刚度，以及可有效控制基坑变形的特点而得到了大量的应用。常用的有钢筋混凝土支撑和钢结构支撑两类。其中钢支撑多用圆钢管或大规格的 H 型钢，为减少挡墙的变形，用钢结构支撑需分阶段多次施加，钢筋混凝土支撑水平支撑支撑刚度大，通常首道支撑兼作施工栈桥使用。深基坑施工过程中也可采用钢支撑及钢筋混凝土支撑混合使用。支撑除根据其材料不同进行分类外，也可根据支撑的平面布置形式分为环形支撑、对撑，钢支撑可细分为对撑、角撑、有围檩体系支撑、无围檩体系支撑。

1. 支撑施工总体原则

内支撑的施工需遵循"先撑后挖、限时支撑、分层开挖、严禁超挖"的原则，尽量减小基坑无支撑暴露时间和空间。同时应根据基坑工程安全等级、支撑形式、地下室柱网布置、基础型式及其施工工艺、周边环境、施工条件等因素，确定基坑开挖的分区大小及其开挖顺序。宜从周边环境好的一侧挖开土方，并及时设置支撑。环境要求较差一侧宜采用抽条对称开挖、限时完成支撑或垫层的方式进行土方开挖。

基坑开挖应按内支撑结构设计、出土方案、降排水要求等综合确定开挖方案，开挖过程中应分段、分层、随挖随撑、按规定时限完成支撑的施工，做好基坑排水，减少基坑暴露时间。基坑开挖过程中，应避免碰撞支撑结构、工程桩或扰动原状土。支撑的拆除过程时，必须遵循"先换撑、后拆除"的原则进行施工。

2. 钢筋混凝土支撑

现浇混凝土支撑由于其刚度大，整体性好，可以采取灵活的布置方式适应于不同形状的基坑，而且不会因节点松动而引起基坑的位移，施工质量相对容易得到保证，所以使用面也较广。钢筋混凝土支撑应首先结合土方开挖方案进行施工分区划分，按照盆式开挖、"分区、分块、对称"的原则确定，随着土方开挖的进度及时跟进支撑的施工，尽可能减少基坑无支撑暴露的时间，以控制基坑工程的变形和稳定性。

钢筋混凝土支撑的施工有多项分部工程组成，一般可分为施工测量、钢筋工程、模板工程以及混凝土工程。以下对这些分部工程逐一进行说明：

（1）施工测量。施工测量包括布设平面坐标系内轴线控制网和场区高程控制网。

平面坐标系内轴线控制网布设原则为"先整体、后局部"、"高精度控制低精度"。根据相关部门提供的坐标控制点，经复核后，利用全站仪进行平面轴线的布设。轴线控制点位置的布设位置应不受施工干扰且通视良好，同时做好标记。在施工中，妥善保护好控制点。根据施工需要，依据主轴线进行轴线加密和细部放线，形成平面控制网。定期复查控制网的轴线，确保测量精度。支撑的水平轴线偏差应小于 30mm。

场区高程控制网也应根据相关部门提供的高程控制点，进行闭合检查，布设高程控制网。场区内至少引测 3 个水准点，并根据实际需要测设出建筑物高程控制网。支撑系统中心标高误差应小于 30mm。

（2）钢筋工程。粗钢筋的定位和连接以及钢筋的下料、绑扎是钢筋工程的重点，确保钢筋工程质量满足相关规范要求。

1）钢筋的进场及检验。钢筋进场必须附有出厂证明（试验报告）、钢筋标志，并根据相应检验规范分批进行见证取样和检验。钢筋进场时分类码放，做好标识，存放钢筋场地要平整，并设有排水坡度。堆放时，钢筋下面要垫设木枋或砖砌垫层，保证钢筋离地面高度不宜少于20cm，以防钢筋锈蚀和污染。

2）钢筋加工制作。钢筋的加工制作应使受力钢筋平直，无弯曲。按相关设计规范要求，制作各种钢筋弯钩部分弯曲直径、弯折角度、平直段长度。箍筋加工应方正，不得有平行四边形箍筋，截面尺寸要标准，利于钢筋的整体性和刚度，控制钢筋变形。首件钢筋半成品的质量检查合格后方可批量加工。批量加工的钢筋半成品经检查验收合格后，按照规格、品种及使用部位，分类堆放。

3）钢筋的连接。支撑及腰梁内纵向钢筋连接接长根据设计及规范要求，目前采用的连接方式有直螺纹套筒连接、焊接连接或者绑扎连接，钢筋的连接接头应设置在受力较小的位置，一般为跨度的1/3处，位于同一连接区段内纵向受拉钢筋接头数量不超过50%。

支撑底部垫层完成后开始钢筋绑扎，绑扎按规范进行，需特别注意支撑与腰梁、支撑与支撑、支撑与立柱之间的节点钢筋绑扎，节点处钢筋较密，钢筋是否均匀摆放、穿筋是否合理安排直接影响施工质量和进度。在施工过程中，若第一道支撑梁钢筋与钢格构柱缀板相遇，征得设计同意，缀板采用氧气乙炔焰切割，开孔面积应不超过缀板面积的30%；若支撑梁钢筋与钢格构柱角钢相遇，将支撑梁钢筋在遇角钢处断开，采用同直径帮条钢筋，同时与角钢和支撑梁钢筋焊接，焊接满足相关规范要求。第二道支撑施工时，钢立柱处于受力状态，不能割除其角钢和缀板，对于第二道支撑在实际施工中钢筋穿越难度较大的节点，应及时与设计联系协商确定处理措施，通常钢筋遇角钢处断开并采用同直径帮条钢筋与角钢和支撑梁焊接。

4）钢筋的质量检查。钢筋工程属于隐蔽工程，在浇筑混凝土前应对钢筋进行验收，及时办理隐蔽工程记录。钢筋加工均在现场加工成型，粗钢筋的定位和连接以及梁的下料、绑扎，钢筋绑扎是钢筋工程的重点，以上工序均应严格把关。钢筋绑扎、安装完毕后，应进行自检，重点检查以下几方面：

a. 根据设计图纸检查钢筋的型号、直径、根数、间距是否正确。

b. 检查钢筋接头的位置及搭接长度是否符合规范规定。

c. 检查混凝土保护层厚度是否符合设计要求。

d. 钢筋绑扎是否牢固，有无松动变形现象。

e. 钢筋表面不允许有油渍、漆污。

（3）模板工程。模板工程的目标：支撑混凝土，使混凝土表面颜色基本一致，无蜂窝麻面、露筋、夹渣、锈斑和明显气泡存在。结构阳角部位无缺棱掉角，梁柱、墙梁的接头平滑方正，模板拼缝基本无明显痕迹。表面平整，线条顺直，几何尺寸准确，外观尺寸允许偏差在规定范围内。

钢筋混凝土支撑底模的施工一般采用土模法，即在挖好的原状土面上浇捣10cm左右素混凝土垫层。垫层施工应紧跟挖土进行，及时分段铺设，其宽度为支撑宽度两边各加

200mm。在垫层面上用油毛毡做隔离层，避免支撑钢筋混凝土与垫层粘在一起，方便清除。隔离层采用一层油毛毡，与支撑宽等宽。尽量减少油毛毡铺设接缝，必要时应用胶带纸满贴紧接缝处，以防止漏浆。

冠梁、腰梁以及支撑的模板典型做法如图 5.9 所示。

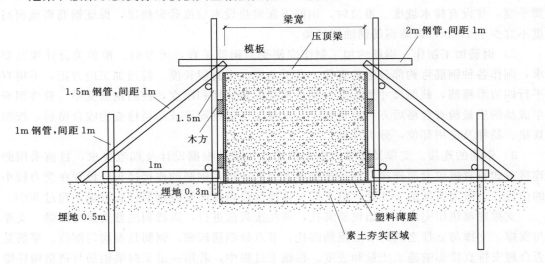

图 5.9　冠梁、腰梁及支撑模板施工详图（引自刘国彬，2009）

1）冠梁模板。将围护体顶凿至设计标高，即可作为第一道支撑压顶圈梁底模，梁底采用 30mm 厚水泥砂浆垫层，在垫层上面涂刷脱模剂。

2）腰梁模板。第二道及第二道支撑以下的腰梁底模采用 30mm 厚水泥砂浆垫层，在垫层上面涂刷脱模剂，侧模一边利用围护体，另一边支木模板加固，凿毛清理干净腰梁与围护体接触部分混凝土表面后，再施工腰梁，以便保证腰梁与围护体连成整体。

3）支撑模板。支撑梁底模采用 30mm 厚水泥砂浆垫层，在垫层上面涂刷脱模剂。

4）栈桥区域梁板模板。在栈桥区域，将土体挖至梁底标高处，用木胶合板作梁板模，模板拼缝严密，防止漏浆，所有木枋施工前均双面压刨平整以保证梁板及柱墙的平整度，以确保顶板模板平整。梁需用对拉螺杆加固；主梁模板安装并校正后进行次梁安装；模板安装后要拉中线进行检查，复核各梁模中心位置是否对正；待平板模安装后，对标高进行检查并调整。

栈桥区域平台板和梁的模板施工支撑体系采用普通扣件式钢管脚手架满堂架的形式，在基层土壤上铺 4m×0.3m×0.05m 木跳板作为钢管脚手架支撑的基础垫层。

5）模板体系的拆除。模板拆除时间以同条件养护试块强度为准。模板拆除注意事项如下：

a. 在土方开挖时，必须清理掉支撑底模，防止底模附着在支撑上，在以后施工过程中坠落。特别是在大型钢筋混凝土支撑节点处，若不清理干净，附着的底模可能比较大，极易引起安全隐患。

b. 拆模时不要用力太猛，如发现有影响结构安全问题时，应立即停止拆除，经处理或采取有效措施后方可继续拆除。

c拆模时严禁使用大锤,应使用撬棍等工具,模板拆除时,不得随意乱放,防止模板变形或受损。

(4)混凝土工程。钢筋混凝土支撑的混凝土工程施工目标为确保混凝土质量优良,确保混凝土达到设计强度,控制混凝土有害裂缝的发生。确保混凝土密实、表面平整,线条顺直,几何尺寸准确,色泽一致,无明显气泡,模板拼缝痕迹整齐且有规律性,结构阴阳角方正顺直。

1)技术要求。

坍落度方面:混凝土采用输送泵浇筑的方式,其坍落度要求入泵时最高不超过20cm,最低不小于16cm;确保混凝土浇筑时的坍落度能够满足施工生产需要,保证混凝土供应质量。

和易性方面:为了保证混凝土在浇筑过程中不离析,要求混凝土在搅拌时有足够的黏聚性,要求在泵送过程中不泌水、不离析,保证混凝土的稳定性和可泵性。

初、终凝时间要求:为了保证各个部位混凝土的连续浇筑,要求混凝土的初凝时间保证在7~8h;为了保证后道工序的及时跟进,要求混凝土终凝时间控制在12h以内。

2)混凝土输送管布置原则。

根据工程和现场平面布置的特点,按照混凝土浇筑方案划分的浇筑工作面和连续浇筑的混凝土量大小、浇筑的方向与混凝土输送方向进行管道布置。管道布置在保证安全施工、装拆维修方便、便于管道清洗、故障排除、便于布料的前提下,尽量缩短管线的长度、少用弯管和软管。

在输送管道中应采用同一内径的管道,接头应严密,有足够强度,并能快速拆装。在管线中,不得使用高度磨损、有裂痕、有局部凹凸或弯折损伤的管段。当在同一管线中同时存在新旧管段时,应将新管布置泵前的管路开始区、垂直管段、弯管前段、管道终端接软管处等压力较大的部位。必须保证管道各部分牢固固定,不得直接支承在钢筋、模板及预埋件上。水平管线必须每隔一定距离用支架、垫木、吊架等加以固定,固定管件的支承物必须与管卡保持一定距离,便于排除堵管、装拆及清洗管道。宜在结构的柱或板上的预留孔上固定垂直管。

3)混凝土浇筑。钢筋混凝土支撑采用商品混凝土泵送浇捣,泵送前应在输送管内用适量的与支撑混凝土成分相同的水泥浆或水泥砂浆润滑内壁,以保证泵送顺利进行。混凝土采用分层滚浆法浇捣,防止漏振和过振,确保混凝土密实。混凝土必须保证连续供应,避免出现施工冷缝。混凝土浇捣完毕,用木泥板抹平、收光,在终凝后及时铺上草包或者覆盖塑料薄膜,防止水位蒸发而导致混凝土表面开裂。

4)施工缝处理。当前基坑工程的规模越大越深,单根支撑杆件的长度甚至达到了200m以上,混凝土浇筑后会发生压缩变形、收缩变形、温度变形及徐变变形等效应,必须分段浇筑施工来减少这些效应的影响。

支撑分段施工时设置的施工缝处必须待已浇筑混凝土的抗压强度大于1.2MPa后方可继续浇筑,在继续浇筑混凝土前,施工缝混凝土表面要剔毛,剔除浮动石子,用水冲洗干净并充分润湿,然后刷素水泥浆一道,下料时要避免靠近缝边,机械振捣点距缝边30cm,人工插捣缝边,使新旧混凝土结合密实。

　　按照施工缝处理的要求进行清理临时支撑结构与围护体等连接部位：剔凿连接部位混凝土结构的表面，露出新鲜、坚实的混凝土；剥出、扳直和校正预埋的连接钢筋。需要埋设止水条的连接部位，还须在连接面表面干燥时，用钢钉固定延期膨胀型止水条。刚性止水片通长埋设在冠梁上部，在混凝土浇筑前应做好预埋工作，保证止水钢板埋设深度和位置的准确性。在浇筑混凝土前要冲洗混凝土接合面，使其保持清洁、润湿，即可浇筑混凝土。

　　5）混凝土养护。支撑梁、栈桥上表面采用覆盖薄膜进行养护，在模板拆模后侧面采用浇水养护，一般养护时间不少于 7d。

　　（5）支撑拆除。

　　1）钢筋混凝土支撑拆除要点。严格按设计工况进行钢筋混凝土支撑拆除，并遵循"先换撑、后拆除"的原则。采用爆破法拆除作业时应符合相关规定。内支撑拆除要点主要包括：①内支撑拆除应符合有关规定，考虑现场周边环境特点，制订详细的操作流程，认真执行，避免出现事故；②内支撑相应层的主体结构达到规定的强度等级，并可承受该层内支撑的内力时，可按规定的换撑方式将支护结构的支撑荷载传递到主体结构后，方可拆除该层内支撑；③小心操作内支撑拆除，不得损坏主体结构，在拆除下层内支撑时，支撑立柱及支护结构在一段时期内还处于工作状态，必须小心断开支撑与立柱、支撑与支护桩的节点，使其不受损伤；④最后拆除支撑立柱时，必须作好立柱穿越底板位置的加强防水处理；⑤在拆除每层内支撑的前后必须加强对周围环境的监测，出现异常情况立即停止拆除并立即采取措施，确保换撑安全、可靠。

　　2）钢筋混凝土支撑拆除方法。钢筋混凝土支撑拆除方法一般有人工拆除法、静态膨胀剂拆除法和爆破拆除法。以下为三种拆除方法的简要说明：

　　人工拆除法，即组织一定数量的工人，用大锤和风镐等机械设备人工拆除支撑梁。该方法的优点在于施工方法简单、所需的机械和设备简单、容易组织。缺点是由于需人工操作，施工效率低，工期长；施工安全较差；施工时，锤击与风镐噪音大，粉尘较多，对周围环境有一定污染。

　　膨胀剂拆除法，即按设计孔网尺寸在支撑梁上钻孔眼，钻孔后灌入膨胀剂，数小时后利用其膨胀力，将混凝土胀裂，再用风镐将胀裂的混凝土清掉。该方法的优点在于施工方法较简单；而且混凝土胀裂是一个相对缓慢的过程，整个过程无粉尘，噪音小，无飞石。其缺点是孔眼数量多；装膨胀剂时，不能直视钻孔，否则产生喷孔现象易使眼睛受伤，甚至致盲；产生的胀力产生的应力小于钢筋的抗拉应力，该力可使混凝土胀裂，但拉不断钢筋，要进一步破碎，尚困难，还得用风镐处理，工作量大；施工成本相对较高。

　　爆破拆除法，即在支撑梁上按设计孔网尺寸预留炮眼，装入炸药和毫秒电雷管，起爆后将支撑梁拆除。该法的优点在于施工的技术含量较高；爆破效率较高，工期短；施工安全；成本适中，造价介于上述二者之间。其缺点是爆破时产生爆破震动和爆破飞石，爆破时会产生声响，对周围环境有一定程度的影响。

　　上述三种支撑拆除方法中，爆破拆除法由于其经济性适中而且施工速度快、效率高以及爆破之后后续工作相对简单的特点，近年来得到了广泛的推广应用。

3. 钢支撑

钢结构支撑除了自重轻、安装和拆除方便、施工速度快以及可以重复使用等优点外，安装后能立即发挥支撑作用，对减少由于时间效应而增加的基坑位移，是十分有效的，因此如有条件应优先采用钢结构支撑，适用于开挖深度一般、平面形状规则、狭长形的基坑工程中。但与钢筋混凝土结构支撑相比，变形较大，比较敏感，且由于钢支撑的承载能力比钢筋混凝土支撑的承载能力小，因而支撑水平间距不能很大，不利于机械挖土。在大城市建筑物密集地区开挖深基坑，钢结构支撑的变形比钢筋混凝土支撑大，如能根据变形发展，分阶段多次施加预应力，亦能控制变形量。

钢支撑体系施工时，根据围护挡墙结构形式及基坑挖土施工方法的不同，围护挡墙上的围檩形式也有所区别。一般情况下采用钻孔灌注桩、SMW、钢板桩等围护挡墙时，必须设置围檩，一般首道支撑设置钢筋混凝土围檩、下道支撑设置型钢围檩。钢筋混凝土围檩刚度大，承载能力高，可适当增大支撑的间距。钢围檩施工方便，钢围檩与挡墙间的空隙，宜用细石混凝土填实。

当采用地下连续墙作为围护挡墙时，根据基坑形状及开挖工况不同，可以设置围檩、也可以不设置围檩。无围檩体系一般用在地铁车站等狭长型基坑中，钢支撑与围护挡墙间常采用直接连接，地墙的平面布置为对称布置。

无围檩支撑体系施工过程时，应注意：当支撑与围护挡墙垂直时，无须设置预埋件，支撑与挡墙可直接连接；当支撑与围护挡墙斜交时，应在地下连续墙施工时设置预埋件，用于支撑与挡墙间连接。无围檩体系的支撑体系中，基坑开挖易产生松弛现象，导致支撑坠落。目前常用方法有两种：①凿开围檩处围护墙体钢筋，将支撑与围护墙体钢筋连接；②围护墙体设置钢牛腿，支撑搁置在牛腿上。

钢支撑的施工流程一般可分为测量定位、起吊、安装、施加预应力以及拆撑等施工步骤，以下分别为各个施工步进行说明：

(1) 测量定位。测量定位工作应在钢支撑施工之前做好，测量定位工作基本上与钢筋混凝土支撑的施工一致，包含平面坐标系内轴线控制网的布设和场区高程控制网的布设两方面。

钢支撑定位必须精确控制其平直度，以保证钢支撑能轴心受压，一般用测量仪器（卷尺、水准仪、塔尺等）进行在钢支撑安装时的精确定位。安装之前应在围护体上作好控制点，然后分别向围护体上的支撑埋件上引测，用红漆将钢支撑的安装高度、水平位置标出。

(2) 钢支撑的吊装。从受力可靠角度，纵横向钢支撑一般采用平面刚度较大的同一标高连接，而不采用重叠连接，以下针对前者对钢支撑的起吊施工进行说明。

第一层钢支撑的起吊与第二及以下层支撑的起吊作业有所不同，第一层钢支撑施工时无遮栏相对有利，如支撑长度一般时，可在基坑外将某一方向（纵向或者横向）的支撑按设计长度拼接形成整体，采用多点起吊的方式，用1~2台吊车将支撑吊运至设计位置和标高，进行某一方向的整体安装，但另一方面的支撑需根据支撑的跨度进行分节吊装，分节吊装至设计位置之后，再采用螺栓连接或者焊接连接等方式与先行安装好的另一方向的支撑连接成整体。

第一层以下钢支撑在施工时，由于已经形成第一道支撑系统，已无条件在基坑外将某一方向的支撑拼接成整体之后在吊装至设计位置。当钢支撑长度较长，需采用多节钢支撑拼接的方式，按"先中间后两头"的原则进行吊装，并尽快将各节支撑连起来，法兰盘的螺栓必须拧紧，快速形成支撑。长度较小的斜撑先在地面预拼装到设计长度。

支撑钢管与钢管之间通过法兰盘以及螺栓连接。当支撑长度不够时，应加工饼状连接管，严禁在活络端处放置过多的塞铁影响支撑稳定。

（3）预加轴力。安放钢支撑到位后，吊机将液压千斤顶放入活络端顶压位置，接通油管后开泵，按设计要求逐级施加预应力。预应力施加到位后，在固定活络端，并烧焊牢固，防止支撑预应力损失后钢锲块掉落伤人。预应力施加应在每根支撑安装完以后立即进行。支撑施加预应力时，由于支撑长度较长，有的支撑施加预应力很大，安装的误差难以保证支撑完全平直，所以施加预应力的时候为了确保支撑的安全性，预应力分阶段施加。支撑上的法兰螺栓全部要求拧到拧不动为止。

支撑应力复加应以监测数据检查为主，以人工检查为辅。监测数据检查：监测数据检查的目的是控制支撑每一单位控制范围内的支撑轴力。其复加位置应主要针对正在施加预应力的支撑之上的一道支撑及暴露时间过长的支撑。复加应力时应注意每一幅连续墙上的支撑应同时复加，复加应力的值应控制在预加应力值的 110% 之内，防止单组支撑复加应力影响到其周边支撑。

采用钢支撑施工基坑时，最大问题是支撑预应力损失问题，特别深基坑工程采用多道钢支撑作为基坑支护结构时，钢支撑预应力往往容易损失，对周边环境要求较高的地区施工很不利。造成支撑预应力损失的原因很多，一般有以下几点：①施工工期较长，钢支撑的活络端松动；②钢支撑安装过程中钢管间连接不精密；③基坑围护体系的变形；④下道支撑预应力施加时，基坑可能产生向坑外的反向变形，造成上道钢支撑预应力损失；⑤换撑过程中应力重分布。

因此在基坑施工过程中，应加强对钢支撑应力的检查，并采取有效的措施，对支撑进行预应力复加。预应力复加通常按施加预应力的方式，通过在活络头子上使用液压油泵进行顶升，采用支撑轴力施加的方式进行复加，施工时不方便，往往难以实现动态复加。目前国内外也有专用预应力复加装置，目前有螺杆式及液压式两种。采用专用预应力复加装置后，可以实现对钢支撑动态监控及动态复加，确保了支撑受力及基坑的安全性。

对支撑的平直度、连接螺栓的松紧、法兰盘的连接、支撑牛腿的焊接支撑等进行一次全面检查。确保钢支撑各节接管螺栓紧固、无松动，且焊缝饱满。

（4）钢支撑施工质量控制。

1）刚开挖出立柱后，根据设计标高用水准仪来划线焊接托架。

2）基坑周围堆载不超过 20kN/m²。

3）做好技术复核及隐蔽验收工作，未经质量验收合格，不得进行下道工序施工。

4）电焊工均持证上岗，确保焊缝质量达到设计及国家有关规范要求，专人检查焊缝质量。

5）在连接前要对法兰盘进行整形，不得使用变形法兰盘，螺栓连接控制紧固力矩，严禁接头松动。

6）每天派专人对支撑进行 1～2 次检查，以防支撑松动。

7）钢支撑工程质量检验标准为：支撑位置标高允许偏差 30mm，平面允许偏差：100mm；预加应力允许偏差：±50kN；立柱位置标高允许偏差：30mm，平面允许偏差：50mm。

（5）支撑的拆除。按照设计的施工流程对基坑内的钢支撑进行拆除，拆除前，应先解除预应力。

4. 支撑立柱的施工

内支撑体系的钢立柱多为角钢格构柱，即由 4 根等边角钢组成柱的 4 个主肢，用缀板或者缀条进行连接 4 个主肢，共同构成钢格构柱（图 5.10）。

钢格构柱一般均在工厂进行加工制作，考虑到运输条件的限制，一般均分段制作，单段长度一般不宜超过 15m，运至现场之后组成整体后进行吊装。一般采用"地面拼接、整体吊装"的施工方法，首先将分段钢立柱在工厂里制作好运至现场，在地面拼接成整体，然后根据单根钢立柱的长度采用两台或多台吊车抬吊的方式将钢格构柱吊装至安装孔口上方，调整钢格构柱的转向满足设计要求之后，和钢筋笼连接成一体后就位，调整垂直度和标高，固定后浇筑立柱桩混凝土。

图 5.10　钢格构柱实景图

钢格构柱作为基坑实施阶段的重要的竖向受力支承结构，其垂直度至关重要，将直接影响钢立柱的竖向承载力，因此施工时必须采取措施控制其各项指标的偏差度在误差许可范围内。立柱桩的施工精度严重影响钢格构柱垂直度的控制，立柱桩根据不同的种类采取不同的定位措施或定位器械，而且必须采用专门的定位调垂设备对钢立柱的施工进行定位和调垂。目前，钢立柱的调垂方法有气囊法、机械调垂架法和导向套筒法三大类。其中机械调垂法是几种调垂方法中最经济实用的，因此大量应用于内支撑体系中的钢立柱施工中，当钢立柱沉放至设计标高后，在钻孔灌注桩孔口处设置 H 型钢支架，在支架的每个面设置两套调节丝杆，一套用于调节钢格构柱的垂直度，另一套用于调节钢格构柱轴线位置，同时对钢格构柱进行固定。

操作流程为：吊装钢格构柱就位后，将斜向调节丝杆和钢柱连接，调整钢格构柱安装标高在误差范围内，然后调整支架上的水平调节丝杆，调整钢格构柱轴线位置，使柱四个面的轴向中心线对准地面（或支撑架 H 型钢上表面）测放好的柱轴线，使其符合设计及规范要求，拧紧平调节丝杆。调整斜向调节丝杆，用经纬仪测量钢柱的垂直度，使钢立柱柱顶四个面的中心线对准地面测放出的柱轴线，控制其垂直度偏差在误差范围内。

5.2.2.5　支护结构与主体结构相结合及逆作法

支护结构与主体结构相结合的施工方式主要有两种：一种是将主体工程的外围竖向结构与支护结构相结合，施工顺序与通常主体地下结构相同，即完成主体地下结构底板后，再对主体工程的地下结构由下而上施工；另一种是将主体工程的水平和竖向结构既作为基坑施工期间的支护结构，又作为主体工程的永久结构，采用逆作法施工，即先施工围护结构、防渗结构、竖向支承立柱及基坑降水，达到设计要求后，再自地面向下分层开挖，对主体地下结构分层施工，直至主体地下结构底板。本节主要介绍支护结构与主体结构相结合的基坑施工过程相关施工技术。

1. "两墙合一"地下连续墙施工

地下连续墙作为基坑施工阶段主要承受水平向荷载为主的围护结构，同时又作为承受竖向荷载的永久主体竖向结构，"两墙合一"地下连续墙比临时地下连续墙的施工，在垂直度控制、平整度控制、墙底注浆及接头防渗等几个方面有更高的要求，而墙底注浆则是"两墙合一"地下连续墙控制竖向沉降和提高竖向承载力的关键措施。

（1）垂直度控制。临时围护地下连续墙垂直度一般要求控制在 1/150 以内，而"两墙合一"地下连续墙在基坑工程完成后作为主体工程的一部分而承受永久荷载的作用，成槽垂直度的好坏，不仅关系到钢筋笼吊装、预埋装置安装及整个地下连续墙工程的质量，更关系到"两墙合一"地下连续墙的受力性能，因此成槽垂直度要求比普通临时围护地下连续墙高。一般作为"两墙合一"的地下连续墙垂直度需达到 1/300，而超深基坑要求达到 1/600，因此施工中需采取相应的措施来保证超深地下连续墙的垂直度。

根据施工经验，"两墙合一"地下连续墙制作时宜适当外放 10～15cm，以保证将来地下连续墙开挖后内衬的厚度。导墙在地下连续墙转角处需外突 200mm 或 500mm，以保证能够起抓成槽机抓斗。

（2）平整度控制。"两墙合一"地下连续墙对墙面的平整度也比常规地下连续墙要求高，现浇地下连续墙的墙面通常较粗糙，若施工不当可能出现槽壁坍塌或相邻墙段不能对齐等问题。一般说来，越难开挖的地层，连续墙的施工精度越低，墙面平整度也越差。

泥浆护壁效果是影响"两墙合一"地下连续墙墙面平整度的首要因素，因此可根据实际试成槽的施工情况，调节泥浆比重，一般控制在 1.18 左右，并测试每一批新制的泥浆的主要性能。另外可根据现场场地实际情况，采用相应辅助措施：

1）暗浜加固。对于暗浜区，可采用水泥搅拌桩对地下连续墙两侧的土体进行加固来保证槽壁稳定性。加固可采用直径 700mm 的双轴水泥土搅拌桩，搅拌桩间搭接长度为 200mm。水泥掺量控制在 8%，水灰比 0.5～0.6。

2）施工道路侧水泥土搅拌桩加固。为保证施工时基坑边的道路稳定，在道路施工前加固道路下部分土体，在地下连续墙施工时也可起到隔水和加固土体作用。

3）控制成槽、铣槽速度。成槽机掘进速度应控制在 15m/h 左右，液压抓斗不宜快速掘进，以防槽壁失稳。同样，也应控制铣槽机进尺速度，特别是在软硬层交接处，以防止出现偏移、被卡等现象。

4）其他措施。施工过程中大型机械不得在槽段边缘频繁走动，泥浆应随着出土及时补入，保证泥浆液面在规定高度上，以防槽壁失稳。

（3）地下连续墙墙底注浆。"两墙合一"地下连续墙工程中，须保证地下连续墙和主体结构变形协调。一般情况下主体结构工程桩较深，而地下连续墙作为围护结构其深度较浅，一般与主体工程桩处于不同的持力层；另一方面地下连续墙分布于地下室的周边，工作状态下与桩基的上部荷重的分担不均；而且由于施工工艺的因素，地下连续墙成槽时采用泥浆护壁，地下连续墙槽段为矩形断面，与钻孔灌注桩相比，其长度大，槽底清淤难度大，沉淤厚度大，这使得墙底和桩端受力状态存在较大差异。由于以上因素，主体结构沉降过程中地下连续墙和主体结构桩基之间可能会产生差异沉降，尤其地下连续墙作为竖向承重墙体考虑时，地下连续墙与桩基之间可能会产生较大的差异沉降，如果不采取相应措施，地下连续墙与主体结构之间会产生次应力，严重时会导致结构开裂，危及结构的正常使用。因此，必须采取墙底注浆措施。地下连续墙钢筋笼上预埋注浆钢管，在地下连续墙施工完成后直接压注施工，从而完成墙底注浆加固。

（4）接头防渗技术。"两墙合一"地下连续墙既作为基坑施工阶段的挡土挡水结构，也作为结构地下室外墙起着永久的挡土挡水作用，因此其防水防渗要求极高。地下连续墙单元槽段依靠接头连接，这种接头需满足受力和防渗要求，但通常地下连续墙接头的位置是防渗的薄弱环节。接头处防渗通常采取以下措施：

1）由于泥浆护壁成槽，接头混凝土面上必然附着有一定厚度的泥皮（与泥浆指标、制浆材料有关），如不清除，浇筑混凝土时在槽段接头面上就会形成一层夹泥带，基坑开挖后，在水压作用下可能从这些地方渗漏水及冒砂。为了减少这种隐患，施工中必须采取有效的措施清刷混凝土壁面。

2）采用合理的接头形式。地下连续墙接头形式按接头工具可分为接头管（锁口管）、接头箱、隔板、工字钢、十字钢板以及改进接头——凹凸型预制钢筋混凝土楔形接头桩等几种。根据其受力性能可分为刚性接头和柔性接头。"两墙合一"地下连续墙采用的接头形式在满足结构受力性能的前提下，优先选用防水好的刚性接头。

3）在接头处设置扶壁柱。通过在地下连续墙接头处设置扶壁柱来加大地下连续墙外水流的渗流途径，折点多、抗渗性能好。

4）在接头处采用旋喷桩加固。地下连续墙施工结束后，在基坑开挖前三重管旋喷桩加固槽段接头缝。旋喷桩孔位的确定通常以接缝桩中心为对称轴，距连续墙边缘不宜超过1m，钻孔深度宜达基坑开挖面以下1m。

2. "一柱一桩"施工

支护结构的竖向支承系统与主体结构的桩、柱相结合，竖向支承系统一般采用钢立柱插入底板以下的立柱桩型式。钢立柱通常为角钢格构柱、钢管混凝土柱或 H 型钢柱，立柱桩可以采用钻孔灌注桩或钢管桩等形式。对于逆作法的工程，在施工时中间支承柱承受上部结构自重和施工荷载等竖向荷载，而在施工结束后，中间支承柱一般外包混凝土后作为正式地下室结构柱的一部分，永久承受上部荷载。因此中间支承柱的定位和垂直度必须严格满足要求。一般规定，中间支承柱轴线偏差控制在±10mm 内，标高控制在±10mm 内，垂直度控制在 1/300～1/600 以内。此外，一柱一桩在逆作施工时承受的竖向荷载较大，需通过桩端后注浆来提高一柱一桩的承载力并减少沉降。

（1）一柱一桩调垂施工。立柱桩根据不同的种类而采用专门的定位措施或定位器械，钻孔灌注桩必要时应适当扩大桩孔。钢立柱的施工必须采用专门的定位调垂设备对其进行定位和调垂。目前，钢立柱的调垂方法有气囊法、机械调垂架法和导向套筒法三类。

1）气囊法。角钢格构柱一般采用气囊法进行纠正，在格构柱上端 X 和 Y 方向上分别安装一个传感器，并在下端四边外侧各安放一个气囊，气囊随格构柱一起下放到地面以下，并固定于受力较好的土层中。每个气囊通过进气管与电脑控制室相连，传感器的终端同样与电脑相连，形成监测和调垂全过程的智能化施工监控体系。系统运行时，首先由垂直传感器将格构柱的偏斜信息输送给电脑，由电脑程序进行分析，然后打开倾斜方向的气囊进行充气并推动格构柱下部向其垂直方向运动，当格构柱达到规定的垂直度范围后，关闭气阀停止充气，同时停止推动格构柱。也可同时进行格构柱两个方向上的垂直度调整。待混凝土浇灌至离气囊下方 1m 左右时，即可拆除气囊，并继续浇灌混凝土至设计标高。

在工程实践中，成孔总是往一个方向偏斜的，因此只要在偏斜的方向上放置 2 个气囊即可进行充气推动，同样能达到纠偏的目的，这样当格构柱校直并被混凝土固定后其格构柱与孔壁之间的空隙反而增大，方便气囊回收。实践证明，用此法不但减少了气囊的使用数量，而且提高了回收率。

2）机械调垂法。机械调垂系统主要由传感器、纠正架、调节螺栓等组成。在支承柱上端 X 和 Y 方向上分别安装一个传感器，支承柱固定在纠正架上，支承柱上设置 2 组调节螺栓，每组共 4 个，两两对称，两组调节螺栓有一定的高差，以便形成扭矩。测斜传感器和上下调节螺栓在东西、南北方向各设置一组。若支承柱下端向 X 正方向偏移，X 方向的两个调节螺栓一松一紧，使支承柱绕下调节螺栓旋转，当支承柱进入规定的垂直度范围后，即停止调节螺栓；同理 Y 方向通过 Y 方向的调节螺栓进行调节。

3）导向套筒法。导向套筒法是把校正支承柱转化为导向套筒。导向套筒的调垂可采用气囊法和机械调垂法。待导向套筒调垂结束并固定后，从导向套筒中间插入支承柱，导向套筒内设置滑轮以利于支承柱的插入，然后浇筑立柱桩混凝土，直至混凝土能固定支承柱后拔出导向套筒。

4）三种方法的适用性和局限性。气囊法适用于各种类型支承柱（宽翼缘 H 型钢、钢管、格构柱等）的调垂，且调垂效果好，有利于控制支承柱的垂直度。但气囊有一定的行程，若支承柱与孔壁间距离过大，支承柱就无法调垂至设计要求，因此成孔时孔垂直度控制在 1/200 内，支承柱的垂直度才能达到 1/300 的要求。由于采用帆布气囊，实际使用中常被钩破而无法使用，气囊亦经常被埋入混凝土中而难以回收。

机械调垂法是几种调垂方法中最经济实用的，但只能用于刚度较大的支承柱（钢管支承柱等）的调垂，若支承柱刚度较小（如格构柱等），在上部施加扭矩时支承柱的弯曲变形将过大，不利于支承柱的调垂。

导向套筒法由于套筒比支承柱短故调垂较易，调垂效果较好，但由于导向套筒在支承柱外，势必使孔径变大。导向套筒法适用于各种支承柱的调垂，包括宽翼缘 H 型钢、钢管、格构柱等。

（2）采用钢管混凝土柱时一柱一桩不同标号混凝土施工。竖向支承采用钢管立柱时，一般钢管内混凝土标号高于工程桩的混凝土，此时在一柱一桩混凝土施工时应严格控制不同标号的混凝土施工界面，确保混凝土浇捣施工。水下混凝土浇灌至钢管底标高时，即更换高标号混凝土，在高标号混凝土浇筑的同时，在钢管立柱外侧回填碎石、黄砂等，阻止管外混凝土上升。图 5.11 为不同标号混凝土浇筑示意图。

（3）桩端后注浆施工。桩端后注浆施工技术是一种新型的施工技术，通过桩端后注浆

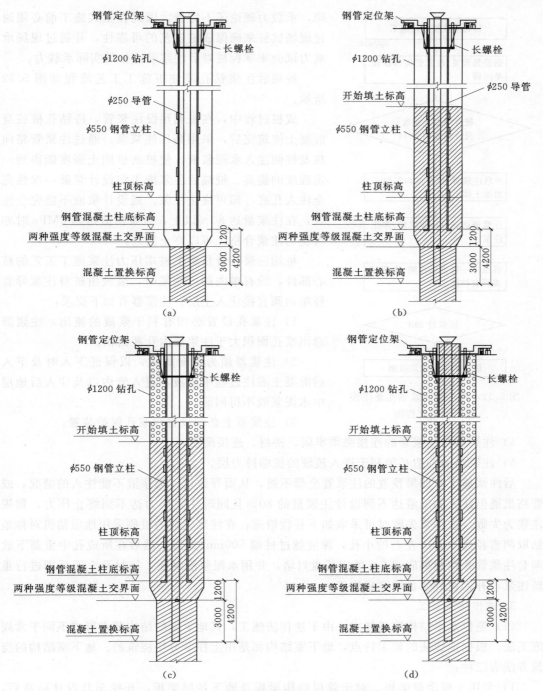

图 5.11 不同标号混凝土浇筑示意图（引自刘国彬，2009）

(a) 高标号混凝土置换开始；(b) 高标号混凝土置换至回填；(c) 碎石回填；(d) 高标号混凝土浇筑至顶

施工，可大大提高一柱一桩的承载力，有效解决一柱一桩的沉降问题，为逆作法施工提供有效的保障。由于注浆量、控制压力等技术参数对桩端后注浆承载力影响的机理尚不明

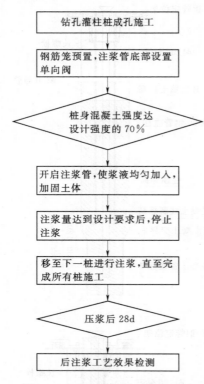

```
┌─────────────────────────┐
│    钻孔灌柱桩成孔施工      │
└─────────────────────────┘
            ↓
┌─────────────────────────┐
│ 钢筋笼预置，注浆管底部设置  │
│        单向阀             │
└─────────────────────────┘
            ↓
      ╱╲ 桩身混凝土强度达 ╱╲
     ╱   设计强度的 70%    ╲
      ╲                   ╱
            ↓
┌─────────────────────────┐
│ 开启注浆管，使浆液均匀加入， │
│       加固土体            │
└─────────────────────────┘
            ↓
┌─────────────────────────┐
│ 注浆量达到设计要求后，停止  │
│        注浆              │
└─────────────────────────┘
            ↓
┌─────────────────────────┐
│ 移至下一桩进行注浆，直至完  │
│    成所有桩施工           │
└─────────────────────────┘
            ↓
      ╱╲    压浆后 28d    ╱╲
            ↓
┌─────────────────────────┐
│    后注浆工艺效果检测      │
└─────────────────────────┘
```

图 5.12　桩端后注浆钻孔灌注桩
施工工艺流程图

确，承载力理论还不完善，因此在正式施工前必须通过现场试桩来确保成桩工艺的可靠性，并通过现场承载力试验来掌握桩端后注浆灌注桩的实际承载力。

桩端后注浆钻孔灌注桩施工工艺流程如图 5.12 所示。

成桩过程中，在桩侧预设注浆管，待钻孔桩桩身混凝土浇筑完后，采用高压注浆泵，通过注浆管路向桩及桩侧注入水泥浆液，使桩底桩侧土强度能得到一定程度的提高。桩端后注浆施工将设计浆液一次性完全注入孔底，即可终止注浆。遇设计浆液不能完全注入，在注浆量达 80% 以上，且泵压值达到 2MPa 时亦可视为注浆合格，可以终止注浆。

桩端注浆装置是整个桩端压力注浆施工工艺的核心部件，设有单向阀，注浆时，浆液由桩身注浆导管经单向阀直接注入土层。注浆器有如下要求：

1）注浆孔设置必须有利于浆液的流出，注浆器总出浆孔面积大于注浆器内孔截面积。

2）注浆器须为单向阀式，以保证下入时及下入后混凝土灌注过程中浆液不进入管内以及注入后地层中水泥浆液不得回流。

3）注浆器上必须设置注浆孔保护装置。

4）注浆器与注浆管的连接必须牢固、密封、连接简便。

5）注浆器的构造必须利于进入较硬的桩端持力层。

后注浆施工中如果预置的注浆管全部不通，从而导致设计的浆液不能注入的情况，或管路虽通但注入的浆液达不到设计注浆量的 80% 且同时注浆压力达不到终止压力，则视注浆为失败。在注浆失败时可采取如下补救措施：在注浆失败的桩侧采用地质钻机对称地钻取两直径为 90mm 左右的小孔，深度越过桩端 500mm 为宜，然后在所成孔中重新下放两套注浆管并在距桩底端 2m 处用托盘封堵，并用水泥浆液封孔，待封孔 5 天后即进行重新注浆，补入设计浆量即完成施工。

3. 逆作结构施工

（1）逆作水平结构施工技术。由于逆作法施工，其地下室的结构节点形式不同于常规施工法。根据逆作法的施工特点，地下室结构都是由上往下分层浇筑的。地下室结构的浇筑方法有三种：

1）利用土模浇筑梁板。对于首层结构梁板及地下各层梁板，开挖至其设计标高后，将土面整平夯实，浇筑一层厚约 50mm 的素混凝土（如果土质好可抹一层砂浆），然后刷一层隔离层，即成楼板的模板。对于梁模板，如土质好可用土胎模，按梁断面挖出沟槽即可；如土质较差，可用模板搭设梁模板。图 5.13 为逆作施工时土模的示意图。

至于柱头模板，施工时先把柱头处的土挖出至梁底以下 500mm 处，设置柱子的施工

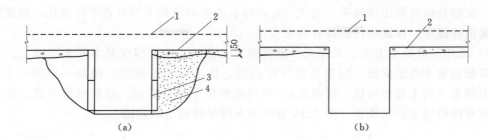

图 5.13　逆作施工时的梁、板模板
(a) 用钢模板组成梁模；(b) 梁模用土胎模
1—楼面板；2—素混凝土层与隔离层；3—钢模板；4—填土

缝模板，宜呈斜面安装，方便下部柱子浇筑，柱子钢筋通穿模板向下伸出接头长度，在施工缝模板上面组立柱头模板与梁板连接。如土质好柱头可用土胎模，否则需用模板搭设。柱头下部的柱子在挖出后再搭设模板进行浇筑，如图 5.14 所示。

柱子施工缝处浇筑的常用方法有直接法、充填法和注浆法三种。直接法即在施工缝下部继续浇筑混凝土时，仍然浇筑相同的混凝土，有时添加一些铝粉以减少收缩。为浇筑密实可做出一个假牛腿，混凝土硬化后可凿去。充填法即在施工缝处留出充填接缝，待混凝土面处理后，再于接缝处充填膨胀混凝土或无浮浆混凝土。注浆法即在施工缝处留出缝隙，待后浇混凝土硬化后用压力压入水泥浆充填。在上述三种方法中，直接法施工最简单，成本亦最低。施工时可对接缝处混凝土进行二次振捣，以进一步排除混凝土中的气泡，确保混凝土密实和减少收缩。

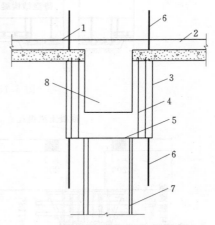

图 5.14　柱头模板与施工缝
1—楼面板；2—素混凝土与隔离层；3—柱头模板；4—预留浇筑孔；5—施工缝；6—柱筋；7—H 型钢；8—梁

2) 利用支模方式浇筑梁板。用此法施工时，先挖去地下结构一层高的土层，然后按常规方法搭设梁板模板，浇筑梁板混凝土，再向下延伸竖向结构（柱或墙板）。为此，需解决两个问题，一个是设法减少梁板支承的沉降和结构的变形；另一个是解决竖向构件的上、下连接和混凝土浇筑。

为了减少楼板支承的沉降和结构变形，施工时需对土层采取措施进行临时加固。加固的方法有两种：一种方法是浇筑一层素混凝土，以提高土层的承载能力和减少沉降，待墙、梁浇筑完毕，开挖下层土方时随土一同挖除，这就要额外耗费一些混凝土；另一种方法是铺设砂垫层，上铺枕木以扩大支承面积，这样上层柱子或墙板的钢筋可插入砂垫层，以便与下层后浇筑结构的钢筋连接。

至于逆作法施工时混凝土的浇筑方法，由于混凝土是从顶部的侧面入仓，为便于浇筑和保证连接处的密实性，除对竖向钢筋间距适当调整外，构件顶部的模板需做成喇叭形。

由于上、下层构件的结合面在上层构件的底部，再加上地面上沉降和刚浇筑混凝土的收缩，在结合面处易出现缝隙。为此，宜在结合面处的模板上预留若干注浆孔，以便用压力灌浆消除缝隙，保证构件连接处的密实性。

3）无排吊模施工方法。采用无排吊模施工工艺时，挖土深度基本同土模施工。对于地面梁板或地下各层梁板，挖至其设计标高后，将土面整平夯实，浇筑一层厚约 50mm 的素混凝土（若土质好可抹一层砂浆），然后在垫层上铺设模板，模板预留吊筋，在下一层土方开挖时用于固定模板。图 5.15 分别为无排吊模施工示意图。

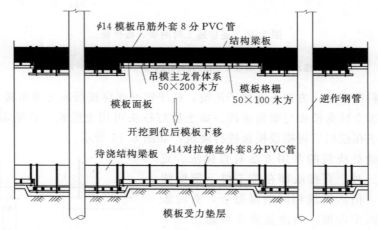

图 5.15　无排吊模施工示意图

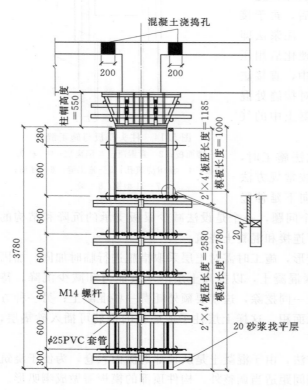

图 5.16　逆作立柱模板支撑示意图（单位：mm）

（2）逆作竖向结构施工。

1）中间支承柱及剪力墙施工。结构柱和板墙的主筋与水平构件中预留插筋进行连接，板面钢筋接头采用电渣压力焊连接，板底钢筋采用电焊连接。

"一柱一桩"格构柱混凝土逆作施工时，分两次支模，第一次支模高度为柱高减去预留柱帽的高度，主要为方便格构柱振捣混凝土，第二次支模到顶，顶部形成柱帽的形式，应根据图纸要求弹出模板的控制线，施工人员严格按照控制线来进行格构柱模板的安装。模板使用前，涂刷脱模剂，以提高模板的使用寿命，同时也易保证拆模时不损坏混凝土表面。图 5.16 为逆作立柱模板支撑示意图。

当剪力墙也采用逆作法施工时，施工方法与格构柱相似，顶部也形成开口形的类似柱帽的形式。

2）内衬墙施工。逆作内衬墙的施工流程为：衬墙面分格弹线→凿出地下连续墙立筋→衬墙螺杆焊接→放线→搭设脚手排架→衬墙与地下连续墙的堵漏→衬墙外排钢筋绑扎→衬墙内侧钢筋绑扎→拉杆焊接→衬墙钢筋隐蔽验收→支衬墙模板→支板底模→绑扎板钢筋→板钢筋验收→板、衬墙和梁混凝土浇筑→混凝土养护。

内衬墙结构施工时采用脚手管搭排架，模板采用九夹板，内部结构施工时要严格控制内衬墙的轴线，保证内衬墙的厚度，并要对地下连续墙墙面进行清洗凿毛处理，地下连续墙接缝有渗漏必须进行修补，验收合格后方可进行衬墙混凝土浇筑。

4. 逆作土方开挖技术

在采用逆作法施工时，支护结构与主体结构相结合土体开挖首先要满足"两墙合一"地下连续墙以及结构楼板的变形及受力要求，其次，在确保已完成结构满足受力要求的前提下尽可能地提高挖土效率。

（1）取土口的设置。在主体工程与支护结构相结合的逆作法施工工艺中，除顶板施工阶段采用明挖法以外，其余地下结构的土方均采用暗挖法施工。逆作法施工中，为了满足结构受力以及有效传递水平力的要求，常规取土口大小一般为 $150m^2$ 左右，布置时需满足以下几个原则：

1）大小满足结构受力要求，特别是在土压力作用下必须能够有效传递水平力。

2）水平间距要满足挖土机最多二次翻土的要求，避免多次翻土引起土体过分扰动；在暗挖阶段，尽量满足自然通风的要求。

3）取土口数量应满足在底板抽条开挖时的出土要求。

4）地下各层楼板与顶板洞口位置应相对应。

地下自然通风有效距离一般在 15m 左右，挖土机有效半径在 $7\sim8m$ 左右，土方需要驳运时，一般最多翻驳二次为宜。综合考虑通风和土方翻驳要求，并经过多个工程实践，取土口净距的设置需满足：①取土口之间的净距离，可考虑在 $30\sim35m$；②取土口的大小，在满足结构受力情况下，尽可能采用大开口，目前比较成熟的大取土口的面积可达 $600m^2$ 左右。取土口布置时考虑上述原则，可充分利用结构原有洞口，或主楼筒体等部位。

（2）土方开挖形式。对于土方及混凝土结构量大的情况，无论是基坑开挖还是结构施工形成支撑体系，相应工期均较长，无形中增大了基坑风险。为了有效控制基坑变形，基坑土方开挖和结构施工时可通过划分施工块并采取分块开挖与施工的方法。施工块划分有以下几个原则：

1）按照"时空效应"原理，采取"分层、分块、平衡对称、限时支撑"的施工方法。

2）综合考虑基坑立体施工交叉流水的要求。

3）合理设置结构施工缝。

结合上述原则，在土方开挖时，可采取以下有效措施：

1）合理划分各层分块的大小。由于一般情况下顶板为明挖法施工，挖土速度比较快，相对应的基坑暴露时间短，故第一层土的开挖可相应划分得大一些；地下各层的挖土是在顶板完成的情况下进行的，属于逆作暗挖，速度比较慢，为减小每块开挖的基坑暴露时间，顶板以下各层土方开挖和结构施工的分块面积可相对小些，这样可以缩短每块的挖土和结构施工时间，从而减小围护结构的变形，地下结构分块时需考虑每个分块挖土均有方便的出土口。

2）采用盆式开挖方式。通常情况下，逆作区顶板施工前，先大面积开挖土方至板底下约 150mm 处，然后利用土模进行顶板结构施工。采用土模施工明挖土方量很少，大量的土方将在后期进行逆作暗挖，挖土效率将大大降低；同时由于顶板下的模板体系无法在挖土前进行拆除，大量的模板将会因为无法实现周转而造成浪费。针对大面积深基坑的首层土开挖，为兼顾基坑变形及土方开挖的效率，可采用盆式开挖的方式，周边留土，明挖中间大部分土方，一方面控制基坑变形，另一方面增加明挖工作量从而提高出土效率。对于顶板以下各层土方的开挖，也可采用盆式开挖的方式，起到控制基坑变形的作用。

3）采用抽条开挖方式。逆作底板土方开挖时，一般底板厚度较大，支撑到挖土面的净空较大，对控制基坑的变形不利。此时可采取中心岛法施工，即基坑中部底板达到一定强度后，按一定间距抽条开挖周边土方，并分块浇捣基础底板，每块底板土方开挖至混凝土浇捣完毕，必须控制在 72 小时以内。

4）楼板结构局部加强代替挖土栈桥。支护结构与主体结构相结合的基坑，由于顶板先于大量土方开挖施工，因此可以将栈桥的设计和水平梁板的永久结构设计结合起来，并充分利用永久结构的工程桩，对楼板局部节点进行加强，作为逆作挖土的施工栈桥，满足工程挖土施工的需要。

（3）土方开挖设备。采用逆作法施工工艺时，需在结构楼板下进行大量土方的暗挖作业，开挖时通风照明条件较差，施工作业环境较差，因此选择有效的施工作业机械对于提高挖土效率具有重要意义。目前逆作挖土施工一般在坑内采用小挖机进行作业，地面采用长臂挖机、滑臂挖机、吊机、取土架等设备进行作业。根据各种挖机设备的施工性能，其挖土作业深度亦有所不同，一般长臂挖机作业深度为 7～14m，滑臂挖机一般 7～19m，吊机及取土架作业深度则可达 30m。

5.2.2.6 土钉墙施工

1. 土钉墙施工流程

土钉墙的施工流程一般为：开挖工作面→修整坡面→喷射第一层混凝土→土钉定位→钻孔→清孔→制作、安装土钉→浆液制备、注浆→加工钢筋、绑扎钢筋网→安装泄水管→喷射第二层混凝土→养护→开挖下一层工作面，重复以上工作直到完成。

复合土钉墙的施工流程一般为：止水帷幕或微型桩施工→开挖工作面→土钉及锚杆施工→安装钢筋网及绑扎腰梁钢筋笼→喷射面层及腰梁→面层及腰梁养护→锚杆张拉→开挖下一层工作面，重复以上工作直到完成。

2. 土钉成孔

根据工程地质条件、周边环境、设计参数、工期要求、工程造价等综合选用适合的成孔机械设备及方法。

钻孔注浆土钉成孔方式可分为人工洛阳铲掏孔和机械成孔，机械成孔有回转、螺旋、冲击等钻进方式。打入钢管土钉没有钻孔清孔过程，直接用机械或人工打入。土钉施工专用工具有：洛阳铲和滑锤。锚杆成孔工具有：锚杆钻机和潜孔锤等。地质钻机和多功能钻探机等除用于锚杆成孔外，更多用于地质勘察。洛阳铲是一种传统的造孔工具，因工具及工艺简单、工程成本低、环保，迅速风行全国。一般 2～3 人操作成孔最深可达 15m，成孔直径一般 50～80mm。成孔时人工用力将铲击入孔洞中，使土挤入铲头内，反复几次将土装满，然后旋转一定角度将铲内土与原状土分开，再把铲拉出洞外倒土。铲把一般采用镀锌铁管套丝后螺纹接长。因人工作业，一般适用于素填土、冲洪积黏性土及砂性土，洛阳铲每支每工日可掏孔 30～50m，但在风化岩、砂土、软土及杂填土中成孔困难。由于国内人工费不断上涨、劳动力日益短缺等原因，洛阳铲使用率逐渐减少，尤其是 2007 年下半年后，已较少采用。

打入式钢管土钉最早靠人工用大锤打入，效率低，进尺短，后改进为简易滑锤，效率提高很多，一台滑锤每台班可施打钢管土钉 100～150m。滑锤制作简单：将两条轨道固定在支腿高度可调节的支架上，带有限位装置的铁块可以在两条轨道之间滑动，人工将铁块拉向支架尾端，再用力向前快速推进撞击钢管，将之打入土中。待打入钢管通过对中架限位及定位，击入至接近设计长度时，由于对中架阻碍，铁块不能直接击到钢管，中间要加入工具管。滑锤一般 4～6 人操作。目前最常用的打入机具为气动潜孔锤，施工速度快，一台潜孔钻每台班可冲孔或施打钢管土钉 150～250m，机具轻小，人工搬运方便。边坡土钉墙施工时有时采用某类带气动冲击功能的钻探机，如果空压机功率足够大，成孔速度非常快。

成孔方式分干法和湿法两类，湿法靠水力成孔或泥浆护壁的成孔，干法则不需要。孔壁"抹光"会降低浆土的黏结作用，经验表明，泥浆护壁土钉达到一定长度后，在土层中能提供的最大抗拔承载力约 200kN。故湿法成孔或地下水丰富采用回转或冲击回转方式成孔时，宜采用套管跟进方式成孔，不宜采用膨润土或其他悬浮泥浆做钻进护壁。做好成孔记录，当孔内出土性状判断土质与原勘察报告不符合时，应及时与相关单位联系。因遇障碍物需调整孔位时，宜将废孔注浆处理。

湿法成孔或干法在水下成孔后孔壁上会附有泥浆、泥渣等，干法成孔后孔内会残留碎屑、土渣等，需分别采用水洗及气洗方式清除，否则残留物会降低土钉的抗拔力。水洗时仍需使用原成孔机械冲清水洗孔，但清水洗孔不能将孔壁泥皮洗净，如果时间长容易塌孔，且水洗会降低土层的力学性能及与土钉的黏结强度，应少用；气洗孔也称扫孔，使用压缩空气，压力一般 0.2～0.6MPa，压力不宜太大以防塌孔。水洗及气洗时需将水管或风管通至孔底后开始清孔，边清边拔管。

3. 浆液制备及注浆

拌合水中不应含有影响水泥正常凝结和硬化的物质，不得使用污水。一般情况下，适合饮用的水均可作为拌合水。如果拌制水泥砂浆，应采用细砂，最大粒径不大于 2.0mm，灰砂重量比为 1∶1～1∶0.5。砂中含泥量不应大于 5%，各种有害物质含量宜小于 3%。水泥净浆及砂浆的水灰比宜为 0.4～0.6。水泥和砂子按重量计算。应避免人工拌浆，机械搅拌浆液时间一般不应小于 2min，要拌和均匀。水泥浆应随拌随用，在初凝前用完一次拌和好的浆液，一般不超过 2h，在使用前应不断缓慢拌动，要防止石块、杂物混入注浆中。

开始注浆前或中途停止超过 30min 时，应用水或稀水泥浆润滑注浆泵及其管路。简便的重力式注浆在钻孔注浆土钉经常采用。将金属管或 PVC 管注浆管插入孔内，管口离孔底 200~500mm 距离，开始启动注浆泵送浆，因孔洞倾斜，浆液可靠重力填满全孔，孔口快溢浆时拔管，边拔边送浆。水泥浆凝结硬化后会产生干缩，在孔口要二次甚至多次补浆。重力式注浆不可太快，防止喷浆及孔内残留气孔。钢管注浆土钉注浆压力宜大于 0.6MPa，且应增加稳压时间。若久注不满，在排除水泥浆渗入地下管道或冒出地表等情况后，可采用间歇注浆法，即暂停一段时间，待已注入浆液初凝后再次注浆。

为提高注浆效果，可采用稍为复杂一点的压力注浆法，用密封袋、橡胶圈、布袋、混凝土、水泥砂浆、黏土等材料堵住孔口，将注浆管插入至孔底 0.2~0.5m 处注浆，边注浆边向孔口方向拔管，直至注满。因为孔口被封闭，注浆时有一定的注浆压力，约为 0.4~0.6MPa。如果密封效果好，还应该安装一根小直径排气管把孔口内空气排出，防止压力过大。

4. 面层施工顺序

因施工不便及造价较高，一般不采用预制钢筋混凝土面层，多采用喷射混凝土面层，坡面较缓、工程量不大时采用现浇方法，或水泥砂浆抹面。一般分两次完成混凝土喷射，先喷射底层混凝土，再施打土钉，安装钢筋网，最后喷射表层混凝土。土质较好或喷射厚度较薄时，也可先铺设钢筋网，之后一次喷射而成。如果设置两层钢筋网，则要求分三次喷射，先喷射底层混凝土，施打土钉，设置底层钢筋网，再喷射中间层混凝土，将底层钢筋网完全埋入，最后敷设表层钢筋网，喷射表层混凝土。先喷射底层混凝土再施打土钉时，土钉成孔过程中会有泥浆或泥土从孔口淌出散落，洗净喷射混凝土表面，否则会影响与表层混凝土的黏结。

5. 安装钢筋网

当设计和配置的钢筋网对喷射混凝土工作干扰小时，才能获得致密的喷射混凝土，所以应尽可能使用小直径钢筋。当采用大直径钢筋时，应用混凝土握裹好钢筋。钢筋网一般现场绑扎接长，通常搭接长度为 150~300mm。钢筋网也可采用焊接，焊缝长度应不小于 10 倍钢筋直径。钢筋网在坡顶向外延伸一段距离，用通长钢筋压顶固定，喷射混凝土后形成护顶。设置两层钢筋网时，若只进行一次喷射混凝土，则两层网筋位置应错开放置不应前后重叠，以免影响混凝土密实。钢筋网与受喷面的距离应不小于两倍最大骨料粒径，一般 20~40mm。通常用插入受喷面土体中的短钢筋固定钢筋网，如果采用一次喷射法，应该在钢筋网与受喷之间设置垫块以形成保护层，短钢筋及限位垫块间距一般 0.5~2.0m。钢筋网片应与土钉、加强筋、固定短钢筋及限位垫块连接牢固，喷射混凝土时钢筋网在拌和料冲击下不应有较大晃动。

6. 安装连接件

连接件施工顺序一般为：土钉置放、注浆→敷设钢筋网片→安装加强钢筋→安装钉头筋→喷射混凝土。加强钢筋应压紧钢筋网片后与钉头焊接，钉头筋应压紧加强筋后与钉头焊接。有一种作法在土钉筋杆置入孔洞之前就先焊上钉头筋，之后再安装钢筋网及加强筋，不建议这样做，因为加强筋很难与钉头筋紧密接触。

7. 喷射混凝土工艺类别及特点

喷射混凝土是借助喷射机械，利用压缩空气作为动力，将按设计配合比制备好的拌和料，通过管道输送并以高速喷射到受喷面上凝结硬化而成的一种混凝土。喷射混凝土不是依靠振动来捣实混凝土，而是在高速喷射时，由水泥与骨料的反复连续撞击而使混凝土压密，同时又因水灰比较小（一般 0.4～0.45），所以具有较高的力学强度和良好的耐久性。喷射法施工时可在拌合料中方便地加入各种外加剂和外掺料，大大改善了混凝土的性能。喷射混凝土按施工工艺分为干喷、湿喷及水泥裹砂三种形式。

（1）干喷法。干喷法将水泥、砂、石在干燥状态下拌合均匀，然后装入喷射机，用压缩空气使干集料在软管内呈悬浮状态压送到喷嘴，并与压力水混合后进行喷射，其特点为：①能进行远距离压送；②机械设备较小、较轻，结构较简单，购置费用较低，易于维护；③喷头操作容易、方便；④保养容易；⑤水灰比相对较小，强度相对较高；⑥因混合料为干料，喷射速度又快，故粉尘污染及回弹较严重，效率较低，浪费材料较多，产生的粉尘危害工人健康，通风状况不好时污染较严重；⑦拌合水在喷嘴处加入，混凝土的水灰比是由喷射手根据经验及肉眼观察来进行调节的，控制较难，混凝土质量在一定程度上取决于喷射手等作业人员的技术熟练程度。

（2）湿喷法。湿喷法将骨料、水泥和水按设计比例拌和均匀，用湿式喷射机压送到喷头处，再在喷头上添加速凝剂后喷出，其特点为：①能事先将包括水在内的各种材料准确计量，充分拌和，水灰比易于控制，混凝土水化程度高，故强度较为均匀，质量容易保证；②混合料为湿料，喷射速度较低，回弹少，节省材料。干法喷射时，混凝土回弹度可达 15%～50%。采用湿喷技术，回弹率可降低到 10%～20%以下。③大大降低了机旁和喷嘴外的粉尘浓度，对环境污染少，对作业人员危害较小；④生产率高，干式混凝土喷射机一般不超过 5m³/h，而使用湿式混凝土喷射机，人工作业时可达 10m³/h；采用机械手作业时，则可达 20m³/h；⑤不适宜远距离压送；⑥机械设备较复杂，购置费用较高；⑦流料喷射时，常有脉冲现象，喷头操纵较困难；⑧保养较费事；⑨喷层较厚的软岩和渗水隧道不宜使用。

（3）工程中还有半湿式喷射和潮式喷射等形式，其本质上仍为干式喷射。为了将湿法喷射的优点引入干喷法中，有时采用在喷嘴前几米的管路处预先加水的喷射方法，此为半湿式喷射法。潮喷则是将骨料预加少量水，使之呈潮湿状，再加水泥拌和，从而降低上料、拌和喷射时的粉尘，但大量的水仍是在喷头处加入和喷出的，其喷射工艺流程和使用机械与干喷法相同。暗挖工程施工现场使用潮喷工艺较多。

8. 喷射混凝土材料要求

（1）水泥。喷射混凝土应优先选用早强型硅酸盐及普通硅酸盐，因为这两种水泥的 C_3S 和 C_3A 含量较高，早期强度及后期强度均较高，且与速凝剂相容性好，可以速凝。复合硅酸盐水泥种类较多，目前基坑喷射混凝土使用 P. C32.5R 水泥较多。

（2）砂子。喷射混凝土宜选用中粗砂，细度模数大于 2.5。砂子过细，会使干缩增大；砂子过粗，则会增加回弹，且水泥用量增大。砂子中小于 0.075mm 的颗粒不应超过 20%，否则由于骨料周围粘有灰尘，会妨碍骨料与水泥的良好黏结。

（3）石子。卵石或碎石均可。混凝土的强度除了取决于骨料的强度外，还取决于水泥浆与骨料的黏结强度，同时骨料的表面越粗糙界面黏结强度越高，因此用碎石比用卵石好。但卵石对设备及管路的磨蚀小，相对不易引起管路堵塞，便于施工。实验表明，在一定范围内骨料粒径越小，分布越均匀混凝土强度越高，骨料最大粒径减少不仅增加了骨料与水泥浆的黏结面积，而且骨料周围有害气体减少，水膜减薄，容易拌和均匀，从而提高了混凝土的强度。石子的最大粒径不应大于 20mm，工程中常常要求不大于 15mm，粒径小也可减少回弹量。骨料级配对喷射混凝土拌合料的可泵性、通过管道的流动性、在喷嘴处的水化、对受喷面的粘附以及最终产品的表观密度和经济性都有重大影响，为取得最大的表观密度，应避免使用间断级配的骨料。经过筛选后应将所有超过尺寸的大块除掉，因为这些大块常常会引起管路堵塞。

（4）外加剂。可用于喷射混凝土的外加剂有速凝剂、早强剂、引气剂、减水剂、增黏剂、防水剂等，国内基坑土钉墙工程中常加入速凝剂或早强剂，湿喷法有时加入引气剂。加入速凝剂的主要目的是使喷射混凝土速凝快硬，减少回弹损失，防止喷射混凝土因重力作用所引起的脱落，提高对潮湿或含水岩土层的适应性能，以及可适当加大一次喷射厚度和缩短喷射层间的间隔时间。喷射混凝土用的速凝剂一般含有碳酸钠、铝酸钠和氢氧化钙等可溶盐，呈粉末状，应符合下列要求：①初凝在 3min 以内；②终凝在 12min 以内；③8h 后的强度不小于 0.3MPa；④28d 强度不应低于不加速凝剂的试件强度的 70%。在要求快速凝结以便尽快喷射到设计厚度、对早期强度要求很高、仰喷作业、封闭渗漏水等情况下宜使用速凝剂。速凝剂虽然加速了喷射混凝土的凝结速度，但也阻止了水在水泥中的均匀扩散，使部分水包裹在凝结的水泥中，硬化后形成气孔，另一部分水泥因而得不到充足的水分进行水化反应而干缩，从而产生裂纹及在不同程度上降低了喷射混凝土的最终强度，故要谨慎使用，使用时掺量要严格控制，且掺入应均匀。喷射混凝土中掺入少量（一般为水泥重量的 0.5～1%）减水剂后，由于减水剂的吸附和分散作用，可在保持流动性的条件下显著地降低水灰比，提高强度，减少回弹，并明显地改善不透水性及抗冻性。

（5）骨料含水量及含泥量。骨料含水量过大易引起水泥预水化，含水量过小则颗粒表面可能没有足够的水泥粘附，也没有足够的时间使水与干拌合料在喷嘴处拌和，这两种情况都会造成喷射混凝土早期强度和最终强度的降低。干法喷射时骨料的最佳平均含水量约为 5%，低于 3% 时骨料不能被水泥充分包裹，回弹较多，硬化后密实度低，高于 7% 时材料有成团结球的趋势，喷嘴处的料流不均，并容易引起堵管。含水量一般控制在 5～7%，低于 3% 时应在拌和前加水，高于 7% 时应晾晒使之干燥或向过湿骨料掺入干料，不应通过增加水泥用量来降低拌合料的含水量。骨料中含泥量偏多会带来降低混凝土强度、加大混凝土的收缩变形等一系列问题，含泥量过多时须冲洗干净后使用。骨料运输及使用过程中也要防止受到污染。一般允许石子的含泥量不超过 3%，砂的含泥量不超过 5%。

9. 拌合料制备

（1）胶骨比。喷射混凝土的胶骨比即水泥与骨料之比，常为 1∶4～1∶4.5。水泥过少，回弹量大，初期强度增长慢；水泥过多，产生粉尘量增多、恶化施工条件，硬化后的混凝土收缩也增大，经济性也不好。水泥用量超过临界量后混凝土强度并不随水泥用量的增大而提高，且强度可能会下降，研究表明这一临界量约为 $400kg/m^3$。水泥用量过多，则混凝土中起结构骨架作用的骨料相对变少，且拌合料在喷嘴处瞬间混合时，水与水泥颗粒混合不均匀，水化不充分，这都会造成混凝土最终强度降低。

（2）砂率。即砂子在粗细骨料中所占的重量比，对喷射混凝土施工性能及力学性能有较大影响。拌合料中的砂率小，则水泥用量少，混凝土强度高，收缩小，但回弹损失大，管路易堵塞，湿喷时的可泵性不好，综合权衡利弊，以 45%～55% 为宜。

（3）水灰比。水灰比是影响喷射混凝土强度的主要因素之一。干喷法施工时，预先不能准确地给定拌合料中的水灰比，水量全靠喷射手在喷嘴处调节，一般来说喷射混凝土表面出现流淌、滑移及拉裂时，表明水灰比过大；若表面出现干斑，作业中粉尘大、回弹多，则表明水灰比过小。水灰比适宜时，混凝土表面平整，呈水亮光泽，粉尘和回弹均较少。实践证明，适宜的水灰比值为 0.4～0.5，过大或过小不仅降低混凝土强度，也增加了回弹损失。

（4）配合比。工程中常用的经验配合比（重量比）有 3 种，即水泥：砂：石＝1：2：2.5，水泥：砂：石＝1：2：2，水泥：砂：石＝1：2.5：2，根据材料的具体情况选用。

（5）制备作业。干拌法基本上均采用现场搅拌方式，湿拌法在国内多采用现场搅拌，国外普遍采用商品混凝土。拌合料应搅拌均匀，搅拌机搅拌时间通常不少于 2min，有外加剂时搅拌时间要适当延长。运输、存放、使用过程中要防止拌合料离析，防止雨淋、滴水及杂物混入。为防止水泥预水化的不利影响，拌合料应随拌随用。不掺速凝剂时，拌合料存放时间不应超过 2h，掺速凝剂时，存放时间不应超过 20min。无论是干喷还是湿喷，配料时骨料、水泥及水的温度不应低于 5℃。

10．喷射作业及养护

喷射前，应将坡面上残留的土块、岩屑等松散物质清扫干净。喷射机的工作风压要适中，过高则喷射速度快，动能大，回弹多，过低则喷射速度慢，压实力小，混凝土强度低。喷射时喷嘴应尽量与受喷面垂直，喷嘴距受喷面在常规风压下最好距离 0.8～1.2m，以使回弹最少及密实度最大。一次喷射厚度要适中，太厚则降低混凝土压实度、易流淌，太薄易回弹，以混凝土不滑移、不坠落为标准，一般以 50～80mm 为宜，加速凝剂后可适当提高，厚度较大时应分层，在上一层终凝后即喷下一层，一般间隔 2～4h。分层施作一般不会影响混凝土强度。喷嘴不能在一个点上停留过久，应有节奏地、系统地移动或转动，使混凝土厚度均匀。一般应采用从下到上的喷射次序，自上而下的次序易因回弹物在坡脚堆积而影响喷射质量。喷射 2～4h 后应洒水养护，一般养护 3～7d。

5.3 基坑截水结构施工

5.3.1 水泥土重力式围护墙

喷浆型水泥土搅拌机以水泥浆作为固化剂的主剂，通过搅拌头强制将软土和水泥浆拌和在一起。目前国内有单轴、双轴和三轴三种机型，此处主要介绍三轴水泥土搅拌机。

1．施工工艺

三轴搅拌桩的施工流程如图 5.17 所示。三轴搅拌桩施工前应进行试桩，确定三轴搅拌桩机喷浆量、钻进速度、提升速度、搅拌次数等参数。待工艺试验经检测满足设计和质量要求后，方能进行大面积施工。

（1）场地整平。清除一切地面和地下障碍物，场地低洼处先抽水和清淤，分层夯实回填黏性土，必要时可以搅拌石灰或水泥，确保桩机站位处地基稳定。

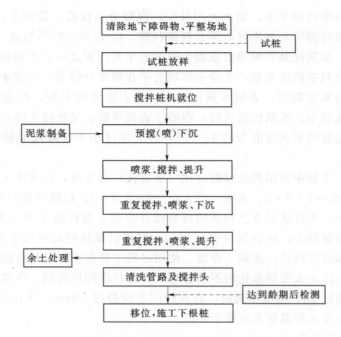

图 5.17　三轴搅拌桩的施工流程图

（2）桩位布置。按设计图排列布置桩位，在现场用经纬仪或全站仪定出每根桩的桩位，并做好标记，每根桩位误差±5cm。（对于 SMW 工法桩，放样后做好测量技术复核单，报监理复核验收，确认无误后方能进行三轴搅拌桩施工）

（3）桩机就位。搅拌桩机到达作业位置，由当班机长统一指挥，移动前仔细观察现场情况，确保移位平稳、安全，待桩机就位后，用吊锤检查调整钻杆与地面垂直角度，确保垂直度偏差不大于 1%。在桩机架上画出以米为单位的长度标记，以便钻杆入土时观察、记录钻杆的钻进深度，确保搅拌桩长不少于设计桩长。

（4）备制水泥浆。按成桩工艺试验确定配合比拌制水泥浆，待压浆前将水泥浆倒入储浆桶中，制备好的水泥浆滞留时间不得超过 2 小时。

（5）预搅下沉。启动浆喷机电动机，放松起重机或卷扬机钢丝绳，使浆喷桩机沿导向架自上而下浆喷切土下沉，开启灰浆泵同时喷浆，边喷浆边旋转，使水泥浆和原地基土充分拌和，直到下沉钻进至桩底标高，并原位喷浆 30s 以上。

（6）提升喷浆搅拌。确认浆液已经到桩底时，以试验确定的速度提升搅拌钻头，边喷浆边旋转，提升到离地面 50cm 处或桩顶设计标高后再关闭灰浆泵，在原位转动喷浆 30s，以保证桩头均匀密实。

（7）重复上下搅拌。喷浆机提升到设计桩顶标高时，为使软土和水泥浆浆喷均匀，再次将浆喷机边旋转边沉入土中，到设计加固深度后在将浆喷机提升出地面。

（8）提钻、转移。将搅拌钻头提出地面，停止主电机、空压机，填写施工记录表，桩机移位并校正桩机垂直度后进行下一根桩施工。

　2. 施工要点

（1）正常情况下搅拌机搅拌翼（含钻头）下沉喷浆、搅拌和提升喷浆、搅拌各一次，即二喷二搅的施工工艺，桩体范围做到水泥搅拌均匀，桩体垂直度偏差不得大于 1/200，桩位偏差不大于 20mm，浆液水灰比一般为 1.5～2.0，在满足施工的前提下，浆液水灰比可以适当降低。

（2）三轴水泥土搅拌桩施工前必须对施工区域地下障碍物进行探测，如有障碍物必须对其清理及回填素土（不得含有块石和生活垃圾）分层夯实后，方可进行三轴水泥土搅拌桩施工，并应适当提高水泥掺量。第一批试桩（不少于 3 根）必须在监理人员监管下施工，以确定水泥投放量、浆液水灰比（用比重法控制）、浆液泵送时间和搅拌头下沉及上升速度、桩长垂直度控制方法。

（3）桩体施工必须保持连续性，近开挖面一排桩宜采用套接孔法施工，确保防渗可靠性。其余桩体可以采用搭接法施工，搭接厚度不小于 200mm。施工时如因故停浆，应在恢复压浆前将三轴搅拌机提升或下降 0.5m 后再注浆搅拌施工，以保证搅拌桩的连续性。桩与桩的搭接时间间隔不得大于 24h。如因特殊原因造成搭接时间超过 24h，则需在图纸及现场标明位置并记录在案，经监理和设计单位认可后，采取在搭接处补做旋喷桩等技术措施，确保搅拌桩的质量。

（4）三轴水泥土搅拌桩设计作为隔断场地内浅部浅水层或深部承压水层时，施工应采取有效措施确保截水帷幕的质量，在砂性土中搅拌桩施工应外加膨润土，以提高截水帷幕的止水及隔水效果。基坑开挖前应采用预降水法进行截水帷幕封闭性检测，并制定检验方案，予以实施。

（5）采用三轴水泥土搅拌桩进行重力坝施工时，在坝体顶标高深度以上的土层被扰动区应采用低掺量水泥回掺加固。

（6）三轴搅拌桩施工中产生的弃土必须及时清理，若长时间停止施工，应对压浆管道及设备进行清洗。

（7）三轴水泥土搅拌桩施工过程，搅拌头的直径应定期检查，其磨损量不应大于 10mm，水泥土搅拌桩的施工直径应符合设计要求。

（8）可以选用普通叶片与螺旋叶片交互配置的搅拌翼或在螺旋叶片上开孔，添加外掺剂等辅助方法施工，以避免较硬的黏土层发生三轴水泥土搅拌翼大量包泥"糊钻"影响施工质量。

3. 质量控制及检验

（1）三轴搅拌桩的质量控制应贯穿在施工的全过程，施工中必须随时检查施工记录和计量记录。重点检查水泥用量、桩长、钻头提升速度、复搅次数和喷浆深度、停浆处理方法等。

（2）正式开工前应做试验桩，确定合理的施工参数。

（3）施工前，根据施工图纸对所有桩体进行编号，施工时按照编号桩体进行施工并及时做好施工记录。

（4）三轴搅拌桩在下沉和提升过程中保持螺杆匀速转动，匀速下钻，匀速提升。注浆施工时严格控制浆喷桩搅拌下沉和提升速度，搅拌下沉速度不超过 1m/min，提升速度不超过 2m/min。

（5）严格控制水泥浆浆液配比，为了防止浆液离析，水泥浆配置好后不得超过 2h。

（6）经常对搅拌桩机进行维修保养，尽量减少施工过程中由于设备故障而造成的质量问题。设专人负责操作，上岗前必须检查机械设备的性能，确保设备正常运转，相邻桩施工不得超过 24h，对于工法桩，若超过 24h，则需在工法桩外侧补桩。

（7）为了确保搅拌桩桩位的准确度和垂直度，需使用定位卡，并注意起吊设备的平整度和导向架对地面的垂直度。

（8）严禁使用过期水泥，受潮水泥，对每批水泥进行复核，合格后方能使用

（9）施工允许偏差、检验数量及检验方法见表 5.4。

表 5.4 　　　　　　　　　　　三轴搅拌桩的施工检验项目

序号	检验项目	允许偏差	检验频率	检验方法
1	桩位（纵横向）	50mm	按成桩总数的 10% 抽样检验，且每验批不少于 5 根	经纬仪或钢尺丈量
2	桩身垂直度	1%		经纬仪或吊线测钻杆倾斜度
3	桩身有效直径和桩长	不小于设计值		钢尺丈量

（10）桩身质量检验。

成桩 28d 后，应截取桩体进行无侧限抗压强度试验，抽检率 2%，且不小于 3 根。在每根检测桩桩径方向 1/4 处、桩长范围内垂直钻孔取芯，观察其完整性、均匀性，拍摄取出芯样的照片，取不同深度的 3 个试样作无侧限抗压强度试验。钻芯后的孔洞采用水泥砂浆灌注封闭。

5.3.2　高压旋喷桩施工

喷射注浆法施工根据喷射方法的不同，喷射注浆可可分为单管法、二重管法、三重管法。除此之外，又在此基础上发展为多重管法与搅拌法相结合的方法，但其加固原理是一致的。

单管法：单层喷射管，仅喷射水泥浆。

二重管法：又称浆液气体喷射法，是用二重注浆管同时将高压水泥浆和空气两种介质喷射流横向喷射出，冲击破坏土体。在高压浆液和它外圈环绕气流的共同作用下，破坏土体的能量显著增大，最后在土中形成较大的固结体。

三重管法：是一种浆液、水、气喷射法，使用分别输送水、气、浆液三种介质的三重注浆管，在以高压泵等高压发生装置产生高压水流的周围环绕一股圆筒状气流，进行高压水流喷射流和气流同轴喷射冲切土体，形成较大的空隙，再由泥浆泵将水泥浆以较低压力注入到被切割、破碎的地基中，喷嘴作旋转和提升运动，使水泥浆与土混合，在土中凝固，形成较大的固结体。

单管法和二管法中的喷射管较细，钻孔和插管两道工序可合二为一，因此当第一阶段贯入土中时，可借助喷射管本身的喷射或振动贯入。只有在必要时，才在地基中预先成孔（孔径为 $\phi 6 \sim 10$cm），然后放入喷射管进行喷射加固。采用三管法时，喷射管直径通常为 $7 \sim 9$cm，结构复杂，因此有时预先钻一个直径为 15cm 的孔，再进行喷射加固。成孔多采用地质钻钻孔。

1. 主要施工工艺

（1）确定桩底深度：利用水准仪测定施工现场自然地面标高，并根据设计桩顶、桩底

标高计算出实际入土深度，用机架上的深度计来控制，精度在±100mm。

（2）就位、对中：就位时应保持机架的4个支腿均匀接地，通过机架上的垂线，进行双向控制，确保垂直度≯0.1‰；对中时首先根据场地地面标高，调整深度计，然后使钻头对准桩位，对中精度控制在±10mm以内。

（3）制备水泥浆：依据试桩取得的水泥用量、清水用量参数，等分若干份倒入搅拌池内不停地搅拌，并用比重计来控制水灰比。

（4）喷水旋进孔：按给定施工参数，钻进空桩部分低压注水，当钻至设计桩顶标高以上80～100cm时，启动高压注浆泵，高压注清水，边喷水边旋转下沉。

（5）喷浆旋转提升：当钻进深度达到标底设计标高以上0.5m时，停止注清水。同时注入高压浆液，钻至桩底设计标高后停止下钻，然后边喷浆边旋转边提升。

（6）重复旋喷搅拌：当提升至桩顶标高以上80cm位置时，重复旋喷下沉，然后旋喷提升。此次下沉时送浆压力控制在4.0～6.0MPa，提升时送浆压力控制在22～24MPa。

（7）返浆回灌：用施工时返回的纯水泥浆，对上一根桩进行回灌。

2. 检验

旋喷固结体系在地层下直接形成，属于隐蔽工程，因而不能直接观察到旋喷桩体的质量。必须用比较切合实际的各种检查方法来鉴定其加固效果。限于目前我国技术条件喷射质量的检查有开挖检查、室内试验、钻孔检查、载荷试验。

（1）开挖检查。旋喷完毕，待凝固具有一定强度后，即可开挖。这种检查方法，因开挖工作量很大，一般限于浅层。由于固结体完全暴露出来，因此能比较全面地检查喷射固结体质量，也是检查固结体垂育度和固结形状的良好方法，这是当前较好的一种检查质量方法。

（2）室内试验。在设计过程中，先进行现场地质调查，并取得现场地基土，以标准稠度求得理论旋喷固结体的配合比，在室内制作标准试件，进行各种力学物理性的试验，以求得设计所需的理论配合比。施工时可依此作为浆液配方，先作现场旋喷试验，开挖观察并制作标准试件进行各种力学物理性试验，与理论配合比较，是否符合一致，它是现场实验的一种补充试验。

（3）钻孔检查。

1）钻取旋喷固结体的岩芯。对固结体钻取岩芯来观察判断其固结整体性，就岩芯做成标准试件进行室内物理力学性质试验，以求得其强度特性，鉴定其是否符合设计要求。取芯时的龄期根据具体情况确定，有时采用在未凝固的状态下"软取芯"。

2）渗透试验。现场渗透试验，测定其抗渗能力一般有钻孔压力注水和抽水观测两种。

（4）载荷试验。在对旋喷固结体进行载荷试验之前，应对固结体的加载部位，进行加强处理，以防加载时固结体受力不均匀而损坏。

5.4 基坑降排水的施工

5.4.1 降水井施工

5.4.1.1 轻型井点施工

轻型井点降水系统为真空—重力排水法。由于受真空吸程的限制，抽水深度一般较浅，一级井点降水深度一般为 4～6m，二级井点降深为 8～12m。轻型井点系统降低地下水位的过程如图 5.18 所示，即按设计沿基坑周围以一定的间距埋设井点管（包括过滤器），在地面上铺设一定坡度的集水总管，将总管与各井点管连接起来，在总管中段适当位置设置真空泵和离心泵。当开动真空泵和离心泵时，井点管、总管等中的空气被吸走，形成一定的真空度（负压），地下水在真空吸力的作用下经滤管进入管井，然后经集水总管排出，从而降低水位。

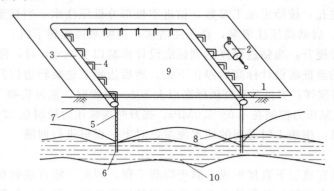

图 5.18　轻型井点降低地下水位示意图
1—基坑开挖面；2—真空泵；3—总管；4—弯联管；5—井点管；
6—滤管；7—原水位；8—将水位；9—基坑；10—滞水层

1. 井点成孔施工

（1）水冲法成孔施工：利用高压水流冲开泥土，冲孔管依靠自重下沉。砂性土中冲孔所需水流压力为 0.4～0.5MPa，黏性土中冲孔所需水流压力为 0.6～0.7MPa。

（2）钻孔法成孔施工：适用于坚硬地层或井点紧靠建筑物，一般可采用长螺旋钻机进行成孔施工。

（3）成孔孔径一般为 300mm，不宜小于 250mm。成孔深度宜比滤水管底端埋深大 0.5m 左右。

2. 井点管埋设

（1）水冲法成孔达到设计深度后，应尽快降低水压、拔出冲孔管，向孔内沉入井点管并在井点管外壁与孔壁之间快速回填滤料（粗砂、砾砂）。

（2）钻孔法成孔后，应立即下井点管并在管外壁与孔壁之间回填滤料（粗砂、砾砂），以防塌孔。不能及时下井点管时，孔口应该盖板，防止物件掉入井孔内堵孔。

（3）回填滤料施工完成后，在距地表约 1m 深度内，采用黏土封口捣实以防止漏气。

（4）井点管埋设完毕后，用软管或钢管将井点管与集水总管连接起来。

5.4.1.2　喷射井点施工

喷射井点降水法是深层降水方法之一，近年来在沿海软土地区得到了广泛的应用。随着基坑深度的不断增加，深层降水要求更为迫切。喷射井点系统以高压水泵或高压空气为动力能源，由供水（气）总管、井点管、测真空管、回水总管、溢流管、连接管及循环水箱组成，其降深一般为 8～20m。

1. 井点管埋设与使用

（1）喷射井点管埋设方法与轻型井点相同，为保证埋设质量，安装前应逐根冲洗，宜用套管法冲枪（或钻机）成孔，加水及压缩空气排泥，当套管内含泥量经测定小于5％时下井管及灌砂，然后再拔套管。对于深度10m以上的喷射井点管，宜用吊车下管。下井管时，水泵应先开始运转，以便每下好一根井点管，立即与总管接通（不接回水总管）后及时进行单根试抽排泥，并测定真空度，待井管出水变清后，地面测定真空度不宜小于93.3kPa。

（2）全部井点管沉设完毕，接通回水总管，进行全面试抽，然后让工作水循环进行正式工作。

（3）下井管时水泵应先开始运转，开泵压力要小些（小于0.3MPa），以后再逐渐正常。如发现井管周围有翻砂冒水现象，应立即关闭井管进行检修。

（4）工作水应保持清洁，试抽2d后，应更换清水，以减轻对喷嘴及水泵叶轮的磨损，一般7d左右可达到稳定状态，开始挖土。

2. 施工注意事项

（1）利用喷射井点降低地下水位，扬水装置的质量十分重要。如果喷嘴的直径加工不精确，尺寸加大，则工作水流量需要增加，否则真空度将降低，影响抽水效果。如果喷嘴、混合室和扩散室的轴线不重合，真空度低，磨损较快，需经常更换，影响正常运行。

（2）工作水要干净，不得含泥砂等杂物，尤其在工作初期。若工作水混浊，会磨损喷嘴、混合室等部位较快。如果已磨损则应及时更换。

（3）为防止工作水反灌，最好在滤管下端增设逆止球阀。当喷射井点正常工作时，蕊管内产生真空，出现负压，钢球托起，地下水吸入真空室；当喷射井点发生故障时，真空消失，钢球被工作水推压，堵塞蕊管端部小孔，使工作水在井管内部循环，不致涌出滤管产生倒涌现象。

3. 喷射井点的运转和保养

喷射井点相对比较复杂，在其运转期间常需进行监测以便了解装置性能，进而及时发觉某些缺陷或措施不当，采取必要措施。在喷射井点运转期间，需注意以下方面：

（1）及时观测地下水位变化。

（2）测定井点抽水量，通过地下水量的变化，分析降水效果及降水过程中出现的问题。

（3）测定井点管真空度，检查井点工作是否正常。出现故障的现象包括：

1）真空管内无真空，主要原因是井点蕊管被泥砂等异物堵住；

2）真空管内无真空，但井点抽水通畅，是由于真空管本身堵塞和地下水位高于喷射器；

3）真空出现正压（即工作水流出），或井管周围有翻砂冒水现象时，应立即关闭此井点，进行维修。

常见的故障及其检查方法包括：

a. 喷嘴磨损和喷嘴夹板焊缝裂开；

b. 滤管、蕊管堵塞；

c. 除测定真空度外，类同于轻型井点，可通过听、摸、看等方法来检查。

排除故障的方法包括：

a. 反冲法：遇有喷嘴堵塞、蕊管、过滤器淤积，可通过内管反冲水疏通，但水冲时间不宜过长；

b. 提起内管，上下左右转动、观测真空度变化，真空度恢复了则正常；

c. 反浆法：关住回水阀门，工作水通过滤管冲土，破坏原有滤层，停冲后，悬浮的滤砂层重新沉淀，若反复多次无效，应停止井点工作；

d. 更换喷嘴：将内管拔出，重新组装。

5.4.1.3　管井降水施工

1. 现场施工工艺流程

管井降水施工的整个工艺流程包括成孔工艺和成井工艺，具体又可以划分以下过程：

准备工作→钻机进场→定位安装→开孔→下护口管→钻进→终孔后冲孔换浆→下井管→稀释泥浆→填砂→止水封孔→洗井→下泵试抽→合理安排排水管路及电缆电路→试抽水→正式抽水→水位与流量记录→降水完毕拔井管→封井。

2. 成孔工艺

成孔工艺也即管井钻进工艺，指管井井身施工所采用的技术方法、措施和施工工艺过程。

管井钻进方法有三种基本方法：冲击式钻进法、回转钻进、冲击—回转钻进。选择管井钻进方法时，应根据钻进地层的岩性和钻进设备等因素进行选择，一般冲击式钻进法适应于黏土、砂土、砾石、卵石等土层；回转钻进适应于粒径较小的土层和基岩层；冲击—回转钻进是综合冲击。

钻进过程中为防止井壁坍塌、掉块、漏失以及钻进高压含水、气层时可能产生的喷涌等井壁失稳事故，需采取井孔护壁措施。可根据下列原则，采用护壁措施：

（1）保持井内液柱压力与地层侧压力（水土压力）的平衡，是维系井壁稳定的基本方法。对于易坍塌地层，应注意经常维持和调整压力平衡关系。冲击钻进时，如果能以保持井内水位比静止水位高 3～5m，可采用水压护壁。

（2）遇水不稳定地层，选用的冲洗介质类型和性能应能够避免水对地层的影响。

（3）当其他护壁措施无效时，可采用套管护壁。

（4）冲洗介质是钻进时用于携带岩屑、清洗井底、冷却和润滑钻具及保护井壁的物质。常用的冲洗介质有清水、泥浆、空气、泡沫等。钻进对冲洗介质的基本要求是：

1）冲洗介质的性能应能在较大范围内调节，以适应不同地层的钻进；

2）冲洗介质应有良好的散热能力和润滑性能，以延长钻具的使用寿命，提高钻进效率；

3）冲洗介质应无毒，不污染环境；

4）配置简单，取材方便，经济合理。

3. 成井工艺

管井成井工艺是指成孔后，安装井内装置的施工工艺，包括探井、换浆、安装井管、填砾、止水、洗井、试验抽水等工序。这些工序直接关系到井损失的大小、成井质量的各项指标。若成井质量差，可能引起井内大量出砂或大大降低井的出水量，甚至不出水。因此，严格控制成井工艺中的各道工序是保证成井质量的关键。

（1）探井。探井是检查井深和井径的工序，目的是检查井深是否垂直，以保证顺利安装井管和滤料厚度均匀。探井工作采用探井器进行，探井器直径应大于井管直径，小于孔径 25mm；其长度宜为 20～30 倍孔径。在合格的井孔内任意深度处，探井器应均能灵活转动。如发现井身不符要求，应立即进行修整。

（2）换浆。成孔结束、经探井和修整井壁后，井内泥浆黏度很大并含有大量岩屑，过滤管进水缝隙可能被堵塞，井管也可能沉不到预计深度，造成过滤管与含水层错位。因此，井管安装前，应进行换浆。

换浆是以稀泥浆置换井内的稠泥浆的施工工序，不应加入清水，换浆的浓度应根据井壁的稳定情况和计划填入的滤料粒径大小确定，稀泥浆一般黏度为 16～18s，密度为 1.05～1.10g/cm³。

（3）安装井管。安装井管前需先进行配管，即根据井管结构设计，进行配管，并检查井管的质量。井管沉设方法应根据管材强度、沉设深度和起重设备能力等因素选定，并宜符合下列要求：

1）提吊下管法，宜用于井管自重（或浮重）小于井管允许抗拉力和起重的安全负荷；

2）托盘（或浮板）下管法，宜用于井管自重（或浮重）超过井管允许抗拉力和起重的安全负荷；

3）多级下管法，宜用于结构复杂和沉设深度过大的井管。

（4）填砾。填砾前的准备工作包括：①井内泥浆稀释至密度小于 1.10g/cm³（高压含水层除外）；②检查滤料的规格和数量；③备齐测量填砾深度的测锤和测绳等工具；④清理井口现场，加井口盖，挖好排水沟。

滤料的质量包括以下方面：①滤料应按设计规格进行筛分，不符合规格的滤料不得超过 15%；②滤料的磨圆度应较好，棱角状砾石含量不能过多，严禁以碎石作为滤料；③不含泥土和杂物；④宜用硅质砾石。

滤料的数量按式（5.4）计算：

$$V = 0.785(D^2 - d^2)L \cdot \alpha \tag{5.4}$$

式中　V——滤料数量，m³；

　　　D——填砾段井径，m；

　　　d——过滤管外径，m；

　　　L——填砾段长度，m；

　　　α——超径系数，一般为 1.2～1.5。

填砾的方法应根据井壁的稳定性、冲洗介质的类型和管井结构等因素确定。常用的方法包括静水填砾法、动水填砾法和抽水填砾法。

（5）洗井。为防止泥皮硬化，下管填砾之后，应立即进行洗井。管井洗井方法较多，一般分为水泵洗井、活塞洗井、空压机洗井、化学洗井和二氧化碳洗井以及两种或两种以上洗井方法组合的联合洗井。洗井方法应根据含水层特性、管井结构及管井强度等因素选用，简述如下：

1）松散含水层中的管井在井管强度允许时，宜采用活塞洗井和空压机联合洗井。

2）泥浆护壁的管井，当井壁泥皮不易排除，宜采用化学洗井与其他洗井方法联合进行。

3）碳酸盐岩类地区的管井宜采用液态二氧化碳配合六偏磷酸钠或盐酸联合洗井。

4）碎屑岩、岩浆岩地区的管井宜采用活塞、空气压缩机或液态二氧化碳等方法联合洗井。

（6）试抽水。管井施工阶段试抽水主要目的不在于获取水文地质参数，而是检验管井出水量的大小。

确定管井设计出水量和设计动水位。试抽水类型为稳定流抽水试验，下降次数为 1 次，且抽水量不小于管井设计出水量；稳定抽水时间为 6～8h；试抽水稳定标准为：在抽水稳定的延续时间内井的出水量、动水位仅在一定范围内波动，没有持续上升或下降的趋势，即可认为抽水已经稳定。

抽水过程中需考虑自然水位变化和其他干扰因素影响。试抽水前需测定井水含砂量。

（7）管井竣工验收质量标准。降水管井竣工验收是指管井施工完毕，在施工现场对管井的质量进行逐井检查和验收。

管井验收结束后，均须填写"管井验收单"，这是必不可少的验收文件，有关责任人应签字。根据降水管井的特点和我国各地降水管井施工的实际情况，参照我国《供水管井技术规范》（GB 50296—99）关于供水管井竣工验收的质量标准规定，降水管井竣工验收质量标准主要应有下述四个方面：

1）管井出水量：实测管井在设计降深时的出水量应不小于管井设计出水量，当管井设计出水量超过抽水设备的能力时，按单位储水量检查。当具有位于同一水文地质单元并且管井结构基本相同的已建管井资料时，新建管井的单位出水量应与已建管井的单位出水量接近。

2）井水含砂量：管井抽水稳定后，井水含砂量应不超过 1/10000～1/20000（体积比）。

3）井斜：实测井管斜度应不大于 1°。

4）井管内沉淀物：井管内沉淀物的高度应小于井深的 5‰。

5.4.1.4　真空管井施工

真空降水管井施工方法与降水管井施工方法相同，详见前述。真空降水管井施工尚应满足以下要求：

（1）宜采用真空泵抽气集水，深井泵或潜水泵排水。

（2）井管应严密封闭，并与真空泵吸气管相连。

（3）单井出水口与排水总管的连接管路中应设置单向阀。

（4）对于分段设置滤管的真空降水管井，应对开挖后暴露的井管、滤管、填砾层等采取有效封闭措施。

（5）井管内真空度不宜小于 0.065MPa，宜在井管与真空泵吸气管的连接位置处安装高灵敏度的真空压力表监测。

5.4.1.5　电渗井点施工

电渗井点由井点抽水系统（如轻型井点、喷射井点）装置和电路系统设备构成。电渗系统设备包括：电机、导线、直流电机、电压电流测试仪等。电渗井点排水式利用井点管本身作为阴极，沿基坑外围布置，以 $\phi 20\sim25mm$ 的钢筋或铝棒或 $\phi 50\sim70mm$ 的钢管。埋设程序一般是先埋设轻型井点或喷射井点管，预留出布置电渗井点阳极的位置，待轻型井点降水不能满足降水要求时，再埋设电渗阴极，以改善降水性能。电渗井点阴极埋设与轻型井点、喷射井点埋设方法相同。阳极埋设可用 75mm 或 76.2mm 的旋叶式电钻钻孔埋设，钻进时加水和高压空气循环排泥，阳极就位后，利用下一钻孔排出泥浆倒灌填孔，使阳极与土接触良好，减少电阻，以利电渗。如深度不大，亦可用锤击法打入。钢筋埋设必须垂直，严禁与相邻阴极相碰，以免造成短路，损坏设备。电渗井点施工方法简述如下：

（1）阳极垂直埋设在井点管内侧，并成平行交错排列。阴阳极的数量宜相等，必要时阳极数量可多于阴极。

（2）井点管与金属棒，即阴、阳极之间的距离，当采用轻型井点时，为 $0.8\sim1.0m$；当采用喷射井点时，为 $1.2\sim1.5m$。阳极外露地面以上约 $200\sim400mm$，入土深度比井点管深 500mm，以保证水位能降到要求深度。

（3）阴、阳极分别用 BX 型铜芯橡皮线、扁钢、$\phi10$ 钢筋或电线连成通路，接到直流发电机或直流电焊机的相应电极上。

（4）通电时，工作电压宜小于 60V。土中通电的电流密度宜为 $0.5\sim1.0A/m^2$。为避免大部分电流从土表面通过、降低电渗效果，通电前应清除井点管与金属棒间地面上的导电物质，使地面保持干燥，如涂一层沥青绝缘效果更好。

（5）通电时，为消除由于电解作用产生的气体积聚于电极附近、土体电阻增大、电能消耗增加，宜采用间歇通电法，即通电 24h 后停电 $2\sim3h$，在通电，以节约电能和防止土体电阻加大。

（6）在降水过程中，应对电压、电流密度、耗电量及预设观测孔水位等进行量测、记录。

5.4.2 基坑明沟排水设计施工

基坑明沟排水法在基建施工中经常见到，其有两方面的功能：一是降低地下水位；而是排走地表水。明沟排水属重力降水，是在基坑内沿坑底周围设置排水沟和集水井，用抽水设备将基坑中水从集水井排出，以达到疏干基坑内积水的目的。

在人工填土及浅层黏性土中赋存水量不大的上层滞水，或放坡开挖边坡较平缓，或坑壁被覆较好的条件下，一般可采用明沟排水方法。

排水沟和集水井就设置在地下室基础边线 0.4m 以外，沟底至少比基坑底低 $0.3\sim0.4m$，集水井底比沟底低 0.5m 以上。随基坑开挖逐步加深，沟底和井底均保持这一深度差。沟、井平面布置和是否砌筑，视工程条件而定。

基坑明沟排水尚应重视环境排水，必须调查基坑周围地表水是否可能对基坑边坡产生冲刷侵蚀作用，必要时宜在基坑外采取截水、封堵、导流等措施。

思考题与习题

1. 常用的支护结构有哪些？从施工的角度出发，各有些什么特点？

2. 简述土钉与锚杆的区别以及各自的施工工艺。

3. 排桩支护的结构形式有哪些，从施工方法上讲，各种施工方法的实用性？

4. 简述钢筋混凝土支撑和钢支撑的施工流程。

5. 简述地下连续墙施工接头的分类和特点。

6. 简述地下连续墙的施工工艺流程和施工方法。

7. 什么是顺作法，什么是逆作法？简述逆作法的工艺流程。

8. 常用的基坑工程降水方法有哪些，适用条件如何？简述什么是井点降水？

9. 基坑降水对周围环境会产生哪些不利影响，应采取哪些措施进行防范？

第6章 盾构法和顶管法施工技术

6.1 盾构法施工技术

6.1.1 概述

6.1.1.1 基本原理

盾构的工作原理就是一个钢结构组件沿隧道轴线边向前推进边对土体进行掘进。这个钢结构组件的壳体称为"盾壳"，盾壳对挖掘出的还未衬砌的隧道段起着临时支护的作用，承受周围土层的土压、水压以及将地下水挡在盾壳外面。掘进、排土、衬砌等作业在盾壳的掩护下进行。

盾构施工法简称盾构法，就是用盾构修建隧道的方法，是地下暗挖隧道的一种施工方法，它使用盾构在地下掘进，在防止软基开挖面土砂崩塌和保持开挖面稳定的同时，在机内安全地进行隧道的开挖作业和衬砌作业，从而构筑成隧道的施工法。

盾构法是由稳定开挖面、盾构挖掘和衬砌三大要素组成。盾构施工的主要原理是尽可能在不扰动围岩的前提下完成施工，从而最大限度地减少对地面建筑物及地基内埋设物的影响。

盾构在地层中推进时，通过盾构的外壳和管片来支承四周围岩，防止隧道施工引起土砂崩塌，闭胸式盾构是用泥土加压或泥水加压来抵抗开挖面的土压力和水压力以维持开挖面的稳定性，敞开式盾构是以开挖面自立为前提，否则需要采用辅助措施。

初期的盾构施工法是用人工开挖式或机械开挖式盾构结合使用压气施工法保证开挖面稳定进行开挖。在围岩渗漏很严重的情况下，用注浆法进行止漏加固，而对软弱地层则采用封闭式施工。

6.1.1.2 盾构法的主要技术特点

盾构法的施工过程需先在隧道区间的一端开挖竖井，将盾构吊入竖井中安装，盾构从竖井的预留洞门处开始掘进并沿设计线路推进直至另一竖井。

盾构法隧道施工具有自动化程度高、节省人力、施工速度快、一次成洞、不受气候影响、开挖时地面隆陷可控、对地面建筑物的影响少和在水下开挖时不影响水面交通等特点。在隧道洞线较长、埋深较大的情况下，用盾构施工更为经济合理。盾构施工法在施工长度大于500m以后才能发挥较为显著的优势，由于盾构造价昂贵，加上盾构竖井建造的费用和用地问题，盾构法一般适宜于长隧道施工，对短于500m的隧道采用盾构法施工则认为是不经济的。

盾构法施工的主要技术特点如下：

(1) 对城市的正常功能及周围环境的影响很小。除盾构竖井处需要一定的施工场地外，隧道沿线不需要施工场地，无需进行拆迁而对城市的商业、交通、居住影响很小，可以在深部穿越地上建筑物、河流；在地下穿过各种埋设物和已有隧道而不对其产生不良影响。施工一般不需要采取地下水降水等措施，也无噪声、振动等施工污染。

（2）盾构是根据隧道施工对象"量身定做"的。盾构是适合于某一区间隧道的专用设备，必须根据施工隧道的断面大小、埋深、围岩的基本条件进行设计、制造或改造。当将盾构转用于其他区间或其他隧道时，必须考虑断面大小、开挖面稳定机理、土体粒径大小等基本条件是否相同，有差异时要进行针对性改造，以适应其地质条件。盾构必须以工程为依托，与工程地质紧密结合。

（3）对施工精度的要求高。区别于一般的土木工程，盾构施工精度要求非常高。管片的制作精度几乎近似于机械制造的程度。由于断面不能随意调整，对隧道轴线的偏离、管片拼装精度也有很高的要求。

（4）盾构施工是不可后退的。盾构施工一旦开始，盾构就无法后退。由于管片内径小于盾构外径，如要后退，必须拆除已拼装的管片，这是非常危险的。另外，盾构后退也会引起开挖面失稳、盾尾止水带损坏等一系列的问题。所以盾构施工的前期工作是非常重要的，一旦遇到障碍物或刀具磨损等问题只能通过实施辅助施工措施后，打开隔板上设置的出入孔从压力舱进入土舱进行处理。

6.1.1.3 盾构法的优点与不足

盾构法与传统地铁隧道施工方法相比较，具有地面作业少、对周围环境影响小、自动化程度高、施工快速优质高效、安全环保等优点。随着长距离、大直径、大埋深、复杂断面盾构施工技术的发展、成熟，盾构法越来越受到重视和青睐，目前已逐步成为地铁隧道的主要施工方法。

1. 盾构法施工主要优点

（1）快速。盾构是一种集机、电、液压、传感、信息技术于一体的隧道施工成套专用特种设备，盾构法施工的地层掘进、出土运输、衬砌拼装、接缝防水和盾尾间隙注浆充填等作业都在盾构保护下进行。实现了工厂化施工，掘进速度较快。

（2）优质。盾构法施工采用管片衬砌，洞壁完整光滑美观。

（3）高效。盾构法施工速度较快，缩短了工期，较大地提高了经济效益和社会效益；同时盾构法施工用人力少，降低了劳动强度和材料消耗。

（4）安全。盾构法施工改善了作业人员的洞内劳动条件，减轻了体力劳动量，在盾壳的保护下避免了人员伤亡，减少了安全事故。

（5）环保。场地作业少，隐蔽性好，因噪声、振动引起的环境影响小，穿越地面建筑群和地下管线密集区时，周围可不受施工影响。

（6）隧道施工的费用和技术难度基本不受覆土深浅的影响，适宜于建造覆土深的隧道。当隧道越深、地基越差、土中影响施工的埋设物等越多时，与明挖法相比，经济上、施工进度上越有利。

（7）穿越河底或海底时，隧道施工不影响航道，也不受气候的影响。

（8）自动化、信息化程度高。盾构采用了计算机控制、传感器、激光导向、测量、超前地质探测、通信技术，具有自动化程度高的优点。盾构具有施工数据采集功能，盾构姿态管理功能，施工数据管理功能，施工数据实时远传功能，实现了信息化施工。

2. 盾构法施工主要不足

（1）施工设备费用较高。

（2）陆地上施工隧道，覆土较浅时，地表沉降较难控制，甚至不能施工；在水下施工时，如覆土太浅则盾构法施工不够安全，要确保一定厚度的覆土。

（3）用于施工小曲率半径隧道时，掘进较困难。

（4）盾构法隧道上方一定范围内的地表沉降尚难完全防止，特别在饱和含水松软的土层中，要采取严密的技术措施才能把沉降限制在很小的限度内，目前还不能完全防止以盾构正上方为中心土层的地表沉降。

（5）在饱和含水层中，盾构法施工所用的管片，对达到整体结构防水性的技术要求较高。

（6）施工中的一些质量缺陷问题尚未得到很好解决，如衬砌环的渗漏、裂纹、错台、破损、扭转以及隧道轴线偏差和地表沉陷与隆起等。

6.1.2 盾构法施工

6.1.2.1 盾构进出洞方法

在盾构施工段的始端，必须进行盾构安装和盾构进洞工作，而当通过施工区段后，盾构又必须出井拆卸。常用的盾构进出洞方法有以下几种。

1. 临时基坑法

用板桩或明挖方法围成临时基坑，在其内进行盾构安装、后座安装及垂直运输出口施工，然后基坑部分回填并拔除板桩，开始盾构施工。此法适用于埋深较浅的盾构始发端。

2. 逐步掘进法

盾构由浅入深掘进，直至全断面进入地层形成洞口。这种方法使整个隧道施工单一化。可挖掘纵坡较大的、与地面直接连通的斜隧道，如越江隧道施工即为此种情形。

3. 工作井进出洞法

在沉井或沉箱壁上预留洞口及临时封门，盾构在井内安装就位。待准备工作结束后即可拆除临时封门，使盾构进入地层，如图 6.1 所示。

盾构拆卸井应方便起吊、拆卸工作，但对其要求比一般拼装井低。

6.1.2.2 准备工作

1. 盾构机的拼装与拆卸

在盾构施工段的始端和终端，宜布置基坑或井，用以进行盾构机的安装与拆卸工作。若盾构推进线路特别长，还应设置检修工作井。这些基坑和井都应尽量结合隧道规划线路上的通风井、设备井、地铁车站等进行设置。

2. 盾构基座

工作井内的盾构基座用于安装并搁置盾构，在推进时基座上的导轨使盾构获得正确的方向。基座一般为钢筋混凝土或钢结构。

3. 盾构后座

盾构开始推进时，其推力靠工作井井壁承担。因此，在盾构与井壁之间需要传力设施，称为后座。通常采用隧道衬砌管片、专用顶块或顶撑作后座。

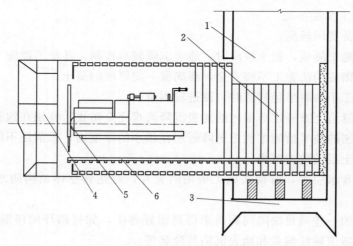

图 6.1 盾构进洞示意图

1—盾构拼装井；2—后座管片；3—盾构基座；4—盾构；5—衬砌拼装器；6—运输轨道

6.1.2.3 盾构推进

盾构推进的典型工艺循环应包括切入土层、土体开挖、衬砌拼装和壁后压浆四个工序，如图 6.2 所示。

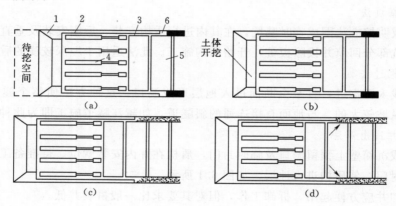

图 6.2 盾构推进的工艺循环

(a) 切入土层；(b) 土体开挖；(c) 衬砌拼装；(d) 盾尾同步注浆

1—切口环；2—支承环；3—盾尾；4—推进千斤顶；5—管片；6—盾尾空隙

1. 切入土层

盾构向前推进的动力是千斤顶产生的。千斤顶将切口环向前顶入土层，其最大距离是一个千斤顶行程。

盾构施工中，盾构的位置与方向以及盾构的纵坡均依靠调整千斤顶编组的伸缩及辅助措施加以控制。根据盾构现状测量结果，确定盾构轴线空间的方向后，依照纠偏量的要求，决定开启或关闭千斤顶的编号。

2. 土体开挖

土体开挖方式根据土质的稳定状况和选用的盾构类型确定。具体的开挖方式有：

（1）敞开式开挖。在地质条件好、开挖面在掘进中能维持稳定或采取措施后能维持稳定的土质中，应用手掘式及半机械式盾构时，均为敞开式开挖。开挖程序一般是从顶部开始逐层向下挖掘。

（2）机械切削开挖。主要是指与盾构直径相当的全断面旋转切削刀盘的开挖方式。大刀盘切削开挖配合运土机械可使土方从开挖到装车运输均实现机械化。

（3）网格式开挖。开挖面由盾构的网格梁与隔板分成许多格子。盾构推进时，土体从格子里呈条状挤出，应根据土质条件调节网格开孔面积。这种网格对工作面还起到支撑作用。这种支撑作用是由土的黏聚力和网格厚度范围内的阻力的合力与开挖面的主动土压力相抗衡而产生的。这种出土方式效率高，是我国大、中型盾构常用的方式。

（4）挤压式开挖。又分全挤压式和半挤压式开挖，由于不出土或只部分出土，对地层有较大的扰动。施工中应精心控制出土量，以减小地表变形。

3. 衬砌拼装

软土盾构施工的隧道衬砌多采用预制拼装形式。对于防护要求高的隧道也有采用整体浇筑混凝土支护。还有复合式衬砌，先用薄层预制块拼装，然后复合壁浇筑内衬。

预制拼装衬砌通常是由称作"管片"的多块弧形预制构件拼装而成。图 6.3 所示为某越江隧道的衬砌及装修后的隧道断面情形。

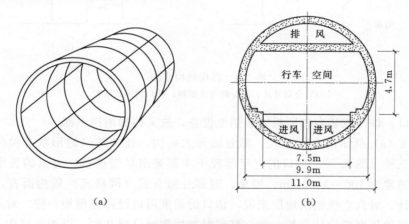

图 6.3　某越江隧道管片拼装及隧道断面
（a）衬砌拼装；（b）隧道断面

管片的拼装方法有通缝拼装和错缝拼装两种，各有其优缺点。按拼装的程序，又可分为"先环后纵"和"先纵后环"两种。"先环后纵"法是拼装前缩回所有千斤顶，将管片先拼成圆环，然后用千斤顶使拼好的圆环纵向靠拢与已安好的衬砌联结成洞。此法拼装，环面平整纵缝质量好，但可能使盾构后退。"先纵后环"的拼装方法，因拼装时只缩回该管片部分的千斤顶，其他千斤顶则轴对称地支撑或升压，所以可以有效地防止盾构后退。

管片拼装通常用衬砌拼装器完成。它可根据拼装要求完成旋转、径向伸缩和纵向移动等动作。

4. 盾尾同步注浆

当盾构向前掘进时，由于施工作业及设备运行的需要，盾构的开挖直径将大于隧道衬砌管片的外径。因此，当盾构机盾尾脱离管片时，隧道周围地层与盾构衬砌管片之间将形成 8～16cm 环状盾尾空隙，盾尾空隙的大小一般是由盾构钢壳及盾尾操作空间来决定。为了减少地表沉降，使围岩及时获得支撑，防止围岩坍塌，保证环境安全，确保衬砌早期的稳定性和间隙的密封性，需在盾尾脱离管片的瞬间立即注浆液来填补这一空隙，即盾尾同步注浆。

6.1.3　盾构机及其选型

6.1.3.1　盾构的基本构造

1. 外壳

设置盾构外壳的目的是保护掘削、排土、推进、做衬等所有作业设备、装置的安全，故整个外壳用钢板制作，并用环形梁加固支承。

一台盾构机的外壳沿纵向从前到后可分为前、中、后三段，通常又把这三段分别称为切口、支承、盾尾三部分，如图 6.4 所示。

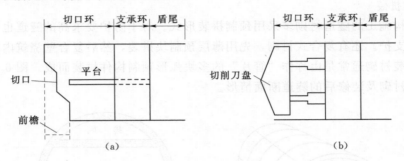

图 6.4　盾构机构成图

(a) 全敞开式、部分敞开式盾构；(b) 封闭式盾构

(1) 切口。该部位装有掘削机械和挡土设备，故又称掘削挡土部。

如图 6.4 (a) 所示的全敞开式、部分敞开式盾构，通常切口的形状有阶梯形、斜承形、垂直形三种（图 6.5）。切口的上半部较下半部突出呈帽檐状。突出的长度因地层的不同而异，通常为 300～1000mm。但是，对部分敞开式（网格式）盾构而言，也有无突出帽檐的设计。对自立性掘削地层来说，切口的长度可以设计得稍短一些。对无自立性地层而言，切口的长度要设计得长一些。掘削时把掘削面分成几段，设置几层作业平台，依次支承挡土、掘削。有些情况下，把前檐做成靠油缸伸缩的活动前檐，切口的顶部做成刃形；对砾石层而言，应做成 T 形。

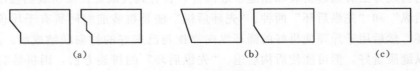

图 6.5　切口形状

(a) 阶梯形；(b) 斜承形；(c) 垂直形

如图 6.4 (b) 所示的封闭式盾构，与敞开式盾构的主要区别是在切口与支承之间设有一道隔板，使切口部与支承部完全隔开，即切口部得以封闭。切口部的前端装有掘削刀盘，刀盘后方至隔板的空间称为土舱（或泥水舱）。刀盘背后土舱空间内设有搅拌装置。

土舱底部设有进入螺旋输送机的排土口。土舱上留有添加材注入口。此外，当考虑更换刀具、拆除障碍物、地中接合等作业需要时，应同时考虑并用压气工法和可以出入掘削面的形式，因此隔板上应考虑设置人孔和压气闸。

（2）支承。支承部即盾构的中央部位，是盾构的主体构造部位。因为要支承盾构的全部荷载，所以该部位的前方和后方均设有环状梁和支柱，由梁和柱支承其全部荷载。

对敞开式、半敞开式盾构而言，该部位装有推动盾构机前进的千斤顶，其推力经过外壳传到切口。中口径以上的盾构机的支承部还设有柱和平台，利用这些支柱可以组装出多种形式（H形、井形、卝形等）的作业平台。

对封闭式盾构而言，支承部空间内装有刀盘驱动装置、排土装置、盾构千斤顶、中折机构、举重臂支承机构等诸多设备。

（3）盾尾。盾尾部即盾构的后部。盾尾部为管片拼装空间，该空间内装有拼装管片的举重臂。为了防止周围地层的土砂、地下水及背后注入的填充浆液窜入该部位，特设置尾封装置。盾尾封装形式如图 6.6 所示。盾尾的内径与管片外径的差称为盾尾间隙，记作

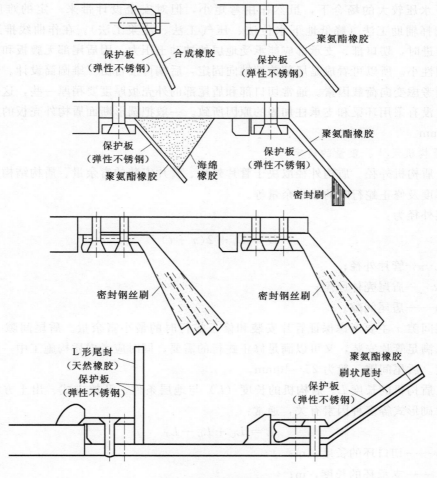

图 6.6　盾尾封装形式

x。其值的大小取决于管片的拼装裕度，曲线施工、摆动修正必需的裕度，主机外壳及管片的制作误差。通常取 x 为 25～40mm。

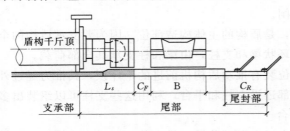

图 6.7 盾尾构成及尺寸分布状况

盾尾间隙 x 加上盾尾外壳钢板的厚度 t，也就是盾构推进后管片和地层间产生的空隙 ΔD。该空隙称为构筑空隙，即 $\Delta D = x + t$。由于构筑空隙直接造成地层沉降，故须在盾构推进后立刻对该空隙进行填充注浆。当然 ΔD 越小越好，所以盾尾外壳多选用厚度较薄的高强度钢板。盾尾构造如图 6.7 所示。

（4）盾构外壳的设计考虑。进行盾构外壳构造设计时，必须考虑土压、地下水压、地上载荷、自重、变向荷载、盾构千斤顶的反力、挡土千斤顶的反力等条件。覆盖土较厚时，对较好的地层（砂质土、硬黏土）而言，可把松弛土压作为竖直土压进行设计。地下水压较大的场合下，虽然作用弯矩小，但对安全设计带来一定的难度，故须慎重地选择辅助工法（降低地下水位法、压气工法、注浆工法）。在作曲线推进或作方向修正推进时，切口部、支承部应能承受地层的被动土压力。因盾尾部无腹板和加固肋加固，故刚性小。所以可看成是尾部前端轴向固定，后端可按自由三维圆筒设计。选定尾板时还必须考虑变向荷载因素。通常切口部和盾尾部的外壳板厚度要稍厚一些，这是由于这两个部位没有采用环梁和支承柱加固的原因所致。一般把圆形断面盾构外壳板的厚度定在 50～100mm。

2. 盾构机尺寸、重量的确定

（1）盾构机外径。盾构外径取决于管片外径、管片安装的富余量、盾构结构形式、盾尾壳体厚度及修正蛇行时的最小余量等。

盾尾外径为：

$$D = D_e + 2(x + t) \tag{6.1}$$

式中　D_e——管片外径；

　　　t——盾尾壳体厚度；

　　　x——盾尾间隙。

盾尾间隙 x 主要考虑保证管片安装和修正蛇行时的最小富余量。盾尾间隙 x 在施工时既可以满足管片安装，又可以满足修正蛇行的需要，同时应考虑盾构施工中一些不可预见的因素。盾尾间隙一般为 25～40mm。

（2）盾构机的长度 L。盾构机的长度（L）与地层条件、开挖方式、出土方法、操作方式及衬砌形式等多种因素有关，通常：

$$L = L_C + L_G + L_T \tag{6.2}$$

式中　L_C——切口环的长度，m；

　　　L_G——支承环的长度，m；

　　　L_T——盾尾的长度，m。

切口环长度 L_C，对全（半）敞开式盾构而言，应根据切口贯入掘削地层的深度、挡土千斤顶的最大伸缩量、掘削作业空间的长度等因素确定；对封闭式盾构而言，应根据刀盘厚度、刀盘后面搅拌装置的纵向长度、土舱的容量（长度）等条件确定。

支承环长度 L_G 取决于盾构推进千斤顶、排土装置、举重臂支承机构等设备的规格大小。L_G 起码不应小于千斤顶最大伸长长度。

盾尾长度 L_T 可按下式确定：

$$L_T = L_S + B + C_F + C_R \tag{6.3}$$

式中　L_S——盾构千斤顶撑挡长度，m；

　　　B——管片的宽度，m；

　　　C_F——组装管片的裕度，m；

　　　C_R——包括安装尾封材在内的后部裕度，通常取 $C_R = (0.25\sim0.33)B$，如图 6.7 所示。

通常把 $L/D_e(=\xi)$ 记作盾构机的灵敏度。ξ 越小，操作越方便。大直径盾构（$D_e \geqslant 6\text{m}$），取 $\xi = 0.7\sim0.8$（多取 0.75）；中直径盾构（$3.5\text{m} \leqslant D_e \leqslant 6\text{m}$），取 $\xi = 0.8\sim1.2$（多取 1.0）；小直径盾构（$D_e \leqslant 3.5\text{m}$），取 $\xi = 1.2\sim1.5$（多取 1.5）。

（3）盾构的重量。盾构机的重量为盾构机躯体、各种千斤顶、举重臂、掘削机械和动力单元等重量的总和。另外，重心位置也极为重要，因为其直接影响盾构机的运转特性。盾构机的解体、运输、运入竖井等作业也应予以重视。据相关统计，盾构的主机重量（W）与盾构直径（D_e）的关系大致如下：

1）对手掘式盾构或半机械式盾构：$W \geqslant (25\sim40)(\text{kN/m}^2) \cdot D_e^2$；

2）对机械式盾构：$W \geqslant (45\sim55)(\text{kN/m}^2) \cdot D_e^2$；

3）对泥水盾构：$W \geqslant (45\sim65)(\text{kN/m}^2) \cdot D_e^2$；

4）对土压平衡盾构：$W \geqslant (55\sim70)(\text{kN/m}^2) \cdot D_e^2$。

3. 尾封

盾尾密封是为了防止周围地层的土砂、地下水、背后注入浆液、开挖面上的泥水、泥土从盾尾间隙流向盾构而设置的封装措施。尾封通常使用钢丝刷、尿烷橡胶或两者的组合。尾封的示意图如图 6.6 所示。另外，为防止高压地下水，可在钢丝刷之间的空隙处加压注入密封材和润滑剂等填充材及采用 4 层钢丝刷密封，从而把耐地下水压的能力提高到 1.1MPa。

因为尾封性能的好坏对管片的拼装精度影响较大，所以通常要求即使在错位和曲线部位等管片易发生偏心的场合下，也必须保证尾封的质量。

4. 中折装置

在小曲率半径曲线段施工时，可以把盾构机做成可以折成两节、三节的中折形式。中折装置的设置不仅可以减少曲线部位的超挖量，而且由于弯曲容易，使盾构千斤顶的负担得以减轻，推进时可减小作用在管片上的偏压，故使施工性得以提高。另外，中折装置不仅可以做成水平中折，还可以做成纵向中折（竖向中折），故而使掘进方向的修正变得容易。当仅靠中折装置不能满足小曲率半径施工要求的场合下，还应增加偏心掘削器；也有采用中折装置加弯曲掘削器的情形。

6.1.3.2　盾构的种类

盾构的分类方法较多，可按盾构切削断面的形状，盾构自身构造的特征、尺寸的大小、功能，挖掘土体的方式，掘削面的挡土形式，稳定掘削面的加压方式，施工方法，适用土质的状况等多种方式分类。

1. 按挖掘土体的方式分类

按挖掘土体的方式，盾构可分为手掘式盾构、半机械式盾构及机械式盾构三种。

（1）手掘式盾构：即掘削和出土均靠人工操作进行的方式。

（2）半机械盾构：即大部分掘削和出土作业由机械装置完成，但另一部分仍靠人工完成。

（3）机械式盾构：即掘削和出土等作业均由机械装备完成。

2. 按掘削面的挡土形式分类

按掘削面的挡土形式，盾构可分为开放式、部分开放式、封闭式三种。

（1）开放式：即掘削面敞开，并可直接看到掘削面的掘削方式。

（2）部分开放式：即掘削面不完全敞开，而是部分敞开的掘削方式。

（3）封闭式：即掘削面封闭，不能直接看到掘削面，而是靠各种装置间接地掌握掘削面的方式。

3. 按加压稳定掘削面的形式分类

按加压稳定掘削面的形式，盾构可分为压气式、泥水加压式、削土加压式、加水式、加泥式、泥浆式六种。

（1）压气式：即向掘削面施加压缩空气，用该气压稳定掘削面。

（2）泥水加压式：即用外加泥水向掘削面加压稳定掘削面。

（3）削土加压式（也称土压平衡式）：即用掘削下土体的土压稳定掘削面。

（4）加水式：即向掘削面注入高压水，通过该水压稳定掘削面。

（5）泥浆式：即向掘削面注入高浓度泥浆（$\rho = 1.4\text{g/cm}^3$），靠泥浆压力稳定掘削面。

（6）加泥式：即向掘削面注入润滑性泥土，使之与掘削下来的砂卵石混合，由该混合泥土对掘削面加压稳定掘削面。

4. 组合分类法

这种分类方式是把第 2 种、第 3 种两种分类方式组合起来命名分类的方法（表 6.1）。这种分类法目前使用较为普遍，是隧道标准规范盾构篇中推荐的分类法。这种方式的实质是看盾构机中是否存在分隔掘削面和作业舱的隔板。

全开放式盾构不设隔板，其特点是掘削面敞开。掘削土体的形式可为手掘式、半机械式、机械式三种。这种盾构适于掘削面可以自立的地层中使用。掘削面缺乏自立性时，可用压气等辅助工法来稳定掘削面。

部分开放式盾构，即隔板上开有取出掘削土砂出口的盾构，即网格式盾构，也称挤压式盾构。

封闭式盾构是一种设置封闭隔板的机械式盾构。掘削土砂是从位于掘削面和隔板之间的土舱内取出的，利用外加泥水压或者泥土压与掘削面上的土压平衡来维持掘削面的稳定，所以封闭式有泥水平衡式和土压平衡式两种。进而土压平衡式又可分为真正的土压平衡式和加泥平衡式；加泥平衡式又分为加泥和加泥浆两种平衡方式。

表 6.1 盾构组合命名分类法

盾构前方构造			形式		掘削面稳定机构
盾构	封闭型		土压式	土压	掘削土＋面板
					掘削土＋辐条
				泥土	掘削土＋添加材＋面板
					掘削土＋添加材＋辐条
			泥水式		泥水＋面板
					泥水＋辐条
	开放型	部分开放型	网格式		隔板
		全面开放型	手掘式		前檐
					挡土装置
			半机械式		前檐
					挡土装置
			机械式		面板
					辐条

注 引自夏明耀，等．地下工程设计施工手册 [M]．北京：中国建筑工业出版社，1999。

5. 按盾构切削断面形状分类

按盾构切削断面形状，盾构可分为圆形、非圆形两大类。圆形又可分为单圆形、半圆形、双圆搭接形、三圆搭接形。非圆形又分为马蹄形、矩形（长方形、正方形，凹、凸矩形）、椭圆形（纵向椭圆形、横向椭圆形）。

6. 按盾构机的尺寸大小分类

按盾构机的尺寸大小，盾构机可分为超小型、小型、中型、大型、特大型、超特大型。

（1）超小型盾构系指 D（直径）$\leqslant$1m 的盾构。

（2）小型盾构系指 1m$<D\leqslant$3.5m 的盾构。

（3）中型盾构系指 3.5m$<D\leqslant$6m 的盾构。

（4）大型盾构系指 6m$<D\leqslant$14m 的盾构。

（5）特大型盾构系指 14m$<D\leqslant$17m 的盾构。

（6）超特大型盾构系指 $D>$17m 的盾构。

7. 按施工方法分类

按施工方法，盾构可分为二次衬砌盾构、一次衬砌盾构（EC1 工法）。

二次衬砌盾构工法：即盾构推进后先拼装管片，然后再做内衬（二次衬砌），也是通常的方法。

一次衬砌盾构工法：即盾构推进的同时现场浇筑混凝土衬砌（略去拼装管片的工序）的工法，也称 EC1 工法。

8．按适用土质分类

按适用土质，盾构可分为软土盾构、硬岩盾构及复合盾构。

（1）软土盾构：即切削软土的盾构。

（2）硬岩盾构：即掘削硬岩的盾构。

（3）复合盾构：既可切削软土，又能掘削硬岩的盾构。

6.1.3.3　盾构选型

1．盾构选型的原则

盾构选型是盾构法隧道能否安全、环保、优质、经济、快速建成的关键工作之一，盾构选型应从安全适应性、技术先进性、经济合理性等方面综合考虑，所选择的盾构形式要能尽量减少辅助施工法并确保开挖面稳定和适应围岩条件，同时还要综合考虑以下因素：

（1）可以合理使用的辅助施工法如降水法、气压法、冻结法和注浆法等。

（2）满足隧道施工长度和线形的要求。

（3）后配套设备、始发设备等能与盾构的开挖能力配套。

（4）盾构的工作环境。

盾构施工时，施工沿线的地质条件可能变化较大，在选型时一般选择适合于施工区大多数围岩的机型。盾构选型时主要遵循下列原则：

（1）应对工程地质、水文地质有较强的适应性，首先要满足施工安全的要求。

（2）安全适应性、技术先进性、经济性相统一，在安全可靠的情况下，考虑技术先进性和经济合理性。

（3）满足隧道外径、长度、埋深、施工场地、周围环境等条件。

（4）满足安全、质量、工期、造价及环保要求。

（5）后配套设备的能力与主机配套，满足生产能力与主机掘进速度相匹配，同时具有施工安全、结构简单、布置合理和易于维护保养的特点。

（6）盾构制造商的知名度、业绩、信誉和技术服务。

盾构选型是盾构法施工的关键环节，直接影响盾构隧道的施工安全、施工质量、施工工艺及施工成本，为保证工程的顺利完成，对盾构的选型工作非常慎重。

2．盾构选型的依据

盾构机选型时的主要依据为以下几个方面：

（1）工程地质、水文地质条件：颗粒分析及粒度分布，单轴抗压强度，含水率，砾石直径，液限及塑限，标贯击数 N 值，粘聚力 c、内摩擦角 φ，土粒相对密度，孔隙率及孔隙比，地层反力系数，压密特性，弹性波速度，孔隙水压，渗透系数，地下水位（最高、最低、平均），地下水的流速、流向，河床变迁情况等。

（2）隧道长度、隧道纵断面及横断面形状和尺寸等设计参数。

（3）周围环境条件：地上及地下建构筑物分布，地下管线埋深及分布，沿线河流、湖泊、海洋的分布，沿线交通情况、施工场地条件、气候条件，水电供应情况等。

（4）隧道施工工程筹划及节点工期要求。

（5）宜用的辅助工法。

（6）技术经济比较。

3. 盾构选型的主要方法

（1）根据地层的渗透系数进行选择。地层渗透系数对于盾构的选型是一个很重要的因素。通常，当地层的渗透系数小于 10^{-7} m/s 时，可以选用土压平衡盾构；当地层的渗透系数在 $10^{-7} \sim 10^{-4}$ m/s 之间时，既可以选用土压平衡盾构也可以选用泥水盾构；当地层的渗透系数大于 10^{-4} m/s 时，宜选用泥水盾构。根据地层渗透系数与盾构类型的关系，若地层以各种级配富水的砂层、砂砾层为主时，宜选用泥水盾构；其他地层宜选用土压平衡盾构。

（2）根据地层的颗粒级配进行选型。土压平衡盾构主要适用于粉土、粉质黏土、淤泥质粉土、粉砂层等黏稠土层的施工，在黏性土层中掘进时，由刀盘切削下来的土体进入土舱后由螺旋机输出，在螺旋机内形成压力梯降，保持土舱压力稳定，使开挖面土层处于稳定。一般来说，细颗粒含量多，渣土易形成不透水的流塑体，充满土舱的每个部位，在土舱中可以建立压力来平衡开挖面的土体。盾构类型与颗粒级配的关系详见图 6.8，图中黏土、淤泥质土区为土压平衡盾构适用的颗粒级配范围；砾石粗砂区为泥水盾构适用的颗粒级配范围；粗砂、细砂区可适用泥水盾构，也可经土质改良后使用土压平衡盾构。

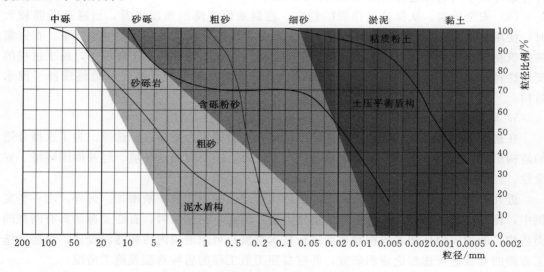

图 6.8　盾构类型与地层颗粒级配的关系
引自夏明耀，等. 地下工程设计施工手册［M］. 北京：中国建筑工业出版社，1999。

一般来说，当岩土中的粉粒和黏粒的总量达到 40% 以上时，通常宜选用土压平衡盾构，相反的情况选择泥水盾构比较合适。

（3）根据地下水压进行选型。当水压大于 0.3MPa 时，适宜采用泥水盾构。如果采用土压平衡盾构，螺旋输送机难以形成有效的土塞效应，在螺旋输送机排土闸门处易发生渣土喷涌现象，引起土舱中土压力下降，导致开挖面坍塌。

当压力大于 0.3MPa 时，如因地质原因需采用土压平衡盾构，则需增大螺旋输送机长度或采用二级螺旋输送机，或采用保压泵。

4. 盾构选型时必须考虑的特殊因素

在实际实施时，盾构选型还需解决理论的合理性与实际可能性之间的矛盾。必须考虑环保、地质和安全因素。

（1）环保因素。对泥水盾构而言，虽然经过过筛、旋流、沉淀等程序，可以将弃土浆液中的一些粗颗粒分离出来，并通过汽车、船等工具运输弃渣，但泥浆中的悬浮或半悬浮状态的细土颗粒仍不能完全分离出来，而这些物质又不能随意处理，就形成了使用泥水盾构的一大困难，降低污染保护环境是选择泥水盾构面临的十分重要的课题，需要解决的是如何防止将这些泥浆弃置江河湖海等水体中造成范围更大、更严重的污染。

要将弃土泥浆彻底处理可以作为固体物料运输的程度也是可以做到的，国内外都有许多成功的事例，但做到这点并不容易，因为处理设备贵，增加了工程投资；用来安装这些处理设备需要的场地较大；处理时间较长。

（2）工程地质因素。盾构施工段工程地质的复杂性主要反映在基础地质（主要是围岩岩性）和工程地质特性的多变方面。在一个盾构施工段或一个盾构合同标段中，某些地段的施工环境适合选用土压平衡盾构，但某些部分又很适合选用泥水盾构。盾构选型时应综合考虑并对不同选择进行风险分析后择其优者。

（3）安全因素。从保持工作面的稳定、控制地面沉降的角度来看，当隧道断面较大时，使用泥水盾构要比使用土压平衡盾构的效果好一些，特别是在河湖等水体下、在密集的建筑物或构筑物下及上软下硬的地层中施工时。在这些特殊的施工环境中，施工过程的安全性将是盾构选型时的一项极其重要的选择，如北京铁路地下直径线最终选择了泥水盾构。

5. 盾构形式的选择

在选择盾构形式时，最重要的是要以保持开挖面稳定为基点进行选择。为了选择合适的盾构形式，除对土质条件、地下水进行调查以外，还要对用地环境、竖井周围环境、安全性、经济性进行充分考虑。

近几年来，由竖井或渣土处理而影响盾构形式选择的实例不断增加。另外，在一些实例中，施工经验也会成为盾构选型的重要因素。因此，在选型时，有必要邀请具有制造同类盾构经验的国内外知名盾构制造商进行技术交流；可邀请国内盾构隧洞设计、科研、施工方面的专家进行选型论证和研究，并应参照类似工程的盾构选型及施工情况。

（1）土压平衡盾构。

土压平衡盾构主要适用于粉土、粉质黏土、淤泥质粉土、粉砂层等黏稠土层的施工。在黏性土层中掘进时，由刀盘切削下来的土体进入土舱后由螺旋输送机输出，在螺旋输送机内形成压力梯降，保持土舱压力稳定，使开挖面土层处于稳定。盾构向前推进的同时，螺旋输送机排土，使排土量等于开挖量，即可使开挖面的地层始终保持稳定。排土量通过调节螺旋输送机的转速和出土闸的开度予以控制。

当含砂量超过某一限度时，泥土的流塑性明显变差，土舱内土体因固结作用而被压密，导致渣土难以排送，需向土舱内注水、泡沫、泥浆等添加材料，以改善土体流塑性。在砂性土层施工时，由于砂性土流动性差、砂土摩擦力大、渗透系数高、地下水丰富等原因，土舱内压力不易稳定，须进行渣土改良。

根据以上，土压平衡盾构主要分为两种：一种是适用于含水量和粒度组成比较适中，开挖面土砂可直接流入土舱及螺旋输送机内，从而维持开挖面稳定的土压式盾构；另一种是对应于砂砾含量较多而不具有流动性的土质，需通过水、泡沫、泥浆等添加材料使泥土压力可以很好地传递到开挖面的加泥式土压平衡盾构。

土压平衡盾构根据土压力的状况进行开挖和推进，通过检查土舱压力不但可以控制开挖面的稳定性，还可以减少对周围地基的影响。土压平衡盾构一般不需要实施辅助工法。

加泥式土压平衡盾构可以适用于冲积砂砾、砂、粉土、黏土等固结度比较低的软弱地层，洪积地层以及软硬不均地层；在土质方面的适用性最为广泛。但在高水压下（大于0.3MPa），仅用螺旋输送机排土难以保持开挖面的稳定性，还需安装保压泵或切削土的改良。

（2）泥水盾构。

泥水盾构通过施加略高于开挖面水土压力的泥浆压力来维持开挖的稳定。除泥浆压力外，合理地选择泥浆的状态也可增加开挖面的稳定性。泥水盾构比较适合于河底、江底、海底等高水压条件下的隧道施工。

泥水盾构使用送排泥泵通过管道从地面直接向开挖面进行送排泥，开挖面完全封闭，具有高安全性和良好的施工环境，既不对围岩产生过大的压力也不会受到围岩压力的反压，对周围地基影响较小，一般不需辅助施工。特别是在开挖断面较大时，控制地表沉降方面优于土压平衡盾构。

泥水盾构适用于冲积形成的砂砾、砂、粉砂、黏土层、弱固结的地层以及含水率高开挖面不稳定的地层，洪积形成的砂砾、砂、粉砂、黏土层以及含水率很高固结松散易于发生涌水破坏的地层。但对于难以维持开挖面稳定性的高透水地层、砾石地层，有时也要考虑采用辅助方法。

根据控制开挖面泥浆压力方式的不同，泥水盾构有两种：一种是日本体系的直接控制型；另一种是德国体系的间接控制型（即气压复合控制型）。直接控制型的泥水舱为单舱结构形式；间接控制型的泥水舱为双舱结构，前舱称为开挖舱，后舱称为气垫调压舱，开挖舱内完全充满受压的泥浆后平衡外部水土压力，开挖舱内的受压泥浆通过沉浸墙的下面与气垫舱相连。

隧道开挖过程中，直接控制型泥水盾构开挖舱内的泥水压力波动较大，一般在 $\pm(0.5\sim1.0)\times10^5$Pa 之间变化。

间接控制型泥水盾构的气垫调压舱通过压缩空气系统精确地进行控制和调节压力，开挖舱内的压力波动较小，一般为 $\pm(1\sim2)\times10^4$Pa，泥浆管路内的浮动变化将被准确、迅速平衡，减少了外界压力变化对开挖面稳定的影响。

（3）手掘式盾构。

手掘式盾构由于头部敞开，因此，比较适用于软硬不均的开挖面以及砾石、卵石等地层。手掘式盾构是以开挖而能够长时间自稳为基本条件，在开挖面不够稳定时，需通过注浆进行地基加固；当地下水位较高且涌水影响开挖面稳定性时需采取降水等辅助措施。

一般来说，洪积形成的砂砾、砂、固结粉砂、黏土层易于自稳，最适于使用手掘式盾构。冲积形成的松散砂、粉砂、黏土层，开挖面不能自稳，需采取辅助措施。

手掘式盾构在 20 世纪 70 年代末期以前得到较广泛的应用。由于目前不依靠辅助施工的闭胸式盾构的使用优势，现在手掘式盾构已经基本被淘汰了。

（4）半机械式盾构。

半机械式盾构适用于开挖面可以自稳的围岩条件。适合的土质主要是洪积形成的砂砾、砂、固结粉土及黏土，对于软弱的冲积层是不适用的。在使用辅助工法方面同手掘式盾构。目前已基本淘汰。

（5）机械式盾构。

机械式盾构的刀盘有面板式和辐条式两种。面板式刀盘的机械式盾构是通过面板来维持开挖面稳定，并通过开口率解决块石、卵石的排出问题；辐条式刀盘的机械式盾构一般用于开挖面易于稳定的小断面盾构，针对块石、卵石而使用。机械式盾构与手掘式、半机械式盾构相同，主要用于开挖面可自稳的洪积地层中。对开挖不易自稳的冲积地层应结合压气施工、地下降水、注浆加固等辅助工法使用。由于需使用辅助工法，目前已基本被淘汰。

（6）挤压式盾构。

适用于非常软弱的地层，最适合冲积形成的粉质砂土层。由于是从开口部排出土砂，所以不能用于硬质地层。另外，砂砾含量如果太大的还会出现土砂压缩而造成堵塞；相反，如果地层的液性指数太高的话则很难控制土砂的流入，会出现过量取土的现象。由于适用地层有限，近年已不再采用。

6.1.4 常用盾构施工技术

6.1.4.1 泥水盾构

泥水盾构也称泥水加压平衡盾构，简称 SPB 盾构（图 6.9）。泥水盾构系靠盾构机的

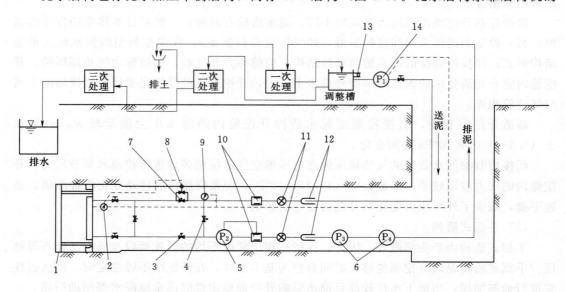

图 6.9 泥水盾构系统构成图

1—泥水平衡盾构；2—掘削面水压计；3—排泥泵Ⅰ；4—旁通阀；5—排泥泵Ⅱ；6—排泥中继泵；7—送泥泵Ⅰ；
8—压力调节阀；9—水压计；10—流量计；11—密度计；12—伸缩计；13—密度计；14—送泥泵Ⅱ

推进力使泥水（水、黏土及添加剂的混合物）充满封闭式盾构的密封舱（也称泥水舱），并对掘削面上的土体施加一定的压力，该压力称为泥水压力。通常取泥水压力大于地层的地下水压与土压之和，所以尽管盾构刀盘掘削地层，但地层不会坍落，即处于稳态。

1. 泥水盾构的构成

泥水盾构是在机械式盾构的前部设置隔板、装备刀盘及输送泥浆的送排泥管和推进盾构的推进油缸。在地面上还配有泥水处理设备。

泥水盾构由以下五大系统构成：

（1）一边利用刀盘挖掘整个开挖面、一边推进的盾构掘进系统。

（2）可调整泥浆物性，并将其送至开挖面，保持开挖面稳定的泥水循环系统。

（3）综合管理送排泥状态、泥水压力及泥水处理设备运转状况的综合管理系统。

（4）泥水分离处理系统。

（5）壁后同步注浆系统。

泥水盾构利用循环悬浮液的体积对泥浆压力进行调节和控制，采用膨润土悬浮液（俗称泥浆）作为支护材料。开挖面的稳定是将泥浆送入泥水室内，在开挖面上用泥浆形成不透水的泥膜，通过该泥膜的张力保持水压力，以平衡作用于开挖面的土压力和水压力。开挖的土砂以泥浆形式输送到地面，通过泥水处理设备进行分离，分离后的泥水进行质量调整，再输送到开挖面。

2. 开挖面稳定机理

（1）泥膜形成机理。泥水盾构是通过泥水舱中适当压力的泥浆，使其在开挖面形成泥膜，支撑隧道开挖面的土体，并由刀盘切削土体表层的泥膜，与泥水混合后，形成高密度的泥浆，然后由排泥泵及管道把泥浆输送到地面进行分离处理。

在泥水平衡的理论中，泥膜的形成是至关重要的，当泥水压力大于地下水压力时，泥水按达西定律渗入土壤，形成与土壤间隙成一定比例的悬浮颗粒，被捕获并积聚于土体与泥水的接触表面，泥膜就此形成。随时间的推移，泥膜的厚度不断增加，渗透抵抗力逐渐增强。当泥膜抵抗力远大于正面土压时，产生泥水平衡效果。

（2）泥膜形成的基本要素。泥水盾构施工时稳定开挖面的机理为：以泥水压力来抵抗开挖面的土压力和水压力以保持开挖面的稳定，同时控制开挖面变形和地基沉降；在开挖面形成不透水性泥膜，保持泥水压力有效作用于开挖面。从泥水平衡理论中可以看出，在泥水盾构法施工中，尽快形成不透水的泥膜是一个相对关键的环节。

在开挖面，随着加压后的泥水不断渗入土体，泥水中的砂土颗粒填入土体孔隙中，可形成不透水的泥膜。而且由于泥膜形成后减小了开挖面的压力损失，泥水压力可有效地作用于开挖面，从而可防止开挖面的变形和崩塌，并确保开挖面的稳定。因此，在泥水盾构施工中，控制泥水压力和控制泥水质量是两个重要的方面。

3. 泥水构成及性能要求

（1）泥水配料及作用。泥水的配料包括：水、颗粒材料、添加剂。颗粒材料多以黏土、膨润土、陶土、石粉、粉砂、细砂为主。添加剂包括分散剂、增黏剂及中和剂，以化学试剂为主。表 6.2 所示为泥水配料及作用。

（2）泥水特性。

1）相对密度：泥水的相对密度越大，成膜速度越快，过剩地下水压越小，掘削面变形越小，对掘削土砂的作用浮力越大。泥水的相对密度越大，流动的摩阻力越大（易使运送泵超负荷），地表的水、土分离越难。

2）黏性：泥水保持一定的黏度，可防止泥水的颗粒成分在舱内发生沉积，防止逸泥，利于掘削土砂的运送。

3）脱水量：脱水量大，过剩地下水压大，对稳定掘削面不利。

4）可渗比：泥水的粒径累加曲线对能否成膜至关重要。泥水可渗比 $n=D_{15}/G_{85}=10\sim20$ 场合下，泥水颗粒可以渗入地层形成渗透泥膜，否则不能形成渗透泥膜。D_{15} 为地层粒径累加曲线 15% 的粒径（mm），G_{85} 为泥水粒径累加曲线 85% 的粒径（mm）。$n=15$ 时可形成全渗透型泥膜，对稳定掘削面最有利。

5）pH 值：pH 值为 7~10 时，表明泥水无正离子污染。超过时表明泥水存在正离子污染，pH 值越大，污染越严重，即化学稳定性越差。

表 6.2　　　　　泥水配料及作用

配料名称		作　用	适用状况	注意事项
水		溶剂	各种土质均适用	去除不纯物、调整 pH 值
颗粒材料	黏土	形成泥膜的主要材料	各种土质均适用	最大限度地使用回收黏土
	膨润土	成膜的辅助材料，遇水体积膨胀率 10%~15%，利于形成优质泥膜	各种土质均适用	
	粉砂、细砂	填充地层间隙，利于成膜、降低滤水量	粗砂、砾石层	按 $n=15$ 的条件添加
	陶土、石粉等	利于成膜		
分散剂	(1) 磷酸盐类（六偏磷酸钠）；(2) 碱类（碳酸钠等）；(3) 木质磺酸盐类；(4) 黑腐酸类	(1) 提高土颗粒的分散性；(2) 防止阳离子（Ca^{2+}、Mg^{2+}、Na^+ 等的离子）污染及污染后的恢复	各种土质均适用	
增黏剂	(1) CMC（羧甲基纤维素）；(2) PAA（聚丙烯酰胺）	(1) 提高泥水黏性（提高土颗粒的游动性）；(2) 减少滤水量；(3) 提高阳离子污染的抵抗性	(1) CMC 适用多种地层；(2) PAA 适用于砂砾地层	
中和剂	(1) 稀硫酸；(2) 磷酸	防止背后注入浆液等碱性成分混入致使泥水质量劣化	各种土质均适用	

注　引自夏明耀，等. 地下工程设计施工手册 [M]. 北京：中国建筑工业出版社，1999.

（3）对泥水性能的要求。

满足需求的泥水特性参数因土质的不同而异，通常可按表 6.3 的基准选定。

表 6.3 不同土质对应的泥水基准特性

地层	土质	相对密度	漏斗黏度 /s	屈服值 /(Pa·s)	析水量 /cm³	砂分率 /%	可渗比	pH 值
冲积层	黏土	1.1	—	—	—	—	—	7~10
	粉砂、砂	1.15~1.2	25	—	—	—	15	
洪积层	黏土	1.05~1.1	—	—	—	—	—	
	粉砂	1.1~1.2	22~25	—	—	—	15	
	砂	1.2~1.25	25~30	—	—	—	15	
	砾石	1.25~1.35	35~40	5~10	20~30	10~15	15	

注 上限值:黏度 40s、相对密度 1.35、砂分率 15%。本表引自夏明耀,等. 地下工程设计施工手册[M]. 北京:中国建筑工业出版社,1999。

4. 泥水性能测定及调整

(1) 相对密度测定:相对密度使用相对密度计或容积法测定。

(2) 黏性测定。黏度通常使用漏斗黏度计测定。

(3) 可渗比测定。泥水粒度分布可用粒度自动记录测定仪测定,掘削地层的粒度级配分布可用筛分法确定然后确定 n。

(4) 脱水量测定。脱水量通常用过滤试验器测定。即在 0.3MPa 压力作用下经历 30min 后,测定由过滤纸流出的滤水量。

(5) 化学稳定性测定。泥水化学稳定性通常采用 pH 浓度计、氯浓度计、亚甲蓝试验测定。

(6) 砂分测定。泥水中的砂分通常用砂分计测定。

(7) 泥水质量调整。泥水盾构掘进过程中多种因素致使泥水质量劣化,偏离原定最佳值 (表 6.3),故应不断地调整泥水的质量,即向泥水中添加添加剂,使其质量始终保持最佳状态。

5. 泥水压力的设定

(1) 泥水压力的设定公式。

泥水压力可按下式设定:

$$泥水压力 = 地下水压 + 土压 + 预压$$

地下水压力 (即掘削地层中的孔隙水压力),可使用观察井法测定;土压力系指掘削面上的水平土压力,典型的考虑方法见表 6.4;预压是考虑地下水压和土压的设定误差及送、排泥设备中的泥水压变动等因素,根据经验确定的压力,通常取值为 20~30kN/m²。

(2) 泥水压基准。地层不同泥水压不同,管理基准见表 6.5。

(3) 掘削面上泥水压的分布。

1) $\gamma'_f > \gamma'_t K$ 的情形。这种情形下,掘削面上的泥水压的分布及基准的设定位置如图 6.10 (a) 所示。

2) $\gamma'_f < \gamma'_t K$ 的情形。这种情形下,掘削面上的泥水压的分布及基准的设定位置如

图 6.10（b）所示。

表 6.4 土 压 力 计 算 方 法

土压设定方法	基准荷载	土压类型	计算公式	适用土质
掘削面前端水平土压力	全部覆盖土层的荷载（竖直土压力）γH	主动土压	$\gamma H \tan^2\left(45°-\dfrac{\varphi}{2}\right)-2c\tan\left(45°-\dfrac{\varphi}{2}\right)$	黏土
			$\gamma H \tan^2\left(45°-\dfrac{\varphi}{2}\right)$	砂土
		静止土压	$\gamma H(1-\sin\varphi')$	黏土
	松弛土块荷载	松弛土压	$K_0 B\left(\gamma-\dfrac{c}{B}\right)\left[1-e^{-K\tan\varphi(H/B)}\right]+K_a W_0 e^{-K\tan\varphi(H/B)}$	砂土、硬黏土

注 γ—掘削土体的重度，kN/m^3；H—掘削面上顶到地表的覆盖土层的厚度，m；c—土体的黏聚力，kPa；φ—土体的内摩擦角，$(°)$；φ'—有效内摩擦角，$(°)$；K_0—水平土压系数（通常为 1）；B—松动土圈的半宽度；W_0—地表荷载；K—系数，$K_0=\dfrac{K_a}{K\cdot\tan\varphi}$；$K_a$—主动土压力系数。

表 6.5 不同地层的泥水压基准（参考值）

地 层 土 质	泥水压基准（参考值）	预压/(kN/m^2)
冲积层软黏土	上限值＝劈裂压＋水压＋预压 下限值＝静止土压＋水压＋预压	20～30
松砂土-砂砾（冲积层）	上限值＝静止土压＋水压＋预压 下限值＝主动土压＋水压＋预压	20～30
中等-固结黏性土（洪积层）	上限值＝静止土压＋水压＋预压 下限值＝主动土压＋水压＋预压	20～30
中等-密实砂质土（洪积层）	上限值＝静止土压＋水压＋预压 下限值＝主动土压＋水压＋预压	20～30

6.1.4.2 土压平衡盾构

土压平衡盾构，简称 EPB 盾构。土压平衡盾构是在机械式盾构的前部设置隔板，使土舱和排土用的螺旋输送机内充满切削下来的泥土，依靠推进油缸的推力给土舱内的开挖土渣加压，使土压作用于开挖面以使其稳定。土压平衡盾构的支护材料是土体本身。土压平衡盾构由盾壳、刀盘、刀盘驱动、螺旋输送机、皮带输送机、管片安装机、人舱、液压系统等组成，基本构成如图 6.11 所示。

土压平衡盾构的工作原理为：刀盘旋转切削开挖面的泥土，破碎的泥土通过刀盘开口进入土舱，泥土落到土舱底部后，通过螺旋输送机运到皮带输送机上，然后输送到停在轨道上的渣车上。盾构在推进油缸的推力作用下向前推进。盾壳对挖掘出的还未衬砌的隧道起着临时支护作用，承受周围土层的土压，承受地下水的水压以及将地下水挡在盾壳外面。掘进、排土、衬砌等作业在盾壳的掩护下进行。

1. 土压平衡盾构的构成

（1）刀盘。刀盘具有开挖、稳定和搅拌三大功能，是机械化盾构的掘削机构，刀盘结构应根据地质适应性的要求进行设计，必须能适合围岩条件，在确保开挖面稳定的情况

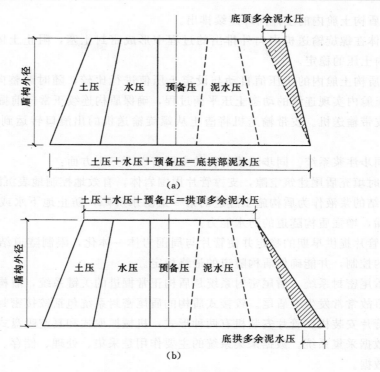

图 6.10　泥水压的设定位置

(a) $\gamma_f' > \gamma_t' K$ 的情形；(b) $\gamma_f' < \gamma_t' K$ 的情形

γ_f'、γ_t'—泥水、掘进地层土体的浮重度；K—土压系数

下，提高掘进速度。刀盘设计时，应充分考虑刀盘的结构形式、刀盘支撑方式、刀盘开口率、刀具的布置等因素。

1）刀盘形式：面板式和辐条式。

2）刀盘驱动：变频电机驱动、液压驱动和定速电机驱动。

3）刀盘支撑：中心支撑方式、中间支撑方式和周边支撑方式。

（2）膨润土添加系统及泡沫系统。膨润土添加系统和泡沫系统是盾构掘进的调节媒介。采用该系统，对于不同的地质条件，通过添加流塑化改性材料，改善盾构土舱内切削土体的流塑性，既可实现平衡开挖面水土压力，又能向外顺畅排土，拓宽了土压平衡盾构的适应范围。

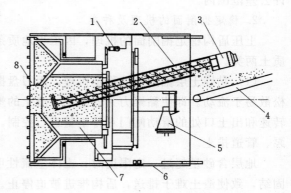

图 6.11　土压平衡盾构基本构成

1—刀盘用油马达；2—螺旋运输机；3—螺旋运输机马达；4—胶带运输机；5—管片拼装机；6—隔板；7—刀盘支架；8—刀盘

（3）螺旋输送机。螺旋输送机由伸缩筒、出渣筒、液压马达、螺旋轴、出渣闸门组成，是土压平衡盾构的排土装置，主要有以下三个功能：

1）将盾构土舱内的土体向外连续排出。

2）土体在螺旋输送机内向外排出的过程中形成密封土塞，阻止土体中的水分散失，保持土舱内土压的稳定。

3）将盾构土舱内的土压值自动与设定土压值进行比较，随时调整向外排土的速度，控制盾构土舱内实现连续的动态土压平衡过程，确保盾构连续正常向前掘进。

（4）皮带输送机。皮带输送机将渣土从螺旋输送机的出渣口转运到停在轨道上的渣车内。

（5）同步注浆系统。同步注浆的目的主要有以下三个方面：

1）及时填充盾尾建筑空隙，支撑管片周围岩体，有效地控制地表沉降。

2）凝结的浆液作为盾构施工隧道的第一道防水屏障，防止地下水或地层的裂隙水向管片内泄漏，增强盾构隧道的防水能力。

3）为管片提供早期的稳定并使管片与周围岩体一体化，限制隧道结构蛇行，有利于盾构姿态的控制，并能确保盾构隧道的最终稳定。

（6）盾尾密封系统。盾尾密封系统是盾构正常掘进的关键系统，盾构法隧道施工所发生的安全事故常常发生在盾尾。铰接式盾构的盾尾密封系统包括铰接密封和盾尾密封。

（7）管片安装机。管片安装机有两种形式：机械抓取式和真空吸盘式。

（8）数据采集系统。数据采集系统的主要作用是采集、处理、储存、显示、评估与盾构有关的数据。

（9）导向系统。导向系统由经纬仪、E1S 靶、后视棱镜、计算机等组成，能连续不断地提供关于盾构姿态的最新信息。通过适当的转向控制，可将盾构控制在设计隧道线路允许公差范围内。

2. 稳定掘削面的机理及种类

土压盾构稳定掘削面的机理，因工程地质条件的不同而不同，通常可分为黏性土和砂质土两类。

（1）黏性土层掘削面的稳定机理。因刀盘掘削下来的土体的黏结性受到破坏，故变得松散易于流动。即使黏聚力大的土层，渣土的塑流性也会增大，故可通过调节螺旋输送机转速和出土口处的滑动闸门对排土量进行控制。对塑流性大的松软土体也可采用专用土砂泵、管道排土。

地层含砂量超过一定限度时，土体塑流性明显变差，土舱内的土体发生堆积、压密、固结，致使渣土难于排送，盾构推进被迫停止。解决这个问题的措施是向土舱内注水、空气、膨润土或泥浆等添加材，并作连续搅拌，以便提高土体的塑流性，确保渣土的顺利排放。

（2）砂质土层掘削面的稳定机理。就砂、砂砾的砂质土地层而言，因土颗粒间的摩擦角大故摩擦阻力大，渗透系数大。当地下水位较高、水压较大时，靠掘削土压和排土机构的调节作用很难平衡掘削面上的土压和水压。再加上掘削土体自身的流动性差，所以在无其他措施的情况下，掘削面稳定极其困难。为此人们开发了向掘削面压注水、空气、膨润土、黏土、泥水或泥浆等添加材的方法，并不断搅拌，改变掘削土的成分比例，以此确保掘削土的流动性、止水性，使掘削面稳定。

（3）土压盾构的种类。按稳定掘削面机构划分的土压平衡盾构大致有如下几种，见表 6.6。

表 6.6 土 压 盾 构 的 种 类

盾 构 名 称	稳定掘削面的措施	适 用 土 质
削土加压式盾构	(1) 面板一次挡土； (2) 充满土舱内的掘削土的被动土压稳定掘削面； (3) 螺旋输送机排土滑动闸门的控制作用	冲积黏土：粉土、黏土、砂质粉土、砂质黏土、夹砂粉质黏土
加土式土压盾构	(1) 面板一次挡土； (2) 向排土槽内加水，与掘削面水压平衡，增加土体的流动性； (3) 滞留于土舱内的掘削土通过螺旋传送机滑动闸门作用挡土	含水砂砾层 粉质黏土层
高浓度泥水加压式土压盾构	(1) 面板一次挡土； (2) 高浓度泥水加压平衡，并确保土体流动； (3) 转斗排土器的泥水压保持调节作用	松软渗透系统大的含水砂层，砂砾层，易坍层
加泥土压盾构	(1) 向土舱内注入泥土、泥浆或高浓度泥浆，经搅拌后塑流性提高，且不渗水，稳定掘削面； (2) 检测土舱内压控制推进量，确保掘削面稳定	软弱黏土层，易坍的含水砂层及混有卵石的砂砾层

6.1.4.3 复合盾构

在结构空间允许的情况下，将不同形式盾构的功能部件同时布置在一台盾构上，掘进过程中可根据地质情况进行功能或工作方式的切换和调整；或对不同形式盾构的功能部件进行类似模块设计，掘进时根据土层情况进行部件调整和更换。这样一台盾构在不同的地层经转换后可以不同的工作原理和方式运行，这类盾构称为复合盾构，也称混合盾构。

1. 工作原理

因为复合盾构掘削地层的对象为复合地层，即从软土层延伸到硬岩。所以复合盾构工法与一般的软土盾构工法存在一定的差异。归纳起来，有以下几点：

（1）对硬地层而言，盾构的切削刀具以可以破碎岩层的滚刀为主。就面板而言，多为穹形，即使面板最外缘也作滚动切削，以便确保外围岩层的破碎。

（2）就岩层而言，锚固千斤顶锚固在井壁上，以其反力推进盾构（TBM 机）。一次衬砌可据地层状况作如下处理：可以用简单的钢制支承和挡板做衬；也可以用喷射混凝土法做衬；也可不做衬（岩层强度极大）。

（3）就破碎带和软地层而言，与通常的软土盾构掘进一样使用管片组装一次衬砌，并以该管片上取得的反力作为盾构的推进力。

（4）因为在岩层中采用以滚刀为主的面板，而在土砂层中采用以 T 型刀具为主的面板，所以地层变化时应在变化点更换面板。

2. 稳定掘削面的方式

复合盾构机运行多采用方式识别和智能控制系统，操作人员可据硬岩、软岩、复合地层及软土层的条件设定稳定掘削面的方式。稳定方式大致分为以下三种，见表 6.7。

表 6.7 稳定掘削面的方式及有关事项

有关事项	稳定掘削面的方式		
	不加压稳定式	气压稳定式	土压稳定式
适应地层	掘削地层完全可以自立，且地下水少，即使有少量地下涌水，也完全可以控制。多数为硬岩层	掘削地层的地下水压力为 0.1～0.2MPa，且地下水丰富。具体地层多为硬岩层，局部强风化岩层，局部全风化岩层、软岩层	掘削地层系不能自立的土层，地下水压较大（超过 0.2MPa），且地下水丰富。具体系指隧道全断面或上部处于不稳定地层和强风化岩层、全断面处于断裂构造带及地层涌水量大的地层
系统参数设定	土舱内无需建立压力（超过大气压的压力）。螺旋输送机的转速可据出土状况设定	向土舱内压注压缩空气，气压小于 0.2MPa。土舱内掘削土可顺利往螺旋输送机入口	可据具体情况随时改变螺旋输送机的转速，从而调节土舱内压，可适当加大泥浆（或泥水）的注入压力
添加材的使用状况	掘削土体黏度较大时，可向土舱内注入适量的水	须往掘削面上的土舱内添加发泡剂	须往掘削面上和土舱内添加发泡剂，有时也添加膨润土等添加材
掘进速度	8～12cm/min	5～8cm/min	2～5cm/min
注意事项	注意观察渣出状况，一旦发现有水涌出或出土量不正常，则应立即建立土压或气压	掘进结束后，土舱内应保持一定的渣土，以防止下次打开螺旋输送机时土舱发生喷涌	控制好螺旋输送机的出土速度及盾构机的推进速度，使土舱内的压力保持在设定值上

注 引自夏明耀，等．地下工程设计施工手册［M］．北京：中国建筑工业出版社，1999。

（1）不加压稳定方式。不加压稳定方式即土舱内的气压为大气压，无需在土舱内建立气压或土压平衡以支承掘削面上的土压和水压，完全靠掘削地层自身的自立能力确保掘削面的稳定。就这种掘削方式而言，盾构机的刀盘具有较大的切削和破碎硬岩的能力，掘削下来的岩渣通过刀盘上的开口（即卸渣口）进入土舱，随后被深入土舱底部的螺旋输送机送出。

（2）气压稳定式。气压稳定式盾构掘进时，土舱内下半部是岩渣，上半部是压缩空气（气压小于 0.2MPa），靠该气压对抗掘削面上的土压＋地下水压，防止掘削面的土体坍塌及地下水的涌入。

（3）土压稳定式。刀盘切削下来的渣土充满土舱，与此同时，螺旋输送机排土。掘进过程中始终维持掘削土量与排土量相等来确保掘削面的稳定及防止地下水的涌入，即确保盾构掘进的顺利正常进行。

3. 适用地层的范围

复合盾构适用的地层范围为硬岩、软岩、硬土、软土及上述岩、土的复合层。

6.1.5 盾构施工主要技术参数

盾构选型工程中，刀盘驱动扭矩、推进系统的推力等主要技术参数的计算非常重要，以便设计出与地质条件相适应的盾构。盾构工作过程的力学参数计算是一个非常复杂的问题，由于受地质因素、土层改良方法、掘进参数等一系列因素的影响，在盾构参数计算的方法上存在很多的不确定因素。

1. 盾构推力

在设计盾构推进装置时，必须考虑的主要阻力有以下六项：盾构推进时的盾壳与周围

地层的阻力 F_1；刀盘面板的推进阻力 F_2；管片与盾尾间的摩擦阻力 F_3；切口环贯入地层的贯入阻力 F_4；转向阻力（曲线施工和纠偏）F_5；牵引后配套拖车的牵引阻力 F_6。

推力必须留有足够的余量，总推力一般为总阻力的 1.5～2 倍。

$$F_e = KF_d \qquad (6.4)$$

式中　F_e——盾构装备总推力，kN；

　　　K——安全储备系数，一般为 1.5～2.0；

　　　F_d——盾构推进总阻力，$F_d = F_1 + F_2 + F_3 + F_4 + F_5 + F_6$。

有时，也可按式（6.5）估算：

$$F_d = 0.25\pi D^2 P_J \qquad (6.5)$$

式中　D——盾构外径，m；

　　　P_J——单位掘削面上的经验推力，也称比推力。一般比推力装备的标准，敞开式盾构为 700～1100kN/m²，闭胸式盾构为 1000～1500kN/m²。

（1）盾构推进时的周边反力。

对砂质土而言：

$$F_1 = 0.25\pi DL(2P_e + 2K_0 P_e + K_0 \gamma' D)\mu_1 + W\mu_1 \qquad (6.6)$$

式中　F_1——盾构推进时的周边反力，即盾壳与周围地层的摩擦阻力，kN；

　　　D——盾构外径，m；

　　　L——盾壳总长度，m；

　　　P_e——作用在盾构上顶部的竖直土压强度，kPa；

　　　K_0——开挖面上土体的静止土压力系数；

　　　γ'——开挖面上土体的浮重度，kN/m³；

　　　μ_1——地层与盾壳的摩擦系数，通常取 $\mu_1 = 0.5\tan\varphi$，φ 为土体的内摩擦角，(°)；

　　　W——盾构主机的重量，kN。

也可按式（6.7）简便计算：

$$F_1 = \mu_1(\pi DL P_m + W) \qquad (6.7)$$

式中　F_1——盾构推进时的周边反力，kN；

　　　μ_1——地层与盾壳的摩擦系数；

　　　D——盾构外径，m；

　　　L——盾壳总长度，m；

　　　P_m——作用在盾构上的平均土压力，kPa；

　　　W——盾构主机的重量，kN。

对黏性土而言：

$$F_1 = \pi DLC \qquad (6.8)$$

式中　D——盾构外径，m；

　　　L——盾壳总长度，m；

　　　C——开挖面上土体的内聚力，kPa。

（2）刀盘面板的推进阻力。手掘式、半机械式盾构上，为开挖面支护反力；机械式盾构上，为作用于刀盘上的推进阻力；闭胸式盾构上为土舱内压力。

$$F_2 = 0.25\pi D^2 P_f \tag{6.9}$$

式中　F_2——刀盘面板的推进阻力，kN；

D——构外径，m；

P_f——开挖面前方的压力；泥水盾构为土舱内的设计泥水压力，土压平衡盾构为土舱内的设计土压力，kPa。

（3）管片与盾尾间的摩擦阻力。

$$F_3 = n_1 W_s \mu_2 + \pi D_s b P_T n_2 \mu_2 \tag{6.10}$$

式中　F_3——管片与盾尾间的摩擦阻力，kN；

n_1——盾尾内管片的环数；

W_s——一环管片的重量，kN；

μ_2——盾尾刷与管片的摩擦系数，通常为 0.3～0.5；

D_s——管片外径，m；

b——每道盾尾刷与管片的接触长度，m；

P_T——盾尾刷内的油脂压力，kPa；

n_2——盾尾刷的层数。

（4）切口环贯入地层的贯入阻力。

对砂质土而言：

$$F_4 = \pi(D^2 - D_i^2)P_3 + \pi Dt K_p P_m \tag{6.11}$$

式中　F_4——切口环贯入地层的阻力，kN；

D——前盾外径，m；

D_i——前盾内径，m；

P_3——切口环插入处地层的平均土压，kPa；

t——切口环插入地层的深度，m；

K_p——被动土压力系数；

P_m——作用在盾构上的平均土压力，kPa。

对于黏土而言：

$$F_4 = \pi(D^2 - D_i^2)P_3 + \pi DtC \tag{6.12}$$

式中　C——开挖面上土体的内聚力，kPa。

（5）转向阻力。

$$F_5 = RS \tag{6.13}$$

式中　F_5——转向阻力，也称变向阻力，kN；

R——抗力土压（被动土压力），kPa；

S——抗力板在掘进方向上的投影面积，m^2。

转向阻力仅在曲线施工中或者盾构推进中出现蛇形时存在，由于抗力板在掘进方向上的投影面积的计算比较复杂，因此，一般不计算转向阻力，在确定总推力时考虑盾构施工中的上坡、曲线施工、蛇行及纠偏等因素，留出必要的富余量。

（6）牵引后配套拖车的牵引阻力。

$$F_6 = W_b \mu_3 \tag{6.14}$$

式中 F_b——牵引后配套拖车的牵引阻力，kN；

μ_3——后配套拖车与运行轨道间的摩擦系数；

W_b——后配套拖车及拖车上设备的总重量，kN。

2. 刀盘扭矩

刀盘扭矩的计算比较复杂，刀盘在地层中掘进时的扭矩一般包含切削土阻力扭矩（克服泥土切削阻力所需的扭矩）、刀盘的旋转阻力矩（克服与泥土的摩擦阻力所需的扭矩）、刀盘所受推力荷载产生的反力矩、密封装置所产生的摩擦力矩、刀盘的前端面的摩擦力矩、刀盘后面的摩擦力矩、刀盘开口的剪切力矩、土压内的搅动力矩。

刀盘扭矩的计算包括：刀盘切削扭矩 T_1；刀盘自重形成的轴承扭矩 T_2；刀盘轴向荷载形成的轴承扭矩 T_3；密封装置摩擦力矩 T_4；刀盘前表面摩擦扭矩 T_5；刀盘圆周面的摩擦反力矩 T_6；刀盘背面摩擦力矩 T_7；刀盘开口槽的剪切力矩 T_8。

刀盘设计扭矩：

$$T = T_1 + T_2 + T_3 + T_4 + T_5 + T_6 + T_7 + T_8 \tag{6.15}$$

刀盘驱动扭矩应有一定的富余量，扭矩储备系数一般为 1.5～2。同时，根据国外盾构设计经验，刀盘扭矩可按式（6.16）进行估算，即：

刀盘扭矩：

$$T = K_a D^3 \tag{6.16}$$

式中 K_a——相对于刀盘直径的扭矩系数，一般取土压平衡盾构 $K_a = 14～23$；泥水盾构 $K_a = 9～18$。

（1）刀盘切削扭矩。

$$T_1 = n q_u h_{max} K_a D^2 n^2 \tag{6.17}$$

式中 T_1——刀盘切削扭矩，kN·m；

n——刀盘转速，r/min；

q_u——切削土的抗压强度，kPa；

h_{max}——贯入度，即刀盘每转的切入深度，m，$h_{max} = v/n$，其中 v 为推进速度，m/h；

D——刀盘直径，m。

（2）刀盘自重形成的轴承旋转反力矩。

$$T_2 = W_c R_1 \mu_g \tag{6.18}$$

式中 W_c——刀盘重量，kN；

R_1——主轴承滚动半径，m；

μ_g——轴承滚动摩擦系数。

（3）刀盘轴向推力荷载形成的旋转阻力矩。

$$T_3 = P_t R_1 \mu_g \tag{6.19}$$

其中

$$P_t = \alpha \pi \left(\frac{D}{2}\right)^2 P_a \tag{6.20}$$

式中　P_t——刀盘推力荷载；

　　　α——刀盘不开口率，$\alpha = 1 - A_s$，A_s 为刀盘开口率；

　　　D——刀盘直径，m；

　　　P_a——盾构前面的主动土压力，kPa。

（4）主轴承密封装置摩擦力矩。

$$T_4 = 2\pi\mu_m F_m (n_1 R_{m1}^2 + n_2 R_{m2}^2) \tag{6.21}$$

式中　μ_m——主轴承密封与钢的摩擦系数，一般取 $\mu_m = 0.2$；

　　　F_m——密封的推力，kPa；

　　　n_1——内密封数量；

　　　n_2——外密封数量；

　　　R_{m1}——内密封安装半径，m；

　　　R_{m2}——外密封安装半径，m。

（5）刀盘前表面摩擦扭矩。

$$T_5 = 2\alpha\pi\mu_1 R_c^3 P_a / 3 \tag{6.22}$$

式中　α——刀盘不开口率；

　　　μ_1——土与刀盘之间的摩擦系数；

　　　R_c——刀盘半径，m；

　　　P_a——盾构前面的主动土压力，kPa。

（6）刀盘圆周面的摩擦反力矩。

$$T_6 = 2\pi R_c B P_z \mu_1 \tag{6.23}$$

式中　R_c——刀盘半径，m；

　　　B——刀盘周边的厚度，m；

　　　P_z——刀盘圆周的平均土压力，kPa；

　　　μ_1——土与刀盘之间的摩擦系数。

（7）刀盘背面摩擦力矩。

$$T_7 = 2\alpha\pi\mu_1 R_c^3 P_w / 3 \tag{6.24}$$

式中　α——刀盘不开口率；

　　　μ_1——土与刀盘之间的摩擦系数；

　　　R_c——刀盘半径，m；

　　　P_w——土舱设定的土压力，kPa。

（8）刀盘开口槽的剪切力矩。

$$T_8 = 2\pi\tau R_c^3 A_s / 3 \tag{6.25}$$

其中

$$\tau = c + P_w \tan\varphi$$

式中　τ——刀盘切削剪力；

　　　R_c——刀盘半径，m；

　　　A_s——刀盘开口率；

　　　c——开挖面上土体的内聚力，kPa；

　　　φ——土舱内土体的内摩擦角，如果是泥水盾构，则是泥水和渣土的混合物，一般

取内摩擦角 $\varphi = 5°$;

P_w——土舱设定的土压力，泥水盾构为泥水压力，kPa。

3. 主驱动功率

$$W_0 = A_w T \omega / \eta \tag{6.26}$$

式中　W_0——主驱动系统功率，kW;

A_w——功率储备系数，一般为 1.2～1.5;

T——刀盘额定扭矩，kN·m;

ω——刀盘角速度，$\omega = 2\pi n/60$，n 为刀盘转速，r/min;

η——主驱动系统的效率。

4. 推进系统功率

$$W_f = A_w F v / \eta_w \tag{6.27}$$

式中　W_f——推进系统功率，kW;

A_w——功率储备系数，一般为 1.2～1.5;

F——最大推力，kN;

v——最大推进速度，m/h;

η_w——推进系统的效率，$\eta_w = \eta_{pm} \eta_{pv} \eta_c$，$\eta_{pm}$ 为推进泵的机械效率，η_{pv} 为推进泵的容积效率，η_c 为联轴器的效率。

5. 同步注浆系统能力

（1）每环管片的理论注浆量。

$$Q = 0.25\pi (D^2 - D_s^2) L \tag{6.28}$$

式中　Q——每环管片的建筑空隙，即每环管片的理论注浆量，m³;

D——刀盘开挖直径，m;

D_s——管片外径，m;

L——管片宽度，m。

（2）每推进一环的最短时间。

$$t = L/v \tag{6.29}$$

式中　L——管片宽度，m;

v——最大推进速度，m/h。

（3）理论注浆能力。

$$q = Q/t = 0.25\pi v (D^2 - D_s^2) \tag{6.30}$$

式中　q——同步注浆系统理论注浆能力，m³/h;

D——刀盘开挖直径，m;

D_s——管片外径，m;

v——最大推进速度，m/h。

（4）额定注浆能力。

同步注浆泵需要的额定注浆能力 q_p 主要考虑地层注入率 λ 和注浆泵的效率 η 两个因素，即:

$$q_p = \lambda q / \eta = 0.25\pi \lambda v (D^2 - D_s^2) / \eta \tag{6.31}$$

式中　λ——地层的注入系数；根据地层而异，一般为 1.5~1.8；

　　　D——刀盘开挖直径，m；

　　　D_s——管片外径，m；

　　　v——最大推进速度，m/h；

　　　η——主驱动系统的效率。

6. 泥水输送系统

(1) 送排泥流量的计算。

1) 开挖土体流量。

$$Q_E = 0.25\pi D^2 v \qquad (6.32)$$

式中　D——刀盘开挖直径，m；

　　　v——最大推进速度，m/h；

　　　Q_E——开挖土体流量，m³/h。

2) 排泥流量。

$$Q_2 = Q_E(\rho_E - \rho_1)/(\rho_2 - \rho_1) \qquad (6.33)$$

式中　Q_E——开挖土体流量，m³/h；

　　　ρ_E——开挖土体密度，t/m³；

　　　ρ_1——送泥密度，t/m³；

　　　ρ_2——排泥密度，t/m³；

　　　Q_2——排泥流量，t/m³。

3) 送泥流量。

$$Q_1 = Q_2 - Q_E \qquad (6.34)$$

式中　Q_1——送泥流量，m³/h；

　　　Q_2——排泥流量，m³/h；

　　　Q_E——开挖土体流量，m³/h。

在以上计算的基础上，送排泥流量应考虑一定的富余量，储备系数一般为 1.2~1.5。同时考虑到送排泥系统在旁通模式时，送排泥流量相等的特点，在送泥泵选型时，其排量值的选取不应小于计算的排泥流量。

(2) 送排泥流速的计算。

1) 送泥管内流速。

$$v_1 = 4Q_1/(\pi D_1^2) \qquad (6.35)$$

式中　v_1——送泥管内流速，m/h；

　　　Q_1——送泥流量，m³/h；

　　　D_1——送泥管内径，m。

2) 排泥管内流速。

$$v_2 = 4Q_2/(\pi D_2^2) \qquad (6.36)$$

式中　v_2——排泥管内流速，m/h；

　　　Q_2——排泥流量，m³/h；

　　　D_2——排泥管内径，m。

6.1.6 盾构隧道施工技术问题

6.1.6.1 进出洞加固技术

盾构进出洞时需采取土体稳定措施。洞门外土体能稳定自立相当长一段时间后，可安全拆除封门，盾构即可进出洞，但在施工时必须对加固处理后的土体实际性能作检测，确认其达到施工所规定的要求，方可拆洞口封门。当前常用的土体稳定技术有 SMW 工法、高压旋喷桩、深层搅拌桩、冻结法等。

1. SMW 工法（深层搅拌桩＋H 型钢）

SMW 工法是指通过深层搅拌机器搅拌，使水泥类悬浮液在原地层中与土体反复均匀混合，并根据一定的间隔插入 H 型钢或板桩等作为加强基材，待水泥土固结后，形成复合的连续挡土墙的技术。

SMW 工法的施工流程图如图 6.12 所示，其施工要点包括以下三个方面：

（1）导墙施工，有利于桩机就位及机架的水平、垂直调试，保证搅拌桩施工的垂直度。同时保证桩与桩之间的搭接长度，避免搅拌桩之间开叉，影响防水效果。

（2）按照水泥的掺入量、水灰比，应用高速离心拌浆机配制拌和均匀的水泥浆液，并根据供浆泵调整提升速度，使水泥类悬浊液与土体充分均匀搅拌，为 H 型钢的顺利插入创造条件，同时减少墙身质量的差异性。每根桩施工结束后对搅拌头进行检查和测量，保证桩径。

（3）插入 H 型钢前，必须将 H 型钢的定位设备准确地固定在导墙上并校正设备的水平度。插入 H 型钢时，必须利用经纬仪调整 H 型钢的垂直精度，控制在 2‰L（L 为 H 型钢长度）以内。

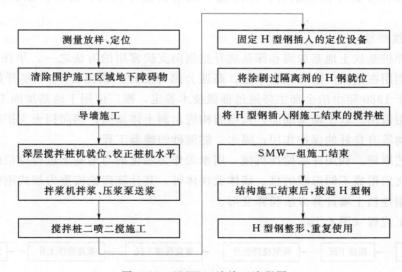

图 6.12 SMW 工法施工流程图

2. 高压旋喷桩

高压旋喷桩法有单管法、二重管法、三重管法以及近年出现的多重管法。它在地基加固、提高地基承载力、改善土质进行护壁、挡土、隔水等方面起到了很好的作用。

（1）适用范围。适用于砂土、黏性土、淤泥土及人工填土等土质。

（2）工艺原理。利用工程钻机钻孔到设计深度，将一定压力的水泥浆液和空气，通过其端部侧面的特殊喷嘴同时喷射，并强制与喷射出来的浆液混合，胶结硬化。喷射的同时，旋转并以一定速度提升注浆管，即在土体中形成直径明显的拌和加固体。桩间叠合就成了隔水、挡土的护壁墙。

（3）施工流程（图 6.13）。

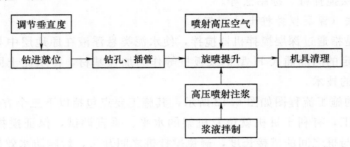

图 6.13　高压旋喷桩施工流程图

钻机就位：主要是指需要钻孔后才能安放注浆管，若直接打入或沉下注浆管就不必钻孔，但必须保证其垂直度。

插管务必在钻孔后立即进行，不宜间隔太长时间。

旋喷提升：必须同时喷射浆液和气体。提升速度与浆液流量密切配合，以免桩径及桩体质量达不到设计要求。同时提升速度还必须与旋转速度相配合。

机具清理：务必冲洗注浆管。全部完毕或阶段性停顿时，要对拌浆、注浆设备作清理。

3. 深层搅拌桩

深层搅拌桩是软土地基加固和深基坑开挖侧向支护常用的方法之一。早在 20 世纪 70 年代日本首创用在钢铁厂港口码头岸壁、高速公路等工程。我国自 1977 年开始试验研制和试用，后于 1980 年由冶金部主持通过部级技术鉴定，推广应用于地基加固工程。

（1）适用范围。软土地基加固，包括盾构进出洞土体加固；侧向挡土支护结构，而且对临近建筑物等有良好的保护作用；隔水、防流砂的帷幕工程。

（2）工艺原理。利用深层搅拌机械，用水泥作为固化剂与地基土进行原位的强制粉碎拌和，待固化后形成不同形状的桩、墙体或块体等。其计算理论按重力坝式刚性挡土墙计算，同时按刚性挡土墙计算方法验算变形。

（3）施工流程（图 6.14）。

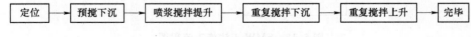

图 6.14　深层搅拌法施工流程图

施工现场应进行平整、碾压或夯实，以保证桩机定位移动，钻孔垂直。

1）深层搅拌机就位。

2）搅拌下沉：启动电动机根据土质情况按计算速率，放松卷扬机使搅拌头自上而下切土拌和下沉，直到设计深度。

3）注浆搅拌提升：待水泥浆到达搅拌头后，按计算要求的速度提升搅拌头，边注浆、边搅拌、边提升，使水泥浆和原地基土充分拌和，直至提升到桩顶设计标高后再关闭泵。

4）重复搅拌下沉：再次将搅拌机边搅拌边下沉至设计标高。

5）重复搅拌提升（不注浆）：边搅拌边提升至自然地面，关闭搅拌机即完成 1 根桩的成桩。

4. 冻结法

当用其他方法难以达到稳定开挖面土体时，采用冻结法可取得较好的效果。冻结法的主要功能：使不稳定的含水地层能形成强度很高的冻土体；能够形成完整的防水屏蔽，起到隔水作用；能起到良好的挡土墙作用，以承受外来荷载。依其冷却地层的方式，可以分为直接冻结和间接冻结两大类。

（1）直接冻结方式。这是一种低温液化气方法。从工厂将低温液化气（液氮－193℃）直接运达到工地，输入到预先埋设在地层中的冷冻管内，液氮在冷冻管中气化而使冷冻管周围地层的土体冻结，气化后的氮气放入大气中。

液氮冻结温度极低，冻结速度快，时间短。一般适用于暂时性的小规模工程施工，常用在一些地下的危急工程。

（2）间接冻结方式。通常采用盐水冻结法。盐水冻结法是利用氨压缩调节制冷，并通过盐水媒介热传导原理进行冻结。一般是在工地现场设置冷冻设备，冷却不冻液（一般为盐水）至－20～－30℃，然后盐水进入冻结管内使地层土体冻结，温度升高后的盐水回流到冷冻机再冷却。这样，盐水就在热交换过程中循环不息，冻结管周围地层的冻土圆柱体直径不断扩展变大，并与相邻冻土圆柱体相交，在工程施工范围内形成完整的屏蔽，成为具有一定厚度和强度的又能防渗的挡土墙或拱形体。

（3）盐水冻结法工艺流程（图6.15）。

6.1.6.2 管片的拼装

管片拼装是建造隧道重要工序之一，管片拼装后形成隧道，拼装质量直接影响工程质量。

（1）管片拼装按其整体组合可分为通缝拼装、错缝拼装、通用楔形管片拼装。

1）通缝拼装。各环管片的纵缝对齐的拼装方法，这种拼装方法在拼装时定位容易，纵向螺栓容易穿，拼装施工应力小，但容易产生环面不平，并有较大

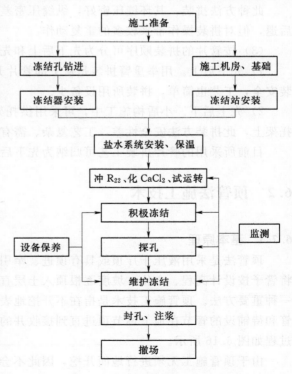

图 6.15 盐水冻结法工艺流程

累计误差，导致环向螺栓难穿，环缝压密量不够。

2）错缝拼装。错缝拼装即前后环管片的纵缝错开拼装，一般错开 1/2～1/3 块管片弧长，用此法建造的隧道整体性较好，拼装施工应力大，纵向穿螺栓困难，纵缝压密差。但环面较平正，环向螺栓比较容易穿。

3）通用楔形管片拼装。通用楔形管片拼装是利用左右环宽不等的特点，管片任意旋转角度进行拼装，这种拼装方法工艺要求高，在管片拼装前需要对隧道轴线进行计算预测，及时调整管片旋转角度。

楔形管片有最大宽度和最小宽度，用于隧道转弯和纠偏。隧道转弯的楔形管片由管片的外径和相应的施工曲线半径而定，楔形环的楔形量、楔形角由标准管片的宽度、管片的外径、施工曲线的半径等而定。

（2）针对盾构有无后退可有先环后纵和先纵后环拼装工艺之分。

1）先环后纵。在采用敞开式或机械切削开挖的盾构，盾构后退量较小，则可采用先环后纵的拼装工艺。即先将管片拼装成圆环，拧好所有环向螺栓，待穿进纵向螺栓后再用千斤顶使整环纵向靠拢，然后拧紧纵向螺栓，完成一环的拼装工序。

采用先环后纵的拼装，其成环后环面平整、圆环的椭圆度易控制，纵缝密实度好，但如前一环环面不平，则在纵向靠拢时，对新成环所产生的施工应力就大。

2）先纵后环。当采用挤压或网格盾构施工时，盾构后退量较大，为不使盾构后退，减少对地面的变形，则可用先纵后环的拼装工艺来施工。即缩一块管片位置的千斤顶，使管片就位，立即伸出缩回的千斤顶，这样逐块拼装，最后成环。

此种方法拼装，其环缝压密好，纵缝压密差，圆环椭圆度较难控制，主要可防止盾构后退，但对拼装操作带来较多的重复动作。

（3）按管片的拼装顺序可分为先下后上和先上后下两种。

1）先下后上。用举重臂拼装是从下部管片开始拼装，逐块左右交叉向上拼，这样拼装安全，工艺也简单，拼装所用设备少。

2）先上后下。小盾构施工中，可采用拱托架拼装，则要先拼上部，使管片支承于拱托架上，此拼装方法安全性差，工艺复杂、需有卷扬机等辅助设备。

目前所采用的管片拼装工艺可归纳为先下后上、左右交叉、纵向插入、封顶成环。

6.2 顶管法施工技术

6.2.1 基本原理

顶管法是采用液压千斤顶或具有顶进、牵引功能的设备，以顶管工作井作为承压壁，将管子按设计高程、方位、坡度逐根顶入土层直至到达目的地，是修建隧道和地下管道的一种重要方法。顶管施工技术是指在不开挖地表的情况下，利用液压缸从顶管工作井将顶管和待铺设的管节在地下逐节顶进直到接收井的非开挖地下管道敷设施工工艺。顶管施工过程如图 6.16 所示。

由于顶管施工无须进行地面开挖，因此不会阻碍交通，不会产生过大的噪声和振动，对周围环境影响也很小。顶管最初主要用于地下水道施工，随着城市的发展，其运用领域

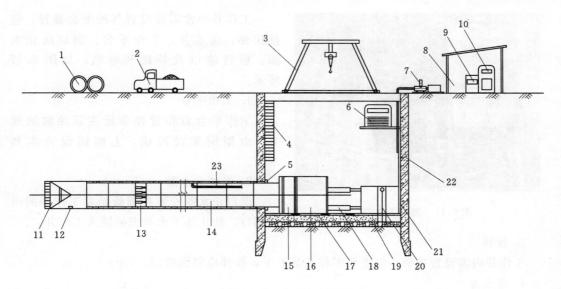

图 6.16　顶管施工示意图

1—钢筋混凝土管；2—运输车；3—吊车；4—扶梯；5—洞口防水圈；6—主顶油泵；7—润滑注浆系统；8—操作房；
9—配电系统；10—操作系统；11—机头；12—运土车；13—中继间；14—混凝土管；15—O 形顶铁；16—U 形顶铁；
17—导轨；18—主顶油缸；19—基础；20—测量系统；21—后背墙；22—钢筋混凝土工作井；23—注浆管
引自夏明耀，等．地下工程设计施工手册［M］．北京：中国建筑工业出版社，1999．

也越来越广泛，目前广泛运用于城市给水排水、煤气管道、电力隧道、通信电缆、发电循
环水冷却管道等基础设施建设以及公路、铁路、隧道等交通运输的施工中。

顶管施工过程如下：先在管道设计路线上施工一定数量的小基坑作为顶管工作井（大
多数采用沉井施工），在工作井内的一面或两面侧壁设有圆孔作为预制管节的出口或入口。
顶管出口孔壁对面侧墙为承压壁，其上安装液压千斤顶和承压垫板。用液压油缸将带有切
口和支护开挖装置的工具管顶出工作井出口孔壁，然后以工具管为先导，将预制管节按设
计轴线逐节顶入土层中，同时排出和运走挖出的泥土。当第一节管节完全顶入土层后，再
把第二节管节接在后面继续顶进。同时将第一节管节内挖出的泥土完全运走，直至第二节
管节也全部顶入土层。然后把第三节管节接上顶进，如此循环。

6.2.2　顶管法施工

一个完整的顶管施工大体包括工作井、推进系统、注浆系统、定位纠偏系统及辅助系
统五大部分。

6.2.2.1　工作井

在需要顶进的管道一端修建的竖井称为工作井，工作井是安放所有顶进设备的场所，
也是顶管掘进机的始发场所，还是承受主顶油缸推力的反作用力的构筑物。工作井按其使
用用途可分为顶管始发工作井和接收工作井。顶管始发工作井是为了布置顶管施工设备而
开挖的工作井，一般设置有后墙以承受施工过程中的反力；接收工作井是为了接收顶管施
工设备而开挖的工作井。通常管节从工作井中一节节推进，当首节管进入接收工作井时，
整个顶管工程才结束。

图 6.17　顶管工作井

工作井中常需要设置各种配套装置，包括扶梯、集水井、工作平台、洞口防止水圈、后背墙以及基础和导轨，如图 6.17 所示。

1. 工作平台

工作平台宜布置在靠近主顶油缸的地方，由型钢架设而成，上面铺设方木和木板。

2. 洞口止水圈

洞口止水圈安装在顶管始发工作井的出洞洞口，防止地下水和泥砂流入工作井。

3. 扶梯

工作井内需设置扶梯，以方便工作人员上下，扶梯应坚固防滑。

4. 集水井

集水井用来排除工作井底的地下水，或兼作排除泥浆的备用井。

5. 后背墙

后背墙位于顶管始发工作井顶进方向的对面，是顶进管节时为顶管提供反作用力的一种结构。后背墙在顶管施工中必须保持稳定，具备足够的强度和刚度。它的构造因工作井的构筑方式不同而不同。在沉井工作井中，后背墙一般就是工作井的后方井壁。在钢板桩工作井中，必须在工作井内后方与钢板桩之间浇筑一座与工作井宽度相等的厚 0.5～1m 的钢筋混凝土墙。由于主顶油缸较细，若把主顶油缸直接抵在后背墙上，后背墙很容易顶坏。为了防止这类事情发生，在后背墙与主顶油缸之间，需垫上一块厚度为 200～300mm 的钢构件，即后背墙。在后背墙与钢筋混凝土墙之间设置木垫，通过它把油缸的反力均匀地传递到后背墙上，这样后背墙就不太容易损坏。

6. 基础与导轨

基础是工作井坑底承受管节重量的部位。基础的形式取决于地基土的种类、管节的重量及地下水位。一般的顶管工作井常采用土槽木垫基础、卵石木枕基础及混凝土木枕基础。

（1）土槽木枕基础：适用地基承载力大而又没有地下水的地方，这种基础在工作井底部平整后，在坑底挖槽并埋枕木，枕木上安放导轨。

（2）卵石木枕基础：适用于有地下水但渗透量较小，以细粒为主的粉砂土。为了防止安装导轨时扰动地基土，可铺设一层厚度为 100mm 的碎石以增强承载力。

（3）钢筋混凝土木枕基础：适用范围广，适用于地下水位高、地基土软弱的情况。这种基础是在工作井地基上浇筑一定厚度的钢筋混凝土，导轨安装在钢筋混凝土基础上。它的主要作用有两点：一是使管节沿一稳定的基础导向顶进；二是让顶铁工作时有一个托架。

导轨一般采用型钢焊接而成，应具有较高的尺寸精度，并具有耐磨和承载能力大的特点；导轨下方应采用刚性结构垫实，两侧撑牢固定。基础和导轨是顶管出发基准，应该具有足够的强度和刚度，并具有坚固且不移位的特点。

6.2.2.2 推进系统

推进系统主要由主顶装置、顶铁、顶管机、顶进管节和中继间组成。

1. 主顶装置

主顶装置主要是由主顶油缸、主顶液压泵站、操作系统以及油管等组成。如图 6.18 所示。

（1）主顶油缸：主顶油缸是主顶装置的主要设备，工程中习惯称之为千斤顶，它是管节推进的动力。主顶油缸安装在顶管工作井内，一般均匀的布置在管壁两侧，油缸主要是由缸体、活塞、活塞杆及密封件组成，其形式多为可伸缩的液压驱动的活塞式双作用油缸。

（2）主顶液压泵站：主顶液压泵站的压力由主顶油缸通过高压油缸供给。

（3）操作系统：主顶油缸的推进和回缩是通过高压操作系统控制的。操作方式有电动和手动两种，前者适用电磁阀或电液阀，后者使用手动换向阀。

图 6.18　主顶装置

（4）油管：常用的油缸有钢管、高压软管等。管接头的形式根据系统压力选取，常用的管接头有卡套式和焊接式。

2. 顶铁

顶铁是顶进过程中的传力构件，起到传递顶力并扩大管节端面承压面积的作用，一般由钢板焊接而成。通常是一个内外径与管节内外径相同的，有一定厚度的钢结构构件。顶铁由 O 形顶铁和 U 形顶铁组成，如图 6.19 所示。

图 6.19　顶铁

（1）O 形顶铁：直接与管子接触的构件，通过该构件可以将主顶油缸的顶力全断面的传递到管节上，用以扩大管子的承载面积。

（2）U 形顶铁：该构件是 O 形顶铁与主顶油缸之间的垫块，用以弥补主顶油缸行程的不足。

　　U 形顶铁的数量和长度取决于管子的长度和主顶油缸的行程大小。顶铁应具有足够的强度和刚度。尤其要注意主顶油缸的受力点与顶铁相对应位置肋板的强度，防止顶进受力后顶铁变形和破坏。

　　3. 顶管机

　　顶管机是在盾壳的保护下，采用手掘、机械或水力破碎的方法来完成隧道开挖的机器。如图 6.20 所示，顶管机安放在所有顶管管节的最前端，主要功能有两点：一是开挖正面的土体，同时保持正面的水土压力的稳定；二是通过纠偏装置控制顶管机的姿态，确保管节按照设计的轴线方向顶进。目前的顶管机的形式主要有泥水平衡式、土压平衡式和气压平衡式等。

图 6.20　顶管机

　　4. 顶进管节

　　顶进管节通常包括钢筋混凝土管、钢管、玻璃钢夹砂管和预应力钢筒混凝土管等，如图 6.21 所示。

　　（1）钢筋混凝土管的管节长度有 2～3m 不等。这类管节接口必须在施工时和施工完成以后的使用过程中都不渗漏。这种管节的接口形式目前主要是 F 形。

　　（2）钢管的长度根据工作井的长度确定，接口焊接而成，施工完后变成一刚性较大的管子。它的优点是焊机接口不易渗漏，缺点是只能用于直线顶管。

　　（3）玻璃钢夹砂管也可以用于顶管，一般顶距较短，目前仅用于中小口径，管节的防腐性能比较好。

　　（4）预应力钢筒混凝土管在顶管工程中正在得到应用，由于管节能够承受较大的内压，所以适用于给水管道工程。

图 6.21　顶进管节

5. 中继间

中继间，也称中继站或中继接力环。是长距离顶管中不可缺少的设备。中继间安装在顶进管线的某些部位，把这段顶进管道分成若干各推进区间。它主要由多个推进油缸、特殊的钢制外壳、前后两个特殊的顶进管节和均压环、密封件等组成，如图 6.22 所示。顶推油缸均匀的分布于保护外壳内，当所需的顶进力超过主顶工作站的顶推能力、施工管道或者后座装置所允许承受的最大荷载时，需要在施工的管道中安装一个或多个中继间进行接力顶进施工。

图 6.22 中继间

中继间是在顶进管段中间安装的接力顶进工作室，此工作室内部有中继千斤顶，从而把这段一次顶进的管道分成若干个推进区间。从工具管到工作井将中继间依次编序号 1、2、…。如图 6.23 所示，管道分成了 3 段，设置了两个中继间。工作时，首先启动 1 号中继间。其后面管段为顶推后座，顶进前面管节，当达到允许行程后停止 1 号中继间，启动 2 号中继间工作，直到最后启动工作井主千斤顶，使整个管段向前顶进了一段长度。如此循环作业，直到全部管节顶完为止。从图 6.23 中可以看出，除了中继间以外，其他的均与普通顶管相同。当置于管道中继间的数量有 5 个，应用中继间自动控制程序，则 1 号的第二循环可与 4 号的第一循环同步进行，2 号的中继间的第二循环可与 5 号的第一循环同步进行，以此类推。只有前两个中继间的工作周期占用实际的顶进时间，其余中继间的工

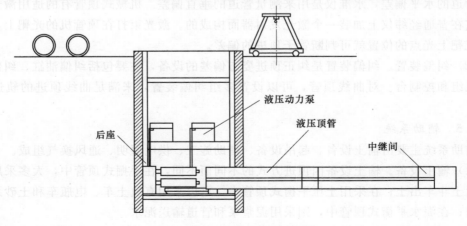

液压动力泵

液压顶管

后座

中继间

图 6.23 中继间的顶进示意图

作不再影响顶管速度。

　　中继间必须具有足够的强度、刚度、良好的密闭性，而且要方便安装。因管体结构及中继间工作状态不同，中继间的构造也有所不同。如图 6.24 所示的是中继间的一种形式。它主要由前特殊管、后特殊管和壳体油缸、均压环等组成。在前特殊管的尾部，有一个与 T 形套环相类似的密封圈和接口。中继间壳体的前端与 T 形套环的一半相似，利用它把中继间壳体与混凝土管连接起来。中继间的后特殊管外侧设有两环止水密封圈，使壳体虽在其上来回抽动而不会产生渗漏。

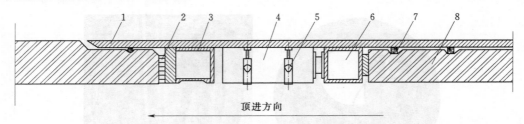

图 6.24　中继间的一种形式
1—中继管壳体；2—木垫环；3—均匀钢环；4—中继间油缸；5—油缸固定装置；
6—均压钢环；7—止水圈；8—特殊管

6.2.2.3　注浆系统

　　注浆系统由拌浆、注浆和管道三部分组成。

　　（1）拌浆：拌浆是把注浆材料加水以后再搅拌成所需的浆液。

　　（2）注浆：注浆是通过注浆泵来进行的，它可以控制注浆压力和注浆量。

　　（3）管道：管道分为总管和支管，总管安装在管道内的一侧，支管则是把总管内压送过来的浆液输送到每个注浆孔去。

6.2.2.4　纠偏系统

　　纠偏系统由测量设备和纠偏装置组成。

　　（1）测量设备。常用的测量装置就是置于基坑后部的经纬仪和水准仪。经纬仪是用来测量管道的水平偏差，水准仪是用来测量管道的垂直偏差。机械式顶管有的适用激光经纬仪，它在普通经纬仪上加装一个激光发射器而构成的。激光束打在顶管机的光靶上，通过观察光靶上光点的位置就可判断管子顶进的偏差。

　　（2）纠偏装置。纠偏装置是纠正顶进姿态偏差的设备，主要包括纠偏油缸、纠偏液压动力机组和控制台。对曲线顶管，可以设置多组纠偏装置，来满足曲线顶进的轨迹控制要求。

6.2.2.5　辅助系统

　　辅助系统主要由输土设备、起吊设备、辅助施工、供电照明、通风换气组成。

　　（1）输土设备。输土设备因顶进方式的不同而不同，在手掘式顶管中，大多采用人力车或运土斗车出土；在采用土压平衡式顶管中，可以采用有轨土车、电瓶车和土砂泵等出土方式；在泥水平衡式顶管中，则采用泥浆泵和管道输送泥水。

　　（2）起吊设备。起吊设备一般分为龙门吊和吊车两类。其中，最常用的是龙门吊，它操作简便、工作可靠，不同口径的管子应配不同起重重量的龙门吊，它的缺点是转移过程中拆装比较困难。汽车式起重机和履带式起重机也是常用的地面起吊设备，它的优点是转移方便、灵活。

（3）辅助施工。顶管施工离不开一些辅助施工的方法。不同的顶管方式以及不同的地质条件应采用不同的辅助施工方法。顶管常用的辅助施工方法有井点降水、高压旋喷、压密注浆、双浆液注浆、搅拌桩、冻结法等。

（4）供电照明。顶管施工中常用的供电方式有低压供电和高压供电：

1）低压供电：根据顶管机的功率、管内设备的用电量和顶进长度，设计动力电缆的截面大小和数量。这是目前应用较普遍的供电方式。对于大口径长距离顶管，一般采用多线供电方案。

2）高压供电：在口径比较大而且顶进距离又比较长的情况下，也采用高压供电方案。先把高压电输送到顶管机后的管子中，然后由管子中的变压器进行降压，再把降压后的电送到顶管机的电源箱中。高压供电的好处是途中损耗少而且所用电缆可细些，但高压供电危险性大，要做好用电安全工作和同时采取安全用电措施加以保护。

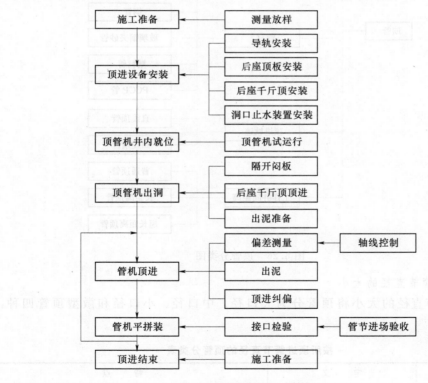

图 6.25 顶管法施工流程图

（5）通风换气。通风换气是长距离顶管中必不可少的一环，否则可能发生缺氧或气体中毒的现象。顶管中的通风采用专用轴流风机或者鼓风机。通过通风管道将新鲜的空气送到顶管机内，把浑浊的空气排出管道。除此以外，还应对管道内的有毒有害气体进行定时检测。

顶管施工的流程图如图 6.25 所示。

6.2.3 顶管机及其选型

6.2.3.1 顶管机的分类

顶管机的种类很多，如图 6.26 所示，按不同的分类方式，形式也不相同。

图 6.26 顶管分类图

1. 按顶进管节直径的大小

按所顶管节直径的大小将顶管分为大口径、中口径、小口径和微型顶管四种，见表 6.8。

表 6.8 按所顶进管节直径的顶管分类表

类 别	定 义	特 点
大口径顶管	$\phi2000mm$ 以上的顶管	人能在这种管道中站立和自由行走
中口径顶管	$\phi1400\sim1800mm$ 的顶管	人在这种管道中可以弯腰行走，但不能走得太远
小口径顶管	$\phi600\sim1200mm$ 的顶管	人在这种管道中只能爬行，甚至爬行都很困难
微型顶管	$\phi400mm$ 以下的顶管	人无法进入这种管道，这种管道一般都埋地较浅

2. 按顶进管材分类

顶管按材料来分类，通常可分为钢筋混凝土管、钢管、铸铁管、玻璃钢管和PCCP管等。钢筋混凝土管是顶管中使用得最多的一种管材。按其接口形式分为平接口、企口和F形接口三种，在钢筋混凝土管中，还有采用玻璃纤维或钢板进行加强的管子。

钢管也是顶管施工中较常用的管材。由于其具有管壁薄、强度高、相应管节重量轻、密闭性好等优点，被广泛用于自来水、煤气、天然气及发电厂的冷却水用管等的顶管。但是钢管刚度差易变形，且埋于地下极易被腐蚀。因此在设计和施计中要采取相应措施加以避免。顶管用管有时需用钢管作外壳，里面再浇上钢筋混凝土，这种管子是一种特殊的加强管，可用于超长距离的顶进。

玻璃钢管是目前国内外逐渐推广应用的一种柔性复合材料管道。玻璃钢管比重仅是钢管或铸铁管的1/4～1/5，便于运输和安装。管道内表面光滑，水力学性能优于钢管或铸铁管，顶管的外表面光滑，能减小摩擦阻力和顶力，使管材顺利顶进不致损坏。耐腐蚀性能优异，寿命长，几乎不用维护，确保使用寿命达50年。

3. 按维持开挖面稳定的性能分类

根据维持开挖面稳定的性能分类，将顶管机分为敞开式和平衡式。平衡式顶管机又分为泥水平衡式、土压平衡式和气压平衡式三种，如图6.27所示。其中泥水式与土压式顶管使用较为普遍。

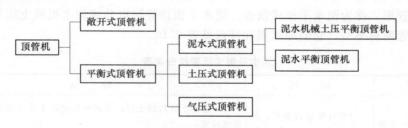

图6.27 顶管机型分类图

表6.9为常用顶管机的优缺点。

表6.9 常用顶管类型及其特点

类型	定义	优点	缺点
敞开式顶管	顶管机管端敞开，采用挖掘方式出泥	结构简单，机头加工简便，造价低	遇到流砂层时难以稳定开挖面，沉降较大
泥水平衡式顶管	通过调节泥舱的泥水压力稳定开挖面，弃土的泥浆用管子排出	地表变形小，适应连续顶进、长距离顶进，施工效率高	弃土泥浆外运费用高
土压平衡式顶管	通过调节泥舱土压力稳定开挖面，弃土直接从出泥舱排出	地表变形小，对环境污染小，适用多土层	目前难以实现连续顶进
气压平衡式顶管	通过调节泥舱的气压大小稳定开挖面，弃土以泥水形式用管道排出	性能可靠，排障碍能力强	成本相对较高，效率相对较低

注 引自夏明耀，等. 地下工程设计施工手册 [M]. 北京：中国建筑工业出版社，1999。

（1）敞开式顶管。地下水位以上的顶管，一般遇到的是稳定土，开挖面基本稳定。敞开式顶管的开挖面的全部或大部分处于开放状态，它的前提条件就是开挖面要能保持自稳，这种顶进工法在日本称为刀口式顶进工法。图 6.28 为开放型刀口形式。采用敞开式取土，顶进完成后地表均有沉降现象，因此不适用于已建成的建筑物区域，一般在农田等对地面沉降要求不严格的情况下或随新建市政道路工程同时施工时采用。为保护环境，敞开式顶管机现在一般不单独使用。

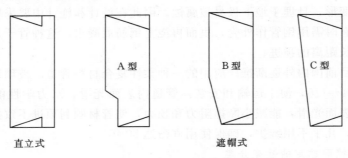

图 6.28 开放型刀口形式

（2）泥水平衡式顶管。泥水平衡介质在工作舱中获得一定的压力，以平衡地下水和土层的压力，其泥水舱中平衡压力的调节主要是通过泥浆泵控制进出平衡介质的量来实现的，这类顶管形式称为泥水平衡式顶管。泥水平衡顶管可以分成泥水机械土压平衡顶管和泥水平衡顶管两种类型，它们的区别和特点见表 6.10。

表 6.10 泥水平衡式顶管机分类表

类 别	区 别	特 点
泥水机械土压平衡顶管	刀盘可伸缩顶管机，具有土压和泥水双重平衡机理	（1）适用于较软的土层，如果在较硬的土层中掘进，它的速度就比较慢； （2）由于采用泥水循环出土，施工进度快，但弃土处理费较高； （3）不适用于有较大石块或障碍物的土层
泥水平衡顶管	固定刀盘顶管机，泥水平衡机理	（1）应用土质较为广泛，施工速度快； （2）土方外运费用较高； （3）地表沉降控制精度高

注 引自葛金科，沈水龙，等. 现代顶管施工技术及工程实例 [M]. 北京：中国建筑工业出版社，2009。

1）泥水机械土压平衡顶管。泥水机械土压平衡顶管机是一种面板式刀盘可伸缩、刀排刀头也可以伸缩的顶管机，即 Telemole 顶管机，操作可以在基坑内或地面操纵室内进行，该顶管机具有土压和泥水双重平衡机理，地面沉降控制精度很高。顶管机前壳体的前端是刀盘，在刀盘的后面就是泥水舱。刀盘是由电动机通过减速器减速以后再驱动的。刀盘可在泥水舱前后移动。刀盘上有 2~4 个矩形槽，槽内安放着可以前后伸缩的刀排和刀头。刀排向前伸时，可以切削土体，同时被切削下来的土从刀头与刃盘之间的空隙进入泥水舱内。在刀盘的面板上还散布着一个个固定的刀头。该刀头是在槽内刀头缩回后切削土体用的。在刀盘边缘还有几把边缘刀头，该刀头能在校正方向过程中把顶管机边缘的土挖净，在顶管机的方向容易校正。不进行方向校正时，该刀头可把顶管机前方的土挖成与顶管机壳体一样大小的洞，在顶管机顶进过程中，不使刀盘受挤压的力过大而影响平衡的力。在土质条件比较硬的情况下更是如此。在前后壳体之间有纠偏油缸，在顶管机下部平行地安装的两根管子为进、排泥管。

2）泥水平衡顶管。泥水平衡顶管机是具有固定的面板式刀盘和刀排的结构，通过泥水舱的泥水压力稳定开挖面的水土压力。泥水平衡顶管机的结构比较简单，面板式刀盘上分布几条进土槽，在进土槽的两侧安装切削刀头，刀头切削正面的土体，进入面板后的泥水舱，然后在搅拌棒的作用下破碎成泥浆，泥水在泥水舱内进行循环。由于是固定刀盘结构，所以对地层的适应性较好，但是正面的土压力会通过面板直接传递到主轴上，对主轴承和主轴的承载力要求较高。

（3）土压平衡式顶管。土压平衡式顶管机是一种封闭式顶管机，在顶进过程中，顶管机一方面与其所处土层的土压力和地下水压力处于平衡状态；另一方面，其排土量与顶管机切削刀盘破碎下来的土的体积处于一种平衡状态。只有同时满足上述两个条件才算真正的土压平衡。土压平衡式顶管与泥水平衡式顶管施工相比，最大的特点是排出的土或泥浆一般都不需要再进行泥水分离等二次处理。按机头所载刀盘数量，土压平衡式顶管机又可分为大刀盘土压平衡顶管机和多刀盘土压平衡顶管机。大刀盘土压平衡顶管机具有一个全断面切削刀盘，通常是全断面切削正面的土体，对地面及地下的建筑物、构造物、埋设物的影响较小。用它可以安全地穿越公路、铁路、河川、房屋以及各种地下公用管线。多刀盘土压平衡顶管机一般为四个独立的切削搅拌刀盘，不是全断面切削正面土体，局部土体受挤压，对开挖面的土体扰动比较大。多刀盘土压平衡顶管机适用于软黏土，对砂性土可以在开挖面加入一定量的膨润土泥浆，进行土体改良。

（4）气压平衡式顶管。气压平衡式一般是指网格气压水冲式顶管机，可以在局部气压状态下采用高压水切割破碎正面土体，并用水力机械出泥。该顶管机还能够在全气压的状态下，由气压进入开挖面排除障碍物，适用的地层范围较广。

6.2.3.2 顶管机的选择

1. 各类顶管机的施工效率

手工挖掘式顶管施工是最早发展起来的一种顶管施工的方式，由于它在特定的土质条件下和采用一定的辅助施工措施后便具有施工操作简便、设备少、施工成本低、施工进度快等一些优点，至今仍被许多施工单位采用。手工挖掘式顶管机的施工效率，主要取决于顶管机的直径和施工的长度，特别是地层的破碎难易程度。根据经验，其施工效率一般随着地层级别的升高而降低。

机械顶管一般都能满足顶进速度的要求。图 6.29 为机械顶管机的施工效率之比较图。土压式顶管施工与泥水式顶管施工相比，最大的特点是排出的土或泥浆一般都不需要再进行泥水分离等二次处理。泥水式顶管施工由于泥水输送弃土的作业是连续不断地进行的，所以它作业时的进度比较快。但是弃土的运输和存放都比较困难，泥水分离的处理周期也比较长。相比之下，泥水平衡顶管机比土压平衡顶管机快。

2. 顶管机选型

一般来说，用顶管法施工的地层都是复杂多变的，因此，对于复杂的地层如何选定较为合理的顶管机，是当前的一个难题。选择顶管机的种类一般要求掌握不同顶管的特征。

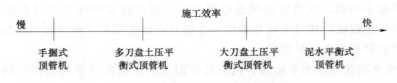

图 6.29　各类顶管施工效率图

同时需要判别顶管工作面是否稳定。

　　表 6.11 为顶管机的选型依据表。在选定顶管时，不仅要考虑到地质情况，还要考虑到顶管的外径、隧道的长度、工程的施工程序、劳动力情况、工期、造价等，而且还要综合研究工程施工环境、地基条件、环境影响等。

表 6.11　　　　　　　　　　　　　　　顶 管 机 选 型 依 据 表

选型依据		适　用　情　况
土质条件		(1) 泥水平衡式顶管机适用的土质范围比较广，在地下水压力很高及变化范围较大情况下也适用； (2) 土压平衡式适用的范围也比较广，对于硬土，可以在开挖面采取土体改良措施
设备造价		(1) 敞口式顶管机没有复杂的后配套系统，造价比密闭式顶管机低。在地质条件允许的情况下，从降低造价考虑，宜优先选用敞口式顶管机； (2) 土压平衡式顶管机和泥水式平衡顶管机的造价相接近
顶进速度		机械顶管的速度基本上都能达到要求，根据不同的土质，一般的顶管机速度可达 50mm/min。泥水平衡式顶管机比土压平衡式顶管机的顶进速度快
安全性能		泥水平衡式和土压平衡式的安全性都比较高
顶管口径		(1) 从出土量和排土形式上考虑，小口径顶管用泥水平衡式顶管机较好； (2) 从顶进速度和地面沉降精度等综合因素考虑，大口径顶管多采用泥水平衡式顶管机
施工时覆土深度		如果覆土较浅又在砂土中顶进，应该尽可能采用土压平衡式和泥水平衡式顶管机
刀盘形式	可浮动刀盘	(1) 适用于软土地层； (2) 施工后的地面沉降很小，一般在 10mm 以内
	带有破碎功能刀盘	(1) 适用口径为 $\phi600\sim2400$mm； (2) 口径越小，能破碎的砾石粒径也越小，一般能破碎粒径为刀盘直径的 15%～20%
	具有偏心破碎装置的刀盘	(1) 适用口径为 $\phi250\sim1350$mm； (2) 几乎是全土质的顶管机，破碎粒径为刀盘直径的 15%
	中心轴支承刀盘	适用于各种口径刀盘扭矩较大的顶管机中，可靠性好
	中间支承刀盘	适用于大、中口径刀盘扭矩较大的顶管机中
	周边支承刀盘	适用范围与中间支承刀盘适用范围基本相同
顶程长度		(1) 一般小口径顶管机一个顶程在 100～130m； (2) 中大型顶管机一个顶程可达 1000m 以上（使用中继间）； (3) 泥水平衡式顶管机适宜长距离顶管

选型依据	适 用 情 况
地面变形	(1) 敞口型的顶管机引起的地表沉降大于密闭式的顶管机; (2) 土压平衡式顶管机和泥水平衡式顶管机都能够有效地控制地面沉降
顶进精度	一般利用激光导向纠偏,精度可达±50mm
曲线顶进能力	(1) 曲线顶管与顶管机的选型无关,但是与顶管机的纠偏系统有关; (2) 一般对小曲率半径的顶管,可以设置多组纠偏装置
环境影响	根据现场施工条件选择土压式和泥水式顶管机
设备耐久性	(1) 易损件如止水、油封一般应保证使用2km以上; (2) 刀具视土质情况而定,应尽可能考虑在一个工程内不更换刀具; (3) 主轴、主减速机、主齿轮等都应该满足顶管的正常施工要求; (4) 一般泥水平衡式顶管机的设备耐久性比土压平衡式顶管机要好
现场文明状况	(1) 泥水平衡式顶管机采用管道输送土体。在地面设置泥浆沉淀池或泥浆沉淀箱。所以无论是管内还是地面文明施工状况都较好; (2) 土压平衡式顶管机所输出的土体是经过刀盘和螺旋机搅拌过的,一般在管内采用土箱车运输,地面倒入土方池。现场文明施工状况相对较差。目前,多将螺旋机排出的土体在机内转换为泥水,通过泥水管路系统排到地面

注 引自葛金科,沈水龙,等.现代顶管施工技术及工程实例 [M].北京:中国建筑工业出版社,2009。

6.2.4 常用顶管施工技术

目前较常使用的顶管工具管有手掘式、挤压式、局部气压水力挖土式、泥水平衡式和多刀盘土压平衡式等几种。

手掘式顶管工具管为正面敞胸,采用人工挖土,如图 6.30 所示。

挤压式顶管工具管正面有网格切土装置或将切口刃脚放大,由此减小开挖面采用挤土顶进,如图 6.31 所示。

局部气压水力挖土式顶管工具管正面设有网格并在其后设置密封舱,在密封舱中加适当气压以支承正面土体,密封舱中设置高压水枪和水力扬升机用以冲挖正面土体,将冲下的泥水吸出并送入通过密封舱隔墙的水力运泥管道排放至地面的贮泥水池,如图 6.32 所示。

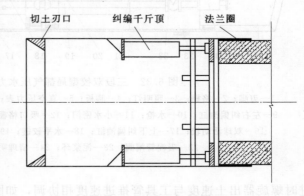

图 6.30 手掘式顶管机示意图

泥水平衡式顶管工具管正面设置刮土刀盘,其后设置密封舱,在密封舱中注入稳定正面土体的护壁泥浆,刮土刀盘刮下的泥土沉入密封舱下部的泥水中并通过水力运输管道排放至地面的泥水处理装置,如图 6.33 所示。

多刀盘土压平衡式顶管工具管头部设置密封舱,密封隔板上装设数个刀盘切土器,顶

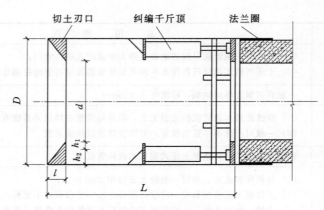

图 6.31 挤土式顶管机示意图

L—工具管长度；l—喇叭口长度；D—工具管外径；d—喇叭口
小口直径；h_1—土斗车轮高度；h_2—纠偏千斤顶高度

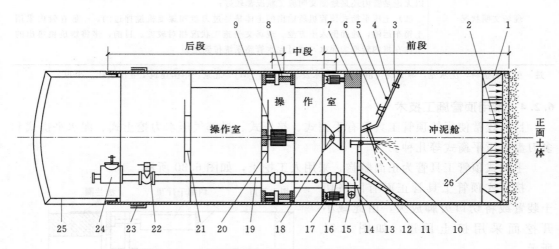

图 6.32 三段双铰型局部气压水力挖土式顶管工具管

1—刃脚；2—格栅；3—照明灯；4—胸板；5—真空压力表；6—观察窗；7—高压水舱；8—垂直铰链；
9—左右纠偏油缸；10—水枪；11—小水密门；12—吸口格栅；13—吸泥门；14—阴井；15—吸管进口；
16—双球活动铰；17—上下纠偏油缸；18—水平铰链；19—吸泥管；20—气闸门；21—大水密门；
22—吸泥管闸阀；23—泥浆环；24—清理阴井；25—管道；26—气压

进时螺旋器出土速度与工具管推进速度相协调，如图 6.34 所示。

近年来，顶管法已普遍用于建筑物密集市区和穿越江河、江堤及铁路。外包钢板复合式钢筋混凝土管和钢筋混凝土管道的顶距已达 100~290m，钢管的顶距已达 1200m。在合理的施工条件下，采用一般顶管工具引起的地表沉降量可控制在 5~10cm，而采用泥水平衡式顶管工具管引起的地表沉降量达 3cm 以下。但是若在施工前对地质条件、环境条件的调查不够详细，对工具管的工艺特点及流程不熟悉，技术方案不合理，施工操作不当，在施工中就可能引起破坏性的地面沉降。下面详细介绍常用的两类顶管工具管的施工工法。

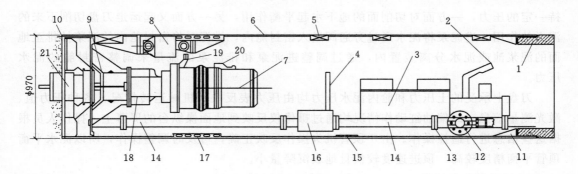

图 6.33 泥水平衡式顶管机

1—φ800 管道；2—电视摄像机；3—液压泵装置；4—测量仪表；5—吊盘；6—壳体；7—电动机；8—纠偏千斤顶；
9—封板；10—切口；11—垫板；12—旁通盘；13—法兰接头；14—排泥软管；15—橡胶垫板；16—泥浆；
17—密封带；18—减速装置；19—前后倾斜仪；20—控制油缸；21—削土刀盘

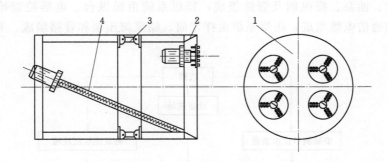

图 6.34 多刀盘土压平衡式工具管

1—刀盘；2—刃脚；3—纠偏千斤顶；4—螺旋输土机

6.2.4.1 泥水加压平衡顶管施工工法

1. 工法特点

泥水加压平衡顶管与其他顶管相比，具有平衡效果好，施工速度快、对土质的适应性强等特点，采用泥水加压平衡顶管工具管，施工控制得当，地表最大沉降量可小于 3cm，每昼夜顶进速度可达 20m 以上。可采用地面遥控操作，操作人员不必进入管道。管道轴线和标高的测量是用激光连续进行的。能做到及时纠偏，其顶进质量也容易控制。

2. 适用范围

适用于各种黏性土和砂性土的土层中 φ800～1200mm 的各种口径管道。若有条件解决泥水排放问题或大量泥水分离问题，大口径管道同样适用。还适应于长距离顶管，特别是穿越地表沉降要求较高的地段可节约大量环境保护费用。所用管材可以是预制钢筋混凝土管，也可以是钢管。

3. 工艺原理

泥水加压平衡顶管机机头设有可调整推力的浮动大刀盘进行切削和支承土体。推力设定后，刀盘随土压力大小变化前后浮动，始终保持对土体的稳定支撑力使土体保持稳定。刀盘的顶推力与正面土压力保持平衡。机头密封舱中接人有一定含泥量的泥水，泥水亦保持一定的压力，一方面对切削面的地下水起平衡作用，另一方面又起运走刀盘切削下来的泥土的作用。进泥泵将泥水通过旁通阀送入密封舱内，排泥泵将密封舱内的泥浆抽排至地面的泥浆池或泥水分离装置内，通过调整进泥泵和排泥泵的流量来调整密封舱的泥水压力。

刀盘上承受的土压力和舱内泥水压力均由压力表反映，机械运转情况、各种压力值、激光测量信息、纠偏油缸动作情况均通过摄像仪反映到地面操纵台的屏幕上，操作人员根据这些信息进行遥控操作。由于顶管机头操作反映正确，可及时调整操作，所以泥水平衡顶管平衡精度较高，顶进速度较快且地表沉降量小。

4. 施工工艺与流程

泥水加压平衡顶管由主机、纠偏系统、进排泥系统、主顶系统、操纵系统和压浆系统等组成。主机包括切削土体的刀盘以及传动及动力机构；纠偏系统包括纠偏油缸、油泵、操纵阀和油管组成；进排泥系统由进泥泵、排掘泵、旁通周、管路和沉淀池组成；主顶系统由主顶油缸、油泵、操纵阀及管路组成；操纵系统由操纵台、电器控制箱、液压控制箱、摄像仪和通信电缆组成；压浆系统由拌浆筒、储浆筒压泵和管路组成。其工艺流程如图 6.35 所示。

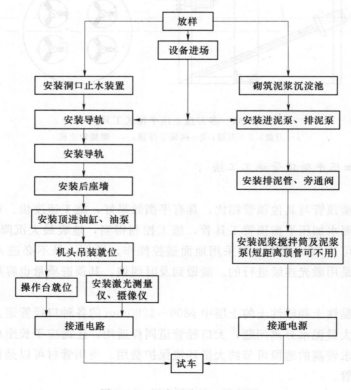

图 6.35　泥水平衡施工流程图

5. 施工要点

（1）准备工作。

1）工作井的清理、测量及轴线放样。

2）安装和布置地面顶进辅助设施。

3）设置与安装井口龙门吊车。

4）安装主顶设备后靠背。

5）安装与调整主顶设备导向机架、主顶千斤顶。

6）安装与布置工作井内的工作平台、辅助设备、控制操作台。

7）实施出洞辅助技术措施井点降水、地基加固等。

8）安装调试顶管机准备出洞。

（2）顶进。

1）拆除洞口封门。

2）推进机头，机头进入土体时开动大刀盘和进排泥泵。

3）机头推进至能卸管节时停止推进，拆开动力电缆、进排泥管、控制电缆和摄像仪连线，缩回推进油缸。

4）将事先安放好密封环的管节吊下，对准插入就位。

5）接上动力电缆，控制电缆、摄像仪连线、进排泥管接通压浆管路。

6）启动顶管机、进排泥泵、压浆泵、主顶油缸，推进管节。

7）随着管节的推进，不断观察机头轴线位置和各种指示仪表，纠正管道轴线方法并根据土压力大小调整顶进速度。

8）当一节管节推进结束后，重复以上第2）至第7）继续推进。

9）长距离顶管时，在规定位置设置中继间，顶进程序如下。

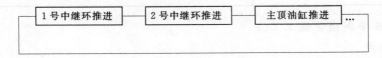

（3）顶进到位。

1）顶进即将到位时，放慢顶进速度，准确测量出机头位置，当机头到达接收井洞口封门时停止顶进。

2）在接收井内安放好接引导轨。

3）拆除接收井洞口封门。

4）将机头送入接收井，此时刀盘的进排泥泵均不运转。

5）拆除动力电缆、进排泥管、摄像仪及连线和压浆管路等。

6）分离机头与管节，吊出机头。

7）将管节顶到预定位置。

8）按次序拆除中继间油缸并将管节靠拢。

9）拆除主顶油缸、油泵、后座及导轨。

10）清场。

6. 施工机械设备

采用泥水加压平衡顶管所需施工机械设备见表6.12。

7. 劳动组织

顶管作用一般需要三班制连续作业，每班人员的配备见表6.13。

表 6.12 泥水加压平衡顶管施工机械设备一览表

序号	设 备 名 称	单位	数量	备 注
1	泥水加压平衡顶管掘进机	台	1	包括操作台
2	后座顶进装置	套	1	包括油缸、油泵、顶铁
3	起重机械	台	1	吊车或行车
4	进排泥浆	台	1	
5	泥水管路机旁通阀	套	1	
6	压浆设备	套	1	包括搅拌筒、压浆泵管路
7	中继顶进装置	套		视顶程长度而定
8	农用污泥泵	台	1	井内降水用

注 引自夏明耀，等．地下工程设计施工手册［M］．北京：中国建筑工业出版社，1999。

表 6.13 泥水加压平衡顶管施工每班人员配备表

序号	人员	数量	职 责 分 工
1	技术人员	1	施工技术管理、质量管理、数据收集分析，发现问题并提出解决措施
2	班长	1	在技术人员指挥下进行指挥、调度、计划安排、质量控制
3	顶管机操作人员	1	操作机头运转、顶进、进排泥浆泵运转、纠偏
4	起重机驾驶员	1	操作起重机
5	压浆机	1	拌浆、压浆
6	辅助工	2	接管、拆管、挂钩等

6.2.4.2 土压平衡顶管施工工法

1. 工法特点

土压平衡顶管利用带面板的刀盘切削和支承土体，对土体的扰动较小。采用干式排土，废弃泥土处理方便，对环境的影响和污染小。其土压平衡系统采用具有自整定功能控制的"760 智能控制器"，土压平衡控制精度较高。

2. 适用范围

适用于饱和含水地层中的淤泥质黏土、黏土、粉砂或砂性土，适用管径为 $\phi650 \sim 2400\text{mm}$。适用于穿越建筑物密集闹市区、公路、铁路、河流特殊地段等地层位移限制要求较高的地区。顶管管材一般为钢筋混凝土，管节的接头形式可选用 T 形、F 形钢套环式和企口承插式等，也可以按工程的要求选用其他材质的管节和管口接扣形式。

3. 工艺原理

土压平衡顶管是根据土压平衡的基本原理，利用顶管机的刀盘切削和支承机内土压舱的正面土体，抵抗开挖面的水土压力以达到土体稳定的目的。以顶管机的顶速即切削量为常量，螺旋输送机转速即排土量为变量进行控制，待到土压舱内的水土压力与切削面的水土压力保持平衡，由此减少对正面土体的扰动，减小地表的沉降与隆起。

4. 施工工艺与流程

（1）施工准备。

（2）顶管顶进。

1）安放管接口扣密封环，传力衬垫。

2）下吊管节，调整管口中心，连接就位。

3）电缆穿管道，接通总电源、轨道、注浆管及其他管线。

4）启动顶管机主机土压平衡控制器，地面注浆机头顶进注水系统机头顶进。

5）启动螺旋输送机排土。

6）随着管节的推进，测量轴线偏差，调整顶进速度直至一节管节推进结束。

7）主顶千斤顶回缩后位后，主顶进装置停机，关闭所有顶进设备，拆除各种电缆与管线，清理现场。

8）重复以上步骤继续顶进。

（3）顶进到位。顶进到位后的施工流程与泥水回压平衡顶管相类似。

5. 施工机械设备

土压平衡顶管所需的主要施工机械设备包括顶进设备和辅助施工设备。顶进设备由顶管机主机、中继顶进装置、主顶进装置三大部分组成，主要机械设备见表 6.14。

表 6.14　　　　　　　　　　土压平衡顶管施工机械设备一览表

序　号	设　备　名　称	单　位	数　量	备　注
1	土压平衡顶管机主机	台	1	
2	后座顶进装置	套	1	
3	起重机械	台	1	吊车或行车
4	中继顶进装置	套		视顶程长而定
5	皮带输送机	台	1	
6	蓄电池矿用机车	台	1	另加充电器
7	压浆设备	台	1	包括搅拌筒、压浆泵管路等
8	农用泥浆泵	台	1	
9	井点设备	套	1	轻型井点

注　引自夏明耀，等.地下工程设计施工手册 [M].北京：中国建筑工业出版社，1999。

6. 劳动组织

土压平衡顶管施工也必须连续作业，实行三班运转，每班施工人员约 10 人，见表 6.15。

表 6.15　　　　　　　　　　土压平衡顶管施工每班人员配备表

序　号	人　员	数　量	职　责　分　工
1	技术人员	1	施工技术管理、质量管理、施工记录分析、解决问题
2	班长	1	指挥、调度、计划安排、质量控制
3	顶管机操作员	2	顶管机操作
4	电动车驾驶员	1	机车运工驾驶
5	机、电修理工	2	设备检修等
6	起重机驾驶员	1	操作起重设备
7	测量工	1	顶进轴线测量与监测
8	辅助工	1~2	拌浆、压浆、接管、拆管、挂钩等

6.2.5 顶管工作井的设置

6.2.5.1 工作井的选取

顶管施工虽然不需要开挖地面，但在工作井和接收井处以及中间工作井处则必须开挖。工作井是安放所有顶进设备的场所，也是顶进掘进机或工具管的出发地，同时又是承受主顶油缸反作用力的构筑物。接收井是接收顶管掘进机或工具管的场所。工作井比接收井坚固、可靠，尺寸较大。在长距离顶管施工中，常设中间工作井以弥补顶力的不足，它既是此段的终点也是新顶管段的起点，既是前一段顶进的接收井，又是后一段顶进的工作井，如图 6.36 所示。

图 6.36 顶管顶进程序示意图

始发工作井和接收井按其形状来区分，有矩形、圆形、椭圆形和多边形几种，其中矩形最为常见，在直线顶管中或在两段交角接近 180°的折线中，多采用矩形工作井，如果在两段交角比较小或者是在一个工作井中需要向几个不同的方向顶进时，则往往采用圆形工作井。椭圆形工作井的两段各为半圆形状，而其两边则为直线，这种形状的工作井多用成品的钢板浇筑，而且多用于小直径顶管中，多边形工作井基本上和圆形工作井相似。接收井大致也有上述几种形式，只是由于接收井的功能只在接收掘进机或工具管，选用矩形或圆形的接收井更多一些。

始发工作井和接收井的选取有以下原则：

（1）始发工作井和接收井的选址上应该尽量避开房屋、地下管线、河塘、架空电线等不利顶管施工作业的场所。尤其是始发工作井，它不仅在坑内布置有大量设备，而且在地面上又要堆放管子、注浆材料和提供渣土运输或泥浆沉淀池，以及其他材料堆放的场地、排水管道等。

（2）在始发工作进和接收井的选定上也要根据顶管施工全线的情况，选取合理的工作井和接收井的个数。

（3）在选取哪一种始发工作井和接收井时，也应综合考虑，然后不断优化。一般有以下几个选取的原则

1）在土质比较软，而且地下水又比较丰富的条件下，首先应选用沉井施工作为工作井。

2）在渗透性系数为 1×10^{-4} cm/s 上下的砂性土中，可以选择沉井施工作为工作井，也可以选择钢板桩坑作为工作井。在选用钢板桩作为工作井时，应有井点降水的辅助措施加以配合。

3）在土质条件较好，地下水少的条件下，应选用钢板桩工作井。

4）在覆土比较深的条件下可采用多次浇筑和多次下沉的沉井工作井或地下连续墙工作井。

5）在一些特殊情况下，如离房屋很近，则应采用特殊施工的工作坑。

6）在一般情况下，接收井可采用钢板桩等比较简易的构筑方式。

从经济合理的角度考虑，始发工作井施工完成后，一部分将改为阀门井、检查井。因此，在设计工作井时要兼顾一井多用的原则。

工作井的洞口应进行防水处理，设置挡水圈和封门板，进出井的一段距离内应进行井点降水或地基加固处理，以防止土体流失，保持土体和附近建筑物的稳定。工作井的顶标高应满足防汛要求，坑内应设置集水井，在暴雨季节施工时为防止地下水流入工作井，应事先在工作井周围设置挡水围堰。

6.2.5.2 工作坑井的尺寸确定

1. 工作坑的平面尺寸

如图 6.37 所示，工作坑的平面尺寸要考虑管道下放、各种设备进出、人员上下坑内操作等必要空间以及排弃土的位置等。其平面形状一般采用矩形，其底部应符合下列公式要求：

$$B = D_t + S \tag{6.37}$$

$$l = l_1 + l_2 + l_3 + l_4 + l_5 \tag{6.38}$$

式中　B——矩形工作井底部宽度，m；

D_t——管道外径，m；

S——操作宽度，可取 2.4～3.2m；

l——矩形工作井的底部长度，m；

l_1——工具管长度，当采用第一节管道作为工具管时，钢筋混凝土管直径不宜小于 0.3m，钢管不宜小于 0.6m；

l_2——管节长度，m；

l_3——运土空间长度，m；

l_4——千斤顶长度，m；

l_5——后背墙厚度，m。

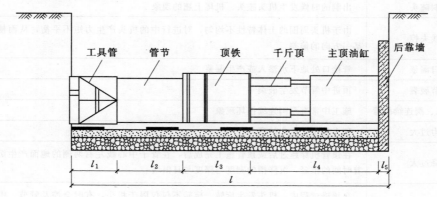

图 6.37　工作井底部长度示意图

2. 工作井的深度

如图 6.38 所示，工作井的深度应符合下列公式要求：

$$H_1 = h_1 + h_2 + h_3 \tag{6.39}$$

$$H_2 = h_1 + h_3 \tag{6.40}$$

式中 H_1——顶进作井地面至坑底的深度，m；

H_2——接收井地面至坑底的深度，m；

h_1——地面至管道底部外缘的深度，m；

h_2——管道外缘底部至导轨地面的高度，m；

h_3——基础及其垫层的厚度，不应小于该处井室的基础及垫层厚度，m。

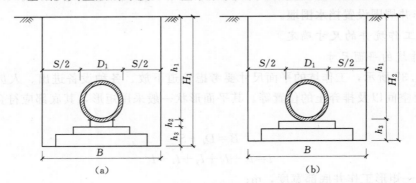

图 6.38 顶管工作井深宽尺寸示意图

(a) 顶进井；(b) 接收井

6.2.6 顶管施工的主要技术问题

顶管施工中可能出现各种不良现象，如管道轴线、高程偏差，始发工作井及后背墙变形坍塌，导轨或主顶油缸偏移，顶铁外崩，管节破裂或管壁渗漏，接口错口或漏浆，地面下沉或隆起，路面或被穿建筑物损裂等，如表 6.16 所示。

表 6.16   常 见 质 量 通 病

质量通病	现　象
出洞磕头	出洞的时候发生机头磕头、机尾上翘的现象
轴线失控	由于机头周围的土体特性不均匀，对进行中的机头产生力矩不平衡，从而使机头产生某一方向的偏差
接口漏浆	管接口处地下水渗入或产生漏浆
管节破裂	顶进中管节发生破裂
液压系统泵、阀连续故障	施工中常有泵阀连续损坏现象
顶力过大	顶力超出了通常的顶力
沉降过大	在顶管机穿越过后或顶管施工完成后，在管子中心线左右两侧的地面产生沉降，并随着时间的推延，沉降槽的宽度与深度与日俱增
机头旋转过大	在顶进过程中，机头发生旋转。旋转不仅仅限于机头，有时会涉及管节、中继间和整条顶进的管道

　注　引自葛金科，沈水龙，等．现代顶管施工技术及工程实例［M］．北京：中国建筑工业出版社，2009．

6.2.6.1 出洞磕头

1. 现象与危害

所谓的出洞磕头，就是在出洞的时候发生机头下沉、机尾上翘的现象，如图 6.39 所示。通常来说，虽然顶进管道的重量比同体积的土低，但顶管机相对来说是比较重的，其重心又比较靠前，如果机头从工作井排架上顶出后，悬臂段过长，土体支承力不够，就会发生磕头现象，特别是在砂性土层中容易发生这种现象。

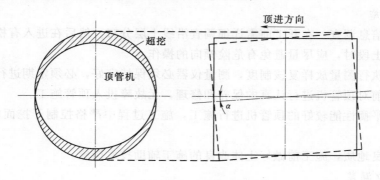

图 6.39　顶管机出洞磕头示意图

2. 原因分析

（1）工作井外的土体受到扰动后变得松软，使得承载力不够。

（2）在遇到软硬程度完全不同的两层土质中，顶管机很容易偏向软的土层。

3. 防止措施

（1）顶管出洞时，启动底部两个主顶油缸，将顶力的合力中心降低，使得顶管机的受力方向向上倾斜，避免顶管机磕头。

（2）采用延伸导轨，使得基坑导轨的指点前移，从而避免磕头现象，还可以酌情预留抛高。

（3）将前部管子同机头用拉杆连接成整体。

（4）对洞口外土体加固处理的目的是使土体具有自立性、隔水性和一定的强度，并防"磕头"现象。洞口土体加固可采用化学加固的方法主要有注浆法、旋喷法和深层搅拌法，还可以采用降水和冷冻等物理方法，对于砂性土质，应当在工作井洞口区重点做好降水加固土体。

6.2.6.2　轴线失控

1. 现象及危害

轴线失控主要是由于机头周围的土体不均匀，使进行中的机头产生力矩的不平衡，从而引发机头产生某一方向的偏差。但如果土体的偏差过大，力矩不平衡很严重，提供的纠偏力矩不足以抵消相反方向的力矩时，机头就会沿着已经形成的轨道偏下去，也就是轴线失控。管子顶完在做竣工测量时，发现管道中心线与设计的管道中心线有较大的偏差。顶管机头没有从预留洞出洞，或者偏差较大。

2. 原因分析

（1）由于始发工作井位与设计井位发生较大偏差原因造成。

（2）由于测量仪器误差过大所引起的。

（3）由于顶管机的开挖面不稳定、水土压力不平衡所致，产生正面水土压力不平衡的原因有：①顶管机没有正面平衡，开挖面的地层又是流砂等不稳定条件；②虽然顶管机具有平衡手段，但是操作不当导致开挖面没有处于平衡状态；③在顶进过程中出现不良的地质，或者地质条件发生突变，导致开挖面的稳定无法正常控制，纠偏无效；④顶管机纠偏液压系统工作不可靠或者发生故障。

3. 防治措施

（1）前期信息调查：在开工前需详细调查沿线土层分布。然后在进入有松填土段或河底下的过浅覆土段时，应尽量避免有危险倾向的操作。

（2）严格执行测量放样复核制度，测量仪器必须保持完好，必须定期进行计量校正。

（3）施工前对顶管机进行认真的保养和修理，无故障投入顶管施工。

（4）选用平衡性能较好的顶管机进行施工，施工过程中严格控制开挖面的水土压力，稳定正面土体。

（5）对不良地质，施工前做好土体改良的施工辅助技术措施。

6.2.6.3　接口漏浆

1. 现象及危害

压浆是顶管作业中极其重要的环节，压浆效果的好坏与否，直接关系到顶力控制和地面沉降控制的质量。在顶管过程中，有时会出现漏浆的现象，即管接口处有触变泥浆渗入管接口内。其根本的原因是管接口的尺寸精度、密封圈的尺寸和材质和安装质量没有控制好，加之管节有一定的注浆压力，就会从管接口处进入管内。

2. 原因分析

（1）管口的质量问题，如接口尺寸和精度。

（2）密封圈的问题：①密封圈尺寸不对，现在施工中多采用楔形密封圈，当管节插口端插入承口端时，密封圈受压变形，当其体积不能填满密封圈槽时，就产生了缝隙。尺寸过大，造成密封圈挤坏或挤出。②密封圈的材质问题和本身有裂纹或瑕疵，在受压的情况下，也会产生断裂；③橡胶止水圈没有安装正确或已损坏，例如没有按规定把橡胶圈固定黏结在混凝土管插口内。

（3）操作的失误，在管节对接时，密封圈没有完全进入承口，或在插入的过程发生的反转，这些都是将来产生缝隙的隐患。

（4）管接口损坏，张角过大使密封失效。

（5）在顶管中，如果纠偏转角过大，造成管节之间的折角过大，也会造成管节漏浆。

3. 防治措施

（1）加强对管材的质量监督，混凝土管节表面应光洁、平整，无砂眼、气泡，接口尺寸符合规定。

（2）安装前应检查橡胶止水圈的材料检测报告，并检查橡胶止水圈的规格、型号与外观质量。橡胶圈的外观和断面应致密、均匀，无裂缝、孔隙或凹痕等缺陷。检查裂纹时，多数时候要在张紧的情况下才可以发现。

（3）检查密封圈不能有反转、挤出现象。

（4）在管节对接时，密封圈在套入混凝土插口时要平整，在密封圈进入套环或承口时要涂硅油并缓慢的顶进油缸，使管节正确地插入合拢。

（5）对于曲线顶管，应该在曲线的外侧插入木垫板，尽量扩大在张角时的受压面积。

同时密切关注管接口的缝隙变化，防止接口缝隙过大而导致接口渗漏。

（6）在顶进过程中认真控制好方向，纠偏不要产生大起大落。

6.2.6.4 管节破裂

1. 现象及危害

顶进中管节发生破裂。管节破裂以管端破裂的情况较多。管端破裂多出现在顶进过程中，会产生管端内壁剥落和管端出现环形裂缝的情况，随着继续顶进过程，这些地方就会发生管节局部断裂的情况，严重影响施工的质量。顶进就位的管节发生开裂，会影响排水管道的闭水功能和管节的整体强度。"碎管"是较重大的事故，常会造成整个工程的报废，需严防发生。

2. 原因分析

（1）用于顶管的混凝土管材存在质量问题：①管材混凝土强度等级低于国家质量标准要求，管体的混凝土抗压强度低于设计强度。因此在没有达到临界顶力时，管节就出现裂缝；②管节部分端面不平直，不垂直，倾斜偏差大于规范要求，并有石子凸出，使顶进时接触面积减小，造成局部应力集中，使管节产生破裂；③管节进入顶坑前已经出现超过0.05mm的裂缝，或管口处有蜂窝麻面，甚至露筋。上述质量缺陷使管节在顶力尚未达到临界值时，就已经出现裂损现象。

（2）用于顶管的钢管接口的焊接质量不合格。有的因焊缝位于钢管的底部，又有导轨等挡着，钢管下部只有管内焊缝，这非常危险。如果在焊缝处产生向上的弯折，焊缝就很容易被破坏。

（3）管节接口处由于衬垫不良，产生应力集中。当顶力增大后，管节在管壁薄及接触面小的地方发生破裂。木衬垫如果过软和过硬，就起不到顶力传递时的缓冲作用，对管端的冲击加大，也会产生破裂。

（4）管道顶进后期，由于管道的中心或高程误差的存在，使管道摩阻力增大，如不能及时调整顶进误差，使摩阻力接近基线顶力，管节会因顶力达到极限而压裂。①工作井后背墙面不垂直，顶力偏移造成管节前进方向或高程出现偏差；②工作井内两导轨间距不等宽，高程不一致，安装不稳固，或导轨本身不平直；③工作井基础承载力不符合要求；④管节顶进过程中，校正次数过少，未能及时发现误差并纠正；⑤水文及工程地质情况变化，且处理不当。

3. 防治措施

（1）下管前，应逐节检查混凝土管材质量。主要有：①管材的混凝土抗压强度应达到设计标准；②检查管材的外观质量：管端面是否有蜂窝麻面和露筋现象，管口是否圆顺，管端是否存在超过0.05mm的裂缝，端面是否平直，外表是否光滑平整等。

（2）检查钢管接口处的焊缝质量：焊接牌号与钢管材料是否适用，焊接坡口是否标准，焊缝是否焊透等。

（3）顶薄壁管及企口管时，要用弧形顶铁来扩大承压面积，并在管壁与顶铁之间设置垫层，使其均匀受力，减少应力集中。

（4）采用触变泥浆来降低顶进阻力。

（5）管道顶进中坚持"先挖后顶"和"随挖随顶"的原则。

（6）在顶进过程中认真控制好方向，纠偏不要大起大落。

（7）在顶进过程中，发现管壁着力地方出现灰屑脱落和管壁外皮脱落现象，这就是开裂的预兆，应立即停止顶进，退回千斤顶活塞杆。

（8）管节已被顶坏，应更换新管。

6.2.6.5　液压系统泵或阀连续故障

1. 现象及危害

近十年来，因为变频调速技术的过关，多只电动机合力驱动已不再采用离合器了。同样，液压驱动刀盘的设计也较少了。但较早期的液压驱动机头并未退出施工市场，而油缸纠偏的基本结构，仍使液压系统不可缺少，只是简化而已。在施工中常还有泵阀连续损坏的现象发生。

2. 原因分析

（1）液压油不清洁，有杂质，甚至泥沙。

（2）限压阀调定压力过低，导致其快速损坏。

（3）液压泵吸进空气。

3. 防治措施

（1）油清洁是液压系统的生命线，转接油管后，软管口必须包好，以防杂质在下次带入；添加油液时，必须用精滤车打入；水淹事故后，液压系统必须解体清洗、换油。

（2）限压阀在清洗后必须重新调设到标定压力。限压阀是仅偶然动一次的保防性构件。不能经常在关—开动作中转换。

（3）液压泵在刚换上启动前，必须手盘或点动多次，以保证空气排尽。同时，吸油口也严格保证密封，不能吸进空气。

6.2.6.6　顶进阻力过大

1. 现象及危害

顶进阻力过大是指顶力超出了顶管的控制顶力。顶进阻力由两部分产生：①机头：包括开挖面迎面压力和机头筒体与土体直接接触产生的摩阻力。阻力大小和地质情况、机头的大小、机型和埋深直接有关。②沿线管节的摩阻力：整根管道在土体中像火车一样行进，和土的接触面积是巨大的，沿线的摩阻力也将是巨大的。克服的办法除了靠中继间进行接力之外，最基本的手段是用膨润土泥浆减小摩擦。如果机头浆套没能良好地形成，以致沿线的摩阻力不正常地增加，可能导致顶进阻力过大。

2. 原因分析

（1）土质的突变如沿线遇到障碍物，会造成迎面阻力的急剧上升。

（2）地面载荷太重或土体不断受到冲击，也会使土体被压实，增加迎面阻力。

（3）在偶然情况下，如果管线偏离轴线幅度太大，或轴线根本失控，导致受力不均，也会使顶力增大。

（4）浆套破坏。浆套破坏成因是很多的，有泥浆本身的问题，也有压浆技术问题。

3. 防治措施

（1）设计初期就要做好详细的地质调查，避免暗桩等因素。

（2）避免浆套破坏。方法如下：①仔细检查膨润土泥浆是否原料过粗，或配料过稀，保证泥浆的质量；②对各沉降测点图线进行分析。沉降大处常是浆套损坏而造成顶进阻力过大的地方；③启动各中继间。先分析哪一个区域顶进阻力大，是局部还是全部；④逐一卸下压浆系统的总管和分管，开启每一个浆孔球阀进行检查。目的是防止浆套偏侧高压。如果有一侧高压同时对侧无浆的情况，就可一面卸放高压浆并同时向对侧补浆，以逐步重新建立不偏压的完整浆套。应反复强调的是，浆液偏压比没有压浆还要严重；⑤检查地面特别是相邻的管道，是否有地方存在漏浆现象；⑥加强浆套管理。

（3）顶进阻力图示化。一般来说，在上海，如果沿线摩阻力在 $1.2kN/m^2$ 左右，便可判断为整个套体基本完整。如果大于 $2.0kN/m^2$，可判断浆套肯定有缺陷并有恶化的可能，这就必须立刻查明并针对性地改进。这里的管理关键是"顶进阻力图示化"。起始段就是机头部分的基本阻力。后续阻力的增长速度就是图线斜率，曲线一陡就是阻力在异常上升。画一条 $1.2kN/m^2$ 的斜线，就是顶进阻力警戒线。超过这条斜线就应采取对应措施。

（4）顶进阻力一旦过大，应立即停止作业，否则可能导致管子破裂等恶性事故。

（5）如果有安装中继间的，应及时地启动中继间，首先分析阻力变化原因，并配合补浆，逐段使顶力降低。

（6）如果机头遇到障碍物，经判断，刀盘可以磨掉的，譬如木桩、水泥之类，就让刀盘把它慢慢地磨掉，并缓慢的推进油缸。倘若不可以磨掉，如钢筋、钢板桩之类，只能开挖来解决。

6.2.6.7 沉降过大

1. 现象及危害

在顶管机穿越过后或顶管施工完成以后，在管子中心线左右两侧的地面产生沉降，并且随着时间的推延，沉降槽的宽度与深度均与日俱增。严格地讲，在顶管施工过程中，地面沉降是不可避免的。但是，采用不同的施工方法，会有不同的沉降结果。同一工法，由于土质的不同、覆土深度不同、管道直径不同，也有不同的沉降。

2. 原因分析

（1）超挖：正常的挖土量须控制在应挖土体的 $95\%\sim100\%$ 之间。但由于如下各种不当操作会形成不同程度的超挖：①如果是机头开挖面沉降，基本是由于顶速相对过慢，导致"超挖"，迎面土压力小于主动土压力，开挖面的土体坍塌造成沉降。②对于螺机出土的土压平衡式顶管机来讲就须减小螺机转速，减少出土量，提高迎面土压。③对于泥水机械平衡式顶管机来讲，因为刀盘面可以紧贴开挖面前后浮动，并自动缩小切土口，所以此类顶管机基本可以避免"超挖"。固定刀盘顶管机由于刀盘和刀口都是固定的，作业时稍不注意就会导致"超挖"。所以，刀盘转速应是可调的，最简单的办法是用变频调速。④如果是机尾土体沉降，第一，由于机头纠偏量较大，其轴线与管道轴线形成了一个夹角，在顶进中机头形成的开挖的坑道成为椭圆形，此椭圆面积与管道外圆之差值，即为机头纠偏引起的地层损失，纠偏量越大，地层损失也越大，土体沉陷也越大；第二，机尾的注浆不及时。机头的外径一般比管子外径要大，机头顶过后管道外周产生空隙，其目的是为了及时在空隙处形成浆套。如果不能及时地注浆填充，周围土体挤入环形空隙中，也会导致机尾地层损失而产生沉降。机尾的地表沉降，要注浆及时，浆量充足，通常浆量要大于管道外径空隙体积的 2.5 倍以上，松软土质、机头纠偏时，注浆量相应增加。

（2）中继间处土体沉降：①中继间顶伸时，外部体积减小，中继间合拢时，外部体积增大，扰动土体，引起地表的沉降；②如果此时中继间接缝和密封不好或磨损，泥水流入管内，会引起地层较大损失，地表较大沉降；③顶管过程中对土体扰动而产生的沉降；④润滑浆套内的浆液流失造成的沉降；⑤采用了辅助的降水施工造成的沉降。

3. 防治措施

（1）针对具体沉降测点的位置进行分析，控制好出土量，做到不超挖。

（2）针对中继间处的沉降，要严格控制中继间的外径尺寸及橡胶密封圈的外形和尺寸。中继间伸缩时，要注意前后区段管节浆套状况，要保持浆套完整，减少注浆量和注浆压力的波动。中继间顶伸时，要随即补浆，填充缝隙。

（3）同步注浆，要装压力表，控制好注浆压力。每节管节开顶时，都要检查注浆情况，确保和管节浆液与机尾浆液通畅，形成完整的浆套。发现机尾缺浆，要及时补浆。润滑浆要有一定的稠度，不能太稀。

（4）如果对沉降要求很高的情况下顶完全程后，必须用充填浆把润滑浆完全置换出来。

（5）尽量少采用降水这一辅助施工手段，而采用无须降水的机械式顶管施工。

（6）如果沿线不断沉降，就说明浆套已损坏，应立即针对这段进行运动中的修补。再不然，可立即对产生沉降过大的地下管线旁侧或是建筑物旁侧进行填充性注浆加固，以防沉降恶化。

6.2.6.8　机头旋转过大

1. 现象及危害

在顶进过程中，机头会发生旋转。旋转不仅仅限于机头，有时会涉及管节、中继间和整条已顶进的管道，旋转方向也各不相同。刀盘式顶管机的旋转包括进洞时的旋转和顶进过程中的旋转，由于刀盘的旋转而顶管无法克服刀盘的反向转矩，就会造成顶管机自身的旋转。非刀盘式的顶管机常常在顶进一段距离以后发生旋转。所以，在顶进过程中必须时刻注意顶管机的偏转仪，不让其偏转大于 5°。但是，有时顶管机在偏转较大时不仅不容易纠正，而且偏转会越来越大，给操作、测量、纠偏以及排土都带来不利的影响。

2. 原因分析

（1）在机头进洞时，由于机头与导轨之间的摩阻力较小，难以平衡刀盘切入土体时的反力矩，机头产生旋转。出洞后，虽然机头后有管节，但是有时还不能平衡反力矩，还会带着管节一起旋转。

（2）中继间油缸安装不平行，油缸动作不同步，也能使中继间产生旋转，有时还会涉及到相邻管节。

（3）主顶油缸安装不平行同样会使管节产生旋转。

（4）纠偏过大，特别是在轴线两侧来回摆动。

3. 防治措施

（1）配重压回。在顶管机内需纠正的一侧上加一些配重，以平衡顶管机的布置不均衡，一般效果有限。加了配重以后，顶管机的重量增加了，要注意防止顶管机偏低的走向趋势。并且须当心配重的跌落，以免造成意外事故。

（2）用刀盘的转向来纠正顶管机的旋转，正确的方法是从顶管机后方看，如果顶管机产生顺时针方向的转动，那么刀盘也必须向顺时针方向旋转。反之亦然。通常都能把顶管机的旋转纠正过来。这种纠正工作在顶管机旋转的角度很小时是行之有效的。

（3）尽量提高土舱内的压力而使刀盘的转矩增大，在泥水顶管中，也可暂时关掉进排水泵再徐徐顶进，目的也是提高刀盘的转矩。同时准确判断刀盘的转向，千万不可逆向旋转。还要注意土舱的土压力，绝不允许其超过顶管机所能允许的最高土压力。

（4）在顶管机刀盘部位注浆，以提高土的强度，从而增加刀盘的转矩。注浆以后需待浆固化后再启动刀盘，这时可采用双液速凝浆，以加快凝固时间。因为顶管停止推进时间过长会使顶力增加，这时可采取定时推进 0.2m 左右，同时又不断注入润滑浆来降低推力。

（5）停止造成轴线往复摆动的有错误的纠偏方法。

思考题与习题

1. 盾构法施工的主要技术特点？
2. 盾构法的适用条件和特点？
3. 常见的盾构及其适用条件？
4. 泥水盾构和土压平衡盾构的工作原理？
5. 盾构隧道施工过程中，盾构进出洞时常用的土体稳定技术有哪些？各方法的施工要点有哪些？
6. 顶管法施工的基本原理是什么？
7. 泥水平衡式顶管施工的技术要点是什么？
8. 土压平衡式顶管施工的基数要点是什么？
9. 顶管施工时如何对顶管机进行选型？
10. 顶管法施工中顶力如何计算？
11. 顶管法施工的主要计算问题有哪些？
12. 简述中继间的工作原理。

第7章　隧道掘进机施工技术

7.1　概述

7.1.1　隧道掘进机法的基本概念

隧道掘进机施工法是采用专门机械切削破岩来开挖的一种施工方法。施工时所使用的这种专门机械通常称为隧道掘进机（Tunnel Boring Machine，简称 TBM），它利用回转刀具直接切割或破碎工作面岩石来达到破岩开挖隧道的目的，开始于 20 世纪 30 年代，是一种专业性很强的隧道掘进综合机械。

隧道掘进机一般分为盾构机和岩石掘进机两种类型。盾构机主要适用于软弱不稳定地层，目前在我国城市地铁区间隧道施工中已普遍使用；岩石掘进机主要适用于硬岩地层，习惯上所说的隧道掘进机就是专指这类岩石掘进机。这两种掘进机在破岩机理和需要解决的根本问题也有很大不同，盾构机主要是利用刮刀开挖软土并解决掌子面不稳定和地表沉陷的问题，岩石掘进机主要是利用滚刀解决如何高效破岩的问题。不过，现在已经开发和应用了安装滚刀和刮刀的复合盾构掘进机，以适用复杂多变的地质条件。本章介绍的是适用于硬岩开挖的全断面岩石隧道掘进机。

7.1.2　隧道掘进机法施工特点

与传统开挖技术（如钻爆法）进行隧道施工过程相比较，隧道掘进机法可一次性完成隧道全断面掘进，初期支护，石碴运输，仰拱块铺设，注浆，风、水、电管路和运输线路的延伸等，它就像一列移动的列车，具有隧道工程工厂化施工的特点。

7.1.2.1　掘进机法的优点

（1）掘进快速。掘进机开挖时，可以实现破岩、出渣、支护连续作业，掘进效率高。掘进速度快是掘进机施工的最大优点。一般认为，掘进机的掘进速度为常规钻爆法的 3～10 倍。根据相关数据，如开挖直径在 3～4m 之间的最佳日进尺、最佳月进尺和平均月进尺的世界纪录分别是 172.4m、2066m 和 1189m，即使是开挖直径在 9～10m 之间的大直径隧道，其最佳日进尺、最佳月进尺和平均月进尺也已分别达到 74m、982m 和 715m，而常规钻爆法是远达不到这样高的掘进速度的。

虽然掘进机的成本高昂，但由于提高了掘进速度，使得工期大为缩短，因此在整体上是经济的。在国外，掘进机已广泛应用于能源、交通、国防等部门的地下工程建设。在一些发达国家，施工部门甚至还明确规定，长度在 3km 以上的隧道必须用掘进机施工。

（2）施工安全。掘进机开挖断面一般为圆形，其承压稳定性好。由于采用机械方法切削成型，没有爆破法的危险因素，对围岩的扰动小，影响范围一般小于 50cm，改善了工作面的施工条件。在软弱地层中施工，可采用护盾式掘进机，作业人员在护盾内进行刀具的更换等作业，提高了作业的安全性。此外，密闭式操纵室和高性能集尘机的采用，使得作业环境有了较大的改善。

（3）施工质量好，超挖量少。掘进机开挖的隧道断面平整，洞壁光滑，不存在凹凸现象，通常不需要临时支护或仅需挂网、喷锚、钢拱架等简易支护，而且超挖量能控制在几厘米以内，从而可以减少支护工程量，降低工程费用。而钻爆法开挖的隧道内壁粗糙不平，且超挖量大、衬砌厚、支护费用高。

（4）节省劳动力，降低劳动强度。有人做过统计，一般掘进机施工所需总人数在40～45人即能达到月成洞200m，而采用钻爆法施工欲达到相同进尺则需700人（三班制）。更为重要的是，采用掘进机施工可大大减轻劳动强度。

7.1.2.2　掘进机法的缺点

（1）主机重量大，运输不方便，安装工作量大，需要现场有良好的运输、装卸条件以及40～100t的大型起重设备；此外，购买掘进机的一次性费用高，据2003年统计资料，对于开敞式全断面掘进机，其主机费用约为每米直径100万美元，双护盾掘进机约为每米直径120万美元，还有进口配件、技术协助、海关税和运费等；短隧道使用掘进机是不经济的，因此要求隧道有一定的长度，在国外使用掘进机的经济隧道长度为3～10km。

（2）对地质条件的适用性比较差，特别是遇到不良地质时，这一缺陷尤为突出。例如天生桥二级电站前期勘探工作受地形条件、勘探手段及溶岩发育的不规则性影响，在用11.8m直径掘进机掘进过程中遭遇溶岩泥石流，再行推进时刀盘无法进渣，不进而退时泥沙石乘虚而入将机器掩埋，致使工程耽误半年之久，类似情况在该隧道掘进时竟遇到4～5次之多。另外，当遇到岩爆、暗河、断层等不良地质时，处理起来相当费事，会造成长时间的停工，甚至不得不取消掘进机。尽管目前已有了混合式掘进机，适应性已有一定程度的提高，但其造价更为昂贵，除非是十分重要的隧道工程，一般还难以采用。因此，在地质较复杂的条件下，采用掘进机法要格外慎重。

（3）掘进机必须一机一洞，即一个隧道施工完后下一个工程的断面必须与前次相同，否则即使设备完好也难以物尽其用。开挖的隧道断面局限于圆形，对于其他形状的断面，则需二次开挖。若要机械本身来完成，则其构造将更为复杂。

（4）作业效率低。掘进作业利用率是掘进时间占总施工时间的比例，一方面取决于设备完好率，另一方面主要取决于工程地质情况和现场组织管理水平。工程中常常因设备故障、围岩支护作业、出渣作业、材料运输等原因而造成停机，降低了掘进作业利用率。目前，TBM的平均掘进作业利用率在40%左右，如果设备故障低、地层条件好时可达到50%以上，如遇到不良地质条件时可低于20%。

7.1.3　国内外工程应用概况

隧道掘进机自问世以来，广泛应用于世界各国能源、交通、水利以及国防等方面的地下工程建设中。据不完全统计，世界上采用掘进机施工的隧道已有1000余座，总长度在4000km左右。特别是在欧美等发达国家，由于劳动力昂贵，掘进机施工已成为施工方案比选时所必须考虑的施工方法。

7.1.3.1　在国外的应用概况

近年来，国外采用掘进机完成的大型隧道工程有很多，比较著名的如英吉利海峡铁路隧道，它是由三座平行隧道组成，每条长约 50km，海底掘进长度约 37km。该工程英、法两侧共使用了 11 台掘进机，仅用三年多的时间就全部贯通，在 1994 年底开通运营。瑞士费尔艾那（Vereina）铁路隧道，全长 19km，使用直径 7.7m 的掘进机，该工程 1995 年开始施工，1998 年完工。西班牙瓜达拉马高速铁路隧道工程是由两单线隧道组成，每条长 28.4km，分别采用 2 台直径 9.45m 的掘进机施工，工期为 2002～2005 年。瑞士哥特哈得（Gotthard）铁路隧道，长达 57km，开挖直径为 9m，最大埋深达 2500m，采用 4 台掘进机施工，该工程于 1996 年开工兴建，已于 2010 年 10 月贯通，这是目前世界上掘进贯通的最长铁路隧道。加拿大尼亚拉瓜水电站工程的隧洞长 10.4km，开挖直径达 14.4m，是目前世界上直径最大的 TBM 项目，已于 2006 年开工建设。在美国，芝加哥 TARP 工程是一项庞大的污水排放和引水地下工程，有排水隧道大约 40 多公里，全部采用掘进机施工。

7.1.3.2 在国内的应用概况

在我国，隧道掘进机的运用和研究起步比较晚，但随着能源开发和城市化进程的推进，隧道掘进机技术发展迅速，采用掘进机施工的隧道工程也越来越多。我国第一条采用隧道掘进机施工的隧道，是在 1985 开始修建的广西天生桥水电站工程引水隧洞，从美国引进直径 10.8m 的掘进机，开挖引水隧洞总长度约 10km。另外还有一些采用外商承包的水利工程，他们采用了掘进机施工，如意大利 CMC 公司曾在甘肃引大入秦和山西万家寨引黄入晋的引水工程中用掘进机施工引水隧道获得成功。2005 年开始试掘进至 2009 年竣工通水的辽宁大伙房水库输水隧洞工程，主体工程采用 3 台开敞式掘进机进行施工，开挖了长 60.73km，直径 8.03m 的水工隧洞。锦屏二级电站，主体引水隧洞为开挖直径 12.4m，长 16.7m 的 4 条长大隧洞，采用 2 台开敞式掘进机和钻爆法联合施工。隧洞最大埋深 2525m，该工程于 2008 年 11 月开始试掘进，2012 年 12 月已全面贯通，创造了 12.4m 大直径 TBM 最高月进尺 683m 的世界纪录。

1997 年底，我国西安至安康铁路秦岭特长隧道开工，首次引入德国维尔特（Wirth）公司 TB880E 型隧道掘进机进行 I 线隧道的施工。其后利用该掘进机又完成了西安至南京铁路桃花铺 I 号隧道和磨沟岭隧道的施工。兰渝铁路西秦岭隧道是由两座长 28.24km 的单线隧道组成，出口段采用钻爆法施工，其余约 16km 采用直径 10.2m 的 2 台开敞式掘进机开挖。该工程于 2008 年 8 月开工，目前左线隧道已贯通。

2009 年底，重庆地铁 1 号线及 6 号线区间隧道采用 2 台开敞式掘进机施工，其刀盘直径 6.36m，是国内地铁工程领域首次采用岩石隧道掘进施工。此外，青岛地铁 2 号线也开始采用 TBM 施工。

7.1.3.3 世界著名的隧道掘进机制造商

世界上著名的岩石掘进机制造厂商有美国的罗宾斯（Robbins）公司、德国的维尔特（Wirth）公司和海瑞克（Herrenknecht）公司、加拿大的拉瓦特（Lovat）公司、法国的法玛通（NFM）公司、日本的小松（Komatsu）公司和三菱（Mitsubishi）公司等。

7.1.3.4 隧道掘进机技术的发展

从一些数据中可以看出目前国内外掘进机的技术水平：最大开挖直径已达 14.4m；最高掘进速度可达 9m/h；可在抗压强度达 360MPa 的岩石中掘进 80～100m² 的大断面隧

道，其掘进速度平均每月可达 350～400m；能开挖 45°的斜井；盘形滚刀的最大直径为 483mm，其承载能力达 312kN；刀具的寿命达 300～500m，单台掘进机的最大总进尺已超过 40km。目前，隧道掘进机正朝着大功率、大推力、高扭矩、高掘进速度的方向发展。可以预言，随着科学技术的进步，掘进机技术将日臻完善，今后会有更多数量的隧道采用掘进机法施工。

7.2 隧道掘进机的类型及构造

按破岩掘进方式的不同，隧道掘进机分为全断面掘进机和部分断面掘进机（又称悬臂式掘进机）两大类。其中全断面岩石隧道掘进机（TBM）是目前使用最为广泛的掘进机。本节主要介绍 TBM 的类型及构造。

7.2.1 TBM 的类型

TBM 由主机和后配套系统组成，主机主要由刀盘、刀具、主驱动（含主轴承）、护盾、主梁和后支腿、推进和撑靴系统、主机皮带机、支护系统等部分组成，是 TBM 系统的核心部分，主要完成掘进和部分支护工作。后配套系统与主机相连，由一系列彼此相连的钢结构台车组成，其上用布置液压动力系统、供电及电气系统、供排水系统、通风除尘系统、出渣系统等。

TBM 一般可分为开敞式 TBM 和护盾式 TBM 两大类型，护盾式 TBM 根据盾壳的数量又有单护盾 TBM 和双护盾 TBM 之分。一般而言，开敞式 TBM 适合于硬岩隧道，护盾式 TBM 适合于软岩隧道。这两种掘进机的主要区别在于开敞式 TBM 是依靠隧道围岩的坚硬壁面来提供所需的顶推反力与刀盘的扭矩力，而护盾式掘进机则可利用尾部已经安装好的衬砌管片作为推进的支撑，或同时可以利用岩壁、管片衬砌来获得反力。

7.2.2 TBM 主机基本构造

7.2.2.1 开敞式 TBM

开敞式 TBM 又称为支撑式 TBM，目前主要有两种结构形式：单支撑掘进机和双支撑掘进机。

单水平支撑掘进机如图 7.1、图 7.2 所示。它的主梁和切削刀盘支架是掘进机的构架，为其他构件提供安装支点。切削刀盘支架的前部安装主轴承和大内齿圈，它的四周安装了刀盘护盾，利用可调式顶盾、侧盾和下支撑保持一种浮动支承，从而保证了切削刀盘的稳定。主梁上安装推力千斤顶和支撑系统。由于每侧只采用了一对水平支撑，因此它在掘进过程中，方向的调整是随时进行的，掘进的轨迹是曲线。单支撑掘进机的主轴承多为三轴承组合，驱动装置直接安装在刀盘的后部，故机头较重，刀盘护盾较长。

双水平支撑掘进机如图 7.3、图 7.4 所示。在机身的前后每侧有两对水平支撑，它可以沿着镶着铜滑板的主机架前后移动。主机架的前端与切削刀盘、轴承、大内齿圈相连接，后端与后下支撑连接，推进千斤顶借助水平支撑推动主机架及切削刀盘向前，布置在水平支撑后部的驱动装置通过传动轴将扭矩传到切削刀盘。在掘进中由两对水平支撑撑紧

图 7.1　单支撑开敞式掘进机

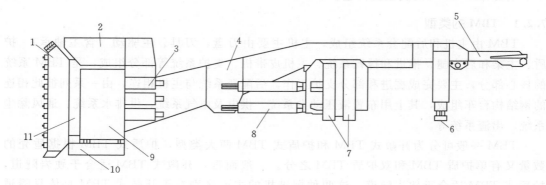

图 7.2　单水平支撑掘进机示意图

1—掘进刀盘；2—顶护盾；3—驱动组件；4—主梁；5—出碴输送机；6—后下支撑；7—撑靴；

8—推进千斤顶；9—侧护盾；10—下支撑；11—刀盘支撑

洞壁，因此掘进方向一经定位，只能沿着直线掘进，只有在重新定位后，才能调整方向，所以掘进机轨迹是折线。

图 7.3　双支撑开敞式掘进机

开敞式掘进机结合工程实践中取得的丰富经验，仍在不断改进和发展。例如有的将双水平支撑改为 X 形支撑或 T 形支撑，也有的将切削刀盘三轴承组合形成为前后两组轴承的简支型。开敞式掘进机的撑靴形式如图 7.5 所示。

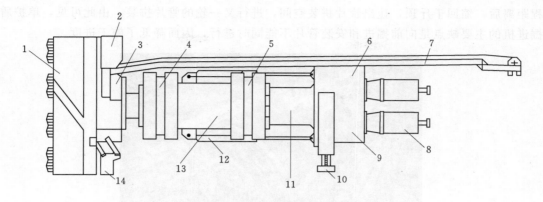

图 7.4 双水平支撑掘进机示意图

1—刀盘；2—顶护盾；3—轴承外壳；4—前水平支撑；5—后水平支撑；6—齿轮箱；7—出碴输送机；8—驱动电机；
9—星形变速箱；10—后下支撑；11—扭矩筒；12—推进千斤顶；13—主机架；14—前下支撑（仰拱刮板）

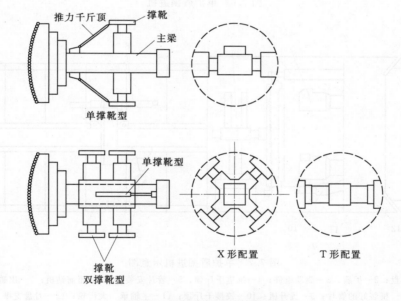

图 7.5 开敞式掘进机撑靴形式

7.2.2.2 护盾式 TBM

在掘进机的发展过程中，针对开敞式掘进机只能用于硬岩的缺陷，陆续开发出了各种型式的护盾式掘进机，分为单护盾掘进机和双护盾掘进机两大类。单护盾掘进机是专门针对软岩而开发，只能用于软岩或开挖面自稳时间相对较短的地质条件较差的地层。而双护盾掘进机既可以用于软岩，又可以用于硬岩。

（1）单护盾掘进机。

单护盾的主要作用是保护掘进机本身和操作人员的安全。单护盾掘进机的构造如图 7.6、图 7.7 所示。它靠支撑在管片上的推进千斤顶来提供反力，当向前掘进时，需要推进千斤顶紧紧地顶住已安装的管片，此时，管片的安装必须停止。当掘进了一个千斤顶冲程距离后，缩回千斤顶，让出管片拼装空间，进行又一轮的管片拼装。由此可见，单护盾掘进机的主要缺点是向前掘进和安装管片不能同时进行，因而降低了施工进度。

图 7.6　单护盾掘进机

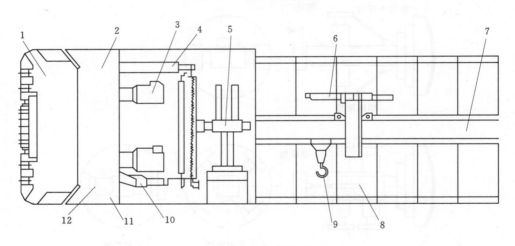

图 7.7　单护盾掘进机示意图

1—掘进刀盘；2—护盾；3—驱动组件；4—推进千斤顶；5—管片安装机；6—超前钻机；7—出碴输送机；
8—拼装好的管片；9—提升机；10—铰接千斤顶；11—主轴承、大齿轮；12—刀盘支撑

（2）双护盾掘进机。

1970 年，意大利的 S.E.L.I 公司与美国的罗宾斯公司合作，将常规的硬岩掘进机与用于软岩的护盾结合起来，开发出了双护盾掘进机，如图 7.8、图 7.9 所示。

双护盾掘进机在软岩及硬岩中都可以使用，其对地质条件的适用能力比单护盾机大为增强，尤其是在自稳条件不良的地层中施工时，优越性更为突出。它与单护盾掘进机的区别在于增加了一个（尾）护盾，在硬岩中施工时利用水平撑靴，支持洞壁传递反力；在软岩中施工，则利用尾部的推力千斤顶顶推尾部安装好的衬砌管片先前推进；还可以在利用水平撑靴进行开挖的同时安装衬砌管片，从而实现了开挖与管片安装的平行作业，使得开挖和安装衬砌管片的停机换步次数减少，时间缩短，大大提高了施工进度。

图 7.8 双护盾掘进机

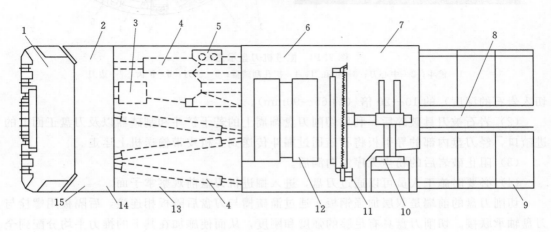

图 7.9 双护盾掘进机示意图

1—掘进刀盘；2—前护盾；3—驱动组件；4—推进千斤顶；5—铰接油缸；6—撑靴护盾；7—尾护盾；
8—出碴输送机；9—管片；10—管片安装机；11—辅助推进靴；12—水平撑靴；13—伸缩护盾；
14—主轴承、大齿圈；15—刀盘支撑

7.2.3 TBM 主机部件及结构

以单支撑开敞式 TBM 为例，介绍 TBM 主机系统的主要构成。TBM 主机部件主要由刀盘、刀具、刀盘驱动系统、护盾、主梁、推进和撑靴系统、后支撑组成。主机上的附属设备一般包括钢拱架安装器、锚杆钻机、超前钻机、主机皮带机等。

1. 刀盘

刀盘是由刀盘钢结构主体、刀座、滚刀、铲斗和喷水装置等组成，如图 7.10 所示。刀盘是掘进机中几何尺寸最大、单件重量最重的部件。因此它是装拆掘进机时起重设备和运输设备选择的主要依据。刀盘与大轴承转动组件通过专用大直径高强度螺栓相连接。

刀盘的功能包括：

（1）按一定的规则设计安装刀具。刀具在切削刀盘上平面布置是根据刀具的类型和合理刀间距来考虑的，一般而言，在硬岩中刀间距大约是贯入度（即大盘每转动一圈，滚刀

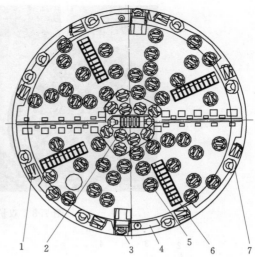

图 7.10　掘进机刀盘示意图

1—铲斗；2—中心刀；3—扩孔刀；4—扩孔刮碴器；5—面刀；6—铲齿；7—边刀

切入岩石的深度）的 10～20 倍（约 65～90mm）。

（2）岩石被刀具破碎后，利用切削刀盘圆周上的若干铲斗和刮碴器以及刀盘正面上的进碴口，经刀盘内部的导引板将石碴通过漏斗传送到主机皮带输送机上运走。

（3）阻止破岩后的粉尘无序溢向洞后。

（4）必要时施工人员可以通过刀盘，进入掘进机刀盘前观察掌子面。

切削刀盘的前端是双层加强钢板，通过溜碴槽与刀盘后隔板相连接，后隔板用螺栓与刀盘轴承联接。切削刀盘具有足够的强度和刚度，从而使施加在其上的推力平均分配到全部盘形滚刀上，使它们达到同时压挤入岩石至同一深度，并使掘进机处于高效率运转状态，否则不仅不能完成良好的切削，还会由于个别滚刀受到超载的推力而过早损坏，致使刀具费用急剧增加。

2. 刀具

TBM 的刀具为盘型滚刀，是掘进机主要研究的关键部件和易损件。根据在刀盘上的位置不同分为中心刀、正刀和边刀。中心刀安装在刀盘中央范围内，因为刀盘中央位置较小，所以中心刀的刀体做得较薄，数把中心刀一起用楔块安装在刀盘中央部位。边刀是布置在刀盘四周圆弧过渡处的刀具。从布置要求出发，边刀的特点是刀圈偏置在刀体的向外一侧，而中心刀、正刀都是正中安置在刀体上。刀具主要由刀圈、刀体、刀轴、轴承、金属浮动环密封、端盖、挡圈、压板、加油螺栓等部分组成，其中刀圈、刀具轴承、金属浮动环密封是刀具的关键件。就刀具本身结构而言，通常正刀和边刀完全一样，中心刀与正刀不同的是，正刀有一个刀圈、一个刀体、一对轴承、两组密封、两个端盖，而中心刀则有两个刀圈、两个刀体、两对轴承、四组密封和三个端盖。如图 7.11、图 7.12 所示。

刀具是由石油钻机的牙轮钻演变而来的。从结构形式上经历了牙轮钻、球齿钻、双刃滚刀，发展到现在的单刃滚刀。刀具的直径经过几十年的工程实践，目前公认为直径

图 7.11　正刀（或边刀）

图 7.12　中心刀

432mm 的窄形单刃滚刀是最佳刀具，这是兼顾了刀具轴承承载能力、延长刀具使用寿命、利于更换刀具等因素的综合结果。

3. 刀盘驱动系统

刀盘的驱动方式有电动机驱动和液压驱动两大类。电动机驱动又分为单速电动机驱动、双速电动机驱动和变频电动机驱动。掘进机贯入度是反映掘进能力的重要指标，它在很大程度上取决于刀盘的转速和推力。采用无级调速确定刀盘的转速就可以根据岩石的变化而产生最大的适应性，有效地控制刀盘负荷和振动，提高瞬时贯入度，减少刀具的磨耗。无级调速可以通过液压传动和变频调速两种方式来实现。利用变频技术可采用标准工业电机，它具有较高的惯性，当 $0\sim50\,\text{Hz}$ 时可以达到全扭矩，启动扭矩瞬时可以达到额定扭矩的 170%，启动电流小、效率高，但它要求的工作环境很严格。液压驱动方式技术上成熟，启动扭矩大，但效率低（70% 左右），维修较电动机驱动要复杂一些。

4. 护盾

护盾的主体为钢结构焊接件。单护盾 TBM 和双护盾 TBM 的护盾较长，而且与机头架间用法兰连接。而开敞式 TBM 的护盾围绕在刀盘驱动机头架周边，与机头架相连，用于 TBM 掘进时张紧在洞壁上稳定刀盘，并防止大块岩渣掉落在刀盘后部及刀盘驱动电动机处。整个护盾分为底护盾、侧护盾和顶护盾，其中，底护盾又称为下支撑。

5. 主梁和后支腿

开敞式 TBM 的主梁一般为箱形钢结构，长 20m 左右，为了制造和运输方便，一般分为前段、中段和尾段，各段之间采用螺栓连接，前段与刀盘驱动机头架也采用螺栓连接。主梁主要承受刀盘传递过来的力和扭矩作用，并将力和力矩传递到作用在洞壁的撑靴上。后支腿也称为后支撑，主要用于非掘进作业时支撑主机尾部。掘进作业时，撑靴支撑到洞壁上，需将后支腿抬起，掘进完毕，将其放下再收回撑靴缸换步。

6. 支撑和推进系统

支撑系统是掘进机的固定部分。当掘进时，它支撑着掘进机的重量并将开挖所需的推力和扭矩传递给岩壁以形成反力。不同结构形式的掘进机，支撑系统对掘进方向的控制也不同，双水平支撑方式的开敞式掘进机在换步时利用后下支撑来调整机器的方位，一经确定，刀盘只能按预定方向掘进。一般掘进机能提供的支撑反力是切削刀盘额定推力的 3 倍左右，足够大的支撑反力能保证在强大推力下掘进时，刀盘有足够的稳定和正确的导向，并有利于刀具减少磨耗，掘进所需的推进力是按照每个刀具所能承受的推力和刀具数量来决定的。支撑靴借助球形铰自动均匀地支撑在洞壁上，可避免引起集中荷载对洞壁的破坏。

7. 主机附属设备

开敞式 TBM 主机上的附属设备主要有钢拱架安装器、锚杆钻机、超前钻机和主机皮带机等。钢拱架安装器布置在主梁前部护盾下面，以便在顶护盾的保护下及时支立钢拱架。钢拱架由型钢制作的多段钢拱片拼装而成，安装器需要完成旋转拼接、顶部和侧向撑紧、底部开口张紧封闭等动作。一般在主梁左右两侧各布置一台锚杆钻机，锚杆钻机的操作台布置在钻机后面，可随锚杆钻机一起纵向移动，也可固定在后面主梁的两侧。超前钻机一般布置在主梁上方，用于超前钻孔和超前注浆作业。由于前方护盾和刀盘的存在，超前钻机必须与洞轴线倾斜一个角度进行钻进，一般在 7°左右，周向钻孔范围在 120°以上，钻进距离可达掌子面前方 30m 左右。主机出渣皮带机采用槽型皮带机，布置在主梁内，尾部伸向刀盘内腔承接刀盘溜渣槽经渣斗卸下来的石渣，运到主机头部转运到后配套系统皮带机上。

7.2.4 TBM 后配套系统

1. 后部配套设备的组成

全断面掘进机的后部配套设备是由一系列轨道工作台组成的台车，长约 150m。其主要装置有：掘进机及辅助设备的液压和电动装置、变压器及电缆、主驾驶室、通信系统、空压机、喷射混凝土设备、围岩加固堵水注浆设备以及供水系统、输送石碴的皮带机、机械传动装置、起吊设备、装卸轨道、混凝土预制管片、消尘器装置、供风系统、激光导向系统和安全保护系统等。掘进机主机与后部配套设备组成了一个完整的掘进系统。

2. 出碴与运输系统

小断面掘进机受开挖隧道空间的限制，一般采用单线运碴轨道。而较大断面的掘进机，则采用双线运碴轨道布置。皮带输送机将主机输送机运来的石碴卸入矿车，再用机车牵引到洞外。由于开挖的隧道是圆形，所以铺设轨道时，一般先将预制的仰拱块（管片）安装在隧道底部。仰拱块上预留排水槽、钢拱架沟槽及预埋轨道螺栓扣件。因此轨道的铺设延伸，不仅能保证轨道的铺设精度，同时也提高了出碴列车的运行稳定和速度。后配套平台上的停车卸碴轨道比位于隧道仰拱上的运输轨道稍高一些，运碴列车（空车）经由后配套设备尾部的爬轨斜坡道驶上平台车上的轨道装碴。

3. 通风防尘系统

在后部配套平台车上安放通风管和接力风机，供应新鲜空气的主风机安放在洞外，通过风管与后配套上的接力风机相接。在掘进机施工中，隧道通风考虑的主要因素是施工人员的需要、设备运输中产生的热量、内燃机设备产生的废气、岩石破碎和喷射混凝土所产生的粉尘等。

4. 供水与排水系统

后部配套平台车上设有供、排水设备，用来冷却滚刀和液压系统的油，并对刀盘内腔室的水雾除尘，对驱动电机进行水冷，以及必要的空气冷却等。为了提高供水压力，往往在水箱上设置增压水泵，一般用水量可按每开挖 1m³ 岩石需要 0.5m³ 左右估算。隧道开挖中排水至关重要，必须采取强制排水措施以防止积水对主机的漫浸，尤其在安放仰拱块时更需要将水排净。顺坡开挖时，应充分利用仰拱块上的排水沟，反坡开挖时，应设多处积水槽，多处水泵站将水排至洞外。

7.3 采用 TBM 法的基本条件

随着隧道掘进机技术的不断发展与完善，并伴随着材料科学、电子技术、液压新技术等现代高科技成果的应用，大大提高了掘进机对各种复杂条件的适应性。因而全断面岩石掘进机的适用范围，如果简单地从开挖可能性看，是不全面的，需要综合隧道周围岩石的抗压强度、裂缝情况、涌水状态等地层岩性及地下水条件的实际情况，机械构造、直径等机械条件，隧道的选址条件、断面大小及形状、长度等进行判断。

7.3.1 地质条件

采用 TBM 法施工时，TBM 和掌子面是分离的，因而对于软弱层和破碎带的情况，处理起来比较困难。所以，不良地质的调查，不仅对 TBM 的选择和施工速度有很大的影响，对能否采用 TBM 法也是决定性的因素。另外，能否充分发挥 TBM 的能力，是调查研究的一个重点。

TBM 施工的地质调查主要是调查影响 TBM 使用的地质条件，如岩石的软硬，破碎带的位置、规模，涌水情况，膨胀性地质等，对 TBM 工法的适应性，以及影响 TBM 施工效率的地质因素等。大体上可分为以下两类。

7.3.1.1 影响 TBM 工法适用性的地质因素

1. 隧道地压

是否存在塑性地压是决定 TBM 适用性的重要因素。在最近的 TBM 施工中，考虑到地压的作用，采用护盾式 TBM 时，多使用超挖刀具，使断面有些富余，而利用管片的反力来推进。使用开敞式 TBM 时，要从初期喷射混凝土支护中脱出，也要采取相应的措施。在这种情况下，事先正确地掌握该区间的位置，就易于采取合适的措施。对此，最好采用掌子面超前探测和钻孔探测的方法进行地质判定。

对于是否发生塑性地压的围岩评价，在软岩情况下，主要采用围岩强度比的方法；在近似土砂的软岩时，应采用围岩抗剪强度比的方法。

比较方便的是根据式（7.1）表示的围岩强度比的大小来进行评价的方法：

$$\alpha = \frac{R_c}{\gamma h} \tag{7.1}$$

式中　R_c——试件单轴抗压强度，kPa；

　　　γ——围岩单位体积重量，kN/m³；

　　　h——埋深，m；

　　　α——围岩强度比，其中：挤出性-膨胀性围岩，$\alpha < 2$；轻微挤出性-地压大的围岩，$2 < \alpha < 4$；地压大-有地压的围岩，$4 < \alpha < 10$；几乎无地压的围岩，$\alpha > 10$。

从目前的技术水平看，在断层破碎带和软弱泥岩等地质条件以及中等以上膨胀性围岩条件下，会有很大的地压作用，掌子面难以自稳，TBM 掘进极为困难，对于这些情况，不适宜采用全断面掘进机施工。

2. 涌水状态

在软弱岩层和断层破碎带中，涌水的范围、大小、压力等，是造成掌子面坍塌和承载力低下的主要原因。在极端情况下，机体会产生下沉，此时必须采用护盾式 TBM。在涌水地段，TBM 法的优势无法体现，因而在选择时必须慎重。

7.3.1.2　影响 TBM 开挖效率的地质因素

掘进机对隧道的地层最为敏感，不同的地层条件对 TBM 切削岩石的能力影响极大。影响 TBM 开挖效率的地质因素主要包括岩石强度、硬度及裂隙等。

1. 岩石强度

TBM 的开挖是利用岩石的抗拉强度和抗剪强度比抗压强度小得多这一特征。一般来说岩石的抗拉强度为抗压强度的 $1/10 \sim 1/20$。开挖的难易与抗拉强度、抗剪强度和抗压强度有关，一般都用在试验中比较容易得到的抗压强度来判定。一般情况下，岩石抗压强度 R_c 越低，掘进机的破岩效率越高，掘进越快；R_c 越高，破岩效率越低，掘进越慢。对开挖经济性有很大影响的刀具消耗，只用抗压强度判断是不合适的，还应根据岩石中含有石英粒的情况和岩石的抗拉强度等判断。现在对局部抗压强度超过 300MPa 的超硬岩，也可以采用 TBM 施工，但刀具和刀盘的消耗过大，是不经济的。从裂隙的程度看，适合的强度在 200MPa 以下。

2. 岩层裂隙

岩层的裂隙（如节理、层理、片理等）对开挖效率影响很大。一般情况下，节理较发育和发育时，掘进机掘进效率较高。节理不发育，岩体完整时，掘进机破岩困难；节理很发育，岩体破碎，自稳能力差，掘进机支护工作量增大；同时岩体给掘进机撑靴提供的反力低，造成掘进推力不足，因而也不利于掘进机效率的提高。岩体结构面越发育，密度越大，节理间距越小，完整性系数越小，掘进机掘进速度有越高的趋势。当岩体结构面特别发育，密度极大，节理间距极小，岩体完整性系数很小时，岩体已呈碎裂状或松散状，岩体强度极低，作为隧道工程岩体已不具有自稳能力，在此类围岩中进行掘进机法施工，其掘进速度不但不会提高，反会因需对不稳定围岩进行大量加固处理而大大降低。

3. 岩石耐磨性

在进行机械开挖时，刀具的磨耗问题是永远存在的。岩石的耐磨性也是影响掘进机效率的主要因素之一，它对刀具的磨损起着决定作用。岩石坚硬度和耐磨性越高，刀具、刀盘的磨损就越大。掘进机换刀量和换刀次数的增大，势必影响到掘进机利用率。刀具、刀圈及轴承的失效，对掘进机的使用成本有很大影响。岩石的硬度、岩石中矿物颗粒特别是高硬度矿物颗粒如石英等的大小及其含量的高低，决定了岩石的耐磨性指标。一般来说，岩石的硬度越高，岩石的耐磨性越好，对刀具等的磨损越大、掘进效率也越低。

4. 断层破碎带等恶劣条件

在断层破碎带、风化带等难以自稳的困难条件下进行机械掘进施工，都需要采取辅助施工措施配合。特别是在有涌水的条件下，施工更为困难，拱顶坍塌、机体下沉、支承反力降低等问题时有发生。为了克服这一缺点，最近已开发出盾构混合型的掘进机，但还难以满足全地质型的要求。

从地层岩性条件看适用范围，掘进机一般只适用于圆形断面隧道。开挖隧道直径在 1.8~14.4m，以 3~6m 直径最为成熟。一次性连续开挖隧道长度不宜短于 1km，也不宜长于 10km，以 3~8km 最佳。掘进机适用于中硬岩层，岩石单轴抗压强度介于 20~250MPa，以 50~100MPa 为最佳。

7.3.2 机械条件

TBM 不仅受到地质条件的约束，还受到开挖机构、开挖直径的限制。一般来说，在硬岩中，大直径的开挖是很困难的。日本的实例是最大直径 5m 左右。其理由是：目前的 TBM 大都是单轴回转式的，开挖直径越大，刀头的内周和外周的周速差越大，对刀头产生种种不良影响。此外，随着开挖直径的增大，要增大推力，支承靴也要增大，会出现运送上的困难和承载力问题。掘进机械是采用压碎方式还是切削方式，在实际应用中其适应范围也有差别。

7.3.3 隧道条件

（1）隧道长度和曲线半径。TBM 进入现场后，一般要经过运输、组装过程。根据 TBM 的直径和形式、运输途径、组装基地的情况等，要准备 1~2 个月。其次，TBM 的后续设备长 100~200m，为便于正常掘进，需要先修筑一段长 200m 左右的隧道。所以，隧道长度短时，包括机械购置费在内的成本是很高的，也不经济。当隧道长度在 1000m 以下时，固定费的成本急剧增大，当长度达到 3000m 左右时，成本大致是一定的。一般认为，全断面掘进机在 3000m 以上的隧道中使用才具有较好的技术效果和经济效果，隧道长度大于 6000m 时应尽量采用。由于全断面掘进机的长度较大，对隧道的曲线半径有一定要求，曲线半径一般在 200m 以上。

（2）隧道断面形状和大小。全断面隧道掘进机适用于圆形的隧道。断面大小基本上可决定掘进机机型的大小，每种机型都有一定的适用范围，选用时应考虑其最佳掘进断面面积。

7.4　TBM 掘进施工

7.4.1　破岩机理

图 7.13 所示为 TBM 掘进破岩机理。掘进时，由刀盘驱动系统驱动装有若干滚刀的刀盘旋转，并由推进系统给刀盘提供推进力，刀盘上的滚刀在巨大推力和回转力矩作用下切入岩石，不同部位的滚刀在岩面上留下不同半径的同心圆切槽轨迹。滚刀对岩石实施压、滚、劈、磨的作用，达到破碎岩石的目的。岩石的破碎是压裂、胀裂、剪裂、磨碎的综合过程。刀具在完整岩石中破岩过程如图 7.14 所示。具体如下：

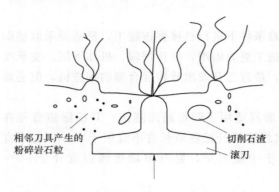

图 7.13　掘进机切削岩石机理示意图

（1）刀具的刀刃在巨大推力作用下切入岩体，形成割痕。刀刃顶部的岩石在巨大压力下急剧压缩，随着刀盘的回转，滚刀滚动，这部分岩石首先破碎成粉状，积聚在刀刃顶部范围内形成粉核区。

（2）刀刃侵入岩石和刀刃的两侧劈入岩体，在岩石结合力最薄弱处产生多处微裂纹。

（3）随着滚刀切入岩石深度的加大，岩粉不断充入微裂纹。由于微裂纹端部容易应力集中，微裂纹逐渐扩展成显裂纹。

（4）当显裂纹与相邻刀具作用产生的显裂纹交汇，或显裂纹发展到岩石表面时，就形成了岩石断裂体。岩石断裂体一般呈以下特点：

1）厚度 $\delta = 50\text{mm}$。

2）宽度 $a = \lambda$（刀间距）$- b$（刀刃宽）。

3）长度 $l \approx 100\text{mm}$。

4）裂纹角 $\alpha = 18° \sim 30°$。

（5）在断裂体从掌子面落入洞底进入铲斗时，由于断裂体与刀盘及相互间的碰撞作用，又会产生新的碎裂体和岩粉。

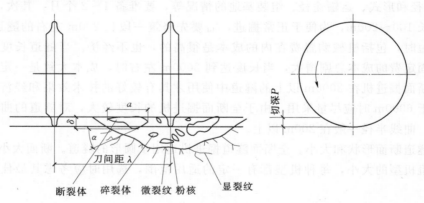

图 7.14　刀具在完整岩石中破岩过程

7.4.2　TBM 循环作业原理

TBM 的掘进循环由掘进作业和换步作业交替组成。在掘进作业时，掘进机刀盘进行的是沿隧道轴线作直线运动和绕轴线作单向回转运动的复合螺旋运动，被破碎的岩石由刀盘的铲斗落入胶带机向机后输出。

7.4.2.1　开敞式 TBM 掘进循环过程

以双支撑开敞式 TBM 为例，其掘进循环过程如图 7.15 所示。

第一步：循环开始时，支撑部分已移动到主机架的前端，并撑紧在洞壁上。TBM 正

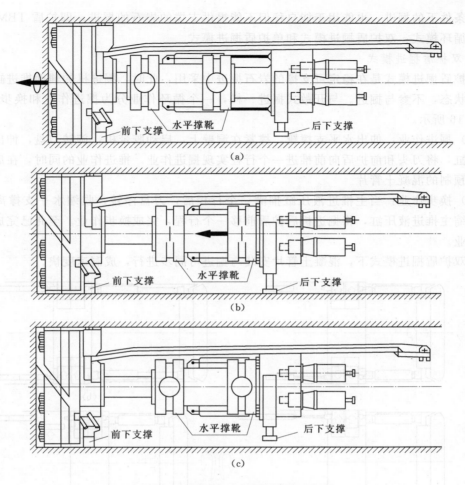

图 7.15 开敞式掘进机掘进循环示意图
(a) 掘进工况；(b) 换步工况；(c) 再掘进工况

确定位于线路规定的方向和坡道上。前下支撑与底部的岩面轻微接触，提起后下支撑。刀盘转动，推进液压缸活塞杆回缩，使工作部分向前推进一个行程，此步为掘进工况。

第二步：支撑部分移位换步。在向前推进到达推进到一个行程终点处时，刀盘停转，后下支撑伸出顶到仰拱上，仰拱刮削装置从浮动位置转换到支承位置，二者承重。当 TBM 两端支好后，收缩支撑靴板离开洞壁，收缩推进缸，将水平支撑向前移一个行程，此步为换步工况。

第三步：支撑部分再到位后，用仰拱刮削装置和后下支撑调整纵向坡度。后支撑靴顶住岩壁，后下支撑提起，用后支撑靴在水平面内调定 TBM 的方向。然后，前支撑靴伸出，又重新撑紧在洞壁上。此后，收回后下支撑，此时前下支撑与底部岩面又转换成浮动接触状态，刀盘切削头再次转动，TBM 准备下一个掘进循环。

7.4.2.2 护盾 TBM 掘进循环过程

护盾 TBM 是从开敞式 TBM 延伸演变而来的掘进机，它既能用于岩石能自稳并能提供支撑条件下的掘进，也能用于能自稳但不能提供支撑的岩石的掘进，即护盾 TBM 有两种掘进循环模式：双护盾掘进模式和单护盾掘进模式。

1. 双护盾掘进模式

双护盾掘进模式是在稳定可支撑的岩石掘进中采用，此时，掘进机的辅助推进缸处于全收缩状态，不参与掘进。与开敞式掘进一样，一个循环作业分为掘进作业和换步作业，如图 7.16 所示。

（1）掘进作业：伸出水平支撑靴，撑紧在洞壁上，启动胶带机，旋转刀盘，伸出主推进液压缸，将刀头和前护盾向前推进一个行程实现掘进作业。推进作业的同时，在后护盾侧安装预制的混凝土管片。

（2）换步作业：当主推进液压缸推满一个行程后，刀盘停转，收缩水平支撑离开洞壁，收缩主推进液压缸，将掘进机后护盾前移一个行程，完成换步作业。至此已完成一个循环作业。

在双护盾掘进模式下，混凝土管片安装与掘进可同步进行，成洞速度快。

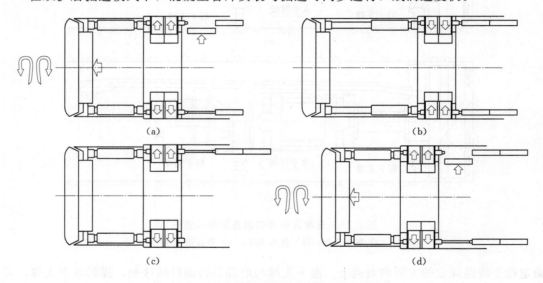

图 7.16　双护盾掘进循环示意图（硬岩模式）
（a）掘进与管片安装；（b）换步；（c）再支撑；（d）再掘进与管片安装

2. 单护盾掘进模式

在能自稳但不可支撑的岩石中掘进时可采用单护盾掘进模式，此时，掘进机的主推进缸处于全收缩状态，并将支撑靴板收缩到与后护盾外圆一致，前后护盾连成一体，跟双护盾 TBM 掘进循环一样，如图 7.17 所示。

（1）掘进作业：旋转刀盘，伸出辅助推进缸撑在管片上掘进，将掘进机向前推进一个行程。

（2）换步作业：刀盘停转，收缩辅助推进缸，安装混凝土管片。至此已完成一个循环作业。

在此模式下，混凝土管片安装与掘进不能同时进行，掘进效率较低。

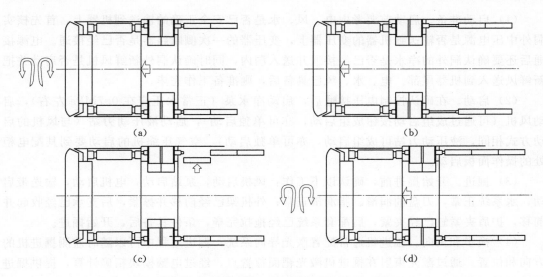

图 7.17　单护盾掘进循环示意图（软岩模式）
（a）掘进；（b）换步（辅助推进液压缸缩回）；（c）安装管片；（d）再掘进

7.4.2.3　掘进循环的时间

对于开敞式掘进机，每一掘进循环所需时间一般在 20~60min，其中换步作业只需 2~4min。如果换步时间和每循环的总时间超过上述数值，则属于不正常掘进。护盾式掘进机在使用辅助推进油缸顶在混凝土管片上掘进时，由于掘进与衬砌不能同时进行，其每一循环时间是掘进时间和衬砌时间之和，约是敞开式循环时间的 1.5~2 倍。

7.4.2.4　调向、纠偏与转弯

为了确保 TBM 按设计洞线掘进，在掘进机系统中都配有定位导向装置。目前较常用的有 GPS 网、陀螺导向仪和激光导向系统。其中，激光导向在我国使用最为广泛。通过导向系统，操作人员发现掘进机的开挖洞线与设计洞线发在偏离时就必须进行调向，使开挖洞线与设计洞线方向一致。

掘进机在自稳岩石掘进中，刀盘向一个方向旋转，会造成掘进机的偏转。如果过度偏转，会引起胶带机漏渣、工作人员站立不稳等情况，须及时进行纠偏。在自稳岩石中的纠偏由纠偏缸来完成，一般左右对称设置的垂直调向油缸可同时承担纠偏的功能。双护盾掘进机在软岩中的纠偏是由刀盘翻转来实现的。单支撑掘进机因其机身较短，它的调向、纠偏较双支撑掘进机容易。开敞式 TBM 的调向、纠偏比护盾式的容易。

在进行曲线隧道掘进时，掘进机的作业是以折线代替曲线来实现的。通过控制激光靶反馈在显示屏的掘进机水平位移量来获取所需的转弯半径。一般单支撑掘进机的转弯半径比双支撑掘进机的小，护盾式 TBM 的转弯半径比开敞式的大。

7.4.3　TBM 掘进操作与控制

7.4.3.1　TBM 掘进操作过程

掘进机的掘进操作是通过主控制室来进行的，因此，该控制室是完成各项工作的控制核心。TBM 主控室的操作过程可分为以下五步：

（1）启动准备。启动前要考虑电、风、水是否已安全正确的输送到机器上，首先核实洞外中压电源是否输送到机器的变压器上，变压器的一次侧断路器是否已经接通。电源接通后还要确认洞外的净水是否已经接通并送入洞内，同时确认洞外新鲜风机是否启动并把新鲜风送入到机器尾部。电、水、风已具备后，则准备工作完毕。

（2）启动。在确认控制电压接通后，启动净水泵（正常水压应在 0.7MPa 左右），启动风机（可通过成组启动按钮成组启动，亦可单独启动），启动液压动力站（与风机的启动方式相同，液压动力站可成组启动，亦可单独启动），空气压缩机的启动要到其配电柜处的操作面板启动。

（3）掘进。开始掘进前，确认以下工作：风机启动，泵站启动，电机启动，输送带启动，水系统正常，刀盘油润滑、脂润滑正常；外机架已经前移并撑紧，后支承已经收起并前移，护盾夹紧缸已经夹紧，后配套系统已经拖拉完毕，条件具备后，开始掘进。

（4）换步和调向。掘进机通常配置激光导向系统，掘进过程中可以随时监测掘进机的方向和位置。通过激光束射在掘进机激光靶面位置点，经过电脑模块精确计算，提供掘进机在掘进过程中的准确位置。操作人员根据导向系统显示屏幕提供的当前位置数字显示，预置位置和导向角来调整掘进机掘进方向。

（5）停机。掘进一个循环后，PIC 系统根据传感器的信号自动停止推进。控制刀盘后退 3～5cm，使刀圈离开岩面。并根据余碴量的大小令刀盘旋转若干时间。然后停止刀盘喷水，停止刀盘旋转，停止电机，待输送带上的碴基本出完之后，停止输送机。以上控制的相应按钮与启动时的按钮对应。与此同时，可以进行后配套的拖拉工作。

7.4.3.2　TBM 掘进模式的选择

TBM 主控室的工作模式有自动控制推进模式、自动控制扭矩模式和手动控制模式三种，操作人员根据岩石状况来决定选择何种操作模式。

在均质硬岩条件下，应选择自动控制推进模式，这样设备既不会过载，又能保证有最高的掘进速度。选择此种工作模式的判断依据是：如果掘进时，推力先达到最大值，而扭矩未达到额定值时，则可判定为硬岩状态，则可选择自动控制推进模式。

在均质软岩条件下，一般推力都不会太大，刀盘扭矩的变化是主要的，此时，应选择自动控制扭矩模式，这样设备既不会过载，又能保证有最高的掘进速度。选择此种工作模式的判断依据是：如果掘进时，扭矩先达到额定值，而推力未达到额定值或同时达到额定值，则可判定为软岩状态，加之地质较均匀，则可选择自动控制扭矩模式。

如果不能肯定岩石状态，或岩石硬度变化不均匀，或存在断层破碎带等情况，必须选择手动控制模式，靠操作者来判断岩石的属性。

7.4.3.3　TBM 掘进参数的选择

不同的地质条件，TBM 的推力、刀盘扭矩、刀盘转速、推进速度等掘进参数是不同的。虽然掘进机配有自动操作模式，但实际中岩石往往均匀性差，因而在掘进过程中通常采用手动控制模式，根据地质条件的变化及时调整 TBM 掘进参数。

（1）推力。在硬岩条件下，推进压力一般达到额定压力的 75%；当进入软弱围岩过渡段时，推进压力呈反抛物线形态下降，下降时间与过渡段长度成正比；当完全进入软弱围岩时，压力趋于相对平稳，此时掘进速度一般维持在 40% 左右。

（2）刀盘扭矩。在硬岩情况下，一般取为额定值的 50％；进入软弱围岩过渡段时，扭矩有缓慢上升的趋势，上升时间与过渡段程度成正比；当完全进入软弱围岩时，扭矩值一般小于额定值的 80％。

（3）刀盘转速。在硬岩情况下，一般为 5.4～6.0r/min；当进入软弱围岩过渡段后期时，调整刀盘转速为 3～4r/min；当完全进入软弱围岩时，刀盘转速维持在 2.0r/min 左右。

（4）推进速度（贯入度）。在硬岩条件下，推进速度一般为额定值的 75％，贯入度一般为 9～12mm；当进入软岩过渡段时，贯入度有微小的上升趋势；当完全进入软弱围岩时，贯入度一般稳定在 3～6mm。

7.5　TBM 衬砌施工

用掘进机施工的隧道，其支护结构一般是由初期支护（或临时支护）和二次衬砌组成。采用掘进机施工，由于开挖工作面被掘进机刀盘所遮蔽，很难直接对围岩进行观察和判断，另外，掘进机机身有一定的长度，使得初期支护的位置要滞后开挖面一段距离，因此采用不同类型的掘进机施工时就要求采用不同的支护形式。一般在充分进行地质勘探后，在隧道设计阶段就应确定基本支护形式。例如引水隧道，为保证输水的可靠性，要求支护对围岩有密封性，所以大都采用护盾式掘进机进行管片衬砌的结构型式；对于一般公路和铁路隧道，除进行初期支护外，视地质情况可采用二次喷射混凝土或二次模筑混凝土作为永久衬砌，也可直接采用管片衬砌。不管是采用何种类型的衬砌，为了安放轨道运碴，都必须设置预制仰拱块，它也是衬砌结构的一部分。

7.5.1　复合式衬砌

使用开敞式掘进机，一般先施作初期支护，然后浇灌模筑混凝土二次衬砌，即复合式衬砌，如图 7.18 所示，其底部为预制仰拱块。由于掘进机的掘进速度很快，不可能使二次模筑混凝土衬砌作业与开挖作业保持一样的进度，当衬砌作业落后较多时，主要依靠初期支护来稳定围岩，地质条件好的隧道甚至等贯通后再施作二次衬砌。初期支护以锚杆、挂网和喷射混凝土支护为主，地质条件较差时还可设置钢拱架。

7.5.2　管片式衬砌

使用护盾式掘进机时，一般采用圆形管片衬砌，如图 7.19 所示。管片衬砌一般由若干块管片组成，分块数量由隧道直径、受力要求等因素确定，管片类型可分为标准块、邻接块和封顶块三类。其优点是适合软岩，当围岩承载力低，撑靴不能支撑岩面时，可利用尾部推力千斤顶，顶推已安装的管片衬砌获得推进反力。当撑靴可以支撑岩面时，双护盾掘进机的掘进和换步可以同时进行，明显提高了循环速度。利用管片安装机安装管片速度快、支护效果好，安全性强，不过其造价高。

为满足防水要求，管片之间必须安装止水带，并需在管片外壁和岩壁间隙中压入豆石和注浆。为了生产预制管片，需要设有管片生产厂，若施工现场的场地条件允许，最好就设在现场，以方便运输。

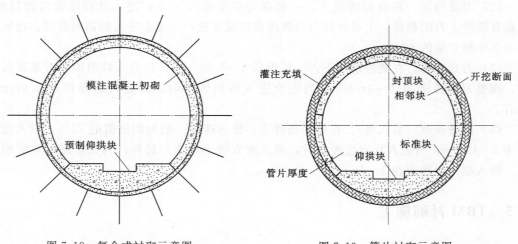

图 7.18 复合式衬砌示意图　　　　　图 7.19 管片衬砌示意图

7.6 TBM 法的辅助工法

　　一般而言，掘进机宜用于地质条件较好的隧道，因为如果地质条件太差，需要过多的辅助作业来保证掘进机施工，就不能充分发挥掘进机速度快、效率高的优势。同时，由于掘进机堵塞了隧道，也给辅助作业造成困难，结果导致施工费用过高、工期延长，从而失去了掘进机施工的意义。

　　但任何一座总体地质良好的隧道，都有可能出现局部地质较差地段，这就需要掘进机对于这样的地质情况具有一定的处理能力。为了实现这一目的，可以在掘进机上安装一些辅助设备进行特殊功能的作业。

7.6.1 超前支护

　　TBM 施工中，当遇到断层破碎带、风化带及节理密集带等不良地质地段，可利用 TBM 自身配备的超前钻机和注浆设备，进行超前支护，加固前方地层，如图 7.20 所示。

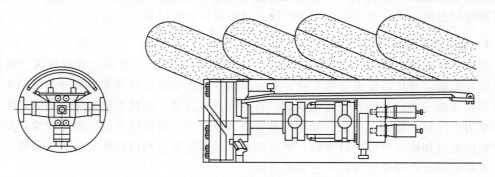

图 7.20 掘进机内进行超前支护示意图

　　地质超前钻机安装在切削刀盘后部的主机顶部平台上，它在主机停机时进行掌子面前方的超前钻孔，不仅可以预报前方的地质情况，为掘进提供可靠信息，还可进行注浆和安装管棚等。目前 TBM 施工主要采用的超前支护方法有超前锚杆、超前管棚和超前预注浆等。

1. 超前锚杆

超前锚杆是为了确保围岩稳定，以较大的外插角向开挖面前方安装锚杆，形成开挖面的预支护。超前锚杆外插角约 10°，孔深一般为 20m，孔间距为 0.3～1.0m，纵向搭接长度不小于 2 倍的 TBM 换步距离。采用超前锚杆进行支护的地段，不再进行注浆处理。

2. 超前管棚

管棚的钢管沿上拱 90°的轮廓线，以较小外插角打入前方围岩，管棚尾端利用钢拱架构成棚架预支护。管棚主要有短管棚和长管棚两种类型。短管棚可短至 10m，使用外径 50mm 左右的钢管，环向间距 40cm 左右，外插角 6°左右，钢管与钢拱架搭接牢固。长管棚可长达 40m，使用管径 70～180mm 钢管，孔径比管径稍大，环向间距 20～80cm，纵向搭接长度不小于 2 倍的 TBM 换步距离。

3. 超前小导管注浆

超前小导管注浆是在开挖面周边钻孔，然后将导管插入已钻好的孔位，向围岩注入有压力的浆液，用于固结或加固地层。超前小导管注浆可全断面注浆，也可周边注浆。注浆前，先用水冲洗钻孔，注浆时为防止串浆和漏注，可先从两侧的钻孔向拱顶对称注浆。其注浆参数应根据围岩孔隙率、裂隙率、渗透系数、涌水量等围岩条件并结合试验综合确定。除此之外，还可通过超前钻孔安装锚杆，以进一步提高围岩稳定性。

7.6.2 喷射混凝土

围岩失稳是一种累积破坏，可能从某一块周边抗剪强度低的岩体错动、坠落开始，逐渐使周边围岩失稳、坍塌，及时喷射混凝土密闭开挖面，不仅可以阻止洞内潮湿空气和水对围岩的侵蚀，减少膨胀岩的软化和膨胀，还可抵抗岩块之间沿节理的剪切和张裂，使围岩变形不能发展，有效地阻止围岩的松动。是否应在 TBM 刀盘后部平台上进行喷射混凝土作业，需要根据围岩变化来决定。

在软弱围岩地段，为了及时封闭、稳固围岩，在围岩出露护盾后，立即人工喷射混凝土对围岩进行封闭。人工干喷可控性好、针对性强，弥补了 TBM 后配套上喷射混凝土设备距掌子面距离较远而不能及时喷射的缺陷。

7.6.3 安装钢拱架

钢拱架是超前支护不可缺少的支撑构件，如隧道浅埋、偏压或为断层破碎带时，及时支立钢拱架可提高初期支护的强度和刚度，抑制早期围岩压力的过快增长，防止围岩的变形、失稳或坍塌。

钢拱架形状有格栅和各种型钢，型钢拱架也有刚性和柔性之分。格栅拱架的作用在于它与喷射混凝土的紧密结合，形成其中的骨架，提高承载能力。柔性型钢拱架即为可收缩式拱架，其利用拱片接头的可滑移连接形式，使支护断面随围岩变形而收缩，允许围岩较大变形。不过在 TBM 施工中，柔性钢拱架过大的变形量会使洞内净空变小，有可能阻碍 TBM 内安装设备的通过。

钢拱架的安装，是利用紧靠刀盘后部设有的钢拱环安装器来完成，其安装速度快，支护及时。钢拱环的间距应与掘进机的行程距离一致或成倍数关系，如果采用全断面钢拱架，则在预制仰拱块上要留有安装钢拱环的沟槽。

7.6.4　安装锚杆

锚杆是利用主机配备的锚杆钻机安装的，由于 TBM 主梁占据隧道中心位置，故锚杆孔不在隧道断面半径方向上，即非法线方向。注浆锚杆的钻孔孔径应大于锚杆直径，采用先注浆后安装锚杆的工艺时，钻头直径大于锚杆直径约 15mm 左右；若采用先安装锚杆后注浆工艺时，钻头直径大于锚杆直径约 25mm 左右。锚杆间距及钻锚杆孔深度由支护参数决定。

在掘进机施工中也会发生一些意外的事故，甚至较大事故。如开挖面大规模坍方造成机体被埋、洞壁围岩变形卡住机体、突发大量涌水淹没机体等。造成这些事故的主要原因是前期地质勘查不明，施工地质预报不及时，由此而停工处理造成了严重的施工延误、工程费用也增加很大，因此要引起高度的重视以求避免。事故发生后的处理方法主要是将掘进机后退，利用人工到掌子面用不同的方法进行清除及加固处理，再让掘进机步进通过。

思考题与习题

1. 全断面隧道掘进机和盾构机的主要区别？两者各自适用于什么条件？
2. 隧道掘进机的施工特点有哪些？
3. 隧道掘进机主要由哪几部分组成？
4. 采用 TBM 法施工的基本条件有哪些？
5. TBM 刀具有哪些主要类型？
6. 简述开敞式和双护盾 TBM 掘进循环步骤，掘进工作流程。
7. 掘进机施工的支护型式是什么？有哪些辅助施工方法？

第8章 沉管法及沉井法施工技术

8.1 沉管法施工技术

8.1.1 概述

地下线路经过江河、港湾时，采用水底隧道是常用的跨越方法。水底隧道的单位造价比桥梁高，但在跨越港湾或海轮经过的江河时，因跨越所需桥梁跨长、桥高，引桥长度大，造价增大，引桥过长对市内交通干扰及占地不易妥善解决，水底隧道有时比建桥更为经济、合理。修建水下隧道的施工方法通常有以下五种：围堰明挖法、矿山法、气压沉箱法、盾构法、沉管法。目前常被采用的是盾构法和沉管法施工。据已有的实践经验，沉管法较之盾构法在工程总量、克服地质条件限制性、隧道断面、抗渗性、工期、造价、运营费用等方面比较有利，特别是 20 世纪 50 年代后期水力压接法（水下连接）和基础处理的压注法取得了突破性进展，从而使沉管隧道的建设进入了一个迅速发展的新纪元。目前世界各国水底隧道建设大都采用该法。

沉管法，亦称预制管段沉放法。先在隧址以外的预制场（多为临时干坞或船坞）制作隧道管段（每节长 60～140m，多数为 100m 左右，最长达 300m），管段两端用临时封墙密封，制成后运到指定位置上，在已预先挖好的基槽上沉放下去，通过水力压接进行水下连接，再覆土回填，完成隧道。用这种沉管法修建的水下隧道，称之为沉管隧道。沉管隧道一般由敞开段、暗埋段、岸边竖井及沉埋段等部分组成，如图 8.1 所示。在沉埋段两端，通常设置竖井作为沉埋段的起止点，竖井是沉管隧道的重要组成部分，它起到通风、供电、排水和监控作用。根据两岸地形和地质条件，也可将沉埋段与暗埋段直接相接而不设竖井。

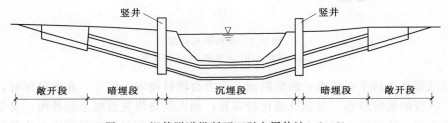

图 8.1 沉管隧道纵断面（引自周传波，2008）

早在 1810 年，伦敦进行了采用沉管法修筑水下隧道施工试验，虽然因防水问题而失败，但为后来该技术的发展奠定了基础。到 1894 年采用此法在美国波士顿建成一条城市下水道工程和 1904 年建成底特律水底铁路隧道才宣告沉管法的成果诞生。自 1959 年加拿大迪斯（Deas）隧道成功采用水力压接法进行管段水下连接后，很快为世界各国普遍采用，使得沉管法变得更加优越。

我国台湾和香港于 20 世纪 40 年代、60 年代用沉管法修建了 4 条海湾隧道。1993 年在广州珠江建成内地第一条沉管隧道，1995 年又在宁波甬江建成第二条沉管隧道。这两条沉管隧道的建成为我国修建河底、海底隧道积累了丰富的经验。目前，我国已有沉管隧道 10 余座（含在建）。规划建设中的港珠澳大桥是连接香港、澳门和珠海的跨海大桥，全长接近 50 公里，主体工程长度约 35 公里，包含离岸人工岛及海底隧道，是国内第一个采用沉管工艺的海底隧道，是世界上规模最大的沉管隧道，工程预计于 2016 年完工。2013 年 4 月，位于桂山牛头岛的预制厂顺利完成首个海底隧道标准管节。2013 年 7 月，首节 180 米管节海底安装，标志着深海隧道安装全面开启。

8.1.2　沉管隧道的分类

沉管隧道按断面形状分为圆形与矩形两大类，其施工及所用材料均有所不同。初期一般采用圆形钢壳沉管，此类隧道目前在美国还比较常用；20 世纪 50 年代后，多采用矩形钢筋混凝土沉管。

8.1.2.1　圆形沉管

圆形沉管多是钢壳与混凝土的复合结构，钢壳可作为防水层并在结构上有明显的作用。混凝土主要承受压力和作为镇载物，并且也满足结构上的需要。钢壳管段具有弹性特点，钢壳管道隧道是一个具有柔性的整体结构。施工时多数利用船厂的船坞制作钢壳，制成后滑行下水，并系泊于码头边上，进行水上钢筋混凝土作业，这种方式被称为"钢壳方式"。这类沉管的横断面，内部均为圆形，外表有圆形、八角形或花篮形，如图 8.2 所示。

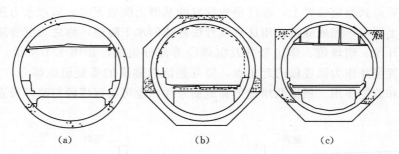

图 8.2　各种圆形沉管
（a）圆形；（b）八角形；（c）花篮形

圆形沉管具有的主要优点：圆形断面，受力合理衬砌弯矩较小，在水较深时，比较经济有利；沉管的底宽较小，基础处理比较容易；钢壳既是浇筑混凝土的外模，又是浇筑隧道的外防水层，这种防水层不会在浮运过程中被碰损；当具备利用船厂设备的条件时，工期较短，在管段需要量较大时，更为明显。其缺点是：圆形断面空间，常不能充分利用；耗钢量大，造价高；钢壳本身需作防锈处理等。

8.1.2.2　矩形沉管

矩形沉管隧道的管段多由钢筋混凝土制成，钢筋混凝土用于结构构造和作为镇载物，隧道外部防水一般采用钢板或沥青防水薄膜。需修建作业的船坞用以制造预制管段，称为

"干船坞方式"。绝大多数混凝土管段隧道由多个节段用柔性接缝连在一起组成。因为每一管段是一个整体结构，更易控制混凝土的灌注和限制管段内的结构力。荷兰的玛斯隧道（Mass，1942 年）首创矩形沉管以来，目前世界各国（除美国外）大都采用矩形沉管，如图 8.3 所示。当隧道跨度较大，且土、水压力又较大时，采用预应力混凝土结构可获得较经济的效果。预应力的采用，可大大提高水密性、减少管段的开裂，并减小构件厚度和管段的重量。

(a)   (b)

图 8.3　矩形折拱形结构
(a) 六车道矩形沉管；(b) 八车道矩形沉管

矩形沉管的优点是：不占用造船厂设备，不妨碍造船工业生产；空间利用率较高，可实现铁路、公路共用隧道；隧道全长较短，挖槽土方量少；一般不需钢壳，可节省钢材。其缺点是：建造临时干坞的费用较大；由于矩形沉管干舷较小，要求在灌筑混凝土及浮运过程中，须有一系列严格控制措施；断面相比圆形的厚些，基地的处理要困难些。

8.1.3　沉管隧道施工工艺

沉管隧道主要施工工艺流程如图 8.4 所示。其中关键施工节点介绍如下。

8.1.3.1　沉管法施工的前期调查工作

在沉管隧道施工前，必须做好水力、地质、气象、航运或海运、土壤、生态条件、地震等方面的调查。

1. 水力情况

水力调查主要包括流速与流向、水的密度差异和水质情况、潮汐及水位变化、海浪和波浪等。数据收集取决于工程当地的条件、工程特定的要求和可以获得的信息。长期信息（即经过 5～10 年时间收集的数据）是最为可取的。

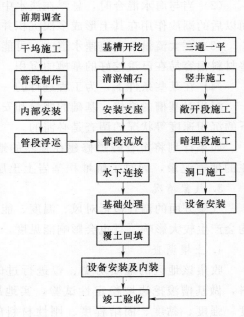

图 8.4　管形沉管隧道主要施工流程

收集水流速度及流向的长期数据，并建立数据库。测量水流速度、方向、潮汐情况，做好实测记录，与收集的数据进行比较分析，来规划拖船的能力、沉放设备、管段内的设施和拖运、沉放时间，科学合理地确定施工工序。

沉放区域水的比重也是一项重要信息。由于沉管隧道的设计与施工与浮力原理有直接关系，因此必须准确了解水的比重。水的比重在一段时间内可能随地点、深度、沉积和温度的不同而不同，而气象与水力条件之间的相互关系，对水的比重也有影响。根据沉管隧道位置，划定合理区域，按不同时间、温度、深度进行水的比重测量并做好记录是必要的。

潮汐会引起水流速度及水位的变化，对管段制造场地的选择和设计、管段的水上运输和沉放、沉放地段的长度都有影响。通过详细的调查、分析，判断最适合水上作业或所需环境的"潮汐窗口"时期，以确保施工安全及施工精度。

波浪、大海浪的作用对管段的运输和沉放作业影响较大，击岸波对沉埋的排水也有影响。同时，隧道管段本身的频率与风、海上条件、航运行船引起的波浪或大海浪的可能频率之间的相对关系，对停泊在码头上的隧道管段有巨大的影响。因此，对波浪、大海浪及击岸波要建立监测系统，收集相对准确的数据资料，作为管段运输、沉放、停泊施工方案设计的依据。

2. 地质情况

地质调查主要包括地基承载力、沉管及其他水下障碍物的探测、疏浚技术。此外，沉管基槽开挖后的沉积问题也是需要做好调查的情况之一，形成沉积有以下主要原因：

（1）基槽处流速的突然降低。

（2）当与海水混合时，悬浮在淡水中的沉积物絮凝并沉到底部，形成薄薄的一层泥。而以后的潮汐作用在其上形成多次沉积并可能产生固结。

（3）在大流量和高流速水道中，可能存在着沿河底携带输送的材料（砂、卵石），这些材料很容易在已浚挖好的基槽中沉积。

（4）在某些条件下，为工程进行的一些活动或在工程附近的作业都可能增加沉积量。

沉积对基槽的维修、基础的质量和安装的镇载系统的质量、数量有影响。对不同流速下的沉积速度等状况的调查是必需的。

如果计划将沉管隧道修建在强烈的地震带，那么在调查有无断层的同时还要收集以往的地震记录，同时了解堆积基岩上土层的性质与成层状态，特别注意土的液化问题。

3. 气象情况

气象方面的调查包括对风、温度、能见度等方面的调查。风和温度对水力性能和作业均会产生较大影响，且也会影响能见度，而较差的能见度有可能会影响定位系统。

4. 土壤调查

收集该地区的地质历史、曾进行过的工程及对土壤的影响、岩层分布等方面的资料，做基槽浚挖边坡稳定性试验，实地勘测基槽中土壤的矿物成分、粒度成分、密实度、强度、黏度、固结程度、刚性材料的成分分布、污浊物的性质和污染程度、有机物的含量、粗碎屑的气体含量和化学性质等方面的数据，并结合工程特点，进行沉陷分析及预测。

5. 河流/海洋的其他特点及障碍

河流/海洋的其他特点及障碍主要是涉及结冰（冰块）、海藻和贝壳（或鱼）以及浚挖基槽位置上出现的沉船一类障碍的情况等。

6. 对现场及受现场活动影响地区的生态条件的调查

物理条件：温度、光的强度和穿透度、沉积特点、掩蔽区/掩藏的地方、水流和波浪的能量。

化学条件：含盐量、氧气密度、养分、有毒物质、絮凝作用。

生物条件：食物关系、伴生物种。

7. 地震

地震调查主要了解沉管隧道场地地震裂度，以及发生频率、周期等。

除以上介绍的几点前期调查内容外，还需对管段制作场地进行调查，只有充分进行前期调查，才能做出合理的沉管隧道规划。

8.1.3.2　临时干坞施工

一般情况下在隧址附近的适当位置，需自己建造一个与工程规模相适应的临时干船坞，用于预制沉管管段的场地。它不同于船坞。船坞的周边有永久性的钢筋混凝土坞墙，而临时干坞却没有。干坞的构造没有统一的标准，要根据工程实际，如地理环境、航道运输、管段尺寸及生产规模等具体而定。

根据工程特点及工期要求，结合干坞处的地质、地下水位情况，选定适宜的施工方法。一般干船坞施工方法有两种，即干挖方式和先湿挖后干挖方式。

干挖方式施工便利，可同时采用多台套的大型机械施工。能合理选择干坞坞门及出坞航道的施工时机，对防洪影响较小。干坞的挖方就近弃于干坞附近，经整平后作材料堆放场地等。开挖及干坞施工完成后的回填均较便利。但干挖前，需预先采取降水措施。

先湿挖后干挖方式是利用开挖船在干坞预制或在出坞航道开挖及支护完成后，进行干坞开挖，且坞门必须在洪水季节来临前完成，施工组织难度较大。并且这种开挖方式需要大面积的卸泥脱水区，并需较长的管道输送。干坞施工完成后，经脱水后的泥砂还需要回运至干坞处回填。

8.1.3.3　管段制作

管段制作在干坞中进行，其工艺与一般混凝土结构大体相同。但考虑到浮运沉设对均质性与水密性的特殊要求，应注意以下几点：

（1）要保证混凝土的防水性及抗渗性。

（2）要严格控制混凝土的重度，若重度超过1%以上，管段将浮不起来，则不能满足浮运要求。

（3）必须严格控制模板的变形，以保证对混凝土均质性的要求；否则，若出现管段板、壁厚度的局部较大偏差，或前后、左右混凝土重度不均匀，浮运中会发生管段侧倾。

此外，管段中不同的位置，有相应的构造措施和施工要求，具体如下。

1. 管段的施工缝和变形缝

在管段制作中，为了保证管段的水密性，必须注意混凝土的防裂问题，因此须谨慎安排施工缝和变形缝。纵向施工缝（横断面上的施工留缝），对于管段下端，靠近底板面一道留缝，应高于底板面30～50cm。横向施工缝（沿管段长度方向上分段施工时的留缝）需采取慎重的防水措施，为防止发生横向通透性裂缝，通常可把横向施工缝做成变形缝，每节管段由变形缝分成若干节段，每节段15～20m左右长。如图8.5、图8.6所示。

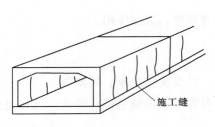

图 8.5　管段侧壁上的构造裂缝

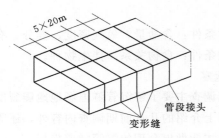

图 8.6　管段的节段与变形缝

2. 顶板和底板

在船坞制作场地上，如果管段下的地层发生不均匀沉降，有可能引起管段裂缝。一般在船坞底的砂层上铺设一块 6mm 厚的钢板，往往将它和底板混凝土直接浇在一起，这样它不但能起到底板防水的作用，而且在浮运、沉放过程中能防止外力对底板的破坏，也可使用 9～10cm 的钢筋混凝土板来代替这种底部的钢板，在它上面贴上防水膜，并将防水膜从侧墙一直延伸到顶板上，这种替代方法其作用与钢板完全相同，但为了使它和混凝土底板能紧密结合，需应用多根锚杆或钢筋穿过防水膜埋到混凝土底板内。在混凝土顶板的上面，通常是铺上柔性的防水膜，并在其上面浇筑 15～20cm 厚的（钢筋）混凝土保护层，一直要包到侧墙的上部，并将它做成削角，以避免被船锚钩住。

3. 侧墙

在侧墙的外周也可使用钢板，这时可将它作为外模板（也可作为侧墙的外防水），在施工时应确保焊接的质量。在侧墙的外周也有使用柔性防水膜的例子，此时为了避免在施工时对防水膜的破坏，须对防水膜进行保护。

4. 封端墙

管段浮运前必须于管段的两端离端面 50～100cm 处设置封端墙。封端墙可用木料、钢材或钢筋混凝土制成。封端墙设计按最大静水压力计算。封墙上须设排水阀、进气阀以及入水孔。排水阀设于下部，进气阀设于顶部，口径 100mm 左右。出入孔应设置防水密闭门。

5. 压载设施

管段下沉由压载设施加压实现，容纳压载水的容器称为压载设施，一般采用水箱形式，须在管段封墙安设之前就位，每一管段至少设置四只水箱，对称布置于管段四角位置。水箱容量与下沉力要求、干舷大小、基础处理时"压密"工序所需压重大小等有关。

管段制作完成后，须做一次检漏。如有渗漏，可在浮运出坞前做好处理。一般在干坞灌水之前，先往压载水箱里注水压载，然后再往干坞坞室里灌水，灌水 24～48h 后，工作人员进入管段内对管段进行水底检漏。

经检漏合格浮起管段，并在干坞中检查干舷是否合乎规定，有无侧倾现象。通过调整压载的办法，使干舷达到设计要求。

在一次制作多节管段的大型干坞中，经检漏和调整好干舷的管段，应再加压载水，使之沉置坞底，待使用时再逐一浮升，拖运出坞。

8.1.3.4 基槽浚挖

沉管隧道的基槽通常是采用疏浚的方法开挖，需要较高的精度，要求沟槽底部相对平坦，误差一般为±15cm。基槽浚挖是沉管隧道工程中一个重要环节，关系到工程能否顺利、迅速的开展。开挖前应作基槽边坡稳定性离心模拟试验和回游平面二维泥砂数学模型、物理概化模型试验，并根据水文、地质、工程数量、工期要求、施工航道宽度、水深等条件采用合理的疏浚方案。

1. 基槽开挖的要求

沉管基槽的断面，主要由三个基本尺度决定，即底宽、深度和坡度，这些尺寸应视土质情况、沟槽搁置时间以及河道水流情况而定。

沉管基槽的底宽，一般应比管段底宽4~10m，不宜定得太小，以免边坡坍塌后影响管段沉设的顺利进行。沉管基槽的深度为覆土厚度、管段高度及基础处理所需超挖深度三者之和，如图8.7所示。沉管基槽边坡的稳定坡度与土层的物理力学性能有密切关系。因此对不同的土层，分别

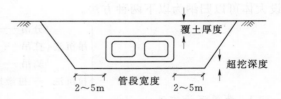

图8.7 沉管基槽（引自周传波，2008）

采用不同的坡度。表8.1列出了不同土层的稳定坡度概略数值，可供初步设计时参考。

表 8.1　　　　　　　　　　　　疏浚坡面坡度

土 层 种 类	荐用坡度	土 层 种 类	荐用坡度
硬土层	1:0.5~1:1	紧密的细砂、软弱的砂夹黏土	1:2~1:3
砂砾、紧密的砂夹黏土	1:1~1:1.5	软黏土、淤泥	1:3~1:5
砂、砂夹黏土、较硬黏土	1:1.5~1:2	极稀软的淤泥、粉砂	1:8~1:10

注　引自周传波，等.地下建筑工程施工技术［M］.北京：人民交通出版社，2008.

然而，除了土壤的物理力学性能之外，沟槽留置时间的长短、水流情况等，均对稳定坡度有很大的影响，不可忽视。

2. 基槽开挖时间的确定

根据回淤计算、基槽地质状况和管段沉放时间，具体确定基槽开挖时间。一般在管段沉放前10天开始施工（泥砂质河床）。

3. 开挖施工机械设备

基槽开挖机械设备主要有戽头式挖泥机、带切泥头或吸泥头的吸泥或挖泥机、带抓斗的起重机等。上述机械安装在锚柱式、锚固式驳船上进行作业，由运泥船将开挖泥砂等运至指定区域卸掉。

4. 开挖施工

将疏浚船停泊在隧道位置，经测量准确定位后，开始作业。基槽开挖分为粗挖和精挖两个阶段，首先粗挖至距基底设计标高1.0~2.0m，然后采用抓斗式挖泥船进行精挖。在开挖全过程，对基槽位置、宽度、深度和边坡经常检查，合理控制。精挖完成后，由潜水员进行水下喷射修整工作。如遇孤石，根据实际情况，可采用抓斗式挖泥船、岩石破碎机

或水下钻爆等方法开挖清除。基槽开挖长度应比相对应管段长 30m 左右。

基槽开挖后，及时进行清淤，以确保隧道基础的质量。清淤主要采用气力吸泥泵等高效清淤船来进行。清淤后立即进行基底整平。

在开挖过程中，要经常监测疏浚作业对环境的污染，并通过数据分析，适时采取有效措施降低污染指标。开挖作业全过程，在作业区域边缘设置警戒船或警戒标识，避免船只进入作业区域发生意外。

8.1.3.5　沉管施工

沉管管节在干坞中预制好之后，必须浮运到隧址指定位置上进行沉放就位，并进行水下连接。这是沉管隧道施工中至关重要的工序，必须精心组织方能确保万无一失。管段沉设大体可以归纳为以下两种方法。

$$\begin{cases} 吊沉法 \begin{cases} 分吊——起重船或浮箱 \\ 扛吊——方驳船组 \\ 骑吊——水上作业平台 \end{cases} \\ 拉沉法——桩墩地垄 \end{cases}$$

1. 管段沉设方法

预制管段沉设是整个沉管隧道施工中重要的环节之一。它不仅受气候、河流自然条件的直接影响，还受到航道、设备条件的制约。因此，沉管施工中并没有统一的通用方案，须根据自然条件、航道条件、管段规模以及设备条件等因素，因地制宜选用经济合理的沉设方案。

沉设方法和工具设备，种类繁多，为便于了解作如下归纳：

（1）分吊法。管段制作时，预先埋设 3～4 个吊点，分吊法沉设作业时分别用 2～4 艘 100～200t 浮吊（即起重船）或浮箱提着各个吊点，逐渐将管段沉放到规定位置。

图 8.8 所示为玛斯隧道，第一条四车道矩形管段隧道采用了四艘起重船分吊沉设。20 世纪 60 年代荷兰柯恩（Coen，1966 年）隧道首创以大型浮筒代替起重船的分吊沉设法。

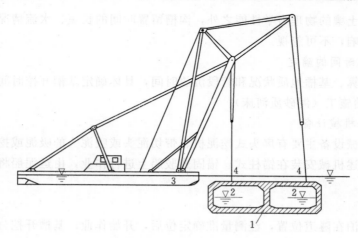

图 8.8　起重船吊沉法

1—沉管；2—压载水箱；3—起重船；4—吊点

浮箱吊沉设备简单，适用于宽度特大的大型管段。沉放用 4 只 100～150t 的方形浮箱（边长约 10m，深约 4m）直接将管段吊起来，吊索起吊力作用在各个浮箱中心。4 只浮箱分成前后两组。图 8.9 为西德汉堡市易北河隧道浮箱吊沉法示意图。

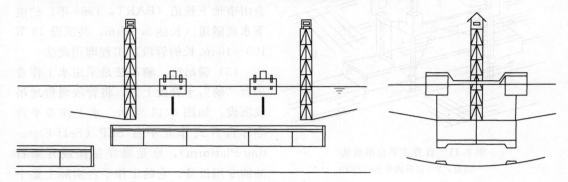

图 8.9 浮箱吊沉法

（2）扛吊法。扛吊法又称方驳扛吊法（图 8.10）。方驳扛吊法是以 4 艘方驳，分前后两组，每组方驳肩负一副"杠棒"，即这两副"杠棒"由位于沉管中心线左右的两艘方驳作为各自的两个支点；前后两组方驳用钢杆架连接起来，构成一个整体驳船组，"杠棒"实际上是一种型钢梁或是钢板组合梁，其上的吊索一端系于卷扬机上，另一端用来吊放沉管；驳船组由 6 根锚索定位，沉管管段另用 6 根锚索定位。加拿大台司（Peas，1959 年）隧道工程中，曾采用吨位较大、船体较长的方驳，将各侧前后两艘方驳直接连接起来，以提高驳船组的整体稳定性。

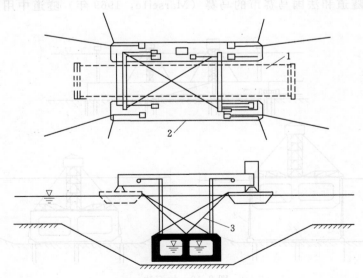

图 8.10 双驳扛吊法
1—管段；2—大型铁驳；3—定位索

在美国和日本的沉管隧道工程中，习惯用"双驳扛沉法"，其所用方驳的船体尺度比较大（驳体长度为 60～85m，宽度为 6～8m，型深 2.5～3.5m）。"双驳扛沉法"的船组整

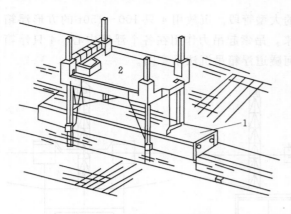

图 8.11　自升式平台吊沉法
1—沉管；2—自升式平台（SEP）

体稳定性较好，操作较为方便，但大型驳船费用较高。管段定位索改用斜对角方向张拉的吊索，系定于双驳船组上。美国旧金山市地下铁道（BART，1969 年）的港下水底隧道（长达 5.82km，共沉设 58 节 100～105m 长的管段）工程即用此法。

（3）骑吊法。骑吊法是采用水上作业平台"骑"于管段上方，将管段慢慢地吊放沉设，如图 8.11 所示。水上作业平台亦称自升式作业平台 SEP（Self-Elevating Platform），原是海洋钻探或开采石油的专用设备。它的工作平台实际上是个矩形钢浮箱，有时为方环形钢浮箱。就位时，向浮箱里灌水加载，使 4 条钢腿插入海底或河底。移位时则反之，排出箱内贮水使之上浮，将 4 条钢腿拔出。在外海沉设管段时，因海浪袭击只有用此法施工；在内河或港湾沉设管段，如流速过大，亦可采用此法施工。它不需抛设锚索，作业时对航道干扰较小。由于设备费用很高，一般内河沉管施工时较为少用。

（4）拉沉法。拉沉法是利用预先设置在沟槽底面上的水下桩墩作为地垄，依靠安设在管段上面的钢桁架上的卷扬机，通过扣在地垄上的钢索，将管段缓慢地"拉下水"，沉设于桩墩上，而后进行水下连接。该法设置水下桩费用较大，所以很少采用，只在荷兰埃河（U，1968 年）隧道和法国马赛市的马赛（Marseile，1969 年）隧道中用过，如图 8.12 所示。

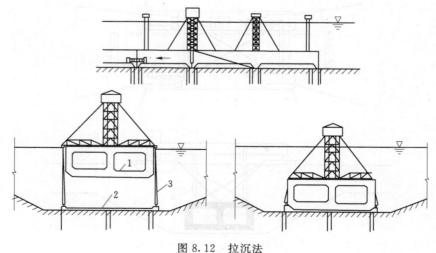

图 8.12　拉沉法
1—沉管；2—桩墩；3—拉索

2. 管段沉放作业

管段沉放作业全过程可按以下三阶段进行：

（1）沉放前的准备。沉放前必须完成航道疏浚清淤，设置临时支座，以保证管段顺利沉放到规定位置。应事先与港务、港监等有关部门商定航道管理事项，并及早通知有关方面。做好水上交通管制准备，需抓紧时间做好封锁线标志（浮标、灯号、球号等）。暂短封锁的范围：上下游方向各100～200m，沿隧道中线方向的封锁距离视定位锚索的布置方式而定。

（2）管段就位。在高潮平潮之前，将管段浮运到指定位置，此时可距规定沉设位置10～20m处，并挂好地锚，校正好方向，使管段中线与隧道轴线基本重合，误差不应大于10cm。管段纵向坡度调至设计坡度。定位完毕后，既可开始灌水压载，至消除管段的全部浮力为止。

（3）管段下沉。下沉时的水流速度宜小于0.15m/s，如流速超过0.5m/s，需采取措施。每段下沉分三步进行，即：初次下沉、靠拢下沉和着地下沉，如图8.13所示。

1）初次下沉。灌注压载水至下沉力达到规定值的50%，随即进行位置校正，待前后左右位置校正完毕后，再灌水至下沉力规定值的100%。而后按40～50cm/min速度将管段下沉，直到管底离设计高程4～5m止，下沉时要随时校正管段位置。

2）靠拢下沉。将管段向前平移，至距已设管段2m左右处，然后再将管段下沉到管底离设计高程0.5～1m左右，并校正管位。

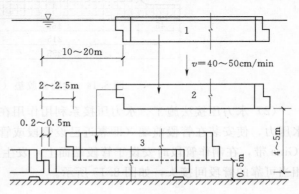

图8.13 管段下沉作业步骤
1—初次下沉；2—靠拢下沉；3—着地下沉

3）着地下沉。先将管段前移至距已设管段约50cm处，校正管位并下沉，最后10cm的下沉速度要很慢，并应随沉随测。着地时先将前端搁在"鼻式"托座上或套上卡式定位托座，然后将后端轻轻地搁置到临时支座上。搁好后，各吊点同时分次卸荷至整个管段的下沉力全都作用在临时支座上为止。

3. 管段水下连接

管段的水下连接常用的有水下混凝土法和水力压接法。由于水下混凝土法形成的接头是刚性的，一旦发生误差难以修补，并且该法工艺复杂、潜水工作量大，工艺复杂，且不能适应隧道变形，易开裂漏水，现已较少使用。水力压接法是利用作用在管段上的巨大水压力使安装在管段端部周边上的橡胶垫圈发生压缩变形，进而形成一个水密性良好而又可靠的管段接头，该法施工简单、方便，质量可靠，节省工料费用，目前已在各国的水底工程普遍采用。

（1）水力压接法的发展。20世纪50年代末加拿大的台司隧道首创了水力压接法之后，几乎所有的沉管隧道都改用了这种水力压接法。随后又有不少改进，连接性能更加可靠。台司隧道所用胶垫为一方形硬橡胶，外套一软橡胶片。20世纪60年代，荷兰鹿特丹地下铁道沉管隧道，将其改进成为尖肋型（荷文原名Gina），如图8.14所示。目前，各国普遍采用尖肋型胶垫。

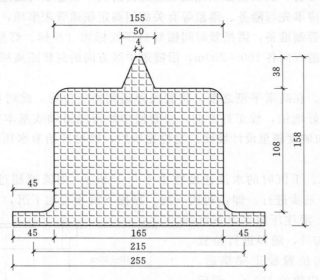

图 8.14　尖肋型胶垫（单位：mm）

（2）水力压接法施工。水力压接系利用作用在管段后端（亦称自由端）端面上的巨大水压力，使安装在管段前端（即靠近已设管段或管节的一端）端面周边上的一圈橡胶垫环（Gina 带，在制作管段时安设于管段端面上）发生压缩变形，并构成一个水密性良好，且相当可靠的管段间接头，如图 8.15 所示。

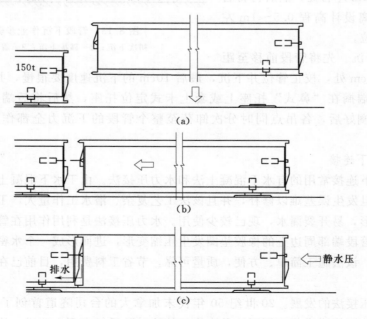

图 8.15　水力压接法

用水力压接法进行水下连接的主要工序是：对位—拉合—压接—拆除端封墙。

1) 对位。着地下沉时必须结合管段连接工作进行对位。对位精度一般要求，见表 8.2。自采用鼻托后，对位精度很容易控制。上海金山沉管工程中曾用一种如图 8.16 所示的卡式托座，只要前端的"卡钳"套上，定位精度就自然控制在水平方向为 ±1cm 之内。

表 8.2   对 位 精 度 要 求

部 位	水平方向/cm	垂直方向/cn
前 端	±2	±0.5
后 端	±5	±1

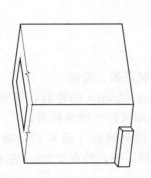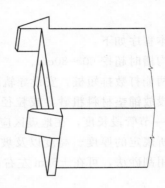

图 8.16   金山沉管工程的卡式托座

一般来说，只要上卡，定位精度就必然控制在 ±2cm 以内。如果连接误差超过允许值用设在新设管段后端的定位索作左右方向的调整，或管段后端底部的定位千斤顶作上下的调整，以校正管段位置使之符合对位精度要求。

2) 拉合。拉合工序是用较小的机械力量，将刚沉设的管段拉向前节既设管段，使胶垫的尖肋部产生初步变形，起到初步止水作用。

拉合时所需机械拉力不大，一般为每延米胶垫长度 10～30N，通常用安装于管段竖壁（可为外壁或内壁）上带有锤形拉钩的拉合千斤顶进行拉合。拉合千斤顶总拉力一般为 1000～3000kN，行程为 1000mm 左右。一个管段可设一具或两具拉合千斤顶，其位置应对称于管段的中轴线。通常采用 2 个 1000～1500kN 拉力的拉合千斤顶设于管段两侧，以便调整管段。

3) 压接。拉合完成之后，打开既设管段后端封墙下部的排水阀，排出前后两节沉管封墙之间被胶垫所包围封闭的水。

排水完毕后，作用到整环胶垫上的压力，等于作用于新设管段后端封墙和管段周壁端面上的全部水压力。在此压力作用下，胶垫必然进一步压缩，其压缩量一般为胶垫本体高度的 1/3 左右。

4) 拆除封端墙。压接完毕后，即可拆除前后两节管段间的封端墙。

8.1.3.6   基础施工

沉管隧道一般不需构筑人工基础，但为了平整槽底，施工时仍须进行基础处理。因任何挖泥设备，浚挖后槽底表面总留有 15～50cm 的不平整度（铲斗挖泥船可达 100cm），使槽底表面与管段表面之间存在着众多不规则空隙，导致地基土受力不匀，引起不均匀沉降，使管段结构受到较高的局部应力以致开裂。故必须进行适当处理。

沉管的基础处理方法大体上可归纳为以下两类。

1. 先铺法

先铺法的基本程序如下：

（1）在浚挖沟槽时超挖 60～80cm。

（2）在沟槽两侧打数排短桩，安设导轨以控制高程、坡度。

（3）向沟底投放铺垫材料粗砂，或粒径不超过 100mm 的碎石，铺宽比管段底宽 1.5～2.0m，铺长为一节管段长度，在地震区应避免用黄砂作铺垫材料。

（4）按导轨所规定的厚度、高度以及坡度，用刮铺机（图 8.17）刮平，刮平后的表面平整度，对于用刮砂法，可在 ±5cm 左右；用刮石法，约在 ±20cm 左右。

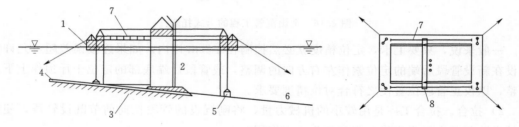

图 8.17　刮铺机

1—方环形浮箱；2—石喂料管；3—刮板；4—砂石垫层（厚 0.6～0.9m）；
5—锚块；6—沟槽底面；7—钢轨；8—移行钢梁

（5）为使管底和垫层密贴，管段沉设完毕后，可进行"压密"工序。"压密"可采用灌压载水，或加压砂石料的办法，使垫层压紧密贴。刮铺法费工费时，平整度不高，逐渐被后填法所取代。

2. 后填法

（1）喷砂法。1941 年荷兰玛斯隧道（世界上第一条矩形断面沉管隧道，底宽为 24.79m）施工时创造了喷砂法。此法是从水面上用砂泵将砂、水混合料通过伸入管段底面下的喷管向管段底下喷注，以填满空隙。喷砂法所筑成的垫层厚一般为 1m。

喷砂材料平均砂粒径为 0.5mm，混合料中含砂量一般为 10%，有时可达 20%，但喷出的砂垫层比较疏松，空隙比为 40%～42% 喷砂作业用一套专用的台架，台架顶部突出在水面上，可沿铺设在管段顶面上的轨道做级向前后移动。喷砂作业的施工速度约为 200m³/h，在喷砂进行的同时，经两根吸管抽吸回水，使管段底面形成一个规则有序的流动场,砂子便能均匀沉淀。如图 8.18、图 8.19 所示。

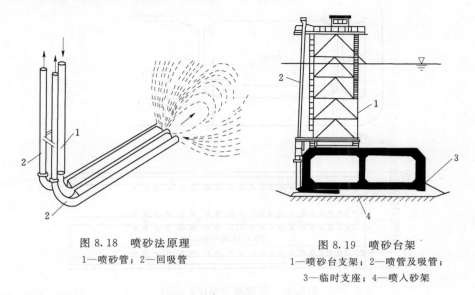

图 8.18 喷砂法原理
1—喷砂管;2—回吸管

图 8.19 喷砂台架
1—喷砂台支架;2—喷管及吸管;
3—临时支座;4—喷入砂架

喷砂法在欧洲用得较多,适于宽度较大的沉管隧道,德国汉堡市的易北河隧道(管段宽 11.5m)、比利时安特卫普市的肯尼迪隧道(管段宽 47.85m)等大型沉管隧道都用此法完成基础处理。

(2)灌囊法。灌囊法是在砂、石垫层面上用砂浆囊袋将剩余空隙垫密。沉设管段之前需先铺设层砂、石垫层。管段沉设时,带着事先系紧扣在管段底面下的空囊袋一起下沉。待管段沉设完毕后,从水面上向囊袋里灌注由黏土、水泥和黄砂配成的混合砂浆,以使管底空隙全部消除。

(3)压浆法。采用此法时,沉管沟槽须先超挖 1m 左右,摊铺一层碎石(厚约 40~60cm),大致整平后,再设临时支座所需碎石(道渣)堆和临时支座。管段沉设结束后,沿管段两侧边沿及后端底部边缘堆筑砂、石封闭栏,栏高至管底以上 1m 左右,用来封闭管底周边。然后从隧道内部,用压浆设备通过预埋在管段底板上的压浆孔(直径 80mm),向管底空隙压注混合砂浆,如图 8.20 所示。

混合砂浆系由水泥、膨润土、黄砂和适量缓凝剂配成。膨润土或黏土,可增加砂浆流动性,节约水泥。混合砂浆强度 500kPa 左右,且不低于地基土体的固有强度。混合砂浆之配比为每立方米:水泥 150kg,膨润土 25~30kg,黄砂 600~1000kg。压浆孔的间距一般为 40~90cm。压浆的压力一般比水压大 20%。

此法比灌囊法省去了囊袋费用以及频繁的安装工艺及水下作业等。我国的宁波甬江水底隧道是国内第一座采用压浆基础的沉管隧道,管段沉放后,通过管段内的压浆孔先用高压水冲洗管底,将淤泥冲出,然后压注 40cm 厚的水泥膨润土砂浆,压浆间距为 5.5m,压浆孔口静压力为 0.0527MPa。经施工后观察,压浆基础情况良好,说明在软弱地基中采用压浆基础是合适的。

(4)压砂法。压砂法与压浆法相似,但压入的是砂、水混合料。所用砂的粒径以

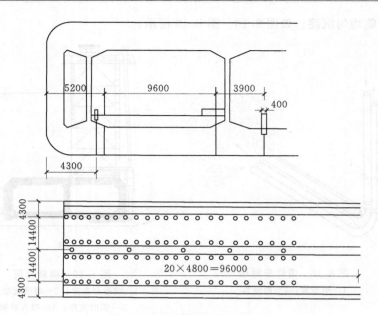

图 8.20　压浆法（单位：mm）

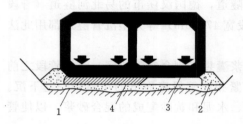

图 8.21　压浆法

1—碎石垫层；2—砂、石封闭栏；

3—压浆孔；4—压入砂浆

0.15～0.27mm 为宜，注砂压力比静水压力大 50 ～140kPa。

压砂法具体做法是：在管段内沿轴向铺设 $\phi 200mm$ 的输料钢管，接至岸边或水上砂源，通过吸料管将砂水混合料泵送（流速约为 3m/s）到已接好的压砂孔，打开单向球阀，将混合料压入管底空隙。停止压砂后，在水压作用下球阀自动关闭，如图 8.21～图 8.23 所示。此法设备简单，工艺容易掌握，施工方便。而且对航道干扰小，受气候影响小。我国广州珠江沉管隧道成功采用压砂基础，其砂积盘半径为 7.5m，压砂孔出口静压强为 0.25MPa。

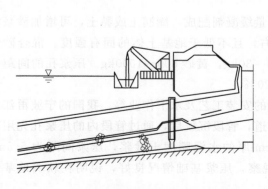

图 8.22　压砂法

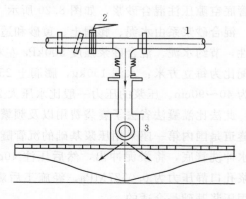

图 8.23　压砂孔

1—压砂管；2—阀门；3—球阀

压浆法与压砂法的共同特点是：不需水上作业，不干扰航运；无需大型专用的设备；作业不受水深、流速、气候、风浪等影响；工艺较简单，不需潜水作业。

8.1.3.7 基础的加固

沉管隧道的地基土如果过于软弱，仅作垫平处理是不够的，应结合基槽地基的实际情况对沉管隧道的基础予以加固。常见的加固方法有①以粗砂置换软弱土层；②打砂桩并加载预压；③减轻沉管重量；④采用桩基。其中比较常用的是采用桩基。

在沉管隧道中采用桩基时，会遇到桩顶标高不齐平的问题，必须设法使各桩顶与管底均匀接触，一般用以下三种方法。

（1）水下混凝土传力法。基桩打好后，先浇筑一、二层水下混凝土，将桩顶裹住，而后在其上刮砂或刮石，使沉管荷载经砂、石垫层和水下混凝土层传递到桩基上，如图 8.24 所示。1940 年建成的美国的本克海特隧道（Bankhead）水底隧道就采用此法。

（2）灌囊传力法。在管底与桩群顶部之间，用大型化纤囊袋灌注水泥砂浆加以垫实，使所有基桩均能同时受力。

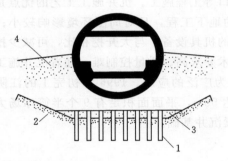

图 8.24 水下混凝土传力法
1—基桩；2—碎石；3—水下混凝土；
4—砂石垫层

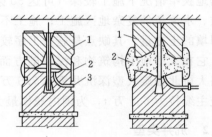

图 8.25 活动桩顶法
1—活动桩顶；2—尼龙布套；
3—压浆孔

（3）活动桩顶法。即在所有基桩上设一小段预制混凝土活动桩顶。活动桩顶与预制混凝土桩之间留有一空腔，空腔周围用尼龙织物裹住，形成一个囊袋。管段沉设完毕后，向空腔与囊袋里灌注水泥砂浆，将活动桩顶顶升，使之与管底密贴，待砂浆强度达到要求后，卸除千斤顶，管段荷载便能均匀地传递到桩群上去，如图 8.25 所示。

8.1.3.8 覆土回填

回填工作是沉管隧道施工的最终工序，回填工作包括沉管侧面回填和管顶压石回填。沉管外侧下半段，一般采用砂砾、碎石、矿渣等材料回填，上半段则可用普通土砂回填。

覆土回填工作应注意以下几点：

（1）全面回填工作必须在相邻的管段沉放完后方能进行，采用喷砂法进行基础处理或采用临时支座时，则要等到管段基础处理完，落到基床上再回填。

（2）采用压注法进行基础处理时，先对管段两侧回填，但要防止过多的岩渣存落管段顶部。

（3）管段上、下游两侧（即管段左右侧）应对称回填。

（4）在管段顶部和基槽的施工范围内应均匀地回填，不能在某些位置投入过量而造成航道障碍，也不得在某些地段投入不足而形成漏洞。

8.2　沉井施工技术

8.2.1　概述

沉井是修筑深基础和地下构筑物的一种施工工艺。施工时先在地面或基坑内制作开口的钢筋混凝土井身，待其达到规定强度后，在井身内部分层挖土运出，随着挖土和土面的降低，沉井井身借其自重或在其他措施协助下，克服与土壁间的摩阻力和刃脚反力不断下沉，直至设计标高就位，然后进行封底。

沉井工艺一般适用于工业建筑的深坑（料坑、铁皮坑、翻车机室等）、设备基础、水泵房、桥墩、顶管的工作井、深地下室、取水口等工程施工。沉井施工工艺的优点是：可在场地狭窄情况下施工较深（可达 50 余米）的地下工程，且对周围环境影响较小；可在地质、水文条件复杂地区施工；施工不需复杂的机具设备；与大开挖相比，可减少挖、运和回填的土方量。其缺点是施工工序较多，技术要求高、质量控制难。随着沉井施工的发展，它在大型地下构筑物和深基础方面有着极为广泛的应用。1996 年初完工的江阴长江公路大桥北锚旋大型深沉井重达 7.6 万 t，高达 58m，平面面积足有 9 个半篮球场大，可承受主缆拉力 6.4 万 t，为国内规模最大的桥梁沉井基础。

8.2.2　沉井类型

沉井一般由井壁（侧壁）、刃脚、内隔墙、封底和顶盖板、底梁和框架组成。沉井类型很多，按材料分为混凝土沉井、钢筋混凝土沉井、钢沉井等，其中混凝土沉井在下沉时易开裂，钢沉井多用于水中施工，应用最多的还是钢筋混凝土沉井。按平面形状分为圆形、方形、矩形、多边形、多孔形等，主要取决于其用途。由于圆形沉井受力性能好、易于控制下沉，应用最多。沉井的剖面，有圆筒形、锥形、阶梯形等（图8.26）。

8.2.3　沉井制作与下沉

沉井的制作工艺流程：场地整平→放线→挖土 3～4m 深→夯实基底→抄平放线验线铺砂垫层→垫木或挖刃脚土模→安设刃脚铁件、绑钢筋→支刃脚、井身模板→浇筑混凝土→养护、拆模→外围围槽灌砂→抽出垫木或拆砖座。

8.2.3.1　沉井施工准备工作

沉井施工前的准备工作，除了常规的场地平整，修建临时设施，水、电、风等动力供应外，还应着重做好以下工作。

（1）地质勘察。在沉井施工处需进行钻探，钻孔设在井外，距外井壁距离宜大于 2m，需有一定数量和深度的钻孔，以提供土层变化、地下水位、地下障碍物及有无承压水等情

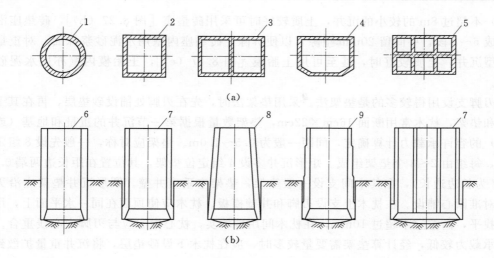

图 8.26 沉井平面及剖面形式
(a) 平面形式；(b) 竖剖面形式
1—圆形；2—方形；3—矩形；4—多边形；5—多孔形；6—圆柱形；
7—圆柱带台阶形；8—圆锥形；9—阶梯形

况，对各土层要提供详细的物理力学指标，为制定施工方案提供技术依据。

（2）编制施工方案。施工方案是指导沉井施工的核心技术文件，要根据沉井结构特点、工程地质与水文地质条件、已有的施工设备和过去的施工经验，经过详细的技术、经济比较，编制出技术上先进、经济上合理的切实可行的施工方案。在方案中要重点解决沉井制作、下沉、封底等技术措施及保证质量的技术措施，对可能遇到的问题和解决措施要做到心中有数。

（3）布设测量控制网。事先要设置测量控制网和水准基点，用于定位放线、沉井制作和下沉的依据。如附近存在建（构）筑物等，要设沉降观测点，以便施工沉井时定期进行沉降观测。

（4）技术交底。进行技术交底，使施工人员了解并熟悉工程结构、地质和水文情况，了解沉井制和下沉施工技术要点、安全措施、质量要求及可能遇到的各种问题和处理方法。

8.2.3.2 沉井制作

沉井制作可在修建构筑物的地面上进行，亦可在基坑中进行，如在水中施工还可在人工筑岛上进行。应用较多的是在基坑中制作。

（1）刃脚支设。沉井下部为刃脚，其支设方式取决于沉井重量、施工荷载和地基承载力。常用的方法有垫架法、砖砌垫座和土模。

在软弱地基上浇筑较重的沉井，常用垫架法 ［图 8.27 (a)］。垫架的作用是将上部沉井重量均匀传给地基，使沉井井身浇筑过程中不会产生过大不均匀沉降，导致刃脚和井身产生裂缝而破坏，使井身保持垂直，便于拆除模板和支撑。采用垫架法施工时，应计算井身一次浇筑高度，使其不超过地基土的承载力，其下砂垫层厚度亦需计算确定。直径（或边长）不超过 8m 的较小的沉井，土质较好时可采用砖垫座 ［图 8.27 （b）］，砖垫座沿周长分成 6～8 段，中间留 20mm 空隙，以便拆除，砖垫座内壁用水泥砂浆抹面。对重量轻的小型沉井，土质较好时，甚至可用土胎模 ［图 8.27 （c）］，土胎模内壁亦用水泥砂浆抹面。

刃脚支设用得较多的是垫架法。采用垫架法时，先在刃脚处铺设砂垫层，再在其上铺枕木和垫架，枕木常用断面 16cm×22cm，垫架数量根据第一节沉井的重量和地基（或砂垫层）的容许承载力计算确定，间距一般为 0.5～1.0m。垫架应对称，一般先设 8 组定位垫架，每组由 2～3 个垫架组成。矩形沉井多设 4 组定位垫架，其位置在距长边两端 0.15l 处（l 为长边边长），在其中间支设一般垫架，垫架应垂直井壁。圆形沉井垫架应沿刃脚圆弧对准圆心铺设。在枕木上支设刃脚和井壁模板。枕木应使顶面在同一水平面上，用水准仪找平，高差宜不超过 10mm，在枕木间用砂填实，枕心中心应与刃脚中心线重合。如地基承载力较低，经计算垫架需要量较多时，应在枕木下设砂垫层，将沉井重量扩散到更大面积上。

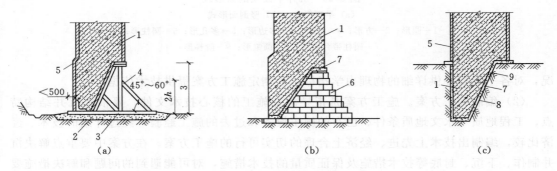

图 8.27　沉井刃脚支设

（a）垫架法；（b）砖垫座法；（c）土胎模法

1—刃脚；2—砂垫层；3—枕木；4—垫架；5—模板；6—砖垫座；
7—水泥砂浆抹面；8—刷隔离层；9—土胎模

（2）井壁制作。沉井施工有以下几种方式：一次制作、一次下沉；分节制作、一次下沉；分节制作、分节下沉（制作与下沉交替进行）。如沉井过高，下沉时易倾斜，宜分节制作、分节下沉。沉井分节制作的高度，应保证其稳定性并能使其顺利下沉。采用分节制作、一次下沉时，制作高度不宜大于沉井短边或直径，总高度超过 12m 时，需有可靠的计算依据和采取确保稳定的措施。

分节下沉的沉井接高前，应进行稳定性计算，如不符合要求，可根据计算结果采取井内留土、填砂（土）、灌水等稳定措施。

井壁模板可用组合式定型模板（图 8.28），高度大的沉井亦可用滑模浇筑。分节制作时，水平接缝需做成凸凹型，以利防水。如沉井内有隔墙，隔墙底面比刃脚高，与井壁同时浇筑时需在隔墙下立排架或用砂堤支设隔墙底模。隔墙、横梁底面与刃脚底面的距离以 500mm 左右为宜。

钢筋由人工绑扎，亦可在沉井近处地面上预制成钢筋骨架或网片，用起重机进行大块安装。混凝土浇筑可用塔式起重机或履带式起重机吊运混凝土吊斗，沿沉井周围均匀、分层浇筑，亦可用混凝土泵车分层浇筑，每层厚不超过 300mm。

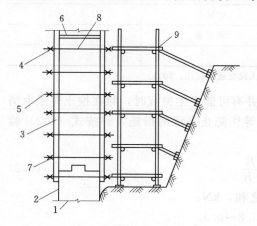

图 8.28 沉井井壁钢模板支设

1—下一节沉井；2—预埋悬挑钢脚手铁件；
3—组合式定型钢模板；4—2〔8 钢楞；
5—对立螺栓；6—100×3 止水片；
7—木垫块；8—顶撑木；
9—钢管脚手架

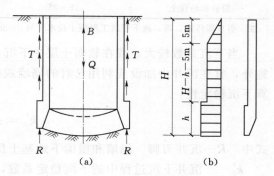

图 8.29 沉井下沉系数计算简图

(a) 下沉时力系平衡图；
(b) 下沉摩阻力计算简图

沉井浇筑宜对称、均匀地分层浇筑，避免造成不均匀沉降使沉井倾斜。每节沉井应一次连续浇筑完成，下节沉井的混凝土强度达到 70％后才允许浇筑上节沉井的混凝土。

8.2.3.3 沉井下沉

1. 下沉验算

沉井下沉前应进行混凝土强度检查、外观检查。并根据规范要求，对各种形式的沉井在施工阶段应进行结构强度计算、下沉验算和抗浮验算。

沉井下沉时，第一节混凝土强度达到设计强度，其余各节应达到设计强度的 70％。

沉井下沉，其自重必须克服井壁与土间的摩阻力和刃脚、隔墙、横梁下的反力，采取不排水下沉时尚需克服水的浮力。因此，为使沉井能顺利下沉，应进行分阶段下沉系数的计算，作为确定下沉施工方法和采取技术措施的依据。

下沉系数（图 8.29）按式（8.1）计算：

$$k_0 = (G - B)/T_f \tag{8.1}$$

式中　G——井体自重，kN；

　　　B——下沉过程中地下水的浮力，kN；

　　　T_f——井壁总摩阻力，kN；

　　　k_0——下沉系数，宜为 1.05～1.25，位于淤泥质土中的沉井取小值，位于其他土层中取大值。

井壁摩阻力可参考表 8.3。

表 8.3 沉井外壁与土体之间的单位摩阻力

土 的 种 类	井壁摩阻力/(kN/m²)	土 的 种 类	井壁摩阻力/(kN/m²)
流塑状黏性土	10～15	砂卵石	17.7～29.4
软塑及可塑状黏性土	12～25	泥浆套	3～5
粉砂和粉性土	15～25		

注 引自周传波，等．地下建筑工程施工技术 [M]．北京：人民交通出版社，2008。

当下沉系数较大，或在软弱土层中下沉，沉井有可能发生突沉时，除在挖土时采取措施外，宜在沉井中加设或利用已有的隔墙或横梁等作防止突沉的措施，并按式（8.2）验算下沉稳定性：

$$k'_0 = \frac{G - B}{T_f + R} \tag{8.2}$$

式中　R—沉井刃脚、隔墙和横梁下地基土反力之和，kN；

k'_0——沉井下沉过程中的下沉稳定系数，取 0.8～0.9。

当下沉系数不能满足要求时，可在基坑中制作，减少下沉深度；或在井壁顶部堆放钢、铁、砂石等材料以增加附加荷重；或在井壁与土壁间注入触变泥浆，以减少下沉摩阻力等措施。

2. 垫架、排架拆除

大型沉井应待混凝土达到设计强度的 100% 始可拆除垫架（枕木、砖垫座），拆除时应分组、依次、对称、同步地进行。拆除次序是：圆形沉井先拆除一般承垫架，后拆除定位垫架，矩形沉井先拆除内隔墙下垫架，再分组对称拆除外墙两短边下的垫架，然后拆除长边下一般垫架，最后同时拆除定位垫架。拆除时先将枕木底部的土挖去，利用绞磨或推土机的牵引将枕木抽出。每抽出一根枕木，刃脚下应立即用砂填实。拆除时应加强观测，注意沉井下沉是否均匀。隔墙下排架拆除后的空穴部分用草袋装砂回填。

3. 井壁孔洞处理

沉井壁上有时留有与地下通道、地沟、进水口、管道等连接的孔洞，为避免沉井下沉时地下水和泥土涌入，同时为避免沉井各处重量不均，使重心偏移，易造成沉井下沉时倾斜，所以在下沉前必须进行处理。

对较大孔洞，在沉井制作时在洞口预埋钢框、螺栓，用钢板、方木封闭，中填与空洞混凝土重量相等的砂石或铁块配重 [图 8.30（a）、（b）]。对进水窗则采取一次做好，内侧用钢板封闭 [图 8.30（c）]。沉井封底后拆除封闭钢板、挡木等。

8.2.3.4　沉井下沉施工方法

1. 下沉方案选择

沉井下沉有排水下沉和不排水下沉两种方案。一般应采用排水下沉。当土质条件较差，可能发生涌土、涌砂、冒水或沉井产生位移、倾斜及沉井终沉阶段下沉较快有超沉可能时，才向沉井内灌水，采用不排水下沉。

当决定由不排水下沉改为排水下沉，或部分抽除井内灌水时，必须慎重，并应加强观察。

排水下沉常用的排水方法有以下几种：

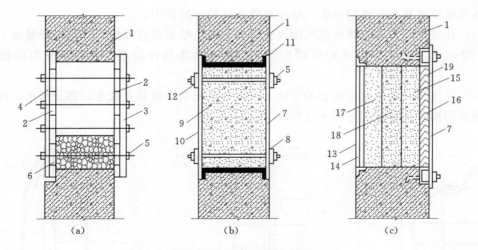

图 8.30　沉井井壁堵孔构造

（a）大廊道口堵孔；（b）管道孔洞堵孔；（c）进水窗堵孔

1—沉井井壁；2—50mm 厚木板；3—枕木；4—槽钢内夹枕木；5—螺栓；6—配重；7—10mm 厚钢板；8—槽钢；

9—100mm×100mm 方木；10—50mm×100mm 方木；11—橡皮垫；12—砂砾；13—钢筋箅子；

14—5mm 孔钢丝网；15—钢百叶窗；16—15mm 孔钢丝网；17—砂；

18—5～10mm 粒径砂卵石；19—15～60mm 粒径卵石

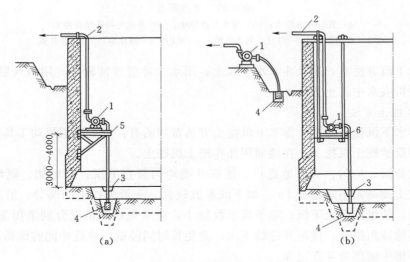

图 8.31　明沟排水方法

（a）钢支架上设水泵排水；（b）吊架上设水泵排水

1—水泵；2—胶管；3—排水沟；4—集水井；5—钢支架；6—吊架

（1）明沟、集水井排水。在沉井内离刃脚 2～3m 挖一圈排水明沟，设 3～4 个集水井，深度比地下水深 1～1.5m，沟和井底深度随沉井挖土而不断加深，在井内或井壁上设水泵，将地下水排出井外。为不影响井内挖土操作和避免经常搬动水泵，一般采取在井壁上预埋铁件，焊钢操作平台安设水泵，或设木吊架安设水泵，用草垫或橡皮承垫，避免振动（图 8.31）。如果井内渗水量很少，则可直接在井内设高扬程潜水泵将地下水排出井外。此方法简单易行，费用较低，适于地质条件较好时使用。

（2）井点降水。在沉井外部周围设置轻型井点、喷射井点或深井井点以降低地下水位
［图 8.32（a）、（b）］，使井内保持挖干土，适于地质条件较差，有流砂发生的情况时
使用。

（3）井点与明沟排水相结合的方法。在沉井外部周围设井点截水；部分潜水，在沉井
内再辅以明沟、集水井用泵排水［图 8.32（c）］。

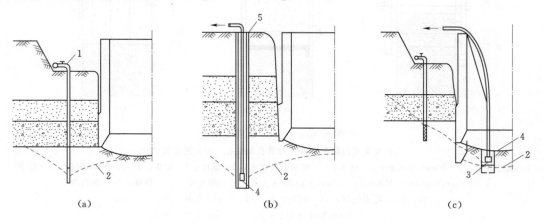

图 8.32　井点降水

（a）真空井点降水；（b）深井井点降水；（c）井点与明沟结合降水
1—真空井点；2—降低后的水位线；3—明沟；4—潜水泵；5—深井井点

不排水下沉方法有：用抓斗在水中取土；用水力冲射器冲刷土；用空气吸泥机吸泥，
或水中吸泥机吸水中泥土等。

2. 下沉挖土方法

（1）排水下沉挖土方法。排水下沉挖土方法常用的有：人工或用风动工具挖土；在沉
井内用小型反铲挖土机挖土；在地面用抓斗挖土机挖土。

挖土应分层、均匀、对称地进行，使沉井能均匀竖直下沉。有底架、隔墙分格的沉
井，各孔挖土面高差不宜超过 1m。如下沉系数较大，一般先挖中间部分，沿沉井刃脚周
围保留土堤，使沉井挤土下沉；如下沉系数较小，应事先根据情况分别采用泥浆润滑套、
空气幕或其他减阻措施，使沉井连续下沉，避免长时间停歇。井孔中间宜保留适当高度的
土体，不得将中间部分开挖过深。

沉井下沉过程中，如井壁外侧土体发生塌陷，应及时采取回填措施，以减少下沉时四
周土体开裂、塌陷对周围环境的影响。沉井下沉过程中，每 8h 至少测量 2 次。当下沉速
度较快时，应加强观测，如发现偏斜、位移时，应及时纠正。

对普通土层从沉井中间开始逐渐挖向四周，每层挖土厚 0.4～0.5m，沿刃脚周围保留
0.5～1.5m 土堤，然后再沿沉井壁，每 2～3m 一段向刃脚方向逐层全面、对称、均匀地
削薄土层，每次削 5～10cm，当土层经不住刃脚的挤压而破裂，沉井便在自重作用下均匀
垂直挤土下沉（图 8.33），使不产生过大倾斜。此方法可有效地提高工作效率。如下沉很
少或不下沉，可再从中间向下挖 0.4～0.5m，并继续按图 8.33 向四周均匀掏挖，使沉井

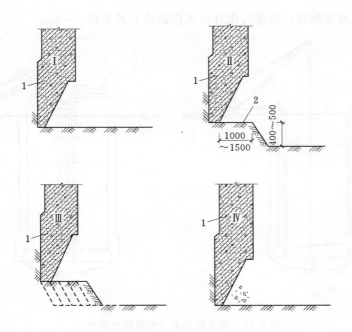

图 8.33 普通土层中下沉开挖方法
1—沉井刃脚；2—土堤；Ⅰ、Ⅱ、Ⅲ、Ⅳ—削坡次序

平稳下沉。

（2）不排水下沉挖土方法。一般采用抓斗、水力吸泥机或水力冲射空气吸泥等在水下挖土。

1）抓斗挖土。用吊车吊抓斗挖掘井底中央部分的土，使之形成锅底。在砂或砾石类土中，一般当锅底比刃脚低 1～1.5m 时，沉井即可靠自重下沉，而将刃脚下土挤向中央锅底，再从井孔中继续抓土，沉井即可继续下沉。在黏质土或紧密土中，刃脚下土不易向中央坍落，则应配以射水管冲土 [图 8.34（a）]。沉井由多个井孔组成时，每个井孔宜配备一台抓斗。如用一台抓斗抓土时，应对称逐孔轮流进行，使其均匀下沉，各井孔内土面高差不宜大于 0.5m。

2）水力机械冲土。水力机械冲土是用高压水泵将高压水流通过进水管分别送进沉井内的高压水枪和水力吸泥机，利用高压水枪射出的高压水流冲刷土层，使其形成一定稠度的泥浆汇流至集泥坑，然后用水力吸泥机（或空气吸泥机）将泥浆吸出，从排泥管排出井外 [图 8.34（b）]。冲黏性土时，宜使喷嘴接近 90°的角度冲刷立面，将立面底部刷成缺口使之坍落。冲土顺序为先中央后四周，并沿刃脚留出土台，最后对称分层冲挖，尽量保持沉井受力均匀，不得冲空刃脚踏面下的土层。施工时，应使高压水枪冲入井底，所造成的泥浆量和渗入的水量与水力吸泥机吸入的泥浆量保持平衡。

水力机械冲土的主要设备包括吸泥器（水力吸泥机或空气吸泥机）、吸泥管、扬泥管和高压水管、离心式高压水泵、空气压缩机（采用空气吸泥时用）等。

水力吸泥机冲土，适用于粉质黏土、粉土、粉细砂土中；使用不受水深限制，但其出土效率则随水压、水量的增加而提高，必要时应向沉井内注水，以加高井内水位。在淤泥或浮土中使用水力吸泥时，应保持沉井内水位高出井外水位 1～2m。

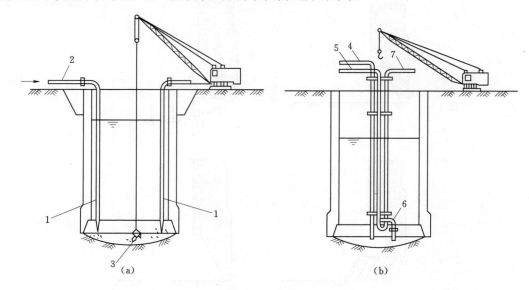

图 8.34　用水枪和水力吸泥器水中冲土

（a）用水枪冲土、抓斗水中抓土；（b）用水力吸泥器冲土

1—水枪；2—胶管；3—多瓣抓斗；4—供水管；5—冲刷管；6—排泥管；7—水力吸泥导管

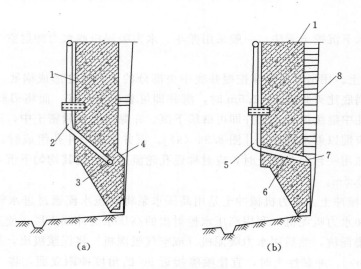

图 8.35　辅助下沉方法

（a）预埋冲刷管组；（b）触变泥浆护壁

1—沉井壁；2—高压水管；3—环形水管；4—出口；5—压浆管；

6—橡胶皮一圈；7—压浆孔；8—触变泥浆护壁

3. 沉井的辅助下沉方法

沉井常用的辅助下沉方法如下：

（1）射水下沉法。使用预先安设在沉井外壁的水枪，借助高压水冲刷土层，使沉井下沉。射水所需水压，在砂土中，冲刷深度在8m以下时，需要0.4~0.6MPa；在砂砾石层中，冲刷深度在10~12m以下时，需要0.6~1.2MPa；在砂卵石层中，冲刷深度在10~12m时，则需要8~20MPa。冲刷管的出水口径为10~12mm，每一管的喷水量不得小于0.2m³/s［图8.35（a）］。但本法不适用于黏土中下沉。

（2）触变泥浆护壁下沉法

沉井外壁制成宽度为10~20cm的台阶作为泥浆槽。泥浆是用泥浆泵、砂浆泵或气压罐通过预埋在井壁体内或设在井内的垂直压浆管压入［图8.35（b）］，使外井壁泥浆槽内充满触变泥浆，其液面接近于自然地面。为了防止漏浆，在刃脚台阶上宜钉一层2mm厚的橡胶皮，同时在挖土时注意不使刃脚底部脱空。在泥浆泵房内要储备一定数量的泥浆，以便下沉时不断补浆。在沉井下沉到设计标高后，泥浆套应按设计要求进行处理，一般采用水泥浆、水泥砂浆或其他材料来置换触变泥浆，即将水泥浆、水泥砂浆或其他材料从泥浆套底部压入，使泥浆被压进的材料挤出，水泥浆、水泥砂浆等凝固后，沉井即可稳定。

触变泥浆是以20％膨润土及5％石碱（碳酸钠）加水调制而成。采用此方法可大大减少井壁的下沉摩阻力，同时还可起阻水作用，方便取土，并可维护沉井外围地基的稳定，保证其邻近建筑物的安全。

4．井内土方运出方法

沉井内土方运出通常采用的方法是：在沉井边设置塔式起重机或履带式起重机（图8.36）等，将土装入斗容量1~2m³的吊斗内，用起重机吊出井外卸入自卸汽车运至弃土处。

沉井内土方吊运出井时，对于井下操作工人必须有安全措施，防止吊斗及土石落下伤人。

8.2.3.5　测量控制

沉井位置标高的控制，是在沉井外部地面及井壁顶部四面设置纵横十字中心控制线、水准基点，以控制位置和标高。沉井垂直度的控制，是在井筒内按4或8等分标出垂直轴线，各吊线坠一个对准下部标板来控制（图8.37），并定时用两台经纬仪进行垂直偏差观测。挖土时，随时观测垂直度，当线坠离墨线达50mm，或四面标高不一致时，即应纠正。沉井下沉的控制，系在井筒壁周围弹水平线，或在井外壁上两侧用白铅油画出标尺，用水平尺或水准仪来观测沉降。沉井下沉中应加强位置、垂直度和标高（沉降值）的观测，每班至少测量两次（于班中及每次下沉后检查一次），接近设计标高时应加强观测，每2h一次，预防超沉。由专人负责并做好记录，如有倾斜、位移和扭转，应及时通知值班队长，指挥操作人员纠正，使偏差控制在允许范围以内。

8.2.3.6　沉井封底

当沉井下沉到距设计标高0.1m时，应停止井内挖土和抽水，使其靠自重下沉至设计或接近设计标高，再经2~3d下沉稳定，或经观测在8h内累计下沉量不大于10mm时，即可进行沉井封底。封底方法有排水封底和不排水封底两种，宜尽可能采用排水封底。

1．排水封底（干封底）

排水封底的方法是将新老混凝土接触面冲刷干净或打毛，对井底进行修整使之成锅底形，由刃脚向中心挖放射形排水沟，填以卵石作成滤水暗沟，在中部设2~3个集水井，

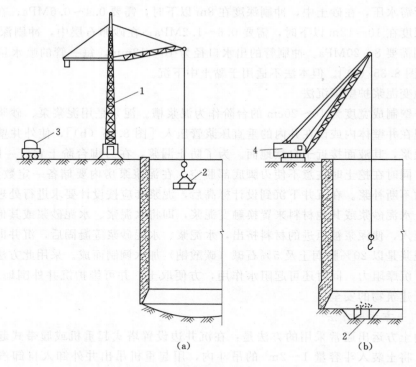

图 8.36 用塔式或履带式起重机吊运土方

(a) 塔式起重机吊运；(b) 履带式起重机吊运

1—塔式起重机；2—吊斗；3—运输汽车；4—履带式起重机

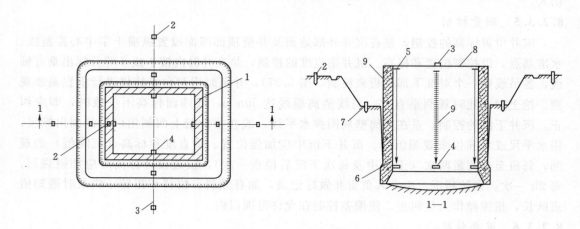

图 8.37 沉井下沉测量控制方法

1—沉井；2—中心线控制点；3—沉井中心线；4—钢标板；5—铁件；
6—线坠；7—下沉控制点；8—沉降观测点；9—壁外下沉标尺

深 1～2m，井间用盲沟相互连通，插入 $\phi600～800mm$ 四周带孔眼的钢管或混凝土管，外包两层尼龙窗纱，四周填以卵石，使井底的水流汇集在井中，用潜水泵排出（图 8.38），保持地下水位低于基底面 0.5m 以下。

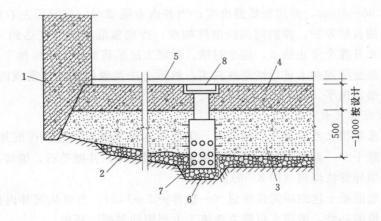

图 8.38 沉井封底

1—沉井；2—卵石盲沟；3—封底混凝土；4—底板；5—砂浆面层；

6—集水井；7—φ600~800mm 带孔钢或混凝土管，

外包尼龙网；8—法兰盘盖

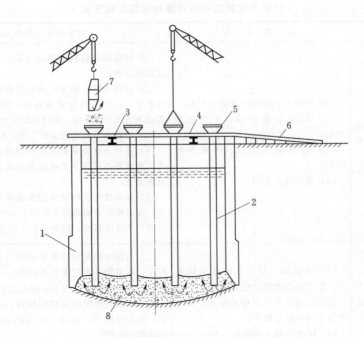

图 8.39 不排水封底导管法浇筑混凝土

1—沉井；2—导管；3—大梁；4—平台；5—下料漏斗；

6—机动车跑道；7—混凝土浇筑料斗；8—封底混凝土

　　封底一般铺一层 150~500mm 厚碎石或卵石层，再在其上浇一层厚约 0.5~1.5m 的混凝土垫层，在刃脚下切实填严，振捣密实，以保证沉井的最后稳定。达到 50% 设计强度后，在垫层上绑钢筋，两端伸入刃脚或凹槽内，浇筑上层底板混凝土。封底混凝土与老混凝土接触面应冲刷干净；浇筑应在整个沉井面积上分层、不间断地进行，由四周向中央推进，每层厚 30～50cm，并用振捣器捣实；当井内有隔墙时，应前后左右对称地逐孔浇筑。混凝土采用自然养护，养护期间应继续抽水。待底板混凝土强度达到 70% 并经抗浮验算后，对集水井逐个停止抽水，逐个封堵。封堵方法是将滤水井中水抽干，在套管内迅速用干硬性的高强度混凝土进行堵塞并捣实，然后上法兰盘用螺栓拧紧或四周焊接封闭，上部用混凝土垫实捣平。

2. 不排水封底（水下封底）

当井底涌水量很大或出现流砂现象时，沉井应在水下进行封底。待沉井基本稳定后，将井底浮泥清除干净，新老混凝土接触面用水枪冲刷干净，并抛毛石，铺碎石垫层。封底水下混凝土采用导管法浇筑（图 8.39）。

待水下封底混凝土达到所需强度后（一般养护 7～14d），方可从沉井内抽水，检查封底情况，进行检漏补修，按排水封底方法施工上部钢筋混凝土底板。

8.2.4　沉井下沉施工常遇问题和预防处理方法

沉井下沉施工常遇问题和预防处理方法见表 8.4。

表 8.4　　　　　　　　　　　沉井下沉施工常遇问题和预防处理方法

常遇问题	原　因　分　析	预防措施及处理方法
下沉困难（沉井被搁置或悬挂，下沉极慢或不下沉）	(1) 井壁与土壁间的摩阻力过大； (2) 沉井自重不够，下沉系数过小； (3) 遇有地下管道、树根等障碍物； (4) 遇流砂、管涌	(1) 继续浇筑混凝土增加重量，在井顶均匀加铁块或其他荷重； (2) 挖除刃脚下的土，或在井内继续进行第二层碗形破土；用小型药包爆破震动，但刃脚下挖空宜小，药量不宜大于 0.1kg，刃脚应用草垫等防护； (3) 不排水下沉改为排水下沉，以减少浮力； (4) 在井外壁装置射水管冲刷井周围土，减少摩阻力；射水管亦可埋于井壁混凝土内，此法仅适用于砂及砂类土； (5) 在井壁与土间灌入触变泥浆或黄土，降低摩阻力，泥浆槽距刃脚高度不宜小于 3m； (6) 清除障碍物；控制流砂、管涌
下沉过快（沉井下沉速度超过挖土速度，出现异常情况）	(1) 遇软弱土层，土的耐压强度小，使下沉速度超过挖土速度； (2) 长期抽水或因砂的流动，使井壁与土间摩阻力减小； (3) 沉井外部土体液化	(1) 可用木垛在定位垫架处给以支承，并重新调整挖土，在刃脚下不挖或部分不挖土； (2) 将排水法下沉改为不排水法下沉，增加浮力； (3) 在沉井外壁间填粗糙材料，或将井筒外的土夯实，加大摩阻力，如沉井外部的土液化发生虚坑时，可填碎石处理； (4) 减少每一节筒身高度，减轻沉井重量
突沉（沉井下沉失去控制，出现突然下沉的现象）	(1) 挖土不注意，将锅底挖得太深，沉井暂时被外壁摩阻力和刃脚托住，使处于相对稳定状态，当继续挖土时，土壁摩阻力达极限值，井壁阻力因土的触变性而突然下降，发生突沉； (2) 流砂大量涌入井内	(1) 适当加大下沉系数，可沿井壁注一定的水，减少与井壁的摩阻力； (2) 控制挖土，锅底不要挖太深；刃脚下避免掏空过多； (3) 在沉井梁中设置一定数量的支撑，以承受一部分土反力； (4) 控制流砂现象发生

续表

常遇问题	原 因 分 析	预防措施及处理方法
倾斜（沉井垂直度出现歪斜，超过允许限度）	（1）沉井刃脚下的土软、硬不均； （2）没有对称地抽除垫木或没有及时回填夯实；井外四周的回填土夯实不均； （3）没有均匀挖土，使井内土面高差悬殊； （4）刃脚下掏空过多，沉井突然下沉，易于产生倾斜； （5）刃脚一侧被障碍物搁住，未及时发现和处理； （6）排水开挖时，井内一侧涌砂； （7）井外弃土或堆物，井上附加荷重分布不均，造成对井壁的偏压	（1）加强沉井过程中的观测和资料分析，发现倾斜要及时纠正； （2）分区、依次、对称、同步地抽除垫木，及时用砂或砂砾填夯实； （3）在刃脚高的一侧加强取土，低的一侧少挖土或不挖土，待正位后再均匀分层取土； （4）在刃脚较低的一侧适当回填砂石或石块，延缓下沉速度； （5）在井外深挖倾斜反面的土方，回填到倾斜一面，增加倾斜面的摩阻力； （6）不排水下沉，在靠近刃脚低的一侧适当回填砂石；在井外射水或开挖，增加偏心压载，以及施加水平外力等措施
偏移（沉井轴线与设计轴线不重合，产生一定的位移）	（1）大多由于倾斜引起的，当发生倾斜和纠正倾斜时，井身常向倾斜一侧下部产生一个较大的压力，因而伴随产生一定位移，位移大小，随土质情况及向一边倾斜的次数而定； （2）测量定位差错	（1）控制沉井不再向偏移方向倾斜； （2）有意使沉井向偏位的相反方向倾斜，当几次倾斜纠正后，即可恢复到正确位置或有意使沉井向偏位的一方倾斜，然后沿倾斜方向下沉，直至刃脚处中心线与设计中线位置相吻合或接近时，再将倾斜纠正； （3）加强测量的检查复核工作
遇障碍物（沉井被地下障碍物搁置或卡住，出现不能下沉的现象）	沉井下沉局部遇孤石、大块卵石、地下沟道、圬工、管线、钢筋、树根等，造成沉井搁置、悬挂，难以下沉	（1）遇较小孤石，可将四周土掏空后取出；较大孤石或大块石、地下沟道、圬工等，可用风动工具或用松动爆破方法破碎成小块取出，炮孔距刃脚不少于50cm，其方向须与刃脚斜面平行，药量不得超过200g，并设钢板防护，不得用裸露爆破；钢管、钢筋、树根等可用氧气烧断后取出； （2）不排水下沉，爆破孤石，除打眼爆破外，亦可用射水管在孤石下面掏洞，装药破碎吊出
遇硬质土层（沉井破土遇坚硬土层，难以开挖下沉）	遇厚薄不等的黄砂胶结层、姜结石，质地坚硬，用常规方法开挖困难，使下沉缓慢	（1）排水下沉时，以人力用铁钎打入土中向上撬动，取出或用铁镐、锄开挖，必要时打炮孔爆破成碎块； （2）不排水下沉时，用重型抓斗、射水管和水中爆破联合作业，先在井内用抓斗挖2m深锅底坑，由潜水工用射水管在坑底向四角方向距刃脚边2m冲4个400mm深的炮孔，各用200g炸药进行爆破，余留部分用射水管冲掉，再用抓斗抓出
封底遇倾斜岩层（沉井下沉到设计深度后遇倾斜岩层，造成封底困难）	地质构造不均，沉井刃脚部分落在岩上，部分落在较软土层上，封底后易造成沉井下沉不均，产生倾斜	应使沉井大部分落在岩层上，其余不到岩层部分，如土层稳定不向内崩坍，可进行封底工作；若井外土易向内坍，则可不排水，由潜水工一面挖土，一面以装有水泥砂浆或混凝土的麻袋堵塞缺口，堵完后再清除浮渣，进行封底。井底岩层的倾斜面，应适当做成台阶

续表

常遇问题	原 因 分 析	预防措施及处理方法
遇流砂（井外土粉砂涌入井内的现象，造成沉井突沉、偏斜或下沉过慢或不下沉等现象）	（1）井内锅底开挖过深，井外松散土涌入井内； （2）井内表面排水后，井外地下水动水压力把土压入井内； （3）爆破处理障碍物，井外土受振进入井内； （4）挖土深超过地下水位 0.5m 以上	（1）采用排水法下沉，水头宜控制在 1.5～2.0m； （2）挖土避免在刃脚下掏挖，以防流砂大量涌入，中间挖土也不宜挖成锅底形； （3）穿过流砂层应快速，最好加荷，如抛大块石增加土的压重，使沉井刃脚切入土层； （4）采用深井或井点降低地下水位，防止井内流淤；深井宜安置在井外，井点则可设置在井外或井内； （5）采用不排水法下沉沉井，保持井内水位高于井外水位，以避免流砂涌入
超沉（沉井下沉超过设计要求的深度）	（1）沉井下沉至最后阶段，未进行标高观测； （2）下沉接近设计深度，未放慢挖土下沉的速度； （3）遇软土层或流砂，使下沉失去控制	（1）沉井至设计标高，应加强观测； （2）在井壁底梁交接处设置承台（砌砖），在其上面铺方木，使梁底压在方木上，以防过大下沉； （3）沉井下沉至距设计标高 0.1m 时，停止挖土和井内抽水，使其完全靠自重下沉至设计标高或接近设计标高； （4）避免涌砂发生

8.2.5　沉井的质量检验标准

沉井的相关质量检验见表 8.5。

表 8.5　　　　　　　　　　　　　　　沉井的质量检验标准

项目	序号	检查项目	允许偏差或允许值 单位	允许偏差或允许值 数值	检查方法
主控项目	1	混凝土强度	满足设计要求（下沉前必须达到 70% 设计强度）		查试块记录或抽样送检
主控项目	2	封底前沉井的下沉稳定	mm/8h	<10	水准仪
主控项目	3	封底结束后的位置：刃脚平均标高（与设计标高比）、刃脚平面中心线位移、四角中任何两角的底面高差。 注：上述三项偏差可同时存在。下沉总高度，系指下沉前、后刃脚之高差	mm	<100 <1%H <1%l	水准仪 经纬仪。H 为下沉总深度，H<10m 时，控制在 100mm 之内 水准仪。l 为两角的距离，但不超过 300mm，l<10m 时，控制在 100mm 之内
一般项目	1	钢材、对接钢筋、水泥、骨料等原材料检查	满足设计要求		查出厂质保出或抽样送检
一般项目	2	结构体外观	无裂缝、蜂窝、空洞、不露筋		直观
一般项目	3	平面尺寸：长与宽、曲线部分半径、两对角线差、预埋件	% % % mm	±0.5 ±0.5 1.0 20	尺量，最大控制在 100mm 之内 尺量，最大控制在 50mm 之内 尺量 尺量
一般项目	4	下沉过程中的偏差　高差	%	1.5～2.0	水准仪。最大不超过 1m
一般项目	4	下沉过程中的偏差　平面轴线		<1.5%H	经纬仪。H 为下沉深度，最大控制在 300mm 之内，此数值不包括高差引起的中线位移
一般项目	5	封底混凝土坍落度	mm	180～220	坍落度测定器

注　引自《建筑地基基础工程质量验收规范》（GB 50202—2002）。

思考题与习题

1. 简述沉管法施工的工艺流程和关键技术?
2. 管段沉放的方法各有什么特点,分别适用于哪些条件?
3. 简述沉管隧道水力压接的原理?
4. 分析沉管隧道基础处理的各种方法,提出你认为比较科学合理的方法的道理?
5. 通过网络收集并分析当前国内沉井施工技术特点。

第9章　注浆法施工技术

注浆是将具有充填胶结性能的材料制成浆液，以泵压为动力源，采用注浆设备将其注入地层，浆液通过渗透、填充、劈裂和挤密等方式挤走岩土孔（空）隙中的水分和空气，将原来松散的岩土体胶结成整体，形成一个新结构，具有强度大、防水抗渗性能高和化学稳定性良好的"结石体"，达到对地层堵水与加固作用。

注浆法的四种目的为：①帷幕防渗：降低岩土体的渗透性，提高地层的抗渗能力，降低孔隙水压力。②堵漏止水：截断渗透水流。③固结纠偏：提高岩土体的力学强度和变形模量，加强岩土的整体性。④裂缝修补：浆液渗入岩土体或结构中提高其整体性。

注浆是岩土工程中一门专业性很强的分支，采用注浆技术处理各种岩土工程问题，已成为常用的方法，其应用范围和工程规模不断扩大。注浆法在地下工程应用非常广泛，主要应用范围见表9.1。

表 9.1　　　　　　　　　　　　　注浆在工程中的应用

工程类别	应　用　场　所	目　　的
建筑工程	(1) 建筑物地基； (2) 摩擦桩侧面或端承桩底部； (3) 已有建筑混凝土裂缝缺陷的修补； (4) 动力基础的抗震加固	(1) 改善土的力学性质，提高地基承载力或纠偏处理； (2) 提高桩周摩阻力和桩端抗压强度，或处理桩底残渣过厚引起的质量问题； (3) 混凝土构筑物补强； (4) 提高地基土抗震能力
水利工程	(1) 坝基岩溶发育或构造断裂切割破坏； (2) 坝基帷幕注浆； (3) 重力坝注浆	(1) 提高岩土密实度、均匀性、弹性模量和承载力； (2) 切断渗流； (3) 提高坝体整体性、抗滑稳定性
地下工程	(1) 开挖地下铁道、地下隧道、涵洞、管线路等； (2) 矿山井巷、硐室建设； (3) 裂隙岩体的止水和破碎岩体的补强	(1) 防止地面沉降过大，限制地下水活动及制止土体位移； (2) 提高围岩稳定性、防渗； (3) 提高岩体整体性
其他	(1) 边坡； (2) 挡土墙后； (3) 桥基； (4) 路基等	(1) 提高土体抗滑能力，防止支挡建筑涌水； (2) 增加土体抗剪能力，减小土压力； (3) 桥墩防护、桥索支座加固； (4) 处理路基病害等

9.1　注浆材料与设备

9.1.1　注浆材料

注浆材料是注浆技术中不可缺少的一部分，注浆之所以能起到堵水与加固作用，主要是由于注浆材料在注浆过程中物质转化的结果，如图 9.1 所示。

图 9.1 注浆过程中物质转化图

浆液是由原材料、水和溶剂经混合后的液体，按溶液所处的状态可分为真溶液、悬浊液和乳化液；按注浆工艺性质不同，又分为单液浆液和双液浆液。溶剂有主剂和助剂，对某种材料而言，主剂可能有一种或几种，而助剂根据需要掺入，并按它在浆液中所起的作用分为固剂、催化剂、速凝剂、缓凝剂等。

浆液注入岩土体中所形成的固体，通常称为结石体。结石体是浆液经过一定的化学或物理变化之后所形成的固体，用于充填、堵塞岩土体中裂隙、孔洞，达到堵水和加固围岩的目的。

9.1.1.1 注浆材料的基本要求

注浆材料既是保证可灌注性的基本条件，又是应用于工程、环保领域成败的关键因素。理论研究与工程实践表明，注浆材料及浆液应具有以下性能：

（1）注浆材料的品种、标号、掺合料、外加剂等应根据注浆目的、注浆浆液中加入掺合料及外加剂的性质和数量等因素，通过试验确定。

（2）浆液应具有黏度低、流动性好、可注性好、稳定性好以及易于用注浆泵压入围岩裂隙，因而一般要求材料细度大、分散性较高并能较稳定地维持悬浮状态，不致在压注过程中沉析而堵塞。但又能在侵入围岩裂隙一定距离后，发生沉析充填岩土体的孔洞和裂隙。

（3）浆液注入岩土体裂隙后所形成的结石，应具有结石率高、强度高、透水性低，并具有抗蚀性和耐久性。

（4）浆液的凝胶时间可根据实际工程需要进行调节并能准确地控制。

（5）浆液在高压下有良好的脱水性，固化后无收缩现象，并与岩土体、混凝土等有较好的黏结性。

（6）对注浆设备、管道、混凝土结构物无腐蚀性并容易清洗。

（7）材料来源丰富，价格便宜并尽可能就地取材，没有毒性以防止对环境产生污染。

（8）浆液配制方便，操作简便。

值得指出的是，近年来注浆材料品种以及复合浆液数目繁多，且性质各不相同，而地下工程非常复杂，为了根据工程条件合理地选用注浆材料，提高注浆工程质量，在工程实施前应根据设计要求进行注浆材料的鉴定及浆液配合比的试验工作，其主要内容包括：

（1）注浆材料质量鉴定和性能测定。

（2）浆液性能测定和改善浆液性能的试验，一般包括：①浆液的稳定性、流动性及黏度；②浆液的析水率、沉淀速度及浆液分层沉淀离析的可能性；③浆液的结石体强度和密度；④结石体的可缩性及透水性。

9.1.1.2 注浆材料的分类

岩土工程注浆材料品种繁多，由原材料配成的浆液则更多。其材料归结起来可分为两种（粒状、溶液）、三类（惰性材料、无机化学材料和有机化学材料），其材料分类见表9.2。

表 9.2　　　　　　　　　　　注浆材料分类表（引自刘文永，2008）

材料名称		浆 液 名 称	应 用 范 围
惰性材料	黏土类	黏土水泥浆	裂隙性岩土围岩
	粉煤灰	水泥粉煤灰浆	裂隙性岩土围岩
	砂子类	水、砂、水泥浆	裂隙、溶洞、陷落柱、断层
	石子类	水、石子充填水泥浆	溶洞、陷落柱、断层、巷道内充填
无机化学材料	水泥类	单一水泥浆及复合水泥浆	应用范围极广
	水玻璃类	水泥水玻璃双液浆	应用范围极广
	氯化钙类	水泥浆的外加剂	应用范围极广
	氯化钠类	水泥浆的外加剂	应用范围极广
	铝酸钠	化学溶液	适用于砂土围岩
	五矾类	水泥-五矾类	适用于糊缝防水
有机化学材料	聚氨酯类	油溶性聚氨酯浆液、水溶性聚氨酯浆液 纸浆废液-重铬酚钠浆液、过硫酸铵浆液 尿醛树脂-硫酸浆液、尿素-甲醛-三氯化铁 浆液	适用于水泥难注的细裂缝
	丙烯酰胺		
	铬木素类		
	环氧树脂		
	尿醛树脂		

9.1.1.3　注浆材料的选择

　　注浆材料的选择，关系到注浆工艺、工期成本及注浆效果，因而直接影响注浆工程的技术经济指标。选用注浆材料应根据工程地质与水文地质条件以及注浆工艺的要求，同时还应考虑注浆设备特别是注浆泵的吸浆能力及造浆材料是否就近、经济、合理。

　　注浆法可以用于坚硬含裂隙的岩石，也可用于含碎屑、碎石及砾石的土层。当然地层必须有足够的裂隙和孔隙宽度以便浆液能注入。在砂砾土层中渗透注浆时，尤其是当浆液的浓度较大时，要求浆液中的颗粒直径比土的孔隙小，这样浆材才能在孔隙或裂隙中流动。但颗粒浆材常常以多粒的形式同时进入孔隙或裂隙，可能会导致孔隙的堵塞，因此仅仅满足颗粒尺寸小于孔隙尺寸是不够的。同时，由于浆液在流动过程中同时存在着凝结过程，有时也会造成浆液通道的堵塞。此外地基土和粒状浆材的颗粒尺寸不均匀，若想封闭所有的孔隙，要求粒状浆材的颗粒尺寸必须很小。

　　分散系液体是否能渗透到裂隙或孔隙中，取决于裂隙、孔隙的最小尺寸与浆液内固相颗粒尺才的比例关系。根据多年施工及试验经验得知，裂隙开裂宽度不小于 0.15～0.25mm 时，水泥颗粒才能注入。在松散土层注浆时，要求土的最小粒径大于 4mm。如果采用细颗粒水泥浆，当土体颗粒粒径小于 2mm 时也能注入。用沥青注浆时，黏度是决定性因素，冷却后黏度立即增大，在狭小的裂隙和孔隙中很难注入。

　　在基岩注浆中，水泥注浆使用最为广泛。在大裂隙岩层中注浆时，不仅需要浓度大的悬浮液，而且要求掺加大量的廉价充填材料，如粉细砂、粉土和黏性土。为了节省水泥，也可先用黏土注浆，然后再用水泥注浆。此外，岩土体的含水量大小也影响浆液材料的选择，水泥浆不适用于很大流速的地下水，一般情况下流速不得大于 200m/d，水利工程中则将该值界定为 600m/d。水泥黏土注浆多用于松散层的防渗注浆和对强度要求不高的基岩注浆。化学注浆在大面积基岩注浆方面尚未广泛使用，一般用来解决水泥注浆不能灌注或用于修补水工建筑物的缺陷和特殊注浆时采用。表 9.3 给出了各种注浆材料的大致适用范围。

表 9.3 注浆材料的适用范围

材料	组成成分的大小 /mm	渗透系数 /(cm/s)	使用范围
水泥	$<0.1\sim0.08$	$>10^{-2}$	砾砂、粗砂、裂隙宽度大于 0.2mm
膨润土黏土	<0.05	$>10^{-4}$	砂、砾砂
超细水泥	$0.012\sim0.010$	$>10^{-4}$	砂、砾砂、多孔砖墙，裂隙宽度大于 0.05mm 的混凝土、岩石
化学浆液		$>10^{-7}$	细砂、砂岩、微裂隙的岩石

9.1.2 注浆施工设备的作用和选择

岩土工程注浆已应用于地下工程的各个领域，其注浆量有多有少，注浆深度由几米到千米以上，但无论哪种注浆，所使用的注浆钻孔机具均应根据工程与水文地质条件、注浆方法、注浆深度、注浆材料和施工地点来选用，主要有钻孔机械、注浆泵、流量计、搅拌机、止浆塞、混合器以及输浆管路等。

（1）钻进注浆孔主要使用钻探机械和凿岩机。选用钻机应根据岩土裂隙及水文地质条件、注浆孔深度、注浆孔大小确定钻机型号。并根据注浆孔布置、孔数、工程量大小和工程要求确定钻机台数。岩土工程的注浆，首先应钻出符合注浆需要的钻孔，选用合适的钻机是非常重要的。根据注浆区域的扩大和注浆孔深度的不同，钻机型号可分为大、中、小三类。根据钻孔施工工艺的不同，注浆钻孔可分为回转钻进和冲击钻进两种。对于深孔或是需要取芯的钻孔多用回转式；对于较浅钻孔以及岩石很坚硬并且不需取芯的钻孔，可采用冲击式钻进。钻具一般包括钻杆、钻头、套管、岩芯管以及钻铤、扩扎器等，配套与否对提高钻进效率关系很大，应根据工程实际情况提前准备好。钻头是钻机的关键附件，注浆施工中，根据岩层硬度不同，常用合金钻头与金刚石钻头。

（2）注浆泵是浆液输送的动力设备，是注浆施工中最重要的设备之一，应满足以下要求：

1）注浆泵排浆的能力应超过岩土裂隙最大吸浆率，并能不间断地进行注浆工作。

2）注浆泵泵压能形成和超过注浆时所需的最大注浆终压。

3）体积应尽量小，以便容易布置注浆工作。

4）注浆泵应用耐磨耐腐蚀的材料制成，以便不易被水泥浆磨损及各类化学浆液和溶液腐蚀。

5）能灌注不同成分和颗粒的大浓度浆液。

根据上述要求，离心泵因其轮叶易于磨损，不适用于注浆使用，注浆使用的是代用的往复式泥浆泵、专用的双液调速注浆泵、隔膜计量泵及双室轴向柱塞泵等。

（3）搅拌机是使浆液搅拌均匀的机器，对注浆的质量有重要影响。按其形状有卧式和立式两种。根据搅拌动力的不同，有电动的泥浆及灰浆搅拌机和风动的水泥搅拌机两种。根据注浆工程量大小及注浆孔吸浆量情况，所使用的搅拌机容积亦不相同，容积较小的搅拌机方便，但生产率较低，一般适用于化学注浆。对于黏土及悬浊液浆液，一般要求生产率较高。

（4）止浆塞可实现分段注浆防止钻孔跑浆，有效控制注浆压力和控制注浆范围，确保注浆质量的重要工具。目前，止浆塞的种类和方法较多，应根据注浆孔的深度、注浆岩层硬度及含水层赋存状况进行选择，主要有机械式橡胶止浆塞、气胎止浆塞、水力止浆塞及磁性止浆塞等。

（5）混合器使两种浆液相遇后充分混合并由此起物理、化学变化的工具，一般用于双液注浆。在地面预注浆时，浆液多在地面孔口混合或孔内混合；而在工作面预注和壁后注浆时，浆液多在工作地点混合。但无论采用哪种混合方式，其混合器应达到的要求是：①浆液要能充分混合均匀，并使浆液在预定时间内凝固；②混合器应有足够过流断面并能承受最大注浆压力；③当两种浆液注压不同时，不会互相窜浆，并使浆液不会在管内凝固。当用双液注浆泵送两种浆液时，常用方盒球阀混合器与注浆泵连接。

（6）管路系统是起浆液有序流通的作用。管路系统主要是指注浆钢管，连接胶管及三通、阀门等。在注浆工程中，一方面，由于选择管路和强度不相适应，注浆时管路强度不够，致使管路局部破坏或崩裂；另一方面，由于管道选择设置不当，灰浆输送时产生不稳定流，增加阻力或设置管径过小，易于堵塞。因此，注浆对管路系统的选择具有如下特点：

1）设备布置于地面时，管道向注浆工作面送浆，注浆越深浆柱形成的压力越大，对管路系统器材强度要求越高。

2）浆液比重越大，黏滞性越高，初凝越快，管路易于堵塞。

3）管道系统应能不间断地输送浆液。

9.2　注浆法分类及其特性

注浆法对岩土体加固效果不仅取决于注浆材料，也取决于注浆方法。注浆方法的选择需要考虑的因素有：注浆设备、试验效果、注浆经验以及注浆管理方法等。注浆技术人员应在理解适用范围的基础上，考虑工程项目、土质改良的效果、工程地质条件、造价的高低等来确定注浆材料、注浆方法等，并进行合适的注浆设计。

注浆法作为一个综合的应用工法，既有它的共性，也有它的特性。共性指的是其施工程序和施工技术要点上，根据浆液在被灌注载体的作用机理不同，注浆法可分为充填注浆法、压密注浆法、渗透注浆法、劈裂注浆法和电动化学注浆法，以及其他介于上述各法或兼备上述各法的方法。它们基本上相同。特性指的是每个方法的特性。例如充填注浆法的主要对象是堤身生物洞隙、地下工程隧道衬砌后渗漏水严重或衬砌壁后与围岩的空隙充填；压密注浆法的主要对象是经碾压欠密实的土坝和土堤，或经劈裂注浆工序出现的新空隙、脉径的再充填与压密；渗透注浆法的主要对象是渗透系数大于 $10^{-5}\mathrm{cm/s}$ 砂土层及部分砂卵石层；劈裂注浆法的主要对象是渗透系数不大于 $10^{-6}\mathrm{cm/s}$ 的黏土层和大部分砂土层；电动化学注浆法的主要对象是黏土质淤泥层或渗透系数小于 $10^{-4}\mathrm{cm/s}$ 且采用静压注浆不奏效时的特殊情况。

各种注浆方法的产生条件如下，各自特点见表 9.4。

（1）充填注浆产生条件是被注载体中存在明显的孔洞或裂隙。

（2）压密注浆产生条件是被注载体（一般为岩土体）的孔隙率较小、浆液水灰比较小而注浆压力较大。

（3）渗透注浆一般出现在岩土体松散、孔隙率较大而注浆压力较小的情况下；对于注浆载体为低渗透性岩体，其渗透注浆作用机理主要是由浆液的浸润性决定。

（4）劈裂注浆则出现在被注载体诸如岩土体的抗拉强度较低，而注浆压力又较大的条件下。

（5）电动化学注浆产生于被注载体诸如粘土质淤泥等的电渗、电泳和离子交换三重效应上。

（6）水泥/化学复合注浆是在岩体断层破碎带或裂隙密集带以及软弱夹层等地质缺陷的条件下，先用约 30MPa 的高压冲洗其间的夹层弱质软土及杂物，再用水泥浆液在断层破碎带中构建骨架，然后用化学浆液（主要为改性环氧树脂浆）进一步作渗透、充填、压密和劈裂灌浆，最终使破碎带连接成均质、连续和完整的岩土体。

表 9.4 　　　　　　　　　　　　**注 浆 法 的 特 性**

方　法	特　　性
充填注浆法	（1）使用以水泥或黏土等颗粒浆材为主，加入一定比例的粉煤灰以替代部分水泥，故材源广泛且成本低廉； （2）在不同埋深充填情况下，只需较低注浆压力即可充填土体孔隙与岩体裂隙，被注载体内空隙的土体回弹析水与吸湿有效地进行固结； （3）对于堤坝土体，浆液因析水固结和土体湿化变形引起堤坝沉陷时，有利于堤坝的密度与变形稳定性的提高； （4）地下工程衬砌背面与围岩的回填注浆，即可使空洞得到充填，又可提高密实度，还可提高其防渗性能； （5）工法简便，易操作； （6）无污染、无噪音、振动也很小，适用于在城市和建筑物密集的情况下进行施工； （7）充填注浆的形式之一是堤防锥探灌浆，已在国内应用数千公里的堤防隐蔽工程处治，以及3000多座土坝的病害修补
压密注浆法	（1）一般采用坍落度很小且不流动的惰性浆材，故注入的浆材可基本在预定加固部位形成均匀的固结体； （2）浆材在注入过程中压缩周围土体，使土层密度加大，承载力得到提高； （3）浆材坍落度小，配比时可按建筑物承载力需求任意设定，形成的固结体强度均匀，可作为桩基使用； （4）占用场地小，可满足场地狭窄的既有建筑物室内施工； （5）无振动、无噪音，可在建筑物密集的大中城市使用； （6）因使用的浆材是以水泥等为主，故对施工场地和周围环境不会造成污染； （7）在注浆施工时，随着注浆量的逐渐增大，便产生较大的上抬力。当人为控制注浆压力并造成适宜的上抬力时，能使下沉或倾斜的构筑物得以抬高或扶正

方　　法	特　　　性
渗透注浆法	(1) 该方法的理论基础建立在被注载体为均匀各向同性的前提下，故局限于无黏性土地层的应用； (2) 球形扩散理论适宜于浆液为牛顿流体； (3) 柱形扩散理论适宜于浆液为宾汉姆流体； (4) 对于低黏度的浆液，本法机理明确，工艺也合理，效果也显著； (5) 需进一步对地下水的影响、浆液时变性的影响探讨，以完善该法的机理修正
劈裂注浆法	(1) 该方法的作用机理明确； (2) 施工工艺合理； (3) 施工工期短； (4) 渗透稳定、变形稳定获得有效解决； (5) 无污染、无噪音，符合环保要求； (6) 工法单价成本较低； (7) 当堤坝质量普遍不好，堤坝外部有裂缝、塌陷、浸润线与出逸点过高；提坝背坡出现大面积浸润；堤坝内部有较多隐患及堤身坝体有明显渗漏时，用劈裂注浆法进行处理时是首选方案
电动化学注浆法	(1) 能解决被注载体（地基土）的渗透系数 $K < 10^{-4}$ cm/s 在静压注浆难于奏效时的注浆新法； (2) 可形成不可逆的防水帷幕； (3) 可消除孔隙段的残留涌水； (4) 注浆速度加快； (5) 加固扩散半径增大，并且可定向均匀扩散； (6) 耗电少（40kW·h/m³）、成本低； (7) 无毒无污染
袖阀管注浆法	(1) 可根据需要灌注任一注浆段； (2) 可进行重复注浆； (3) 钻孔与注浆作业可以分开进行； (4) 可调控注浆段长度与注浆压力； (5) 注浆过程中，发生冒浆与串浆的可能性很小； (6) 一般采用自下而上注浆，当注浆压力较小时，浆液的扩散沿注浆孔的水平方向多于垂直方向，这样可利于压密被注载体；但注浆压力较大时，浆液的扩散则沿注浆孔的垂直方向多于水平方向，这样则可产生劈裂效应； (7) 由于外套管不能重复使用，导致注浆成本提高，另外施工进度较慢

9.3　注浆法施工工艺

注浆工艺是注浆成败的关键，没有一个合适的注浆工艺，浆液就很难按理想的方式注入地层，因此，也就很难达到良好的注浆效果。注浆工艺主要是指注浆施工种所选择的注浆方式、注浆顺序、注浆参数和注浆结束标准四个方面的内容。

9.3.1　注浆方法

注浆方法按注浆的连续性可分为连续注浆、间歇注浆；按一次注浆的孔数可分为单孔注浆、多孔注浆；按地下水的径流条件可分为静水注浆、动水注浆；按浆液在管路中的运行方式分为纯压式注浆和循环式注浆；按每个注浆段的注浆顺序可分为全孔一次性注浆、下行式注浆和上行式注浆。

1. 全孔一次性注浆

全孔一次性注浆方式是指按设计将注浆钻孔一次完成，在钻孔内安设注浆管或孔口管，然后，直接将注浆管路和注浆管（或孔口管）连接进行注浆施工。全孔一次性注浆方法示意图如图9.2所示。超前小导管注浆、径向注浆和大管棚注浆一般都采取全孔一次性注浆方式进行钻孔注浆施工。全孔一次性注浆工艺流程如图9.3所示。

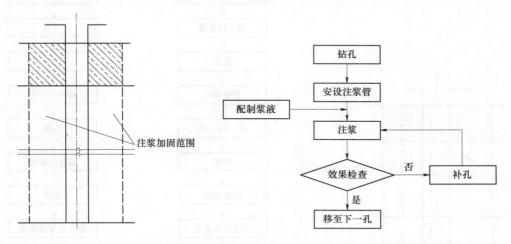

图9.2 全孔一次性注浆方法示意图　　　　图9.3 全孔一次性注浆工艺流程图

超前小导管注浆和大管棚注浆采取有管注浆，为保证注浆管安设顺利，往往将注浆管前端加工成圆锥状并采取电焊封死。在注浆管上间隔一定的距离梅花型钻设溢浆孔，一般间隔距离为20～50cm，溢浆孔直径为4～12mm，溢浆孔面积为注浆管过浆面积的1～1.2倍为宜，浆液通过注浆管上钻设的溢浆孔注入地层。注浆管管尾采取丝扣连接，如图9.4所示。

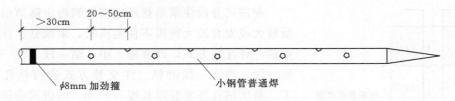

图9.4 注浆导管构造示意图

2. 后退式分段注浆

针对复杂的地质构造，如果注浆施工过程中注浆段长度过长，那么由于地层构造存在较大的差异性，若采取全孔一次性注浆，一定会产生均一性很差的注浆效果。为达到设计的注浆效果，采取后退式分段注浆，针对不同地质条件，采取针对性的注浆速度、注浆量和注浆终压等参数，可取得了良好的注浆效果。

后退式分段注浆是指按设计将注浆钻孔完成，在钻孔内放入袖阀式注浆管，然后，将止浆塞及其配套装置放入注浆管中，对底部一个注浆段进行注浆施工，第一段注浆完成后，后退一个分段长度进行第二段注浆，如此下去，直到将整个注浆段完成。后退式分段注浆方法示意图如图9.5所示。后退式分段注浆工艺流程如图9.6所示。

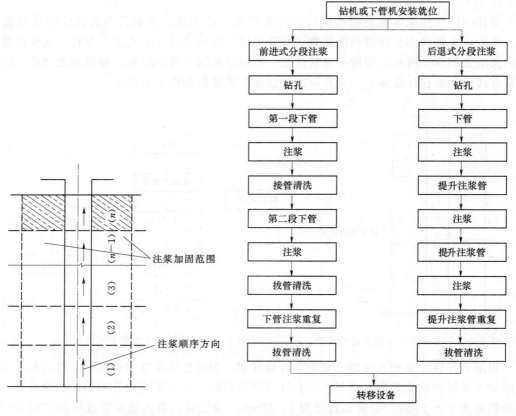

图 9.5　后退式分段注浆方法示意图　　　图 9.6　后退（前进）式分段注浆工艺流程图

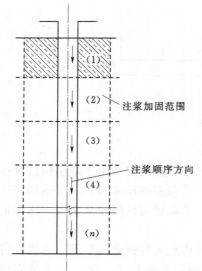

图 9.7　前进式分段注浆方法示意图

3. 前进式分段注浆

前进式分段注浆是指经超前探测确定隧道前方涌水量较大或发育较大规模不良地质时，采取钻、注交替作业的一种注浆方式，即在施工中，钻一段、注一段，再钻一段、再注一段的钻、注交替方式进行钻孔注浆施工。每次钻孔注浆分段长度 3～5m。前进式分段注浆可采用水囊式止浆塞或孔口管法兰盘进行止浆。前进式分段注浆钻孔注浆施工示意图如图 9.7 所示。前进式分段注浆施工工艺流程如图 9.6 所示。

9.3.2　注浆顺序

注浆顺序选择的合理与否对注浆效果有着极其重要的影响，因此，在注浆施工中，应通过对工程地质条件、水文地质条件充分掌握分析后，确定施工中所采取的注浆顺序。注浆顺序的选择应从外围上讲应达到"围、堵、截"目的，在内部应达到"填、压、挤"的目的，从而使注浆效果更好。因此，注浆施工中对八个原则应引起高度重视，即分区注浆原则、跳孔注浆原则、由下游到上游原则、由下到上原则、由外到内原则、约束发散原则、定量定压相结合原则、多孔少注原则。同时，在注浆施工中，并不是每一个原则在单项工程施工中都能用到，应根据工程特点确定 3～5 种原则进行应用，这对提高注浆效果十分有利。

1. 分区注浆原则

在基坑帷幕注浆和隧道基底钢管桩注浆时，往往注浆范围和注浆规模较大，由于地质条件存在较大的差异性，因此，很有必要将注浆范围进行分区，每区长度为 10～20m。这样，可以及时对每个区域进行注浆试验，确定各自的注浆材料和注浆参数，从而使注浆更加可靠。

2. 跳孔注浆原则

注浆施工中，由于受前期注浆孔的影响，后期注浆孔所注入的浆液将会随着注浆压力或其他因素而发生偏流，同时，注入量也会减少。因此，在注浆施工中，采取分序跳孔注浆原则可以有效地 逐步实现约束注浆，使浆液逐渐达到挤压密实，促进注浆帷幕的连续性，并且通过逐序提高注浆压力，有利于浆液的扩散和提高浆液结石体的密实性。同时，后序孔注浆也是对前序孔注浆效果的检查与评定。因此，原则上所有的注浆工程都应采取跳孔注浆原则。

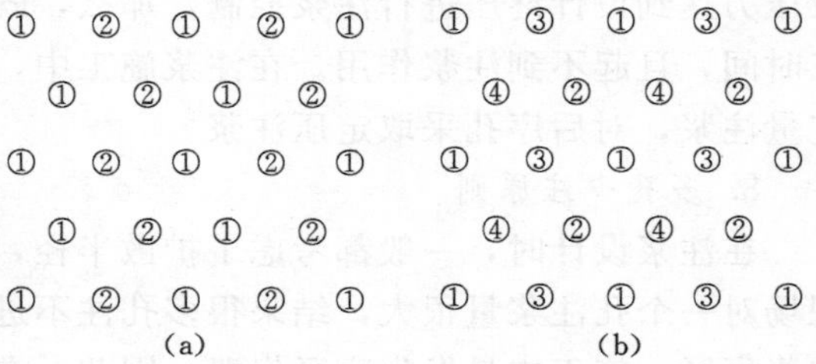

跳孔注浆往往可采取两序孔原则 ［图 9.8（a）］和四序孔原则 ［图 9.8（b）］。两序孔原则是将单号孔作为一序孔先进行注浆，然后对剩余的双号孔作为二序孔进行注浆。四序孔原则是将单排单号孔作为一序孔进行注浆，然后对双排双号孔作为二序孔进行注浆，之后对单排双号孔作为三序孔进行注浆，最后对双排单号孔作为四序孔进行注浆。

图 9.8　跳孔注浆原则模式图（引自张民庆，2008）
(a) 两序孔；(b) 四序孔

3. 由下游到上游原则

在注浆施工中，当存在着较大的水流时，应考虑水流对注浆效果的影响。为了防止上游注浆时浆液顺流而下，避免上游注浆形成假象，因此，原则上应先对下游进行注浆截水，形成挡墙，以防止浆液的不断流失。

4. 由下到上原则

在注浆施工中，由于浆液存在重力作用，因此，当地层存在较大的空隙时，浆液在重力作用下会向下沉积，同时，由于钻孔中泥砂也会对下部造成堆积，从而影响下部注浆的顺利进行，因此，在现场注浆施工中，宜采取由下层到上层原则进行注浆施工。

5. 由外到内原则

在帷幕注浆施工中，采取先对外圈孔进行注浆，从而先将注浆区域围住，然后逐步注内圈孔，形成注浆的挤密、压实，有效地实现约束注浆，这更有利于提高注浆效果。

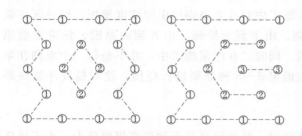

图 9.9　约束发散原则模式图（引自张民庆，2008）

6. 约束发散原则

约束发散型注浆对提高注浆效果十分有利。如图 9.9 所示，当地层以加固为主时，宜先注周边孔，然后注内圈孔，形成约束，从而实现地层注浆的逐步挤压密实作用。当地层以堵水为主时，地层存在一定的水流影响，可先对三个周边进行注浆，从而形成对中间部位水流方向的约束，留下一个边成为排水流的出口，注浆过程中逐步将水排出，从而提高整体注浆效果。

7. 定量定压相结合原则

在注浆施工中，出于注浆扩散半径是一个选取值，它不代表浆液在地层中最大的扩散距离，因此，注浆时一定要采取定量定压相结合原则。否则，若在注浆施工中仅想通过注浆压力达到设计终压进行注浆控制，那么，既造成了浆液大量流失形成浪费，又浪费了注浆时间，且起不到注浆作用。在注浆施工中，当采取跳孔分序注浆时，对先序孔往往采取定量注浆，对后序孔采取定压注浆。

8. 多孔少注原则

在注浆设计时，一般都考虑了扩散半径，设计了很多孔，每个孔都是要注浆的，如果现场对一个孔注浆量很大，结果很多孔注不进浆，这样会导致注浆均一性很差，产生很多注浆盲区，施工中易发生盲区崩溃。因此，在注浆施工中，一定要采取定量定压相结合原则，从而实现注浆的多孔少注，使设计的每个注浆孔都发挥其应用的作用，减少注浆盲区的存在，提高整体注浆效果。

9.3.3　注浆参数

注浆参数是保证注浆施工顺利进行，确保注浆质量的关键，在注浆施工中，应对注浆参数进行不断地动态调整，以适应现场注浆需要。

1. 浆液凝胶时间

浆液凝胶时间是注浆施工的重要参数之一。浆液的凝胶时间不但影响着浆液的扩散范围，还影响着浆液的堵水性能。在注浆施工中，单液浆的凝胶时间原则上不宜越过 8h，否则难以控制浆液的扩散范围。对于双液浆，浆液的凝胶时间与地层的涌水量、现场注浆操作人员对工艺掌握的熟练程度有关。一般情况下，双液浆凝胶时间宜控制在 0.5～3min。当地层中涌水量较大时，现场操作人员对工艺熟练时取小值，否则取高值。

2. 单孔单段注浆量

在注浆施工中，对于以加固地层为主要目的的注浆，往往可采取以定量注浆为主要原则，对于以堵水和加固地层为目的的注浆，先序孔往往也以定量注浆为原则，因此，对注浆量的计算必须合理。对于单孔单段注浆量采用式（9.1）进行计算：

$$Q = \pi R^2 H n \alpha (1 + \beta) \tag{9.1}$$

式中　Q——单孔单段注浆量，m^3；

　　　R——浆液扩散半径，m；

H——注浆分段长度，m；

n——地层空隙率或裂隙度；

α——地层空隙或裂隙充填率；

β——浆液损失率。

3. 注浆分段长度

注浆分段长度也称注浆步距，它是指采取分段注浆时，每一个分段的注浆段长度。在注浆施工中，当地层越复杂，注浆分段长度应越短，否则将严重影响注浆效果。根据大量工程实践，对于砂层、粉质黏性土地层，采取后退式分段注浆时，分段长度宜取 0.4～0.6m。对于断层破碎带、充填型溶洞地层，采取前进式分段注浆时，分段长度宜取 3～5m。

4. 注浆终压

注浆压力是浆液在地层空隙或裂隙中扩散、填充、压实脱水的动能。终压反映出地层经注浆后的密实程度，对于注浆终压的选取，若取值太低，浆液不能充满地层空隙或裂隙，扩散的范围也会受到限制，达不到注浆堵水的目的，注浆质量就很差；注浆压力高一些，可以提高浆液结石体强度和不透水性，使地层渗水量减少，同时使浆液扩散范围增大，因此，原则上可以在保证注浆质量的前提下尽可能采用较大的注浆压力，从而扩大注浆孔布设间距，减少注浆孔数量，加快注浆速度，缩短注浆工期。但是，若注浆压力过高，易引起地层裂隙的扩大，岩层的位移和抬升，浆液也会扩散到不必要的注浆范围以外，造成注浆浪费。因此，在注浆施工中一定要制定一个合理的注浆终压。

(1) 对于以堵水为主要目的的注浆，注浆终压按式 (9.2) 计算：

$$P_{终} = P_{水} + 2 \sim 4 \tag{9.2}$$

式中　$P_{终}$——注浆终压，MPa；

$P_{水}$——现场实测静水压力，MPa。

(2) 对于以加固为主要目的的注浆，$P_{水}$ 取 0MPa，即注浆终压为 2～4MPa。

(3) 对于浅埋工程注浆施工，注浆终压按式 (9.3) 计算：

$$P_{终} = 0.001K\gamma H \tag{9.3}$$

式中　$P_{终}$——注浆终压，MPa；

K——系数；

γ——覆盖地层的容重，kN/m³；

H——覆盖层厚度，m。

5. 注浆速度

注浆速度的选取主要取决于注浆加固的目的、注浆材料的种类、注浆机械的特点、地层的吸浆能力，以及施工工期要求。注浆速度的合理选择影响着注浆压力和注浆量的匹配关系，从而严重地影响着注浆效果。若注浆速度过快，虽可加快注浆进程、缩短注浆工期，但会因地层吸浆能力的影响而使注浆压力过高，这样，当注浆量达到设计标准时，终压会远远高于设计值，易造成地表隆起过大，形成危害；同时注浆机理也会发生变化，严重影响注浆效果。若速度过慢，那么很难保证工艺实施的连续性。

参考以往的实际工程，建议采取以下注浆速度进行注浆施工：

(1) 对于粉质黏性土中注浆，注浆速度宜取 20～40L/min；

(2) 对于砂砾石层等孔隙较大的地层注浆，注浆速度宜取 40～60L/min。

(3) 对于断层破碎带注浆，注浆速度宜取 60～120L/min。

9.3.4 注浆结束标准

注浆结束标准不尽相同，矿山行业与水利水电行业有各自的标准，但其共同点有两方面：一是注浆量（注浆结束时的单位注浆量与总注入量）；二是注浆终压均达到设计要求。

水利水电行业一般执行以下标准：

(1) 帷幕灌浆采用自上而下分段灌浆法时，在规定的压力下，当注入率不大于 0.4 L/min 时，继续灌注 60min；或不大于 1L/min 时，继续灌注 90min，灌浆可以结束。采用自下而上分段灌浆法时，继续灌注的时间可相应地减少为 30min 和 60min，灌浆可以结束。

(2) 固结灌浆，在规定的压力下，当注入率不大于 0.4L/min 时，继续灌注 30min，灌浆可以结束。

(3) 帷幕灌浆采用自上而下分段灌浆法时，灌浆孔封孔应采用"分段压力灌浆封孔法"；采用自下而上分段灌浆时，应采用"置换和压力灌浆封孔法"或"压力灌浆封孔法"。

(4) 固结灌浆孔封孔应采用"机械压浆封孔法"或"压力灌浆封孔法"。

矿山行业一般执行以下标准：

(1) 注浆终压和终量。在正常条件下，每次注浆中，注浆压力由小逐渐增大，注浆量则由大到小。当注浆压力达到设计的终压时，单液注浆终量为 50～60 L/min，双液终量为 100～120 L/min，稳定 20～30min 即可结束注浆。

(2) 对于较软弱岩层或松散充填物较多的岩溶含水层，在第一次达到上述标准后，经过水力压裂检查、重新注浆，再达到以上标准，才能结束注浆。

(3) 注浆后的岩层渗透系数应有明显地下降，一般 $K < 0.8 \sim 0.01 \text{m/d}$。

(4) 注浆后期，钻孔最终单位吸浆量已小于允许的最小单位吸浆量，一般应小于 0.0002L/(s·m·m)。

(5) 注浆后井筒掘进段的最大涌水量一般应小于 $10 \text{m}^3/\text{h}$。

(6) 岩芯裂隙被浆液充填饱满，具有一定强度，且达到设计的有效扩散半径。

9.3.5 注浆检查

注浆检查包括灌浆质量和灌浆效果两个方面的检查。灌浆质量与灌浆效果的概念不完全相同，灌浆质量一般是指灌浆施工是否严格按设计和施工规范进行，例如灌浆材料的品种规格、浆液的性能、钻孔角度、灌浆压力等，都要求符合规范的要求，不然则应根据具体情况采取适当的补充措施；灌浆效果则指灌浆后地基土的物理力学性质提高的程度。灌浆质量好不一定灌浆效果好，但是灌浆效果好，却可以看作灌浆质量总体良好。

9.3.5.1 灌浆质量控制

控制好注浆过程的质量一般就可以保证灌浆质量，注浆控制分为过程控制和标准控制。过程控制是把浆液控制在所要注浆的范围内；标准控制是控制浆液达到注浆要求。过程控制主要调整浆液的性质和注浆压力、流量，使浆液既能扩散到预定注浆范围又不能过多跑出注浆范围而流失掉，调整的依据是地质条件和注浆理论。标准控制方法有定浆量控制法、定压控制法、定时控制法和注浆强度控制法。

1. 定浆量控制法

（1）注浆总量控制。当注浆扩散半径确定后，注浆总量就确定了，在地层均匀无空洞的条件下，调整注浆压力，使总注浆量达到设计值。

（2）吸浆速率控制法。在设计时，吸浆率小到一定程度，即达到注浆要求。这种方法适用于防渗帷幕注浆。水电部门规定 $q = 0.01 \sim 0.05 t/(min \cdot m \cdot m)$。在施工中帷幕注浆和固结注浆的吸浆量不大于 0.4L/min，继续注浆 30～60min，即可结束注浆。

2. 定压控制法

土体注浆加固，一方面靠注进土体的浆液起作用，另一方面靠浆体对土体挤压作用使土体力学指标提高，反过来土体密实度增加又使浆体的强度充分发挥作用，形成复合地基。因此，注浆最终压力对加固效果起主要作用。

注浆过程中压力控制分为"一次升压法"和"逐级升压法"，压力大小除与浆液特性有关外，还与注浆速率、地层吸浆率有关。因此，升压的快慢应不使地层抬动，而又能在此压力下使地层充分注实为佳。

3. 定时控制法

定时控制法是指控制注浆过程历时以达到控制浆液扩散半径的方法。注浆历时是指一个注浆段所需要的注浆持续时间，可根据注浆公式确定。

4. 注浆强度控制（GIN）法

裂隙岩体注浆强度值法（Grouting Intensity Number，简称 GIN）已成功地应用于许多大坝的现场注浆，在以注浆压力 P 为纵坐标和已灌注浆液总体积 V 为横坐标的坐标系中，绘出两者乘积为常数的曲线，此乘积称为注浆强度值，其大体上等于泵入岩体的能量。

9.3.5.2　灌浆效果检查

评价注浆效果主要包括堵水和加固两个方面。注浆堵水常以注浆后涌水量的减少程度来评价注浆效果，并以方便施工为原则。评价注浆加固效果，主要检验注浆后岩土体抗压强度，在施工过程中还可以利用声波测试强度的改善情况以及在施工中进行位移观测等。

灌浆效果的检验，通常在注浆结束后 28d 才可进行，检验方法如下：

（1）统计计算灌浆量，可利用灌浆过程中的流量和压力自动曲线进行分析，从而判断灌浆效果。

（2）利用静力触探测试加固前后土体力学指标的变化，用以了解加固效果。

（3）在现场进行抽水试验，测定加固土体的渗透系数。

（4）采用现场静载荷试验，测定加固土体的承载力和变形模量。

（5）采用钻孔弹性波试验测定加固土体的动弹性模量和剪切模量。

（6）采用标准贯入试验或动力触探方法测定加固土体的力学性能，此法可直接得到灌浆前后原位上的强度，进行对比。

（7）进行室内试验。通过室内加固前后土的物理力学指标的对比试验，判定加固效果。

（8）采用射线密度计法。它属于物理探测方法的一种，在现场可测定土的密度，用以说明注浆效果。

（9）使用电阻率法。将灌浆前后对土所测定的电阻率进行比较，根据电阻率差说明土体孔隙中浆液的存在情况。

在以上方法中，动力触探试验和静力触探试验最为简便实用。检验点一般为灌浆孔数的 2%～5%，如检验点的不合格率大于或等于 20%，或虽小于 20% 但检验点的平均值达不到设计要求，在确认设计原则正确后应对不合格的注浆孔实施重复注浆。

思考题与习题

1. 注浆设备有哪些？在注浆过程中，各起什么作用？

2. 根据浆液在被注体的作用机制，注浆法分为哪几类？简单陈述每种方法的适用范围。

3. 在确定注浆顺序时，需要考虑哪些因素？注浆顺序有哪些原则？

4. 什么是灌浆质量、灌浆效果？两者分别有些什么方法进行检查？

第10章 地下空间工程防水

10.1 概述

随着地下空间的开发利用，地下工程的埋置深度越来越深，工程所处的水文地质条件和环境条件越来越复杂，地下工程渗漏水的情况时有发生，严重影响地下工程的使用功能和结构耐久性。具体来讲，地下水对地下工程的危害主要表现为：

(1) 地下工程的渗漏水，会侵蚀地下结构，影响构筑物的耐久性，同时增加地下空间中的湿度，降低各种附属结构及设备（如电器设备等）的工作效率和使用寿命。当渗漏水具有腐蚀性时，表现得尤其严重。

(2) 渗漏水会恶化地下工程的使用环境，影响其使用功能，同时也会增加使用期的维护难度和维护费用。

(3) 地下水丰富地区，尤其在有地下暗河区域施工时，轻则增加施工难度，重则导致施工地质灾害的发生，甚至损坏施工设备和造成人员伤亡。

(4) 当地下工程为交通通道时，路面积水会恶化环境，降低路面与轮胎的摩擦力，威胁行车安全。

(5) 寒冷地区反复的冻融循环，造成支护体混凝土冻胀开裂破坏；在支护混凝土体与围岩之间，由于冻胀引起拱圈变形、破坏。

(6) 寒冷地区交通隧道漏水还将使隧道路面冻结，顶部产生冰柱侵界，危及行车安全。

可见，地下水的渗透和侵蚀作用对地下工程的危害，轻者增加施工难度和影响其使用功能，严重者使整个工程报废，造成巨大的经济损失和严重的社会影响。例如：广州白云机场航站楼地下室，尚未投入使用即出现漏水；北京首都机场新建第三航站楼（T3A）地下室使用不久，就发现多处严重渗漏等等。因此，防止地下水对地下工程的危害，做好地下工程的防排水是地下工程设计和施工的重要课题。

各种地下工程的防排水原则有相同之处，一般采取"防、排、截、堵"等措施。例如修订后的《地下工程防水技术规范》（GB 50108—2008）规定：地下工程防水的设计和施工应遵循"防、排、截、堵相结合，刚柔相济，因地制宜，综合治理"的原则。

10.2 地下工程排水

地下工程排水是将水在渗漏进建筑物、构筑物内部之前加以疏导和排除，各种地下工程如公路隧道、铁路隧道及地铁等的设计和施工规范中均对排水有明确规定，实践中面对具体的工程对象可参照执行。综合各种排水方法，可分为地表水的排除、人工降低地下水位和将水引入地下结构后再有组织地排走等几种做法。这些防水措施的主要特点是解除了水量较大的重力水对地下建筑的直接威胁，卸掉了这些水的静水压力，对于承压水的防治效果尤为显著。但必须注意对生活和生产用水的影响。

（1）地表水的排除。该方法是将地下工程顶部以上的地表水有组织地排去。在山区的隧道中，为了防止地表水汇集，从洞门进入隧道，隧道进洞前应先做好洞顶、洞口、辅助坑道口的地面排水系统，防止地表水的下渗和冲刷。通常的做法是，根据地表水情况，在洞门顶外修建排水沟或截水沟，引离地表水。在城市地下工程中，为了防止地表水集聚下渗到地层中形成局部的上层滞水，在一定范围内将地面做出排水坡度，周围用排水沟将水引走，并在这个范围内用抗渗性较好的材料做成隔水层，能较有效地防止地表水下渗。

（2）人工降低地下水位。当地下工程结构全部或部分处于地下水位线以下且地下水较丰富时采用该方法，设计和施工时在地下结构的中部或中下部周围设置集水管，将水集中后用机械抽出排走，从而将地下结构周围的地下水位降低，一直降到抽水点的标高，现成一个疏干漏斗区。在这个漏斗区范围内，不再有重力水和相应的静水压力，使地下结构防水的可靠程度大大提高。在地下水位高的地区，地下结构的施工常常采用井点降水的方法保持基坑的干燥，如果设计的人工降水系统能与施工降水系统相结合，是比较经济合理的。应当说明的是，为了保证人工降水位的效果，必须使集水管畅通不堵塞，同时抽水设备应能自动启动，而且动力不能中断。

（3）地下结构内排水。当地下工程所处环境的渗水量不大时可采用该方法，是将水导入地下结构后再有组织地排走。通常采用两种方法：①允许地下水通过防水板的漏水层汇集于排水管，引入结构内的排水沟排走；②在地下结构中设置一个夹层，两层之间留出一定空隙，在底部设排水沟将渗入的水集中后排走。这两种方法的共同点是在结构内部增加一道排水设施。当涌水量较大时，则必须掌握涌水的流量，增设泄水管、盲沟等来有效排水。

10.3　地下工程防水

10.3.1　地下工程防水等级

地下工程的防水等级分为四级，各等级防水标准应符合表 10.1 的规定。

表 10.1　　　　　　　　　　　　　地下工程防水等级标准

防水等级	防　水　标　准
1 级	不允许渗水，结构表面无湿渍。
2 级	不允许漏水，结构表面可有少量湿渍； 房屋建筑地下工程：总湿渍面积不大于总防水面积（包括顶板、墙面、地面）的 1‰；任意 $100m^2$ 防水面积上的湿渍不超过 2 处，单个湿渍的最大面积不大于 $0.1m^2$； 其他地下工程：湿渍总面积不应大于总防水面积的 2‰；任意 $100m^2$ 防水面积上的湿渍不超过 3 处，单个湿渍的最大面积不大于 $0.2m^2$；其中，隧道工程平均渗水量不大于 $0.05L/(m^2 \cdot d)$，任意 $100m^2$ 防水面积上的渗水量不大于 $0.15L/(m^2 \cdot d)$
3 级	有少量漏水点，不得有线流和漏泥砂； 任意 $100m^2$ 防水面积上的漏水或湿渍点数不超过 7 处，单个漏水点的最大漏水量不大于 2.5L/d，单个湿渍的最大面积不大于 $0.3m^2$

防水等级	防 水 标 准
4级	有漏水点，不得有线流和漏泥砂； 整个工程平均漏水量不大于 2L/(m²·d)，任意 100m² 防水面积上的平均漏量不大于 4L/(m²·d)

10.3.2 地下工程混凝土结构主体防水

地下工程防水一般包括刚性防水和柔性防水。相应的防水材料也可以分为刚性防水材料和柔性防水材料。

10.3.2.1 防水卷材

目前防水卷材主要分为沥青系防水卷材、高聚合物改性系防水卷材、合成高分子防水卷材三大系列，若干品种规格。合成高分子防水卷材耐老化，变形适应性好，是地下工程最常用的防水卷材。

1. 防水卷材分类

(1) 沥青防水卷材：沥青防水卷材是在基胎（如原纸、纤维织物）上侵涂沥青后，再在表面撒布粉状或片状的隔离材料而制成的可卷曲片状防水材料。可分为：①石油沥青纸胎油毡（现已禁止生产使用）；②石油沥青玻璃布油毡；③石油沥青玻璃纤维胎油毡；④铝箔面油毡。

(2) 改性沥青防水卷材：改性沥青与传统的氧化沥青相比，其使用温度区间大为扩展，制成的卷材光洁柔软，可制成 4～5mm 厚度，可以单层使用，具有 15～20 年可靠的防水效果。分为弹性体改性沥青防水卷材（SBS 卷材）和塑性体改性沥青防水卷材（APP 卷材）。

(3) 合成高分子防水卷材：合成指的是以合成橡胶、合成树脂或两者共混体为基料，加入适量化学助剂和填充料，经一定工序加工而成的可卷曲片状防水卷材。这种卷材拉伸强度高、抗撕裂强度高、断裂伸长率大、耐热性好、低温柔性好、耐腐蚀、耐老化及可冷施工等优越的性能。分为橡胶系防水卷材、塑料系防水卷材、橡胶塑料共混系防水卷材。

2. 防水卷材使用要求

(1) 卷材防水层适用于受侵蚀性介质作用或受振动作用的地下工程；卷材防水层应铺设在主体结构的迎水面。

(2) 卷材防水层应采用高聚物改性沥青防水卷材和合成高分子防水卷材。所选用的基层处理剂、胶黏剂、密封材料等均应与铺贴的卷材相匹配。

(3) 在进场材料检验的同时，防水卷材接缝黏结质量检验应相关规定。

(4) 铺贴防水卷材前，清扫应干净、干燥，并应涂刷基层处理剂；当基面潮湿时，应涂刷湿固化型胶黏剂或潮湿界面隔离剂。

(5) 基层阴阳角应做成圆弧或 45°坡角，其尺寸应根据卷材品种确定；在转角处、变形缝、施工缝，穿墙管等部位应铺贴卷材加强层，加强层宽度不应小于 500mm。

(6) 防水卷材的搭接宽度应符合表 10.2 的要求。铺贴双层卷材时，上下两层和相邻两幅卷材的接缝应错开 1/3～1/2 幅宽，且两层卷材不得相互垂直铺贴。

表 10.2　　　　　　　　　　　　　　　　防水卷材的搭接宽度

卷　材　品　种	搭接宽度/mm	卷　材　品　种	搭接宽度/mm
弹性体改性沥青防水卷材	100	聚氯乙烯防水卷材	60/80（单面焊/双面焊）
改性沥青聚乙烯胎防水卷材	100	聚乙烯丙纶复合防水卷材	100（黏结料）
自黏聚合物改性沥青防水卷材	80	高分子自黏胶膜防水卷材	70/80（自黏胶/胶结带）
三元乙丙橡胶防水卷材	100/60（胶黏剂/胶结带）		

10.3.2.2　防水涂料

涂刷在建筑物表面上，经溶剂或水分的挥发或两种组分的化学反应形成一层薄膜，使建筑物表面与水隔绝，从而起到防水、密封的作用，这些涂刷的黏稠液体称为防水涂料。防水涂料经固化后形成的防水薄膜具有一定的延伸性、弹塑性、抗裂性、抗渗性及耐候性，能起到防水、防渗和保护作用。防水涂料有良好的温度适应性，操作简便，易于维修与维护。

市场上的防水涂料有两大类：一是聚氨酯类防水涂料。这类材料一般是由聚氨酯与煤焦油作为原材料制成。它所挥发的焦油气毒性大，且不容易清除，因此于 2000 年在我国被禁止使用。尚在销售的聚氨酯防水涂料，是用沥青代替煤焦油作为原料。但在使用这种涂料时，一般采用含有甲苯、二甲苯等有机溶剂来稀释，因而也含有毒性；另一类为聚合物水泥基防水涂料。它由多种水性聚合物合成的乳液与掺有各种添加剂的优质水泥组成，聚合物（树脂）的柔性与水泥的刚性结为一体，使得它在抗渗性与稳定性方面表现优异。它的优点是施工方便、综合造价低，工期短，且无毒环保。因此，聚合物水泥基已经成为防水涂料市场的主角。

10.3.2.3　结构自防水材料

结构自防水材料又统称刚性防水材料，是指以水泥、砂石为原材料，掺入少量外加剂、高分子聚合物等材料，通过调整配合比，抑制或减少孔隙率，改变孔隙特征，增加材料界面间密实性的方法，形成一种具有一定抗渗能力的水泥砂浆、混凝土类防水材料，可达到增强混凝土结构自身防水性能的目的。

以混凝土自身的密实性而具有一定防水能力的混凝土或钢筋混凝土结构形式称之为混凝土结构自防水。它兼具承重、围护功能，且可满足一定的耐冻融、耐侵蚀要求。

（1）普通防水混凝土。调整和控制混凝土配合比，以此来提高混凝土的抗渗性。采用普通防水混凝土时，对材料要求比较高，水泥强度等级不应低于 32.5 级；宜采用中砂，含泥量不得大于 3.0%，泥块含量不得大于 1.0%；粉煤灰的级别不应低于二级，掺量不宜大于 20%。普通防水混凝土在工程中应用广泛，价格便宜，但对于受地下水影响较大的地下结构来说，使用时应该谨慎。

（2）外加剂防水混凝土。不同的外加剂其性能、作用各异，应根据工程结构和施工工艺等对防水混凝土的具体要求，选择合适的外加剂。常用的类型有：①引气剂防水混凝土。在混凝土拌合物中掺入适量的引气剂，减小混凝土的孔隙率，增加密实度，以达到防水的目的。②减水剂防水混凝土。掺入适量的减水剂，减小混凝土的孔隙率，增加密实度，以达到防水的目的。③三乙醇胺防水混凝土。随拌合水掺入定量的三乙醇胺防水剂，加快水泥的水化作用，使水化生成物增多，水泥石结晶变细，结构密实，因此提高了混凝土的抗渗性。

（3）新型防水混凝土。地下结构的混凝土的抗裂性尤显重要。近年，纤维抗裂防水混凝土、高性能防水混凝土、聚合物水泥防水混凝土分别以其各自的特性，显著提高混凝土的密实性和抗裂性，成为新型的防水混凝土，在特种结构中应用广泛。

10.3.3 地下工程混凝土结构细部构造防水

各种地下结构防水，在相关规范中均有明确规定，设计和施工时必须以之为依据，结合工程对象的实际采取综合防水措施。由于细部构造是各种地下结构所共有，也是防水的薄弱环节，具有结构复杂、防水工艺繁琐、施工难度大的特点，稍有不慎就会造成渗漏。因此，地下工程细部结构防水是设计和施工中的关键点，一般包括变形缝、施工缝、后浇带、穿墙管、桩头、孔口和坑、池等。

10.3.3.1 变形缝

在工业与民用建筑中，由于受气温变化、地基不均匀沉降以及地震等因素的影响，建筑结构内部将产生附加应力和变形，预先在变形敏感部位将结构断开，留出一定的缝隙，以保证各部分建筑物在这些缝隙中有足够的变形宽度而不造成建筑物的破损。这种将建筑物垂直分割开来的预留缝隙被称为变形缝。

变形缝应满足密封防水、适应变形、施工方便、检修容易等要求。用于伸缩的变形缝宜少设，可根据不同的工程结构类别、工程地质情况采用后浇带、加强带、诱导缝等替代措施。变形缝处混凝土结构的厚度不应小于300mm。

用于沉降的变形缝最大允许沉降差值不应大于30mm。变形缝的宽度宜为20～30mm。变形缝的防水措施可根据工程开挖方法、防水等级按表10.3和表10.4选用。变形缝的几种复合防水构造形式，如图10.1～图10.3所示。环境温度高于50℃处的变形缝，中埋式止水带可采用金属制作（图10.4）。

表 10.3　　　　　　　　　　明挖法地下工程防水设计要求

工程部位		主体结构							施工缝							后浇带					变形缝（诱导缝）					
防渗措施		防水混凝土	防水卷材	防水涂料	塑料防水板	膨润土防水材料	防水砂浆	金属防水板	遇水膨胀止水条/胶	外贴式止水带	中埋式止水带	外抹防水砂浆	外涂防水涂料	水泥基渗透结晶型防水涂料	预埋注浆管	补偿收缩混凝土	外贴式止水带	预埋注浆管	遇水膨胀止水条/胶	防水密封材料	中埋式止水带	外贴式止水带	可卸式止水带	防水密封材料	外贴防水卷材	外涂防水涂料
防水等级	一级	应选	应选一至二种						应选二种							应选	应选二种				应选	应选一至二种				
	二级	应选	应选一种						应选一至二种							应选	应选一至二种				应选	应选一至二种				
	三级	应选	宜选一种						宜选一至二种							应选	宜选一至二种				应选	宜选一至二种				
	四级	应选	—						宜选一种							应选	宜选一种				应选	宜选一种				

表 10.4　　暗挖法地下工程防水设计要求

工程部位		衬砌结构						内衬砌施工缝							内衬砌变形缝（诱导缝）				
防渗措施		防水混凝土	塑料防水板	防水砂浆	防水涂料	防水卷材	金属防水板	外贴式止水带	预埋式注浆管	遇水膨胀止水条/胶	防水密封材料	外涂防水涂料	中埋式止水带	水泥基渗透结晶型防水涂料	中埋式止水带	外贴式止水带	可卸式止水带	防水密封材料	遇水膨胀止水条/胶
防水等级	一级	必选	应选一至二种					应选一至二种							应选	应选一至二种			
	二级	应选	应选一种					应选一种							应选	宜选一种			
	三级	宜选	宜选一种					宜选一种							应选	宜选一种			
	四级	宜选	宜选一种					宜选一种							应选	宜选一种			

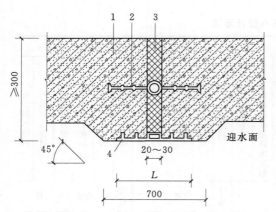

外贴式止水带 L≥300
外贴防水卷材 L≥400
外贴防水涂层 L≥400

图 10.1　中埋式止水带与外贴
防水层复合使用（单位：mm）
1—混凝土结构；2—中埋式止水带；
3—填缝材料；4—防水层

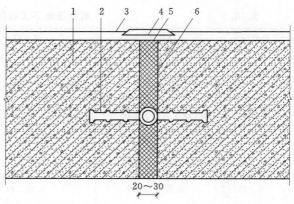

图 10.2　中埋式止水带与嵌缝材料
复合使用（单位：mm）
1—混凝土结构；2—中埋式止水带；3—防水层；
4—隔离层；5—密封材料；6—填缝材料

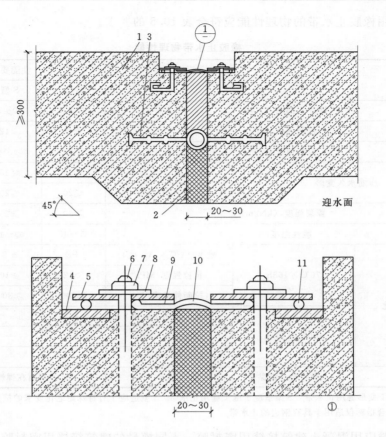

图 10.3 中埋式止水带与可卸式止水带复合使用（单位：mm）

1—混凝土结构；2—填缝材料；3—中埋式止水带；4—预埋钢板；5—紧固件压板；
6—预埋螺栓；7—螺母；8—垫圈；9—紧固件压块；10—Ω形止水带；
11—紧固件圆钢

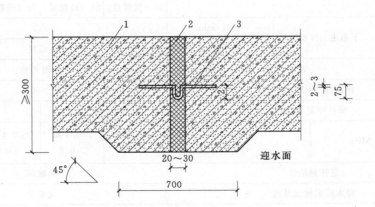

图 10.4 中埋式金属止水带（单位：mm）

1—混凝土结构；2—金属止水带；3—填缝材料

变形缝用橡胶止水带的物理性能应符合表 10.5 的要求。

表 10.5 橡胶止水带物理性能

项　目			性能要求		
			B 型	S 型	J 型
硬度/（邵尔 A，度）			60±5	60±5	60±5
抗拉强度/MPa			≥15	≥12	≥10
拉断伸长率/%			≥380	≥380	≥300
压缩永久变形		70℃×24h，%	≤35	≤35	≤25
		23℃×168h，%	≤20	≤20	≤20
撕裂强度/（kN/m）			≥30	≥25	≥25
脆性温度/℃			≤−45	≤−40	≤−40
热空气老化	70℃×168h	硬度/（邵尔 A，度）	+8	+8	—
		抗拉强度/MPa	≥12	≥10	—
		拉断伸长率/%	≥300	≥300	—
	100℃×168h	硬度/（邵尔 A，度）	—	—	+8
		抗拉强度/MPa	—	—	≥9
		拉断伸长率/%	—	—	≥250
橡胶与金属黏合			断面在弹性体内		

注　B 型适用于变形缝用止水带，S 型适应于施工缝用止水带，J 型适应于有特殊耐老化要求的接缝用止水带；橡胶与金属黏合指标仅适用于具有钢边的止水带。

密封材料应用混凝土建筑接缝用密封胶，不同模量的建筑接缝用密封胶的物理性能应符合表 10.6 的要求。

表 10.6 建筑接缝用密封胶物理性能

项　目			性　能　要　求			
			25（低模量）	25（高模量）	20（低模量）	20（高模量）
流动性	下垂度（N 型）	垂直/min	≤3			
		水平/min	≤3			
	流平性（S 型）		光滑平整			
挤出性/（mL/min）			≥80			
弹性恢复率/%			≥80		≥80	
拉伸模量/MPa	23℃ −20℃		≤0.4 和 ≤0.6	>0.4 或 >0.6	≤0.4 和 ≤0.6	>0.4 或 >0.6
定伸黏结性			无破坏			
浸水后定伸黏结性			无破坏			
热压冷拉后黏结性			无破坏			
体积收缩率/%			≤25			

注　体积收缩率仅适用于乳胶型和溶剂型产品。

中埋式止水带施工应符合下列规定：

（1）止水带埋设位置应准确，其中间空心圆环应与变形缝的中心线重合。

（2）止水带应固定，顶、底板内止水带应成盆状安设。

（3）中埋式止水带先施工一侧混凝土时，其端模应支撑牢固，并应严防漏浆。

（4）止水带的接缝宜为一处，应设在边墙较高位置上，不得设在结构转角处，接头宜采用热压焊接。

（5）中埋式止水带在转弯处应做成圆弧形，（钢边）橡胶止水带的转角半径不应小于200mm，转角半径应随止水带的宽度增大而相应加大。

安设于结构内侧的可卸式止水带施工时应符合下列规定：

（1）所需配件应一次配齐。

（2）转角处应做成45°折角，并应增加紧固件的数量。

变形缝与施工缝均用外贴式止水带（中埋式）时，其相交部位宜采用十字配件（图10.5）。变形缝用外贴式止水带的转角部位宜采用直角配件（图10.6）。

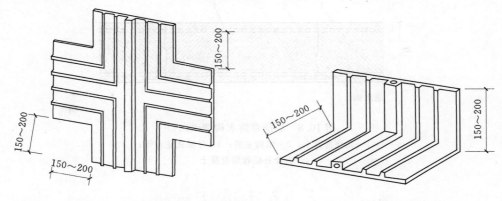

图 10.5　外贴式止水带在施工缝与变形缝　　图 10.6　外贴式止水带在转角处
　　　　相交处的十字配件（单位：mm）　　　　　　的直角配件（单位：mm）

密封材料嵌填施工时，应符合下列规定：

（1）缝内两侧基面应平整干净、干燥，并应刷涂与密封材料相容的基层处理剂。

（2）嵌缝底部应设置背衬材料。

（3）嵌填应密实连续、饱满，并应黏结牢固。

在缝表面粘贴卷材或涂刷涂料前，应在缝上设置隔离层。卷材防水层、涂料防水层的施工应符合有关规定。

10.3.3.2　后浇带

后浇带是在建筑施工中为防止现浇钢筋混凝土结构由于温度、收缩不均可能产生的有害裂缝，按照设计或施工规范要求，在基础底板、墙、梁相应位置留设临时施工缝，将结构暂时划分为若干部分，经过构件内部收缩，在若干时间后再浇捣该施工缝混凝土，将结构连成整体。后浇带宜用于不允许留设变形缝的工程部位，且应在其两侧混凝土龄期达到42d后再施工。后浇带应采用补偿收缩混凝土浇筑，其抗渗和抗压强度等级不应低于两侧混凝土。

后浇带应设在受力和变形较小的部位，其间距和位置应按结构设计要求确定，宽度宜为 700～1000mm。后浇带两侧可做成平直缝或阶梯缝，其防水构造形式如图 10.7～图 10.9 所示。

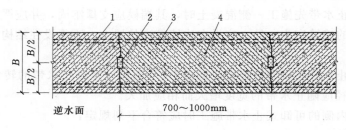

图 10.7　后浇带防水构造（一）
1—先浇混凝土；2—遇水膨胀止水条（胶）；
3—结构主筋；4—后浇补偿收缩混凝土

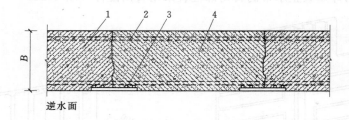

图 10.8　后浇带防水构造（二）
1—先浇混凝土；2—结构主筋；3—外贴式止水带；
4—后浇补偿收缩混凝土

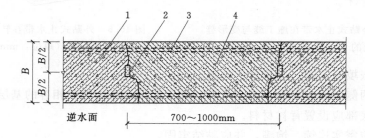

图 10.9　后浇带防水构造（三）
1—先浇混凝土；2—遇水膨胀止水条（胶）；
3—结构主筋；4—后浇补偿收缩混凝土

采用掺膨胀剂的补偿收缩混凝土，水中养护 14d 后的限制膨胀率不应小于 0.015%，膨胀剂的掺量应根据不同部位的限制膨胀率设定值经试验确定。混凝土膨胀剂的物理性能应符合表 10.7 的要求。

补偿收缩混凝土的配合比应注意：①膨胀剂掺量不宜大于 12%；②膨胀剂掺量应以胶凝材料总量的百分比表示。

后浇带混凝土施工前，后浇带部位和外贴式止水带应防止落入杂物和损伤外贴止水带。采用膨胀剂拌制补偿收缩混凝土时，应按配合比准确计量。

表 10.7 混凝土膨胀剂物理性质

项　目			性　能　指　标
细度	比表面积/(m²/kg)		≥250
	0.08mm 筛余/%		≤12
	1.25mm 筛余/%		≤0.5
凝结时间	初凝/min		≥45
	终凝/h		≤10
限制膨胀率/%	水中	7d	≥0.025
		28d	≤0.10
	空气中	21d	≥-0.020
抗压强度/MPa	7d		≥25.0
	28d		≥45.0
抗折强度/MPa	7d		≥4.5
	28d		≥6.5

后浇带混凝土应一次浇筑，不得留设施工缝；混凝土浇筑后应及时养护，养护时间不得少于28d。后浇带需超前止水时，后浇带部位的混凝土应局部加厚，并应增设外贴式或中埋式止水带（图10.10）。

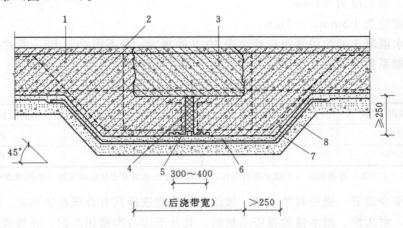

图 10.10 后浇带超前止水结构（单位：mm）
1—混凝土结构；2—钢丝网片；3—后浇带；4—填缝材料；5—外贴式止水带；
6—细石混凝土保护层；7—卷材防水层；8—垫层混凝土

10.3.4 特殊施工法的结构防水

10.3.4.1 盾构法隧道

盾构法施工的隧道，宜采用钢筋混凝土管片、复合管片等装配式衬砌或现浇混凝土衬砌。衬砌管片应采用防水混凝土制作。当隧道处于侵蚀性介质的地层时，应采取相应的耐侵蚀混凝土或外涂耐侵蚀的外防水涂层的措施。当处于严重腐蚀地层时，可同时采取耐侵蚀混凝土和外涂耐侵蚀的外防水涂层措施。不同防水等级盾构隧道衬砌防水措施应符合表10.8的要求。

表 10.8　　　　　　　　　　　不同防水等级盾构隧道的衬砌防水措施

措施选择 / 防水措施　　　　　　　　防水等级	高精度管片	接缝防水				混凝土内衬或其他内衬	外防水涂料
		密封舱	嵌缝	注入密封剂	螺孔密封圈		
一级	必选	必选	全隧道或部分区段应选	可选	必选	宜选	对混凝土有中等以上腐蚀的地层应选，在非腐蚀地层宜选
二级	必选	必选	部分区段宜选	可选	必选	局部宜选	对混凝土有中等以上腐蚀的地层宜选
三级	必选	必选	部分区段宜选	—	应选	—	对混凝土有中等以上腐蚀的地层宜选
四级	可选	宜选	可选	—	—	—	—

　　钢筋混凝土管片应采用高精度钢模制作，钢模宽度及弧、弦长允许偏差宜为±0.4mm。钢筋混凝土管片制作尺寸的允许偏差应符合下列规定：

　　（1）宽度应为±1mm。

　　（2）弧、弦长应为±1mm。

　　（3）厚度应为+3mm、−1mm。

　　管片防水混凝土的抗渗等级应符合表10.9的规定，且不得小于P8。管片应进行混凝土氯离子扩散系数或混凝土渗透系数的检测，并宜进行管片的单块抗渗检漏。

表 10.9　　　　　　　　　　　防水混凝土设计抗渗等级

工程埋置深度 H/m	设计抗渗等级	工程埋置深度 H/m	设计抗渗等级
$H<10$	P6	$20 \leqslant H<30$	P10
$10 \leqslant H<20$	P8	$H \geqslant 30$	P12

注　本表适用于Ⅰ、Ⅱ、Ⅲ类围岩（土层及软弱围岩）。山岭隧道防水混凝土的抗渗等级可按国家现行标准执行。

　　管片应至少设置一道密封垫沟槽。接缝密封垫宜选择具有合理构造形式、良好弹性或遇水膨胀性、耐久性、耐水性的橡胶类材料，其外形应与沟槽相匹配。弹性橡胶密封垫材料、遇水膨胀橡胶密封垫胶料的物理性能应符合表10.10和表10.11的规定。

表 10.10　　　　　　　　　　弹性橡胶密封垫材料物理性能

序号	项　目	指　标	
		氯丁橡胶	三元乙丙胶
1	硬度/（邵尔 A，度）	45±5～60±5	55±5～70±5
2	伸长率/%	≥350	≥330
3	抗拉强度/MPa	≥10.5	≥9.5

序号	项目		指标	
			氯丁橡胶	三元乙丙胶
4	热空气老化　70℃×96h	硬度变化值/(邵尔A，度)	≤+8	≤+6
		拉伸强度变化率/MPa	≥−20	≥−15
		拉断伸长率变化率/%	≥−30	≥−30
5	压缩永久变形		≤35	≤28
6	防霉等级		达到与优于2级	达到与优于2级

注　以上指标均为成品切片测试的数据，若只能以胶料制成试样测试，则其伸长率、拉伸强度的性能数据应达到本规定的120%。

表 10.11　　　　　　　　　　　遇水膨胀橡胶密封垫胶料物理性能

序号	项目		性能要求		
			PZ-150	PZ-250	PZ-400
1	硬度/(邵尔A，度)		42±7	42±7	45±7
2	拉伸强度/MPa		≥3.5	≥3.5	≥3
3	扯断伸长率/%		≥450	≥450	≥350
4	体积膨胀倍率/%		≥150	≥250	≥400
5	反复浸水试验	拉伸强度/MPa	≥3	≥3	≥2
		扯断拉伸率/%	≥350	≥350	≥250
		体积膨胀倍率/%	≥150	≥250	≥300
6	低温弯折（−20℃×2h）		无裂纹		
7	防霉等级		达到与优于2级		

注　成品切片测试应达到本指标的80%；接头部位的拉伸强度质变不得低于本指标的50%；体积膨胀倍率是浸泡前后的试样质量的比率。

管片接缝密封垫应被完全压入密封垫沟槽内，密封垫沟槽的截面积应大于或等于密封垫的截面积，其关系宜符合下式：

$$A=(1\sim1.15)A_0 \tag{10.1}$$

式中　A——密封垫沟槽截面积；

　　　A_0——密封垫截面积。

管片接缝密封垫应满足在计算的接缝最大张开量和估算的错位量下、埋深水头的2～3倍水压下不渗漏的技术要求；重要工程中选用的接缝密封垫，应进行一字缝或十字缝水密性的试验检测。

1. 螺孔防水应符合的规定

（1）管片肋腔的螺孔口应设置锥形倒角的螺孔密封圈沟槽。

（2）螺孔密封圈的外形应与沟槽相匹配，并应有利于压密止水或膨胀止水。在满足止水的要求下，螺孔密封圈的断面宜小。

螺孔密封圈应为合成橡胶或遇水膨胀橡胶制品，其技术指标要求应符合表10.10和表10.11的规定。

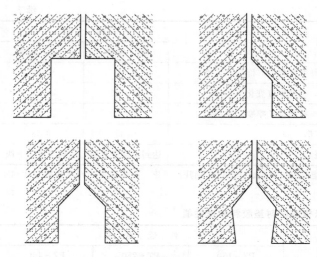

图 10.11　管片嵌缝槽端面构造形式

2. 嵌缝防水应符合的规定

（1）在管片内侧环纵向边沿设置嵌缝槽，其深宽比不应小于 2.5，槽深宜为 25～55mm，单面槽宽宜为 5～10mm；嵌缝槽断面构造形状应符合图 10.11 的规定。

（2）嵌缝材料应有良好的不透水性、潮湿基面黏结性、耐久性、弹性和抗下坠性。

（3）应根据隧道使用功能和表 10.8 中的防水等级要求，确定嵌缝作业区的范围与嵌填嵌缝槽的部位，并采取嵌缝堵水或引排水措施。

（4）嵌缝防水施工应在盾构千斤顶顶力影响范围外进行。同时，应根据盾构施工方法、隧道的稳定性确定嵌缝作业开始的时间。

（5）嵌缝作业应在接缝堵漏和无明显渗水后进行，嵌缝槽表面混凝土如有缺损，应采用聚合物水泥砂浆或特种水泥修补，强度应达到或超过混凝土本体的强度。嵌缝材料嵌填时，应先刷涂基层处理剂，嵌填应密实、平整。

复合式衬砌的内层衬砌混凝土浇筑前，应将外层管片的渗漏水引排或封堵。采用塑料防水板等夹层防水层的复合式衬砌，应根据隧道排水情况选用相应的缓冲层和防水板材料。

3. 管片外防水涂料应符合的规定

管片外防水涂料宜采用环氧或改性环氧涂料等封闭型材料、水泥基渗透结晶型或硅氧烷类等渗透自愈型材料，并应符合下列规定：

（1）耐化学腐蚀性、抗微生物侵蚀性、耐水性、耐磨性应良好，且应无毒或低毒。

（2）在管片外弧面混凝土裂缝宽度达到 0.3mm 时，应仍能在最大埋深处水压下不渗漏。

（3）应具有防杂散电流的功能，体积电阻率应高。

竖井与隧道结合处，可用刚性接头，但接缝宜采用柔性材料密封处理，并宜加固竖井洞圈周围土体。在软土地层距竖井结合处一定范围内的衬砌段，宜增设变形缝。变形缝环面应贴设垫片，同时应采用适应变形量大的弹性密封垫。

4. 盾构隧道的连接通道及其与隧道接缝的防水应符合的规定

（1）采用双层衬砌的连接通道，内衬应采用防水混凝土。衬砌支护与内衬间宜设塑料防水板与土工织物组成的夹层防水层，并宜配以分区注浆系统加强防水。

（2）当采用内防水层时，内防水层宜为聚合物水泥砂浆等抗裂防渗材料。

（3）连接通道与盾构隧道接头应选用缓膨胀型遇水膨胀类止水条（胶）、预留注浆管以及接头密封材料。

10.3.4.2　沉井

沉井主体应采用防水混凝土浇筑，分段制作时，施工缝的防水措施应根据其防水等级按表 10.3 选用。

1. 沉井的干封底应符合的规定

(1) 地下水位应降至底板底高程 500mm 以下，降水作业应在底板混凝土达到设计强度，且沉井内部结构完成并满足抗浮要求后，方可停止。

(2) 封底前井壁与底板连接部位应凿毛或涂刷界面处理剂，并应清洗干净。

(3) 待垫层混凝土达到 50％ 设计强度后，浇筑混凝土底板，应一次浇筑，并应分格连续对称进行。

(4) 降水用的集水井应采用微膨胀混凝土填筑密实。

2. 沉井水下封底应符合的规定

(1) 水下封底宜采用水下不分散混凝土，其坍落度宜为 200mm±20mm。

(2) 封底混凝土应在沉井全部底面积上连续均匀浇筑，浇筑时导管插入混凝土深度不宜小于 1.5m。

(3) 封底混凝土应达到设计强度后，方可从井内抽水，并应检查封底质量，对渗漏水部位应进行堵漏处理。

(4) 防水混凝土底板应连续浇筑，不得留设施工缝，底板与井壁接缝处的防水措施应按表 10.3 选用。

当沉井与位于不透水层内的地下工程连接时，应先封住井壁外侧含水层的渗水通道。

10.3.4.3 地下连续墙

地下连续墙应根据工程要求和施工条件划分单元槽段，宜减少槽段数量。墙体幅间接缝应避开拐角部位。

1. 地下连续墙用作主体结构时应符合的规定

(1) 单层地下连续墙不应直接用于防水等级为一级的地下工程墙体。单墙用于地下工程墙体时，应使用高分子聚合物泥浆护壁材料。

(2) 墙的厚度宜大于 600mm。

(3) 应根据地质条件选择护壁泥浆及配合比，遇有地下水含盐或受化学污染时，泥浆配合比应进行调整。

(4) 单元槽段整修后墙面平整度的允许偏差不宜大于 50mm。

(5) 浇筑混凝土前应清槽、置换泥浆和清除沉渣，沉渣厚度不应大于 100mm，并应将接缝面的泥皮、杂物清理干净。

(6) 钢筋笼浸泡泥浆时间不应超过 10h，钢筋保护层厚度不应小于 70mm。

(7) 幅间接缝应采用工字钢或十字钢板接头，锁口管应能承受混凝土浇筑时的侧压力，浇筑混凝土时不得发生位移和混凝土绕管。

(8) 胶凝材料用量不应少于 400kg/m³，水胶比应小于 0.55，坍落度不得小于 180mm，石子粒径不宜大于导管直径的 1/8。浇筑导管埋入混凝土深度宜为 1.5~3m，在槽段端部的浇筑导管与端部的距离宜为 1~1.5m，混凝土浇筑应连续进行。冬期施工时应采取保温措施，墙顶混凝土未达到设计强度 50％ 时，不得受冻。

(9) 支撑的预埋件应设置止水片或遇水膨胀止水条（胶），支撑部位及墙体的裂缝、孔洞等缺陷应采用防水砂浆及时修补；墙体幅间接缝如有渗漏，应采用注浆、嵌填弹性密封材料等进行防水处理，并应采取引排措施。

（10）底板混凝土应达到设计强度后方可停止降水，并应将降水井封堵密实。

另外，墙体与工程顶板、底板、中楼板的连接处均应凿毛，并应清洗干净，同时应设置 1～2 道遇水膨胀止水条（胶），接驳器处宜喷涂水泥基渗透结晶型防水涂料或涂抹聚合物水泥防水砂浆。

2. 地下连续墙与内衬构成的复合式衬砌应符合的规定

（1）应用作防水等级为一、二级的工程。

（2）应根据基坑基础形式、支撑方式内衬构造特点选择防水层。

（3）墙体施工应按设计规定对墙面、墙缝渗漏水进行处理，并应在基面找平满足设计要求后施工防水层及浇筑内衬混凝土。

（4）内衬墙应采用防水混凝土浇筑，施工缝、变形缝和诱导缝的防水措施应按表 10.3 选用，并应与地下连续墙墙缝互相错开。

地下连续墙作为围护并与内衬墙构成叠合结构时，其抗渗等级要求按表 10.9 中抗渗等级降低一级；地下连续墙与内衬墙构成分离式结构时，可不要求地下连续墙的混凝土抗渗等级。

10.3.4.4 逆筑结构

采用地下连续墙和防水混凝土内衬的复合式逆筑结构，应符合下列规定：

（1）可用于防水等级为一、二级的工程。

（2）地下连续墙的施工应符合地下连续墙用作主体结构时规定的③～⑧、⑩条。

（3）顶板、楼板及下部 500mm 的墙体应同时浇筑，墙体的下部应做成斜坡形；斜坡形下部应预留 300～500mm 空间，并应待下部先浇混凝土施工 14d 后再行浇筑；浇筑前所有缝面应凿毛、清理干净，并应设置遇水膨胀止水条（胶）和预埋注浆管。上部施工缝设置遇水膨胀止水条时，应使用胶黏剂和射钉（或水泥钉）固定牢靠。浇筑混凝土应采用补偿收缩混凝土（图 10.12）；底板应连续浇筑，不宜留设施工缝，底板与桩头相交处的防水施工应满足：应按设计要求将桩顶剔凿至混凝土密实处，并应清洗干净；破桩后如发现渗漏水，应及时采取堵漏措施；涂刷水泥基渗透结晶型防水涂料时，应连续、均匀，不得少涂或漏涂，并应及时进行养护；采用其他防水材料时，基面应符合施工要求；应对遇水膨胀止水条（胶）进行保护。

采用桩基支护逆筑法施工时，应符合以下规定：①应用于各防水等级的工程；②侧墙水平、垂直施工缝，应采取二道防水措施；③顶板、楼板及下部 500mm 的墙体应同时浇筑，墙体的下部应做成斜坡形；斜坡形下部应预留 300～500mm 空间，并应待下部现浇混凝土施工 14d 后再行浇筑；浇筑前所有缝面应凿毛、清理干净，并应设置遇水膨胀止水条（胶）和预埋注浆管。上部施工缝设置遇水膨胀止水条时，应使用胶粘剂和射钉（或水泥钉）固定牢靠。浇筑混凝土应采用补偿收缩混凝土。

10.3.4.5 锚喷支护

喷射混凝土施工前，应根据围岩裂隙及渗漏水的情况，预先采用引排或注浆堵水。

1. 锚喷支护用作工程内衬墙时应符合的规定

（1）宜用于防水等级为三级的工程。

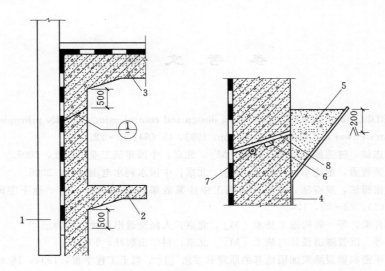

图 10.12 逆筑法施工接缝防水构造

1—地下连续墙；2—楼板；3—顶板；4—补偿收缩混凝土；5—应凿去的混凝土；
6—遇水膨胀止水条或预埋注浆管；7—遇水膨胀止水胶；8—黏结剂

（2）喷射混凝土宜掺入速凝剂、膨胀剂或复合型外加剂、钢纤维与合成纤维等材料，其品种及掺量应通过试验确定。

（3）喷射混凝土的厚度应大于 80mm，对地下工程变截面及轴线转折点的阳角部位，应增加 50mm 以上厚度的喷射混凝土。

（4）喷射混凝土设置预埋件时，应采取防水处理。

（5）喷射混凝土终凝 2h 后，应喷水养护，养护时间不得少于 14d。

2. 锚喷支护作为复合式衬砌的一部分时应符合的规定

（1）宜用于防水等级为一、二级工程的初期支护。

（2）锚喷支护的施工应符合锚喷支护用作工程内衬墙时的相关规定。

锚喷支护、塑料防水板、防水混凝土内衬的复合式衬砌，应根据工程情况选用，也可将锚喷支护和离壁式衬砌、衬套结合使用。

思考题与习题

1. 简述地下工程防水的设计和施工应遵循的原则。
2. 目前地下工程排水方法有哪些，并简述各种方法应用范围？
3. 简述防水卷材的使用要求。
4. 简述中埋式止水带施工有哪些规定？
5. 嵌缝防水应符合那些规定？
6. 如何划分管片防水混凝土的抗渗等级？
7. 沉井水下封底应符合哪些规定？

参 考 文 献

［1］ LOMBARDI G, and DEERE D. Grouting design and control using the GIN principle ［J］. International Water Power and Dam Construction, 1993, 45 (6): 15-22.

［2］ 白云，丁志诚. 隧道掘进机施工技术 ［M］. 北京：中国建筑工业出版社，2008.

［3］ 蔡胜华，黄智勇，董建军. 注浆法 ［M］. 北京：中国水利水电出版社，2006.

［4］ 晁东辉，张得煊，罗春泳. 检测盾构施工中注浆效果的模型试验 ［J］. 地下空间与工程学报，2008, 4 (1): 62-65, 104.

［5］ 陈馈，洪开荣，等. 盾构施工技术 ［M］. 北京：人民交通出版社，2009.

［6］ 陈韶章，等. 沉管隧道设计与施工 ［M］. 北京：科学出版社，2002.

［7］ 陈愈炯. 压密和劈裂灌浆加固地基的原理和方法 ［J］. 岩土工程学报，1994, 16 (2): 22-28.

［8］ 邓美龙，郝本峰，张涛，等. 地铁施工中注浆止水加固技术 ［J］. 建筑技术，2009, 40 (11): 973-975.

［9］ 邓寿昌，李晓目. 土木工程施工 ［M］. 北京：北京大学出版社，2005.

［10］ 杜彦良，杜立杰，等. 全断面岩石隧道掘进机-系统原理与集成设计 ［M］. 武汉：华中科技大学出版社，2011.

［11］ 范国忠. 隧道注浆材料的种类与选择 ［J］. 铁道建筑，1992, (12): 15-17.

［12］ 葛春辉. 钢筋混凝土沉井结构设计施工手册 ［M］. 北京：中国建筑工业出版社，2004.

［13］ 葛金科，沈水龙，等. 现代顶管施工技术及工程实例 ［M］. 北京：中国建筑工业出版社，2009.

［14］ 龚晓南. 深基坑工程设计施工手册 ［M］. 北京：中国建筑工业出版社，1998.

［15］ 关宝树. 地下工程 ［M］. 北京：高等教育出版社，2007.

［16］ 郭金敏，李永生. 注浆材料及其应用 ［M］. 北京：中国矿业大学出版社，2008.

［17］ 韩选江. 大型地下顶管施工技术原理及应用 ［M］. 北京：中国建筑工业出版社，2008.

［18］ 郝哲，王来贵，刘斌. 岩体注浆理论与应用 ［M］. 北京：地质出版社，2006.

［19］ 何永华，李治国. 钢花管劈裂注浆施工技术 ［J］. 施工技术，2008, 37 (S1): 254-256.

［20］ 黄德发，王宗敏，杨彬. 地层注浆堵水与加固施工技术 ［M］. 北京：中国矿业大学出版社，2003.

［21］ 黄磊. 旋喷桩与深孔化学注浆施工技术 ［J］. 施工技术，2004, 33 (1): 43-45.

［22］ 建筑施工手册编写组. 建筑施工手册（第三版）［M］. 北京：中国建筑工业出版社，1997.

［23］ 赖允瑾，周生华，王隽，等. 大开口逆作法技术在深大基坑中的应用 ［J］. 岩土工程学报，2010, 32 (S1): 300-305.

［24］ 李保健. 高压喷射注浆施工工艺的改进与优化 ［J］. 工业建筑，1999, 29 (11): 66-69.

［25］ 李小青. 隧道工程技术 ［M］. 北京：中国建筑工业出版社，2011.

［26］ 林鸣，徐伟. 深基坑工程信息化施工技术 ［M］. 北京：中国建筑工业出版社，2006.

［27］ 刘国彬，王卫东. 基坑工程手册（第二版）［M］. 北京：中国建筑工业出版社，2009.

［28］ 刘建航，侯学渊. 基坑工程手册 ［M］. 北京：中国建筑工业出版社，1997.

［29］ 刘文永，王新刚. 注浆材料与施工工艺 ［M］. 北京：中国建材工业出版社，2008.

［30］ 刘元绘，张友明，路华. 堤防压密注浆施工质量控制实例 ［J］. 人民长江，2005, 36 (8): 52-53.

［31］ 律文田. 深基坑支护的信息化施工 ［J］. 岩土工程技术，2007, 21 (3): 153-155.

[32] 马景成，李士强．注浆施工中的参数控制 [J]．建井技术，1992，(1)：23-25，48.

[33] 马郧，危正平，刘佑祥，等．武汉某中心软土深基坑工程设计与施工 [J]．岩土力学，2003，24 (S2)：291-295.

[34] 毛鹤琴．土木工程施工 [M]．武汉：武汉理工大学出版社，2012.

[35] 聂庆科，梁金国．深基坑双排桩支护结构设计理论与应用 [M]．北京：中国建筑工业出版社，2008.

[36] 宁湘．袖阀管注浆施工工艺及质量控制 [J]．中国铁路，2011，(7)：68-71.

[37] 彭立敏，刘小兵．隧道工程 [M]．长沙：中南大学出版社，2009.

[38] 任建喜．地下工程施工技术 [M]．西安：西北工业大学出版社，2011.

[39] 上海市勘察设计协会．基坑工程设计规程 [S]．1997.

[40] 沈保汉．桩基与探基坑支护技术进展 [M]．北京：知识产权出版社，2006.

[41] 石海均，马哲．土木工程施工 [M]．北京：北京大学出版社，2009.

[42] 实用建筑施工手册编写组．实用建筑施工手册 [M]．北京：中国建筑工业出版社，1999.

[43] 唐经华，邱敏．布袋注浆桩施工技术改进 [J]．施工技术，2010，39 (6)：78-79，85.

[44] 唐经世，唐元宁．掘进机与盾构机（第2版）[M]．北京：中国铁道出版社，2009.

[45] 唐业清．简明地基基础设计施工手册 [M]．北京：中国建筑工业出版社，2003.

[46] 王国际．注浆技术理论与实践 [M]．北京：中国矿业大学出版社，2000.

[47] 王梦恕，等．中国隧道及地下工程修建技术 [M]．北京：人民交通出版社，2010.

[48] 王卫东，徐中华．深基坑支护结构与主体结构相结合的设计与施工 [J]．岩土工程学报，2010，32 (S1)：191-199.

[49] 王源，刘松玉，谭跃虎，等．南京长江隧道浦口深基坑信息化施工与分析 [J]．岩土工程学报，2009，31 (11)：1784-1791.

[50] 吴顺川，金爱兵，高永涛．袖阀管注浆技术改性土体研究及效果评价 [J]．岩土力学，2007，28 (7)：1353-1358.

[51] 夏明耀，等．地下工程设计施工手册 [M]．北京：中国建筑工业出版社，1999.

[52] 小泉淳编，胡连荣译．地下空间开发及利用 [M]．北京：中国建筑工业出版社，2012.

[53] 肖专文，李连元，陈文玮．首都国际机场西跑道注浆加固施工技术 [J]．建筑技术，2004，35 (11)：838-839.

[54] 熊智彪．建筑基坑支护 [M]．北京：中国建筑工业出版社，2008.

[55] 徐安军，王建华，丁勇春．上海地铁明珠线二期西藏南路站基坑施工技术 [J]．岩土工程学报，2006，28 (S1)：1707-1711.

[56] 徐春蕾，刘涛，刘国彬．邻近江河特深基坑工程实践与信息化施工 [J]．岩土工程学报，2008，30 (S1)：385-389.

[57] 徐至钧，赵锡宏．逆作法设计与施工 [M]．北京：机械工业出版社，2002.

[58] 闫富有．地下工程施工 [M]．郑州：黄河水利出版社，2011.

[59] 阳作裕，刘志娟．袖阀注浆处理软土地基施工技术 [J]．水力发电，2003，29 (8)：50-51.

[60] 杨国祥，李侃，赵锡宏，等．大型超深基坑工程信息化施工研究——上海外环隧道的浦西基坑工程 [J]．岩土工程学报，2003，25 (4)：483-487.

[61] 杨其新，王明年．地下工程施工与管理（第2版）[M]．成都：西南交通大学出版社，2009.

[62] 杨晓华，俞永华．水泥-水玻璃双液注浆在黄土隧道施工中的应用 [J]．中国公路学报，2004，17 (2)：69-73.

[63] 应惠清．土木工程施工 [M]．北京：高等教育出版社，2004.

[64] 余志成，施文华．深基坑支护设计与施工 [M]．北京：中国建筑工业出版社，1996.

[65] 袁晏仁，安文汉，张艳涛，高东波．动水动态信息化注浆施工技术研究 [J]．现代隧道技术，

2012，49（6）：176－179.

[66] 张长生，陶连金，强小俊，胡荣华．注浆加固处理软土地基的试验研究［J］．铁道建筑，2012，（1）：89－92.

[67] 张凤祥，等．沉井沉箱设计、施工及实例［M］．北京：中国建筑工业出版社，2010.

[68] 张民庆，彭峰．地下工程注浆技术［M］．北京：地质出版社，2008.

[69] 张民庆，张文强，姜才荣．袖阀管注浆工法的改进与应用［J］．施工技术，2003，32（9）：4－6.

[70] 张有桔，丁文其，赖允瑾，等．复合土钉墙结合逆作法基坑设计施工关键技术［J］．岩土工程学报，2010，32（S1）：420－425.

[71] 张原．土木工程施工［M］．北京：中国建筑工业出版社，2008.

[72] 赵兴伟，陈知胜．浅谈压密注浆施工技术［J］．施工技术，2013，42（S1）：127－130.

[73] 赵志缙，应惠清．简明深基坑工程设计施工手册［M］．北京：中国建筑工业出版社，1999.

[74] 赵志缙，应惠清．建筑施工［M］．上海：同济大学出版社，2004.

[75] 赵志缙．高层建筑施工手册（第二版）［M］．上海：同济大学出版社，1997.

[76] 郑刚，焦莹．深基坑工程设计理论及工程应用［M］．北京：中国建筑工业出版社，2010.

[77] 中国工程建设标准化协会．基坑土钉支护技术规程（CECS96：97）［S］．北京：中国工程建设标准化协会.

[78] 中国岩石力学与工程学会锚固与注浆分会．锚固与注浆技术手册［M］．北京：中国电力出版社，2009.

[79] 中华人民共和国国家标准．地下工程防水技术规范（GB 50108—2008）［S］．北京：中国计划出版社，2008.

[80] 中华人民共和国国家标准．建筑地基基础工程施工质量验收规范（GB 50202—2002）［S］．北京：中国计划出版社，2002.

[81] 中华人民共和国国家标准．建筑基坑工程监测技术规范（GB 50497—2009）［S］．北京：中国计划出版社，2009.

[82] 中华人民共和国行业标准．建筑地基基础设计规范（GB 50007—2012）［S］．中国建筑工业出版社，2012.

[83] 中华人民共和国行业标准．建筑基坑支护技术规程（JGJ 120—2012）［S］．中国建筑工业出版社，2012.

[84] 中华人民共和国行业标准．建筑基坑支护技术规程（JGJ 120—99）［S］．北京：中国建筑工业出版社，1999.

[85] 中华人民共和国行业标准．铁路隧道全断面掘进机技术指南［S］．北京：中国铁道出版社，2007.

[86] 中华人民共和国住房和城乡建设部．建筑工程水泥-水玻璃双液注浆技术规程（JGJ/T 211-2010）［S］．北京：中国建筑工业出版社，2010.

[87] 钟汉华，李念国．建筑工程施工技术［M］．北京：北京大学出版社，2009.

[88] 周传波，陈建平，罗学东，等．地下建筑工程施工技术［M］．北京：人民交通出版社，2008.

[89] 朱合华，等．地下建筑结构［M］．北京：中国建筑工业出版社，2010.

[90] 朱合华，杨林德，桥本正．深基坑工程动态施工反演分析与变形预报［J］．岩土工程学报，1998，20（4）：30－35.